高脚凳

高脚凳

高脚凳等效应力云图

高脚凳位移云图

量杯

量杯网格图

量杯位移云图

量杯7阶模态图

量杯9阶模态图

量杯15阶模态图

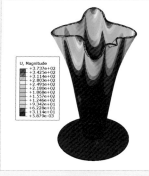

量杯18阶模态图

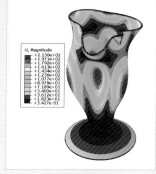

量杯20阶模态图

散热器

散热器网格图

散热器温度云图

散热器热流量向量符号图

散热器热流量向量云图

L 水管与卡扣第12帧X轴位移云图

L 水管与卡扣第12帧等效应力云图

L 水管与卡扣第12帧位移云图

L 水管与卡扣第15帧X轴位移云图

L 水管与卡扣第15帧等效应力云图

L 水管与卡扣第15帧位移云图

L 温控开关

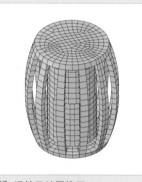

L 温控开关网格图

L 温控开关等效应力云图

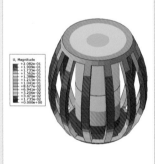

L 温控开关位移云图

L 橡胶减震器

L 橡胶减震器最大拉伸应力云图

L 橡胶减震器最大拉伸位移云图

L 橡胶减震器最大压缩应力云图

L 橡胶减震器最大压缩位移云图

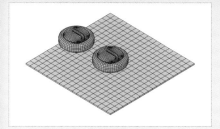

冰壶网格

冰壶等效应力云图

冰壶位移云图

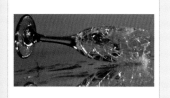

高脚杯

高脚杯网格图

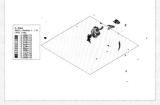

高脚杯等效应力云图

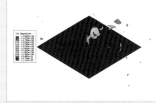

高脚杯旋转位移云图

牛顿摆

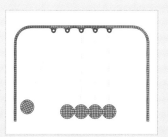

牛顿摆网格图

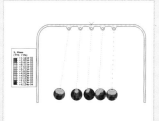

牛顿摆等效应力云图

牛顿摆位移云图

衣架

衣架网格图

衣架等效应力云图

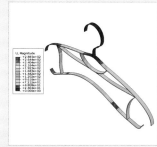

衣架位移云图

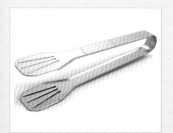

食物夹

食物夹网格图

食物夹等效应力云图

食物夹位移云图

排气筒

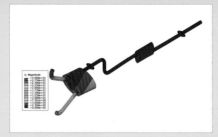

排气筒5阶模态图

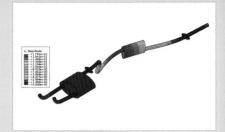

排气筒6阶模态图

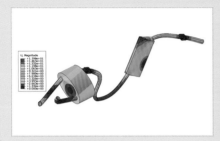

排气筒9阶模态图

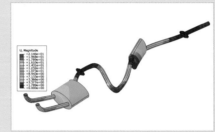

排气筒12阶模态图

排气筒15阶模态图

排气筒20阶模态图

排气筒网格图

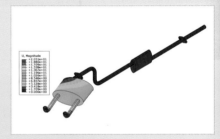

排气筒位移云图

圆钢

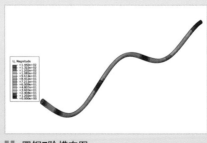

圆钢7阶模态图

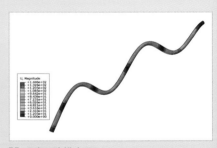

圆钢9阶模态图

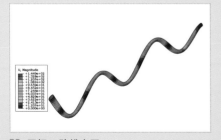

圆钢12阶模态图

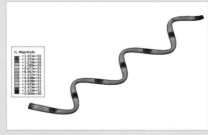

圆钢16阶模态图

圆钢20阶模态图

CAD/CAM/CAE/EDA 微视频讲解大系

中文版 Abaqus 2022
有限元分析从入门到精通
（实战案例版）

386 分钟同步微视频讲解　23 个实例案例分析

☑建模　☑定义属性和分析步　☑定义相互作用和载荷边界条件　☑划分网格与分析作业　☑可视化后处理
☑线性静力学分析　☑非线性力学分析　☑模态分析　☑显式动力学分析　☑热力学分析　☑用户子程序

天工在线　编著

中国水利水电出版社
www.waterpub.com.cn

内 容 提 要

《中文版 Abaqus 2022 有限元分析从入门到精通（实战案例版）》详细介绍了 Abaqus 2022 有限元分析的使用方法和应用技巧，是一本 Abaqus 基础教程，同时包含了大量的 Abaqus 视频教程。

全书共 12 章，包括 Abaqus 概述、Abaqus 建模、定义属性和分析步、定义相互作用和载荷边界条件、划分网格与分析作业、可视化后处理、线性静力学分析、非线性力学分析、模态分析、显式动力学分析、热力学分析、用户子程序等知识。本书在知识点的讲解过程中，结合大量的实例案例，详细介绍了 Abaqus 2022 有限元分析全方位的知识应用。实例讲解配有详细的操作步骤，图文对应，既可以提高读者的动手能力，又能加深对知识点的理解。本书的实例案例配有同步微视频讲解，读者可以扫描书中二维码，随时随地看视频，使用方便。另外，本书还提供了实例的源文件和结果文件，读者可以直接调用和对比学习，提高学习效率。为进一步提高读者的实际应用水平，本书赠送 14 套有限元分析的拓展学习案例，包括讲解视频和源文件，读者可下载学习。

本书适合 Abaqus 有限元分析的入门读者学习使用，也适合工程技术人员参考学习相关内容，应用型高校或相关培训机构也可选择本书作为相关课程的教材。

图书在版编目（CIP）数据

中文版 Abaqus 2022 有限元分析从入门到精通：实战
案例版 / 天工在线编著. -- 北京：中国水利水电出版
社，2024.1（2024.11 重印）.
（CAD/CAM/CAE/EDA 微视频讲解大系）
ISBN 978-7-5226-1969-9

Ⅰ. ①中… Ⅱ. ①天… Ⅲ. ①有限元分析－应用软件
Ⅳ. ①O241.82-39

中国国家版本馆 CIP 数据核字 (2024) 第 238103 号

丛 书 名	CAD/CAM/CAE/EDA 微视频讲解大系	
书　　名	中文版 Abaqus 2022 有限元分析从入门到精通（实战案例版） ZHONGWENBAN Abaqus 2022 YOUXIANYUAN FENXI CONG RUMEN DAO JINGTONG	
作　　者	天工在线　编著	
出版发行	中国水利水电出版社 （北京市海淀区玉渊潭南路 1 号 D 座　100038） 网址：www.waterpub.com.cn E-mail：zhiboshangshu@163.com 电话：(010) 62572966-2205/2266/2201（营销中心）	
经　　售	北京科水图书销售有限公司 电话：(010) 68545874、63202643 全国各地新华书店和相关出版物销售网点	
排　　版	北京智博尚书文化传媒有限公司	
印　　刷	三河市龙大印装有限公司	
规　　格	203mm×260mm　16 开本　28 印张　769 千字　2 插页	
版　　次	2024 年 1 月第 1 版　2024 年 11 月第 2 次印刷	
印　　数	3001—5000 册	
定　　价	89.80 元	

前　言

Preface

Abaqus 是一套功能强大的工程模拟的有限元软件，其解决问题的范围从相对简单的线性分析到许多复杂的非线性问题。Abaqus 包括一个丰富的、可模拟任意几何形状的单元库，并拥有各种类型的材料模型库，可以模拟典型工程材料的性能，包括金属、橡胶、高分子材料、复合材料、钢筋混凝土、可压缩超弹性泡沫材料以及土壤和岩石等地质材料。作为通用的模拟工具，Abaqus 除了能解决大量结构（应力/位移）问题，还可以模拟其他工程领域的许多问题，如热传导、质量扩散、热电耦合分析、声学分析、岩土力学分析（流体渗透/应力耦合分析）及压电介质分析。

本书特点

❧ 内容合理，适合自学

本书主要面向对 Abaqus 2022 零基础的读者，充分考虑初学者的需求，内容讲解由浅入深，循序渐进，引领读者快速入门。在知识点的安排上不求面面俱到，但求有效实用。本书的内容可以满足读者在实际设计工作中的各项需要。

❧ 视频讲解，通俗易懂

为了方便读者学习，本书为所有实例录制了教学视频。视频讲解采用模仿实际授课的形式，在各知识点的关键处给出解释、提醒和注意事项，让读者在高效学习的同时更多地体会 Abaqus 2022 功能的强大。

❧ 内容全面，实例丰富

本书详细介绍了 Abaqus 2022 的使用方法和操作技巧，全书共 12 章，内容包括 Abaqus 概述、Abaqus 建模、定义属性和分析步、定义相互作用和载荷边界条件、划分网格与分析作业、可视化后处理、线性静力学分析、非线性力学分析、模态分析、显式动力学分析、热力学分析、用户子程序等知识。本书讲解过程中采用理论联系实际的方式，书中配有详细的操作步骤，图文对应，不仅可以提高读者的动手能力，还能加深对知识点的理解。

本书显著特色

❧ 体验好，随时随地可学习

二维码扫一扫，随时随地看视频。书中提供了实例讲解的视频二维码，读者朋友可以通过手机扫一扫，随时随地观看相关的教学视频，也可在计算机上下载相关资源后观看学习。

❧ 实例多，用实例学习更高效

案例丰富详尽，边做边学更快捷。跟着大量实例学习，边学边做，从做中学，可以使学习更深入、更高效。

❯ 入门易，全力为初学者着想

遵循学习规律，入门与实战相结合。万事开头难，本书的编写模式采用"基础知识+实例"的形式，内容由浅入深、循序渐进，使初学者更易上手。

❯ 服务快，让你学习无后顾之忧

提供在线服务，随时随地可交流。提供公众号、QQ 群等多渠道贴心服务。

本书学习资源及获取方式

本书配有视频和源文件，所有资源均可通过以下方式下载后使用。

（1）扫描下方的微信二维码或关注微信公众号"设计指北"，发送 abq1969 到公众号后台，获取本书的资源下载链接，然后将此链接复制到计算机浏览器的地址栏中，根据提示下载即可。

（2）读者可加入 QQ 群 462607527（请注意加群时的提示），与老师和广大读者进行在线交流学习，作者会不定时在群里答疑解惑，方便读者无障碍地快速学习本书。

关于作者

本书由天工在线组织编写。天工在线是一个 CAD/CAM/CAE/EDA 技术研讨、工程开发、培训咨询和图书创作的工程技术人员协作联盟，由 40 多位专职和众多兼职 CAD/CAM/CAE/EDA 工程的技术专家组成。他们创作的很多教材成为国内具有引导性的旗帜作品，在国内相关专业方向图书创作领域具有举足轻重的地位。

致谢

本书能够顺利出版，是作者、编辑和所有审校人员共同努力的结果，在此表示深深的感谢。同时，祝福所有读者在通往优秀工程师的道路上一帆风顺。

编　者

目　录

Contents

第 1 章　Abaqus 概述

内容简介

Abaqus 是一款基于有限元方法的工程分析软件，它既可以完成简单的有限元分析，也可以用来模拟非常庞大复杂的模型，解决实际工程中大型模型的高度非线性问题。本章将简要介绍 Abaqus 的组成、单位选择、文件类型及图形界面。

通过本章的学习，读者可以了解利用 Abaqus 软件进行有限元分析的一般步骤和其特有的模型化的处理方式。

内容要点

- ☑ Abaqus 总体介绍
- ☑ Abaqus 的组成及模型简介
- ☑ Abaqus/CAE 单位选择
- ☑ Abaqus/CAE 的文件类型
- ☑ 启动 Abaqus/CAE
- ☑ Abaqus/CAE 图形界面

案例效果

1.1　Abaqus　总体介绍

Abaqus 是国际上先进的大型通用非线性有限元软件之一，它由世界知名的有限元分析软件公司 HKS（2005 年被达索系统公司收购）于 1978 年推出。Abaqus 以其杰出的复杂工程力学问题分析能力、庞大求解规模的驾驭能力以及高度非线性问题的求解能力享誉业界，在许多国家都得到了广泛应用，涉及机械、土木、水利、航空航天、船舶、电器、汽车等多个工程领域。一直以来，Abaqus 能够根据用户反馈的信息不断解决新的技术难题并及时进行软件更新，使其逐步完善。我国的 Abaqus 用户量也在迅速增长，Abaqus 在大量的高科技产品的研发中发挥了巨大的作用。

Abaqus 单元库包含诸多类型的单元，可以用来模拟各种复杂的几何形状；同时，Abaqus 还拥有非常丰富的模型库，可用来模拟绝大多数常见的工程材料，如金属、聚合物、复合材料、橡胶、可压缩的弹性泡沫、钢筋混凝土以及各种地质材料等。

此外，Abaqus 使用非常简便，很容易建立复杂问题的模型。对于大多数数值模拟，用户只需要提供结构的几何形状、边界条件、材料性质、载荷等工程数据；对于非线性问题的分析，Abaqus 能自动选择合适的载荷增量和收敛准则，在分析过程中对这些参数进行调整，保证结果的精确性。

Abaqus 作为被广泛认可的、功能最强的非线性有限元分析软件，不但可以用于单一零件的力学和多物理场的分析，而且还可以进行多领域的耦合分析，同时还能进行系统级的分析和研究，特别是能够出色地实现极其复杂、庞大的系统性问题和高度非线性问题的模拟仿真和计算，主要的分析功能如下。

（1）静态分析：包括线性分析、非线性分析、结构断裂分析等。

（2）动态分析：包括模态分析、瞬态响应分析、稳态响应分析、随机响应分析等。

（3）黏弹性/黏塑性响应分析：包括黏弹性/黏塑性材料结构的响应分析。

（4）非线性动态分析：包括各种随时间变化的大位移分析、接触分析等。

（5）水下冲击分析：包括对冲击载荷作用下的水下结构进行分析。

（6）耦合分析：包括流固耦合分析、压电和热电耦合分析、热固耦合分析、声场固耦合等。

（7）热传导分析：包括传热、辐射和对流的瞬态分析或稳态分析。

（8）退火成型过程分析：对材料的退火过程进行热分析。

（9）质量扩散分析：对因静水压力造成的质量扩散和渗流进行分析。

（10）准静态分析：包括应用显示积分方法求解静态和冲压等准静态问题。

（11）海洋工程结构分析：包括模拟海洋工程的特殊载荷，如流体载荷、浮力、惯性力；分析海洋工程的特殊结构，如锚链、管道、电缆；模拟海洋工程的特殊连接，如土壤/管柱连接、锚链/海床摩擦、管道/管道相对滑动。

（12）瞬态温度/位移耦合分析：力学和热响应耦合问题。

（13）疲劳分析：对所统计的结构和材料的受载情况进行分析，预估结构和材料的疲劳寿命。

（14）设计灵敏度分析：对结构参数进行灵敏度分析，并据此进行结构优化设计。

1.2　Abaqus 的组成及模型简介

2022 版本的 Abaqus 由 Abaqus/Standard、Abaqus/Explicit 这两个主要分析模型，以及一个人机交互的前后处理模型——Abaqus/CAE 组成。

1.2.1　Abaqus/Standard 模型

Abaqus/Standard 模型是一个通用的标准分析模型。它能够广泛地求解线性和非线性问题，包括静态分析、动力学分析、结构的热响应分析以及其他复杂非线性耦合物理场的分析。

Abaqus/Standard 模型为用户提供了一个动态载荷平衡的并行稀疏矩阵求解器，该求解器能够进行多达 16 个处理器的并行运算，用于各种类型的分析；还提供了一个并行的 Lanczos 特征值求解器，该求解器在大型模型分析中可以快速有效地提取多阶特征值，是线性动力学分析的重要工具，可进行瞬态响应分析、谐波响应分析、随机震动分析以及响应谱分析；一个复特征值求解器，可以用来对非对称系统或带有阻尼的对称系统进行复特征值的提取。

Abaqus/Standard 模型的优点如下。

（1）解决各种实际问题。Abaqus/Standard 模型为用户提供了强有力的工具以解决许多工程上的实际问题，包括从简单的线性静态分析、动态分析到复杂的非线性耦合场分析，并可以和 Abaqus/Explicit 模型结合使用，利用各自的隐式和显式求解技术求解分析更多的问题。

（2）分析精确、可靠。选择不同的有限元分析工具，对工程问题求解分析的精确性和可靠性有很大的影响。在所有支持 Abaqus/Standard 模型运行的计算机平台上，Abaqus/Standard 模型的每个版本都会进行完整的测试，包括 13000 的回归测试和对许多用户提供的模型进行测试，并且 Abaqus/Standard 模型有最好的专业技术支持和全面的帮助手册支持，用户可以完全放心地选择该产品。

（3）求解分析速度快。对于不同的有限元分析工具，能够高效可靠地求解分析绝大多数复杂的问题是非常重要的。Abaqus/Standard 模型提供了一种并行的稀疏矩阵求解器，能够非常可靠、快速地求解各种复杂的、规模大的有限元分析问题，并且还提供了许多新颖的求解技巧，大大提高了求解分析的速度。

1.2.2　Abaqus/Explicit 模型

Abaqus/Explicit 模型是一个显式分析求解器，利用对时间的显式积分对动态的有限元分析问题进行求解。该模型不仅适用于分析冲击、跌落和爆炸等短暂、瞬时的动态事件，对处理接触条件高度非线性的准静态问题也十分有效，如模拟钣金冲压和高温金属轧制等成型制造过程和吸能装置的缓慢挤压过程等。

Abaqus/Explicit 模型拥有广泛的单元类型和材料模型，但是它的单元库是 Abaqus/Standard 模型单元库的子集。Abaqus/Explicit 模型提供的是基于域的并行计算，可以使用子模型技术，利用拉格朗日-欧拉（ALE）自使用网格功能有效地对大变形非线性问题进行求解分析。

Abaqus/Explicit 模型和 Abaqus/Standard 模型具有各自的适用范围，它们的互相配合使 Abaqus 更加灵活和强大。有些工程问题需要结合二者来共同实现使用，以一种求解器开始分析，分析结束后将结果作为初始条件与另一种求解器继续进行分析，从而结合显式和隐式求解技术的优点。

Abaqus/Explicit 模型的优点如下。

（1）解决复杂的非线性问题。Abaqus/Explicit 模型是求解复杂非线性动力学问题和准静态问题的理想选择，特别是用于求解模拟冲击和其他高度不连续的问题等。Abaqus/Explicit 模型不但支持应力/位移分析，而且还支持完全耦合的瞬态温度-位移分析、声固耦合分析。

（2）分析精确、可靠。Abaqus/Explicit 模型巧妙地运用力学知识和算法，能够有效且精确地对问题进行求解分析，并保证相同的问题在不同的计算机平台或在处理器个数不同的计算机上求解分析时都能得到相同的结果，这样就决定了 Abaqus/Explicit 模型具有精确的分析性能。另外，Abaqus/Explicit 模型的开发者对产品有着严格的质量把控，为了保证在工业生产中使用该产品能够可靠且高质量地完成分析，Abaqus/Explicit 模型的每个版本都经过了广泛的测试，包括 3500 个以上的回归测试和对许多用户提供的模型进行测试，并且 Abaqus/Explicit 模型有最好的专业技术支持和全面的帮助手册支持，用户可以完全放心地选择使用该产品。

（3）求解分析速度快。Abaqus/Explicit 模型不仅拥有强大的并行处理能力，而且能够处理绝大多数部件之间复杂的接触和相互作用，迭代步骤较少，因此运算时间明显缩短，大大提高了求解分析的速度。

Abaqus/Standard 模型与 Abaqus/Explicit 模型虽然都具有解决各种类型问题的能力，但是对于一个给定的问题，用户可以根据问题本身的特点选择采用 Abaqus/Standard 模型还是 Abaqus/Explicit 模型，若是给定的问题这两种模型都可以解决，则取决于这两种模型解决问题的效率。表 1.1 总结了两者之间的主要区别。

表 1.1 Abaqus/Standard 模型与 Abaqus/Explicit 模型的区别

对比项	Abaqus/Standard 模型	Abaqus/Explicit 模型
单元库	提供了大量的单元库	提供了大量的适用于显示分析的单元库，这些单元库是 Abaqus/Standard 单元库的子集
分析程序	通用和线性摄动分析程序	通用分析程序
模型材料	提供了大量的模型材料	不仅提供了与 Abaqus/Standard 模型类似的大量的模型材料，还提供了允许材料失效的模型
接触分析	求解接触分析的能力强大	求解接触分析的能力十分强大，甚至能够求解复杂的接触分析
求解技术	基于刚度的求解技术，具有无条件稳定性	显式积分求解技术，具有条件稳定性
磁盘空间和内存	由于存在大量的迭代步，因此需求较大	相对较少

1.2.3 Abaqus/CAE 模型

Abaqus/CAE 模型是 Abaqus 与用户进行人机交互的图形界面，具有强大的前/后处理功能。前面介绍的 Abaqus/Standard 模型和 Abaqus/Explicit 模型只是 Abaqus 进行有限元分析的两种分析求解模式，而进行有限元分析求解之外的所有前/后处理功能均在 Abaqus/CAE 模型中进行，包括模型的创建或导入、定义材料属性、创建分析步、划分网格、定义载荷和边界条件以及结果后处理等与分析相关的所有操作。

在 Abaqus/CAE 模型中，用户能够创建参数化的几何体，并直观地体现在图形界面中。用户可以通过绘制草图、拉伸、旋转、扫掠、倒角以及放样等功能创建模型，也可以直接导入由其他软件创建的几何模型，并运用上述建模方法进一步编辑。

Abaqus/CAE 模型可以通过混合建模的方法轻松地处理几何体和网格体共存于模型中的情况，用户可以处理基于几何体的数据，同时也可以处理导入纯的结点和单元数据，这些数据没有任何几何拓扑关系。接触、载荷以及边界条件能够施加在几何体上或直接施加在单元的结点、边或面上。这种允许几何体与网格混合使用的建模环境，为用户分析特定问题提供了非常灵活的便捷操作。

由于 Abaqus/CAE 模型是人机交互的图形界面，因此用户可以直观地看到所进行的操作，并利用界面中的各种操作模型和操作命令进行有限元分析的设置，满足模型进行有限元分析的各种条件，并提供全面的后处理操作，在可视化界面中可以快速、精确地进行绘图。

1.2.4 其他模型

除了上面介绍的 3 种常用的模型之外，Abaqus 还提供了一些专用的分析模型，包括 Abaqus/Viewer 模型、Abaqus/Aqua 模型、Abaqus/Design 模型、Abaqus/AMS 模型、Abaqus/Foundation 模型和 Abaqus/Translators 模型，下面对这几个模型进行简单的介绍。

1. Abaqus/Viewer 模型

Abaqus/Viewer 模型是 Abaqus/CAE 模型的一个子集，只包含了 Abaqus/CAE 模型中的可视化后处理功能。

2. Abaqus/Aqua 模型

Abaqus/Aqua 模型是 Abaqus/Standard 模型和 Abaqus/Explicit 模型的一个附加模型，主要用于海洋工程中的模拟分析，包括海洋平台导管架和立架的分析、J 型管的拖曳分析、基座弯曲的计算和漂浮结构的研究，还可以进行稳定水流和波浪的模拟。对于该模型，本书不再详细讲解。

3. Abaqus/Design 模型

Abaqus/Design 模型同样是一款可选模型，可以附加到 Abaqus/Standard 模型中，用于设计灵敏度计算，对于预测设计参数变化对结构响应的影响非常有用。对于该模型，本书不再详细讲解。

4. Abaqus/AMS 模型

Abaqus/AMS 模型同样是一款可选模型，可以附加到 Abaqus/Standard 模型中，Abaqus/AMS 模型允许用户使用自动多级子结构特征求解器提取大规模模型的大量的固有频率，可以大大提高求解速度。实验表明，对于模态提取问题，AMS 求解器比默认的 Lanczos 求解器快 10～25 倍。对于该模型，本书不再详细讲解。

5. Abaqus/Foundation 模型

Abaqus/Foundation 模型同样是 Abaqus/Standard 模型的一部分，它可以更高效地使用 Abaqus/Standard 模型的线性静力和动力分析功能。

6. Abaqus/Translators 模型

Abaqus 提供了转换器模型，用于将几何图形从第三方 CAD 建模软件系统中转换为 Abaqus/CAE 的零件和组件，可以使 CATIA V6、CATIA V5、SolidWorks、Pro/ENGINEER、Parasolid 中的几何模型与 Abaqus/CAE 之间传输模型数据，并可以进一步编辑。

1.3 Abaqus/CAE 单位选择

在 Abaqus/CAE 中，除了角度的单位采用"度"以及转动自由度的单位采用"弧度"外，没有其他单位。它只是通过有限元方法对矩阵进行数学运算，得到的结果理论上没有什么物理意义。但是如果用户通过一致的单位换算，人为地使数值具有一定的物理意义，这样就使计算的结果变得有意义。因此，要保证单位的一致性才可以得到正确的计算结果，常用的单位见表 1.2。

表 1.2 Abaqus/CAE 常用单位

名　称	国际米制单位	国际毫米制单位	换算系数
质量	kg	ton	10^{-3}
长度	m	mm	10^{3}
时间	s	s	1
温度	℃	℃	1
密度	kg/m³	ton/mm³	10^{-12}
力	N	N	1
压力	Pa	MPa	10^{-6}
热膨胀系数	1/℃	1/℃	1
动力黏度	N·s/m²	N·s/mm²	10^{-6}
导热率	W/(m·℃)	W/(mm·℃)	10^{3}
比热	J/(kg·℃)	J/(ton·℃)	10^{3}
潜热	J/kg	J/ton	10^{3}
能量	J	J	1
对流换热系数	W/(m²·℃)	W/(mm²·℃)	10^{3}
渗透系数	m/s	mm/s	10^{3}
史提芬-玻尔兹曼常数	W/(m²·℃⁴)	W/(mm²·℃⁴)	10^{-3}
重力加速度	m/s²	mm/s²	10^{3}

在 Abaqus/CAE 中要确保输入参数的单位必须一致，如选择长度单位为 m，则质量单位必须为 kg，密度为 kg/m³；若选择长度单位为 mm，则质量单位必须为 ton，密度单位为 ton/mm³。

对于单位的选择，建议采用国际单位，本书中也采用国际单位，而不采用美制单位。

1.4　Abaqus/CAE 的文件类型

Abaqus/CAE 在运行前后都会产生一些文件，主要有数据库文件、日志文件、信息文件、重启文件、结果转换文件、输入/输出文件和状态文件等。除此之外，在运行过程中还会产生一些临时文件，这些临时文件在运行结束后会自动删除。这里介绍几种重要的文件，具体如表 1.3 所示。

表 1.3 Abaqus/CAE 文件

文件类型	详　解
*.cae	模型数据库文件。可直接用 Abaqus/CAE 打开，包括几何模型信息、网格信息、载荷信息和分析任务等
job_name.odb	输出数据库文件。包含了分析计算的各种结果数据，可在"可视化"模型中打开
*.jnl	保存命令文件。主要包含用于复制已存储模型数据库的 Abaqus/CAE 命令
job_name.inp	输入文件。在"作业"模型中提交作业任务时或单击作业管理器中的"提交"按钮时生成，包含模型的结点、单元、截面、集合、材料属性、载荷、边界条件、分析步和输出设置等信息，但是不包含模型的几何信息
job_name.dat	数据文件。包含文本输出信息，用于记录分析、数据检查、参数检查、内存和磁盘估计等信息，以及预处理 inp 文件时产生的错误和警告信息。但是利用 Abaqus/Explicit 模型分析的结果不会写入这个文件
job_name.sta	状态文件。包含了分析过程中的各种状态信息
job_name.msg	计算过程中的详细信息。记录分析计算中的平衡迭代次数、计算时间和警告信息等
job_name.res	重启动文件。有"分析步"模型定义

文件类型	详　解
job_name.fil	结果文件。该结果文件可以被其他软件读取，用于记录 Abaqus/Standard 模型的分析结果，如果要记录 Abaqus/Explicit 模型的分析结果，则需要通过 convert=select 或 convert=all 命令转换
Abaqus.rpy	保存命令文件。用于记录一次操作中几乎所有 Abaqus/CAE 命令，可以很方便地将该文件转换为基于 Python 语言的脚本文件，便于进行参数化建模及二次开发
job_name.lck	临时文件。用于阻止写入输出数据库，关闭输出数据库则自行删除，起到保护数据库不被误删的作用
model_database _name.rec	保存命令文件。主要包含用于恢复内存中模型数据库的 Abaqus/CAE 命令
job_name.ods	临时文件。用于记录场输出变量的临时运行结果，运行完成后自动删除
job_name.ipm	内部过程信息文件。启动 Abaqus/CAE 分析时开始写入，记录了从 Abaqus/Standard 或 Abaqus/Explicit 到 Abaqus/CAE 的过程日志
job_name.log	日志文件。用于记录 Abaqus/CAE 运行的起止时间
job_name.abq	状态文件。仅用于 Abaqus/Explicit 模型，记录分析、继续和恢复命令，是重启动分析时所需的文件
job_name.mdl	模型文件。是在 Abaqus/Standard 或 Abaqus/Explicit 中运行数据检查后产生的文件，是重启动分析时所需的文件
job_name.pac	打包文件。包含了模型信息，仅用于 Abaqus/Explicit 模型，该文件在执行"数据检查"命令时被写入，在执行"继续"命令时读入，是重启动分析时所需的文件
job_name.sel	结果文件。仅用于 Abaqus/Explicit 模型，该文件在执行"继续"命令时写入，在执行 convert=select 转换命令时读入，是重启动分析时所需的文件
job_name.stt	状态文件。允许数据检查时产生的文件，是重启动分析时所需的文件
job_name.psf	脚本文件。用户进行参数研究时需要创建的文件
job_name.psr	结果文件。包含参数化分析时要求输出的结果
job_name.prt	信息文件。包含模型的部件和装配信息，是重启动分析时所需的文件

1.5　启动 Abaqus/CAE

Abaqus/CAE 有两种启动方式，具体如下。

1. 快速启动

在 Windows 系统中单击"开始"菜单，程序列表中展开 Dassault Systemes SIMULIA Established Products 2022 选项，单击 Abaqus CAE，快速启动 Abaqus/CAE，如图 1.1 所示。

2. 在操作系统中启动

在 Windows 系统中单击"开始"菜单，程序列表中单击"运行"，如图 1.2 所示；打开"运行"对话框，在"打开"文本框中输入 abaqus cae，单击"确定"按钮，启动 Abaqus/CAE，如图 1.3 所示。

上述两种方式都可以启动 Abaqus/CAE。其中，通过操作系统启动时，输入的 abaqus cae 是运行 Abaqus/CAE 的 DOS 命令，不同的操作系统可能会有所不同。当 Abaqus/CAE 启动以后，会弹出"开始任务"对话框，如图 1.4 所示。该对话框中包含"创建模型数据库""打开数据库""运行脚本"和"打开入门指南"4 个选项。

（1）创建模型数据库：创建一个新的分析文件，根据所分析的问题选择"采用 Standard/Explidit 模型"或"电磁模型"。

（2）打开数据库：打开保存的模型或输入/输出所需要的数据库文件。

（3）运行脚本：运行一个包含 Abaqus/CAE 命令的文件。

（4）打开入门指南：打开 Abaqus 的在线帮助文档。

  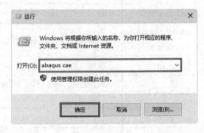

图 1.1　快速启动 Abaqus/CAE　　图 1.2　在操作系统中启动 Abaqus/CAE　　图 1.3　"运行"对话框

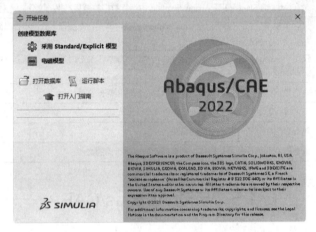

图 1.4　"开始任务"对话框

1.6　Abaqus/CAE 图形界面

当创建一个新的模型数据库后，进入 Abaqus/CAE 图形界面，如图 1.5 所示。用户可以通过该界面与 Abaqus/CAE 进行交互，主要包含了标题栏、菜单栏、工具栏、环境栏、工具区、模型树/结果树、消息区/命令行接口、提示区和视口区几部分。

（1）标题栏：显示当前运行的 Abaqus/CAE 的版本和模型数据库的名称。

（2）菜单栏：包含了所有可用的菜单命令，用户可以通过菜单操作调用 Abaqus/CAE 的各种功能。但是菜单栏不是固定不变的，当在环境栏中选择不同的模型时，菜单栏中显示的菜单命令也会相应改变。

（3）工具栏：菜单栏功能的快捷方式，这些功能都可以通过菜单进行访问。

（4）环境栏：Abaqus/CAE 是由一组功能模型组成，每种模型都针对模型分析的某一方面的操作，如创建模型、划分网格、创建分析步、创建边界条件、创建载荷等操作，都是在指定的模型中进行操作，环境栏中的"模型"列表就是在各个模型之间进行切换。环境栏的其他项则是当前模型操作的相关功能。例如，在"部件"模型中，可以通过环境栏切换不同的部件。

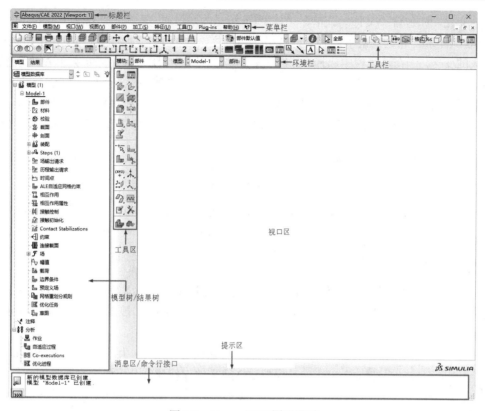

图 1.5　Abaqus/CAE 图形界面

（5）工具区：当在环境栏中选择不同的模型时，工具区会显示对应模型的工具，帮助用户方便快捷地使用该模型的功能。

（6）模型树/结果树：模型树直观地显示了各个组成部分，如部件、材料属性、装配件、边界条件和结果输出要求等。使用模型树可以很方便地在各个模型之间进行切换，实现菜单栏和工具栏所提供的大部分功能。结果树用于输出数据库和其他特定会话的数据（如 X-Y）的图形概述。如果在会话中打开了多个输出数据库，则可以使用结果树在输出数据库之间移动。熟悉结果树后，可以在菜单栏和工具栏中快速执行"可视化"模型中的大多数操作。

（7）消息区/命令行接口：Abaqus/CAE 在消息区显示状态信息和警告。通过拖动其顶边可以改变消息区的大小，利用滚动查阅信息。在默认状态下显示消息区，这里同时也是命令行接口的位置，用户可以通过其左侧的"消息区"按钮![icon]和"命令行接口"按钮![icon]进行切换。Abaqus/CAE 利用内置的 Python 编译器，使用命令行接口输入 Python 命令和数学表达式。接口中包含了主要（>>>）和次要（…）提示符，随时提示用户按照 Python 的语法输入命令行。

（8）提示区：用户在 Abaqus/CAE 中进行的各种操作都会在提示区得到相应的提示。例如，当在视口区画一条圆弧时，提示区会提示用户输入相应的点信息。

（9）视口区：可以将视口区看作是无限大的画布，用于显式进行有限元分析的模型，可利用 F11 键在全屏模式和普通模式之间切换。

1.6.1　Abaqus/CAE 菜单栏

Abaqus/CAE 有两种菜单栏，一种是固定菜单栏，这种菜单栏不会随着环境栏中所选模型的不同产生较大的变化，如包含"文件"菜单、"模型"菜单、"视口"菜单、"视图"菜单、"特征"菜单、Plug-ins菜单和"帮助"菜单；另一种是可变菜单栏，这种菜单栏会随着环境栏中所选模型的不同产生较大的变化，当在环境栏中选择"部件"模型时，菜单栏中除了显示固定菜单外，还会显示"部件"菜单、"加工"菜单，如图1.6所示。当在环境栏中选择"属性"模型时，则还会显示"材料"菜单、"截面"菜单、"剖面"菜单、"复合"菜单、"指派"菜单和"特殊设置"菜单，如图1.7所示。本章只介绍常用的几种固定菜单，而那些可变菜单则会在以后的章节中针对不同模型分类介绍。

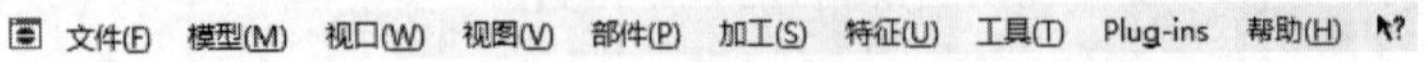

图 1.6　"部件"模型菜单栏

图 1.7　"属性"模型菜单栏

1．"文件"菜单

"文件"菜单用来进行基本的文件操作，包括新建、打开和保存模型数据库，打开、关闭输出数据库，导入和导出文件，保存和加载会话对象，运行脚本，管理宏，打印视口图形以及退出Abaqus/CAE等功能，如图1.8所示。

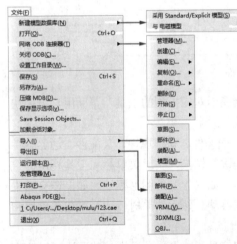

图 1.8　"文件"菜单

（1）新建模型数据库：用于新建一个Standard/Explidit模型数据库文件或新建一个电磁模型数据库文件。

（2）打开：用于打开现有的模型数据库或输出数据库。

（3）网格ODB连接器：用于打开网络ODB连接器管理器，创建网络ODB连接器，编辑、复制、删除、开始和停止现有的网络ODB连接器或对现有的网络ODB连接器进行重命名。

（4）关闭ODB：在"关闭输出数据库"对话框中选择要关闭的ODB数据库。

（5）设置工作目录：用于设置Abaqus/CAE在提交作业分析时所生成文件的写入地址，默认的写入地址为安装目录下的temp文件夹。

（6）保存：用于保存当前的模型数据库。

（7）另存为：用于将当前的模型数据库保存到其他不同名的新文件中。

（8）压缩MDB：用于压缩当前模型数据库以减小文件大小。

（9）保存显示选项：用于保存自定义的零件、部件和可视化模型的显示设置。

（10）Save Session Objects：用于保存特定的会话对象的定义，如视图剪切、显示组或文件、模型数据库或输出数据库的路径。

（11）加载会话对象：用于将前面保存的会话对象加载到当前会话中。

（12）导入：用于导入草图、部件、装配以及模型到当前数据库中。

（13）导出：用于将当前数据库导出为草图、部件、装配、VRML、3DXML以及OBJ文件。

（14）运行脚本：用于执行包含Abaqus脚本界面命令的文件。

（15）宏管理器：用于将用户的操作过程作为Abaqus的脚本接口命令存储在宏文件中。

（16）打印：用于打印当前或所有选定的视口区的图形，包括背景、模型、分析结果和罗盘等。

（17）Abaqus PDE：用于启动 Abaqus Python 应用程序，用于创建、编辑、测试和调试 Abaqus/CAE 图形用户界面或内核命令脚本。

（18）退出：用于退出 Abaqus/CAE 应用程序。

2．"模型"菜单

"模型"菜单用于创建、复制、重命名和删除当前模型数据库中的模型，如图 1.9 所示。

（1）管理器：打开模型管理器，其功能与"模型"菜单一致，可编辑模型属性、关键字。

（2）创建：用于创建新模型。

（3）复制模型：用于复制当前模型为另一个不同名称的模型。

（4）复制对象：用于在当前模型数据库中的模型之间复制对象，包括草图、零件、材料、截面、振幅和交互属性等。

（5）编辑属性：用于编辑模型属性，主要为模型的物理常数等。

（6）编辑关键字：用于编辑模型的关键字。

（7）重命名：对创建的模型进行重命名。

（8）删除：用于删除选择的模型。

3．"视口"菜单

"视口"菜单用于创建多个视口、选择要显示的视口、设置多个视口的显示方式以及对视口中的模型进行注释等操作，如图 1.10 所示。

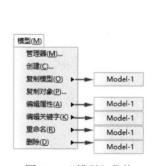

图 1.9　"模型"菜单

图 1.10　"视口"菜单

（1）创建：用于在视口区创建一个或多个视口，可以同时从不同视角查看模型。

（2）下一个：当视口区有多个视口时，用于显示与当前视口紧邻的下一个视口。

（3）前一个：当视口区有多个视口时，用于显示与当前视口紧邻的前一个视口。

（4）层叠：当视口区有多个视口时，用于将这些视口层叠显示在视口区。

（5）水平平铺：当视口区有多个视口时，用于将这些视口水平平铺显示在视口区。

（6）垂直平铺：当视口区有多个视口时，用于将这些视口垂直平铺显示在视口区。

（7）删除当前：当视口区有多个视口时，用于删除当前的一个视口。

（8）注释管理器：打开注释管理器，用于注释的创建、编辑、复制和删除等操作。

（9）创建注释：用于对当前视口中的模型创建注释。

（10）编辑注释：用于对当前视口中的注释进行编辑。

（11）视口注释选项：用于控制当前视口中的罗盘、坐标系、图例、标题块等显示与否，设置坐标系、图例和标题的大小和位置。

（12）Link Viewports：当使用 Link Viewports Manager 激活链接视口，并设置相关参数时，选中该选项可以同时对多个视口进行相同的操作。

（13）Linked Viewports Manager：选择该选项，会打开 Link Viewports Manager 对话框，用于激活链接视口，并用于同时对多个视口进行相同参数的设置，如图 1.11 所示。

4．"视图"菜单

"视图"菜单用于对视图的保存，对模型区域模型进行平移、旋转、放大/缩小等操作，设置模型的显示方式，设置模型树和各种工具栏的显示与否，全屏模式的切换等操作，如图 1.12 所示。

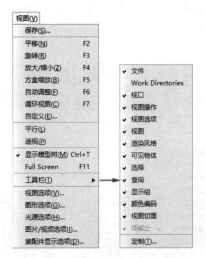

图 1.11　Linked Viewports Manager　　　　图 1.12　"视图"菜单

（1）保存：打开"保存视图"对话框，用于保存用户定义的视图。

（2）平移：用于水平或垂直移动视图，该功能也可以通过"Ctrl+Alt+鼠标中键"来完成。

（3）旋转：用于在视图区域使模型围绕视图中心旋转，使用该功能的同时按住 Shit 键，则会使相机围绕视图中心旋转，该功能也可以通过"Ctrl+Alt+鼠标左键"来完成。

（4）放大/缩小：用于放大或缩小视图，选择该命令，然后按住鼠标左键或右键，向右移动鼠标则放大视图，向左移动则缩小视图，该功能也可以通过"Ctrl+Alt+鼠标右键"来完成。

（5）方盒缩放：选择该命令，然后在视图区域框选想要放大的区域，则被框选的区域就会放大到填充整个视图区。

（6）自动调整：用于快速使模型视图缩放到合适的大小，该命令只缩放视图，不会改变视图方向。

（7）循环视图：当用户进行多个视图操作后，使用该命令，然后选择要循环的视图，可以在该视图的基础上向前循环浏览 8 个视图，或向后浏览 8 个视图。

（8）自定义：用于对视口中的模型进行自定义，包括定义模型的位置、大小、方向以及观察点位置的定义。

（9）平行：用于将试图切换为平行模式。

（10）透视：用于将试图切换为透视模式，可使模型看起来更加逼真。

（11）显示模型树：用于控制模型树显示与否。

（12）Full Screen：用于调整视图区域全屏显示与否。

（13）工具栏：用于调出或隐藏 Abaqus/CAE 用户界面中的各种工具栏。

（14）视图选项：用于控制当前相机模式和视野角度。

（15）图形选项：用于图形显示硬件的设置，视图操作的设置和视口区域背景的设置。

（16）光源选项：用于控制对视口中模型的照明进行设置，可设置全局的灯光，均匀的控制模型的亮度，也可以最多自定义 8 个灯的位置和亮度，控制模型的亮度。

（17）图片/视频选项：用于设置图片或视频在视口中的位置、比例以及高度和宽度等。

（18）装配件显示选项：该选项在"装配"模型中显示，用于控制组件渲染样式、边可见性以及各种类型基准几何可见性的设置，还可以控制网格、单元和结点编号、零件实例、载荷、边界条件的显示设置。除了这些常见的命令外，"视图"菜单栏在"部件"模型、"属性"模型和"可视化"模型中还有其他一些命令，如图 1.13～图 1.15 所示。

图 1.13　"部件"模型
"视图"菜单

图 1.14　"属性"模型
"视图"菜单

图 1.15　"可视化"模型
"视图"菜单

（19）部件显示选项：该选项在"部件"模型中显示，用于零件或装配件渲染风格、几何轮廓、网格显示、基准点、基准轴、基准面、基准坐标系等的设置，以及网格结点编号和单元编号的显示设置。

（20）层堆叠绘图选项：用于设置显示选项、可见层的颜色；设置纤维的显示及颜色；设置参考平面的显示及颜色；设置层堆叠图中的文本和符号。

（21）ODB 显示选项：用于有选择地控制分析约束的显示。

（22）覆盖绘图：用于通过创建图层并在同一视口中打印叠加多个块，以及如何在创建层堆叠图后对其进行修改。

5. "特征"菜单

"特征"菜单用于对创建的模型特征进行编辑、禁用、恢复和删除等操作，如图 1.16 所示。

（1）编辑：对创建的模型特征和草图进行编辑以修改模型。

（2）重生成：对模型进行编辑后，并不能马上生成修改后的模型，需要重新生成模型。

（3）禁用：用于抑制选择的特征，相当于临时删除某个模型的特征，或临时删除某个组件的零件。

图 1.16 "特征"菜单

（4）恢复：用于恢复抑制的特征。

（5）删除：用于删除模型中的某个特征或组件中的某个零件，删除后不可恢复。

（6）选项：用于设置几何模型是否进行自交检查，以及在"装配"模型中控制重新生成相对于其他特征的位置约束的顺序。

1.6.2 Abaqus/CAE 工具栏

Abaqus/CAE 的工具栏位于菜单栏的下方，如图 1.17 所示。此工具栏同样可以进行大部分的命令操作，包括文件工具栏、可见物体工具栏、视图操作工具栏、视图选项工具栏、颜色编码工具栏、查询工具栏、选择工具栏、视图切面工具栏、显示组工具栏、视图工具栏、视口工具栏和渲染风格工具栏。

图 1.17 Abaqus/CAE 工具栏

Abaqus/CAE 提供了大量的工具栏，对于一些不常用的工具栏，用户可以通过设置选择将其显示或关闭，操作如下。

单击"视图"菜单，在下拉菜单中单击"工具"命令，打开一个子菜单栏，如图 1.18 所示，在这个子菜单栏中可以选择或取消工具栏的显示。

工具栏一般集中在图形界面的上方，但也可以设置在图形界面的其他位置，操作如下。

在要改变位置的工具栏上右击，弹出快捷菜单，可以选择将该工具栏放到需要的位置，如图 1.19 所示。

（1）顶：该选项将选定的工具栏停靠到图形界面的上方。

（2）底：该选项将选定的工具栏停靠到图形界面的下方。

（3）左：该选项将选定的工具栏停靠到图形界面的左侧。

（4）右：该选项将选定的工具栏停靠到图形界面的右侧。

（5）浮点：该选项只有在将工具栏固定在图形界面时才可选择，是将选定的工具栏浮于界面上，可随意拖放到任何位置。图 1.20 为一个悬浮的工具栏。

（6）翻转：该选项只有在将工具栏悬浮在图形界面时才可选择，默认的悬浮工具栏为横向，翻转后则变为纵向，如图 1.21 所示。

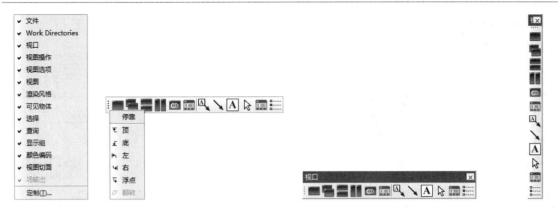

图 1.18　"工具"　　　图 1.19　调整工具栏位置　　　图 1.20　悬浮的"视口"　　　图 1.21　翻转后的

子菜单栏　　　　　　　　　　　　　　　　　　　　　　　　工具栏　　　　　　"视口"工具栏

　　"文件"工具栏用于新建、打开或保存模型数据库、打印视口以及管理会话选项，如图 1.22 所示，这些命令都可以在"文件"菜单中找到。

　　"可见物体"工具栏用于控制模型的网格的显示、网格种子的显示和参考表达的显示，如图 1.23 所示。

　　"视图操作"工具栏用于平移、旋转、缩放模型和循环显示视图等操作，如图 1.24 所示。这些命令都可以在"视图"菜单中找到。

　　"视图选项"工具栏用于切换视图类型、打开或关闭透视视图，如图 1.25 所示。这些命令都可以在"视图"菜单中找到。

图 1.22　"文件"　　　图 1.23　"可见物体"　　　图 1.24　"视图操作"　　　图 1.25　"视图选项"

工具栏　　　　　　　　工具栏　　　　　　　　　工具栏　　　　　　　　　工具栏

　　"颜色编码"工具栏用于用户自定义视口中项目的颜色，并设置模型的透明度，为模型的不同元素设置不同的颜色，如图 1.26 所示。

　　"选择"工具栏：在进行操作时，有时会根据要求选择不同的对象，如选择顶点、边、面和特征等，这时利用"选择"工具栏可以进行很好的操作，如图 1.27 所示。使用"选择"工具栏，首先需要选择对象，然后在绘图区域就只能选中相应的特征。例如，要选择某一实体上的边线，可以先选择边，这时就只能选择该实体上的边而不能选择面和顶点了。还可以通过框选选择对象，包括选择框选内的对象和选择框选外的对象，并将选中的对象高亮显示。

　　"显示组"工具栏用于创建显示组，并对选择的模型特征进行布尔运算，将运算后的模型显示出来；还可以对创建的显示组进行编辑、复制和删除等操作，如图 1.28 所示。

　　"视图切面"工具栏用于对模型进行剖切，并可以设置剖切面、剖切距离和剖切角度等，但不能用于可视化模型的剖切，如图 1.29 所示。

　　"视图"工具栏用于调整模型的视图方向或将模型调整为自定义的视图方向，如图 1.30 所示。

　　"视口"工具栏用于创建多个视口、选择要显示的视口、设置多个视口的显示方式以及对视口中的模型进行注释等操作，如图 1.20 所示，这些命令都可以在"视口"菜单中找到。

　　"渲染风格"工具栏用于指定模型的显示模式，包括线框模式、隐藏线模式和渲染模式，如图 1.31 所示。

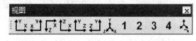

图 1.26 "颜色编码"　　图 1.27 "选择"工具栏　　图 1.28 "显示组"工具栏　　图 1.29 "视图切面"
工具栏　　　　　　　　　　　　　　　　　　　　　　　　　　　　　　　　　　　　工具栏

图 1.30 "视图"工具栏　　　　　　　　　　　图 1.31 "渲染风格"工具栏

1.6.3 模型树

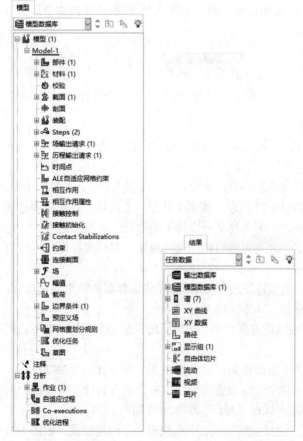

图 1.32 模型树　　　　　图 1.33 结果树

模型树位于图形界面的左侧，为用户提供了模型及其包含的对象（如零件、材料、界面、装配、分析步、载荷、边界条件、场输出请求等）的图形概览，如图 1.32 所示。另外，模型树为在模型之间移动和管理提供了方便、集中的工具，如果模型数据库包含多个模型，可以使用模型树在模型之间移动。模型树中的模型由小图标表示，模型旁边的括号用来显示相应模型的数量，如图 1.32 中显示了该模型数据库中包含一个部件、一种材料和两个分析步（Steps）等。

1.6.4 结果树

结果树同模型树一样，位于图形界面的左侧，用于输出数据库和其他特定会话的数据（如 X-Y）的图形概述，如图 1.33 所示。如果在会话中打开了多个输出数据库，可以使用结果树在输出数据库之间移动。另外，结果树还能够使用户导航到当前模型数据库中的可视内容，如在特定模型的一个步骤中指定载荷。

第 2 章 Abaqus 建模

内容简介

本章主要介绍 Abaqus 建模的三大模块，包括"草图"模块、"部件"模块和"装配"模块，每个模块都对应自己的专用菜单和工具区。和其他 CAD 软件类似，Abaqus 也是通过草图绘制、创建模型、构建装配件等操作创建有限元分析所需的模型和装配件。

内容要点

- ↘ "草图"模块
- ↘ "部件"模块
- ↘ "装配"模块
- ↘ 实例 ——水管与卡扣

案例效果

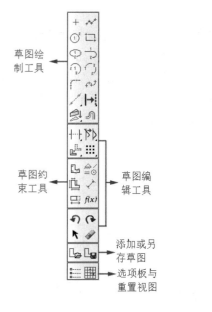

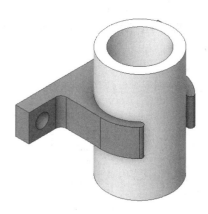

2.1 "草图"模块

对物体进行有限元分析之前，首先要对该物体进行建模，包括二维模型和三维模型等，但这都是基于草图的绘制。Abaqus 提供了完整的草图绘制模块，用户在该模块中可以绘制各种点、线、圆等基本图形，通过修改、编辑、添加几何关系和标注尺寸等命令完成各种复杂图形的绘制，为建模提供条件。

2.1.1 进入草图绘制环境

进入草图绘制环境的方式有两种：一种是通过"部件"模块进入草图绘制环境；另一种是直接选择"草图"模块，通过创建草图进入草图绘制环境。

1. 通过"部件"模块进入草图绘制环境

进入 Abaqus/CAE 图形界面后，环境栏中默认的是"部件"模块，如图 2.1 所示。该模块用于创

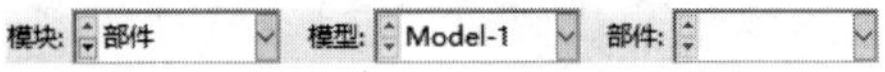

模块: 部件   模型: Model-1   部件:

图 2.1 "部件"模块

建模型，但在创建模型之前会自动进入草图绘制环境，具体操作如下。

（1）在"部件"模块中单击工具区中的"创建部件"按钮，弹出"创建部件"对话框（将在 2.2 节中详细讲解），如图 2.2 所示。

（2）在该对话框中设置名称、模型空间、类型、基本特征等参数后，单击"继续"按钮 继续...，系统自动进入草图绘制环境。

2. 通过"草图"模块进入草图绘制环境

进入 Abaqus/CAE 图形界面后，在环境栏中的"模块"下拉列表中选择"草图"模块，如图 2.3 所示。该模块用于创建草图，通过创建草图进入草图绘制环境，具体操作如下。

（1）在"草图"模块中单击工具区中的"创建草图"按钮，弹出"创建草图"对话框，如图 2.4 所示。其中，"名称"文本框用来定义绘制草图的名称；"大约尺寸"文本框用于定制草图绘制环境中网格边界范围的大小，默认尺寸为 200，如图 2.5 所示。如果设置"大约尺寸"为 50，则网格边界范围的大小为 50。

图 2.2 "创建部件"对话框

图 2.3 选择"草图"模块

图 2.4 "创建草图"对话框

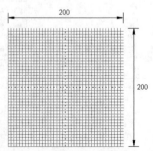

图 2.5 设置大约尺寸为 200

（2）在该对话框中设置"名称"和"大约尺寸"的参数后，单击"继续"按钮 ，系统自动进入草图绘制环境。

2.1.2　"草图"模块菜单栏

第 1 章讲述了常用的几种固定的菜单，本节介绍"草图"模块中专用的菜单，包括"编辑"菜单、"添加"菜单和"工具"菜单。

1．"编辑"菜单

"编辑"菜单主要用于对绘制的草图进行修改、编辑等操作，包括对草图的拖动、删除、裁剪/延长、拆分、合并顶点、修复短边、转换、尺寸及草图另存为等命令，如图 2.6 所示。

2．"添加"菜单

"添加"菜单主要用于绘制草图，包括绘制点、线、圆、弧、椭圆、圆角、样条曲线、线性阵列、环形阵列及自动约束等命令，如图 2.7 所示。

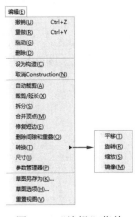

图 2.6　"编辑"菜单

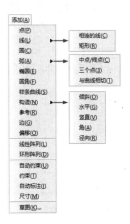

图 2.7　"添加"菜单

📢 **注意：**

> "编辑"菜单和"添加"菜单中的这些命令在"草图"模块的工具区中都能找到，将在 2.1.3 小节进行详解。

3．"工具"菜单

"草图"模块的"工具"菜单只有定制、选项和查询 3 个命令，如图 2.8 所示。

（1）定制：用于定制工具栏和功能模块，一般采用默认设置。

（2）选项：用于设置内存和再生选项，设置视图操作的快捷方式以及设置图标大小。

图 2.8　"工具"菜单栏

（3）查询：用于查询当前视口中有关草图的信息，包括距离、角度和约束细节等信息。

2.1.3　"草图"模块工具区

"草图"模块的工具区位于图形界面的左侧，紧邻视口区，集成了草图绘制、草图编辑、草图约束工具等所有与草图绘制有关的工具，如图 2.9 所示，下面对该工具区进行详细介绍。

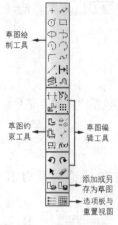

草图绘制工具

草图约束工具

草图编辑工具

添加或另存为草图

选项板与重置视图

图 2.9　"草图"模块工具区

1．草图绘制工具

草图绘制工具提供了各种绘制草图的基本命令，可以绘制点、线、圆、矩形、椭圆等基本图形，还包括构造线工具集、构造线转换工具集和投影工具集等。

（1）孤立点➕：用于在绘图区绘制单个或多个孤立的点。通过在绘图区单击直接绘制点，也可以在提示区输入坐标绘制点。

（2）线✎：用于在绘图区绘制直线，可以是一条线或连接线，也可以是首尾封闭的多边形。通过在绘图区域确定线段的两个端点绘制线段，也可以在提示区输入点坐标值精确绘制线段。

（3）圆⊙：用于在绘图区绘制圆。通过确定圆心和半径绘制圆，也可以在提示区输入圆心和半径的坐标精确绘制圆。

（4）矩形▭：用于在绘图区绘制矩形。通过确定矩形的两个对角点创建矩形，也可以在提示区输入矩形的两个对角点的坐标来精确绘制矩形。

（5）椭圆◔：用于在绘图区绘制椭圆。通过确定椭圆的中心点和长短轴绘制椭圆，也可以在提示区输入椭圆的中心点和长短轴的坐标精确绘制椭圆。

（6）切线弧↰：用于在绘图区绘制已知圆弧的切线弧。首先在绘图区选择已知圆弧上的一点，作为切线弧的起点，然后在要绘制切线弧的方向上再确定一点绘制切线弧，图 2.10 所示为切线弧的几种类型。

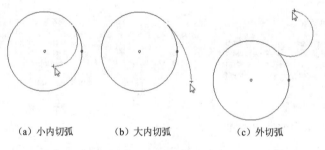

（a）小内切弧　　　　（b）大内切弧　　　　（c）外切弧

图 2.10　切线弧类型

（7）圆心两端点圆弧⌒：通过确定圆弧的圆心和起始点、终点绘制圆弧。

（8）三点圆弧⌒：通过确定圆弧的起始点、终点和圆弧线上一点绘制圆弧。

（9）绘制倒圆角⌐：在绘图区通过修剪或延长两条直线或曲线，并在交点处创建指定大小的圆角（在提示区输入指定的圆角半径）。需要注意的是，若是两条曲线，则这两条曲线不能相切。同样，该命令也不能在封闭曲线上创建圆角，图 2.11 所示为创建倒圆角的两种类型。

（10）样条曲线↝：通过确定样条曲线经过的点绘制样条曲线。

（11）构造线工具集✎⊣⊥⌟⊙：用于在草图绘制过程中绘制构造线，包括两点构造线、水平构造线、竖直构造线、任意角构造线和圆形构造线等。

1）绘制两点构造线✎：在绘图区绘制构造线。通过确定两点绘制任意构造线。

2）绘制水平构造线⊣⊢：在绘图区绘制水平构造线。通过确定通过的一点绘制水平构造线。

3）绘制竖直构造线⊥：在绘图区绘制竖直构造线。通过确定通过的一点绘制竖直构造线。

4）绘制任意角构造线⌟：在绘图区绘制任意角度的构造线。在提示区输入绘制构造线的角度，然后在绘图区确定通过的点绘制任意角度的构造线。

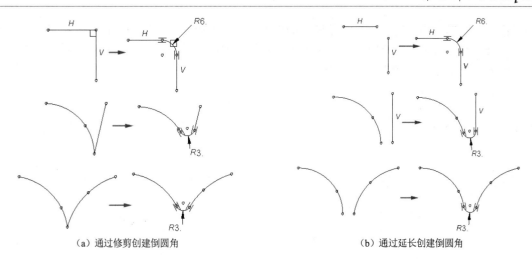

　　　（a）通过修剪创建倒圆角　　　　　　　　　　　（b）通过延长创建倒圆角

图 2.11　创建倒圆角的类型

　　5）绘制圆形构造线 ⭕：在绘图区绘制圆形构造线。可以通过确定圆心和半径来绘制，也可以在提示区输入圆心和半径的坐标精确绘制。

　　（12）构造线工具集 ：用于将绘制的实线转换为构造线或取消构造线的转换。

　　1）设为 Construction（设为构造线）：将绘制的图形设置为构造线。

　　2）取消创建设定 ：将转换后创建的构造线设为实线，但是不能将利用绘制构造线命令绘制的构造线转换为实线。

　　（13）投影工具集 ：通过将模型的边或点投影到草图上绘制草图，包括投影边和投影参考。

　　1）投影边 ：在创建实体特征时，可将实体特征的边投影到草图上。

　　2）投影参考 ：在创建实体特征时，可将与草图平面处于同一平面的零件的边和顶点投影到草图平面上。

　　（14）偏移曲线 ：将绘制的草图进行偏移。先选择要偏移的草图，然后在提示区输入偏移距离，如果偏移方向正确，则单击"确定"按钮 确定，完成偏移；如果偏移方向不对，则单击"翻转"按钮 翻转后再单击"确定"按钮，完成偏移。

2. 草图编辑工具

　　草图编辑工具用于对绘制的草图进行编辑，包括裁剪、拆分工具集，构造线转换工具集，转换工具集，阵列工具集以及取消、重做和拖拽实体、删除等。

　　（1）裁剪、拆分工具集 ：用于对绘制的草图进行裁剪、延长和拆分。

　　1）自动裁剪 ：用于在绘制草图时删除不需要的部分，选中的部分将在两个修剪点之间被删除。修剪点包括几何相交点、端点、定义圆周的点等，如图 2.12 所示。

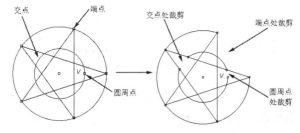

图 2.12　自动裁剪草图

2）裁剪/延长 ┤├：用于修剪或延长草图中的单个边线，可以在其他草图、参考或几何图形之间的任意相交处修剪或延长边。当修剪边时，选中的对象是要保留的对象，与之相交的裁剪工具边的另一侧会被裁剪掉，图 2.13 为裁剪和延长功能。

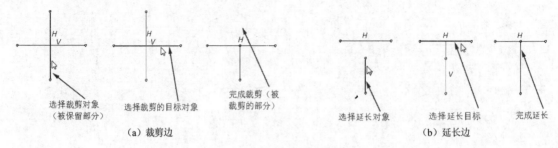

图 2.13　裁剪/延长草图

3）拆分 ╱：用于将选定的边线在指定对象处打断，将其拆分成两条或多条边线，如图 2.14 所示。

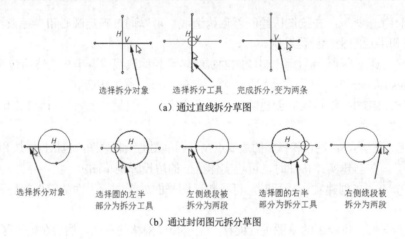

图 2.14　拆分草图

（2）构造线转换工具集 ┤├ ┤├：用于对导入的草图中的孔隙和重叠部分进行编辑、修复短边和合并顶点。

1）删除孔隙和重叠 ▷▷：当使用 Abaqus/CAE 导入其他软件的 CAD 草图时，由于两个系统采用不同的公差，导致导入的图形存在孔隙或重叠，使用该功能可以修复这些孔隙或重叠，如图 2.15 所示。

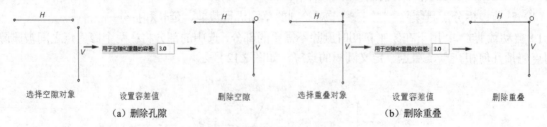

图 2.15　删除孔隙和重叠草图

2）修复短边 ┤├：用于从草图中移除选定较短的边，可直接选择并删除图形中较短的边，也可同时选择所有边，通过设置公差删除所有符合公差的短边。

3）合并顶点 ┤├：当绘制的草图存在孔隙时，用于合并孔隙上的顶点。

（3）转换工具集 ：用于对绘制的草图进行编辑，包括平移、旋转、缩放和镜像操作。

1）平移 ：用于将绘制的草图复制并平移到指定位置。

2）旋转 ：用于将绘制的草图绕指定的中心旋转或复制旋转指定的角度。

3）缩放 ：用于将绘制的草图绕指定的中心缩放或复制缩放指定的倍数。

4）镜像 ：用于将绘制的草图以选定的镜像轴进行镜像或复制镜像。

（4）阵列工具集 ：用于对绘制的草图进行阵列操作，包括线性阵列和环形阵列。

1）线性阵列 ：用于将选定的草图沿水平方向、竖直方向进行阵列操作，如图2.16所示。若将某个方向上的阵列个数设置为1，则在该方向上不进行阵列操作。

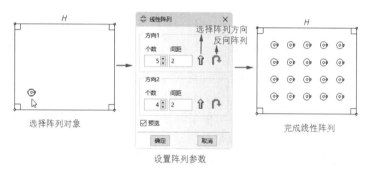

图2.16　线性阵列

2）环形阵列 ：用于将绘制的草图绕指定的中心（默认中心为原点）进行环形阵列，如图 2.17 所示。

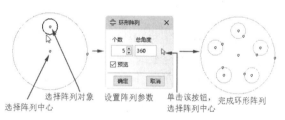

图2.17　环形阵列

（5）取消 ：每单击一次就会撤销一次前面的操作。

（6）重做 ：每单击一次就会重做一次撤销的操作。

（7）拖动实体 ：可以快捷地拖动草图实体，调整草图位置或大小，如图2.18所示。

（8）删除 ：用于删除草图实体。

3．草图约束工具

在绘制草图时，为了提高绘制效率，可以先绘制与模型接近的草图，然后通过草图约束命令，添加草图几何关系和尺寸约束，得到精确草图。

（1）自动约束 ：用于对绘制的草图自动添加合适的约束，自动添加的约束类型可在"草图板选项"对话框中设置。

（2）自动标注 ：用于对选择的草图自动进行尺寸标注。

（3）编辑尺寸值 ：用于对标注的尺寸进行编辑。

（4）添加约束 ：用于对绘制的草图添加约束，单击该按钮，弹出"添加"对话框，如图2.19所示。在该对话框中选择要添加约束的类型，然后选择草图，对草图添加相应的约束。

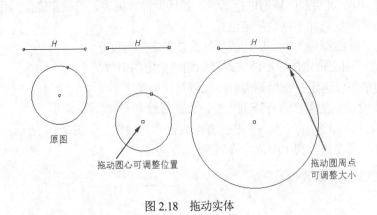

图 2.18 拖动实体   图 2.19 "添加"对话框

（5）添加尺寸：用于对绘制的草图手动标注尺寸，尺寸也是约束的一种形式，可精确地对绘制的草图定位。

（6）参数管理器 $f(x)$：用参数管理器添加和编辑参数，可选择草图中的尺寸创建参数，也可在参数管理器的空白行中创建独立的参数，可以是数值，也可以是方程式。

4.添加或另存为草图

该命令用于将其他草图添加到当前草图中或将当前草图保存为独立的草图。

（1）添加草图：当"草图"模块中有其他独立的草图时，可利用该命令将独立的草图打开并添加到当前草图中，并与当前的原点位置重合。

（2）草图另存为：用于将当前绘制的草图保存为独立的草图，可在草图管理器中被检索到。独立的草图可被打开添加到绘制的另一个草图中。但是，保存的独立草图不包含参考图形和在参考图形上标注的尺寸。

5．选项板与重置视图

主要用于对草图绘制环境的设置，包括草图选项板和重置视图命令。

（1）草图板选项：单击该按钮，弹出"草图板选项"对话框，如图 2.20 所示。该对话框用于设置草图绘制环境的外观、尺寸和约束等行为，包括栅格的捕捉、栅格的大小、栅格的显示、栅格对齐、撤销次数、标注的显示、标注文字大小设置、标注精度设置、自动添加标注的类型、约束的显示和自动添加约束的类型等。

（2）重置视图：在绘制草图的过程中，难免会对视图进行缩放，利用该命令可以快速地使视图返回到原始视图的大小。

图 2.20 "草图板选项"对话框

2.2 "部件"模块

Abaqus 的"部件"模块用于对物体进行建模操作，包括二维模型和三维模型等，通过拉伸、旋转、扫掠、放样等基本操作创建模型；通过拉伸切除、旋转切除等各种切除操作和倒角命令修改模型，还可以对模型进行分割等操作。

2.2.1 "部件"模块菜单栏

本节介绍"部件"模块中专用的菜单，包括"部件"菜单、"加工"菜单和"工具"菜单。

1. "部件"菜单

"部件"菜单用于创建、复制、重命名和删除部件以及打开"部件管理器"，可以方便地浏览和管理部件，如图 2.21 所示。

2. "加工"菜单

创建部件后，可利用"加工"菜单中的拉伸、旋转、扫掠、放样等命令创建实体和壳特征，并对这些特征进行修改，如图 2.22 所示。

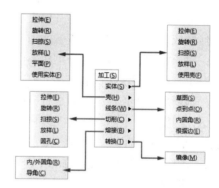

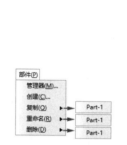

图 2.21　"部件"菜单　　　　　　　图 2.22　"加工"菜单

📢 **注意：**

> "部件"菜单和"加工"菜单中的命令在"部件"模块的工具区中都能找到，将在 2.2.2 小节进行详解。

3. "工具"菜单

"工具"菜单用于查询模型信息、创建参考点、工具集、创建分区、创建基准等操作，如图 2.23 所示。

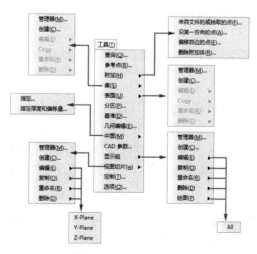

图 2.23　"工具"菜单

（1）查询：用于当前模型的信息查询，包括通用的距离查询、角度查询、特征查询、质量属性等。

（2）参考点：用于在部件上创建参考点，这对于在模型中选择除顶点外的其他点很有用，例如，要选择模型中一条边线的中点，就需要先创建一个参考点作为该条边线的中点，否则就找不到这条线的中点。一个部件只能创建一个参考点，创建的参考点会以 RP-n（n=1,2,3,⋯）的形式标记出来。

（3）附加：用于创建附件工具集，定义模型中的紧固件之间结合处的结合点或线，创建的附件工具集常用于部件、属性、组件和相互作用模块中。

（4）集：用于创建、编辑、复制（Copy）、重命名和删除集合工具集，集合是可以对其进行各种操作的命名区域或实体集合，包括几何图形集、结点集合单元集。创建集合后，可以在"属性"模块中对这些集合添加属性、在"交互"模块中创建接触对、在"载荷"模块中添加载荷或定义边界条件等。

（5）表面：用于创建、编辑、复制（Copy）、重命名和删除表面工具集，用途与集合工具集类似，可以是几何表面，也可以是网格表面。几何表面由几何面或几何边组成，网格表面由单元面和边组成。

（6）分区：用于将部件或装配件分割成不同的区域，可在边、面或单元上创建和定位分区，便于载荷的施加、材料的赋予和网格的划分。对边进行分区，则新增一个顶点；对面进行分区，则新增一个边；对单元或体进行分区，则新增一个面，如图 2.24 所示为分区的几种类型，具体操作将在 2.2.2 小节中详细讲解。

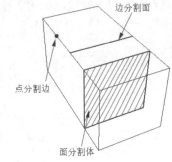

图 2.24　分区类型

（7）基准：用于创建基准的点、轴线、平面和坐标系，具体操作将在 2.2.2 小节中详细讲解。

（8）几何编辑：用于编辑几何的边、表面和整个部件，具体操作将在 2.2.2 小节中详细讲解。

（9）中面：用于抽取所选实体模型的中间部分，生成曲面特征，具体操作将在 2.2.2 小节中详细讲解。

（10）CAD 参数：可以用 Abaqus/CAE 附加的关联接口将模型关联到其他 CAD 建模软件，这样可以在其他 CAD 建模软件中修改模型，且在 Abaqus/CAE 中得到模型相应的改变，并快速更新模型。

（11）显示组：用于创建显示组，并对选择的模型特征进行布尔运算，将运算后的模型显示出来，还可以对创建的显示组进行编辑、复制和删除等操作。

（12）视图切片：用于视图剖切面的创建、编辑、复制和删除等命令。

（13）定制：用于定制工具栏和功能模块，一般采用默认设置。

（14）选项：用于设置内存和再生选项，设置视图操作的快捷方式以及设置图标大小。

2.2.2　"部件"模块工具区

"部件"模块的工具区位于图形界面的左侧，紧邻视口区，集成了创建部件和编辑部件的所有功能，如图 2.25 所示。"部件"模块工具区包含了创建部件的所有工具，有部件加工工具、部件编辑工具、部件拆分工具、创建基准工具和几何编辑工具等，下面对该工具区常用的命令进行详细介绍。

1. 部件加工工具

部件加工工具用于创建部件和通过拉伸、旋转、扫掠、放样、倒角和镜像等命令建立实体模型和壳模型等，包括创建部件、部件管理器、实体工具集、壳工具集、线工具集、切除工具集、倒角工具集和镜像工具等。

（1）创建部件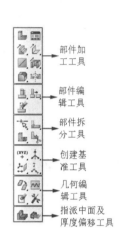：单击该按钮，弹出"创建部件"对话框，如图 2.26 所示。该对话框用于定义部件的名称和基本属性，定义完成后单击"继续"按钮，进入草图绘制环境，绘制草图，默认的绘图平面为 XY 平面。

图 2.25　"部件"模块工具区　　　　图 2.26　"创建部件"对话框

1）名称：用于指定创建部件的名称。

2）模型空间：用于指定所建模型的维度类型，包括三维、二维平面和轴对称 3 种模型。

3）类型：用于指定创建可变形、离散刚性、解析刚性和欧拉模型。

❧ 可变形模型指在加载载荷作用下可以发生变形的模型，可以是三维模型、二维平面模型或轴对称模型。

❧ 离散刚性模型是人为假定的理想的不可变形的模型，常用于在接触分析中模拟不可变形的实体。

❧ 解析刚性模型与离散刚性模型类似，区别在于在接触分析中表示刚性曲面，其形状不是任意的，必须由一组绘制的直线、小于 180° 的圆弧线或抛物线组成。

❧ 欧拉模型常用于流体分析，在分析过程中，其外表面或外边线不会变形，但模型内部默认为可变形的流体。

📢 注意：

在创建离散刚性模型或解析刚性模型时必须指定刚体的参考点，将约束或指定的运动加载到参考点上，并且必须使用"装配"模块中的"表面"工具集选择零件的一侧为外表面。

4）选项：只有在选择创建轴对称模型时才被激活，若创建的轴对称模型是可变形模型，则可以勾选"包括扭曲"复选框，表示模型包含扭曲自由度。

5）基本特征：用于指定创建部件的基本属性，包括部件的形状（如实体、壳、线和点）以及生成特征的方法类型（如拉伸、旋转和扫掠等方法）。

（2）部件管理器：用于创建、复制、删除和锁定部件，这些命令在工具区中都能找到。

（3）实体工具集：用于在当前视口中的部件上通过拉伸、旋转、扫掠、放样和壳创建实体命令创建实体特征。

1）拉伸实体：用于在当前视口中的部件上创建拉伸特征，具体操作如下（可打开 jieguowenjian→ch2→jichu 文本中的 lashen 模型进行查看）。

①单击"拉伸实体"按钮，提示区提示如图 2.27 所示。在部件上选择草图绘制平面，如图 2.28 所示。

选择草图绘制平面

图 2.27　提示选择平面　　　　　　　　　　　图 2.28　选择草图绘制平面

➥ 自动计算：选择草图绘制平面后，软件自动确定草图绘制的原点。

➥ 指定：选择草图绘制平面后，再指定草图绘制的原点。

②此时提示区提示如图 2.29 所示，在部件上选择一条边或轴，确定草图绘制平面的方向，如图 2.30 所示。

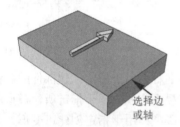

选择边或轴

图 2.29　提示选择边或轴　　　　　　　　　　图 2.30　选择边或轴

➥ 垂直且在右边：选择的边或轴垂直放置于右侧，如图 2.31 所示。

➥ 垂直且在左边：选择的边或轴垂直放置于左侧，如图 2.32 所示。

➥ 水平且在顶部：选择的边或轴水平放置于顶部，如图 2.33 所示。

➥ 水平且在底部：选择的边或轴水平放置于底部，如图 2.34 所示。

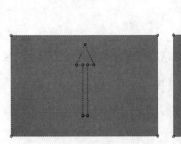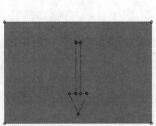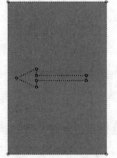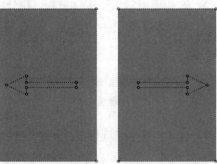

图 2.31　垂直且在右边　　图 2.32　垂直且在左边　　图 2.33　水平且在顶部　图 2.34　水平且在底部

③进入草图绘制环境，绘制草图，如图 2.35 所示。绘制完成后，双击鼠标中键，弹出"编辑拉伸"对话框，如图 2.36 所示。设置拉伸类型、拉伸深度和选项设置，单击"确定"按钮，完成拉伸，如图 2.37 所示。

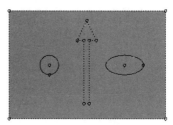

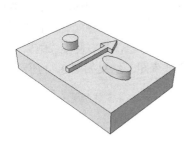

图 2.35　绘制草图　　　　图 2.36　"编辑拉伸"对话框　　　　图 2.37　完成拉伸后的效果图

- 指定深度：用于指定草图拉伸的距离，创建拉伸特征。
- 指定到面：用于指定拉伸草图与选定的面平齐。
- 包括扭曲，螺距：用于创建扭曲的拉伸特征。可用于创建电缆、螺栓齿轮和其他复杂形状。在创建该拉伸特征时，必须创建一个孤立的点作为扭曲中心。
- 包括拖拽，角度：相当于拔模操作，在拉伸过程中设置一定的角度，创建锥形零件。
- 保留内部边界：勾选该选项，使新建的特征独立于原来的部件，与原部件不融合；不勾选该选项，则新建的特征与原部件融合为一个整体的部件。

2）旋转实体：用于在当前视口中的部件上创建旋转特征，具体操作如下（可打开 jieguowenjian→ch2→jichu 文本中的 xuanzhuan 模型进行查看）。

①单击"旋转实体"按钮，提示区提示如图 2.38 所示，在部件上选择草图绘制平面。

②此时提示区提示在部件上选择一条边或轴，确定草图绘制平面的方向。

图 2.38　提示选择平面

③进入草图绘制环境，绘制草图，如图 2.39 所示，绘制完成后双击鼠标中键，弹出"编辑旋转"对话框，如图 2.40 所示。设置旋转角度、旋转方向和选项设置，单击"确定"按钮，完成旋转，结果如图 2.41 所示。

- 包括平移，倾斜：类似于螺栓绘制，输入的数值类似于指定螺距，如图 2.42 所示。

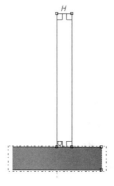

图 2.39　绘制草图　　　图 2.40　"编辑旋转"对话框　　　图 2.41　完成旋转　　　图 2.42　平移，倾斜旋转

- 螺距方向：用于调整螺栓的方向。
- 垂直于路径的扫掠草图：使旋转草图轮廓垂直于旋转路径，在整个旋转过程中草图轮廓始终垂直于旋转路径。

3）扫掠实体：用于在当前视口中的部件上创建扫掠特征，具体操作如下（可打开 jieguowenjian→ch2→jichu 文本中的 saolue 模型进行查看）。

①单击"扫掠实体"按钮，弹出"创建实体扫掠"对话框，如图 2.43 所示。在"路径"选项框中单击"草图"右侧的"编辑"按钮，根据提示选择草图绘制平面和边或轴后，进入草图绘制环境，绘制草图，结果如图 2.44 所示。

图 2.43　"创建实体扫掠"对话框

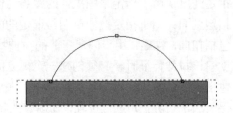

图 2.44　绘制扫掠路径

②绘制完扫掠路径后，双击鼠标中键，此时图形中出现扫掠方向提示箭头，如图 2.45 所示。提示区提示如图 2.46 所示，若扫掠方向正确，单击"是"按钮；若不符合，单击"翻转"按钮。

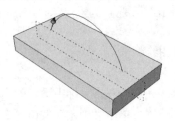

图 2.45　显示扫掠方向

图 2.46　提示扫掠方向

③系统会再次弹出"创建实体扫掠"对话框，此时在"剖面"选项框中单击"草图"右侧的"编辑"按钮，根据提示选择草图绘制平面，进入草图绘制环境，绘制扫掠轮廓，如图 2.47 所示。绘制完成后双击鼠标中键，然后单击"确定"按钮，完成扫掠，如图 2.48 所示。

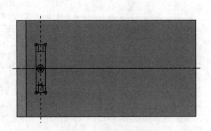

图 2.47　绘制扫掠轮廓

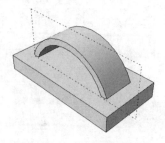

图 2.48　完成扫掠的效果图

➥ 边：选择模型中现有的边作为扫掠路径。

➥ 表面：选择模型中现有的面作为扫掠轮廓。

选项中的其他内容可在"拉伸实体"或"旋转实体"中找到，这里不再详细讲解。

创建扫掠实体时，扫掠轮廓必须为闭合的图形，而扫掠路径可以是开放的，也可以是闭合的。如果是闭合的路径，则该路径的起始端和终止端必须相切，否则不能完成扫掠。图 2.49 所示为 6 种闭合路径的情况。

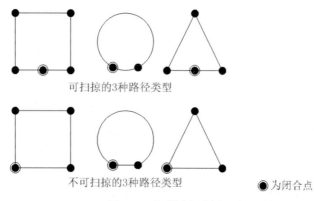

图 2.49　扫掠路径类型

4）放样实体：用于在当前视口中的部件上创建放样特征，使用该命令创建放样特征时，不能绘制草图，放样特征的截面和放样路径都是特征中现存的边构成的封闭截面，具体操作如下（可打开 jieguowenjian→ch2→jichu 文本中的 fangyang 模型进行查看）。

①单击"放样实体"按钮，弹出"编辑实体放样"对话框，如图 2.50 所示。在"截面"选项卡右侧单击"在前面插入"按钮，根据提示在模型中选择边形成闭环截面，如图 2.51 所示。

图 2.50　"编辑实体放样"对话框

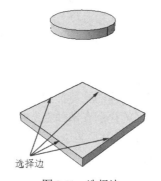

选择边

图 2.51　选择边

②选择完毕后单击鼠标中键，系统会再次弹出"编辑实体放样"对话框，此时在"截面"选项卡右侧单击"在后面插入"按钮，根据提示在模型中选择边形成另一个闭环截面，如图 2.52 所示。选择完毕后单击鼠标中键，系统会再次弹出"编辑实体放样"对话框，单击"确定"按钮，完成放样，结果如图 2.53 所示。

5）壳创建实体：用于将封闭的壳部件转换为实体零件。

（4）壳工具集：用于在当前视口中的部件上通过拉伸、旋转、扫掠、放样和实体创建壳命令创建壳特征，其中的各种命令和实体工具集类似，这里不再详细讲解。

（5）线工具集：用于在当前视口中的部件上通过绘制草图、点到点、倒圆角和选择部件的边创建线命令，和实体工具集类似，这里不再详细讲解。

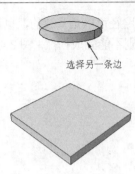

图 2.52　选择另一条边

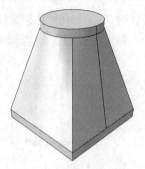

图 2.53　完成放样的效果图

（6）切除工具集 ：用于在当前视口中的部件上通过拉伸、旋转、扫掠、放样和切削圆孔命令切除修改部件，其中前 4 种命令和创建实体工具集类似，这里不再详细讲解，下面只对切削圆孔命令进行介绍。

切削圆孔 ：用于在当前视口中的部件上创建圆孔特征，具体操作如下（可打开 jieguowenjian→ch2→jichu 文本中的 chuangjiankong 模型进行查看）。

1）单击"切削圆孔"按钮 ，提示区提示如图 2.54 所示，选择"通过所有"或"指定深度"选项，根据提示区的要求选择一个平面，此时图形中出现切除孔特征的方向提示箭头，如图 2.55 所示，提示区提示如图 2.56 所示。若方向正确，单击"确定"按钮 ![确定]；若方向不符，则单击"翻转"按钮 ![翻转]。

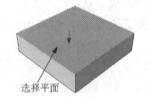

图 2.54　孔类型提示

图 2.55　选择平面

图 2.56　箭头方向提示

❧ 通过所有：创建的孔特征完全穿透部件。

❧ 指定深度：创建的孔特征的深度为用户设定的深度。

2）根据提示区的提示在部件上选择一条边定位孔，如图 2.57 所示，然后在提示区输入边到孔中心的距离；同理，选择第二条边，并输入该边到孔中心的距离，最后在提示区输入孔直径的大小，完成孔的创建，如图 2.58 所示。

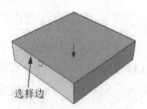

图 2.57　提示选择边

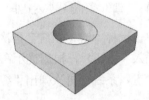

图 2.58　创建孔特征

（7）倒角工具集 ：用于对当前视口中的部件的边进行倒圆角或倒角，通过选择部件的边线，然后设置倒圆角的半径或倒角的距离进行操作，方法简单，这里不再详细讲解。

（8）镜像工具 ：用于对当前视口中的三维部件或壳部件进行镜像操作，选择镜像面后，视图中的所有特征都会进行镜像操作。若在镜像过程中选择"保留原几何"，这样相当于通过镜像命令复制部件，会保留原几何，如图 2.59 所示；若不选择该选项，则不保留原几何。若在镜像过程中选择"保留内部边界"，则镜像后原几何和新图形之间会保留相交边界，如图 2.60 所示；若不选该选项，则镜像后原几何和新图形变为一个整体部件（可打开 jieguowenjian→ch2→jichu 文本中的 jingxiang 模型进行查看）。

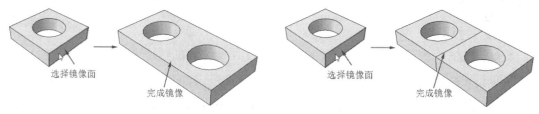

图 2.59　保留原几何镜像　　　　　图 2.60　保留内部边界镜像

2．部件编辑工具集

部件编辑工具集用于对创建的部件进行特征编辑，包括模型的编辑、重生成以及特征的禁用、恢复和删除等命令。

（1）编辑特征工具集：用于对部件或创建的特征进行编辑或重生成操作，方法简单，这里不再详细讲解。

（2）禁用特征工具集：用于对选定的部件或特征禁用或恢复，相当于临时删除选中的部件或特征。

1）禁用特征：对选定的部件或特征禁用，临时将其删除，若禁用父部件或特征，则其下的子部件或特征也被禁用。

2）恢复特征：使禁用的部件或特征恢复，若恢复禁用的父部件或特征，则其下的子部件或特征不会自动恢复，必须选择它们，对其进行恢复特征操作。

（3）删除特征：彻底删除选定的部件或特征，删除后不能恢复。

3．部件拆分工具集

部件拆分工具集用于对创建特征的边、面或体进行分割，包括拆分边工具集、拆分面工具集、拆分体工具集和创建拆分工具。

（1）拆分边工具集：对选择的边进行拆分，并在拆分处新增一个端点。可通过按指定位置、输入参数、在边的中点或基准点处和使用基准面拆分边 4 种方式进行拆分（可打开 jieguowenjian→ch2 → jichu 文本中的 chaifenbian 模型进行查看）。

1）按指定位置拆分边：在部件上选择要拆分的边，并在单击位置进行该边的拆分，如图 2.61 所示。

2）输入参数拆分边：在部件上选择要拆分的边，在所选的边上出现一个箭头，然后沿箭头方向输入该边的比例参数（0～1），按比例参数拆分边，如图 2.62 所示。

3）中点或基准点拆分边：在部件上选择要拆分的边，然后选择该边的中点或该边上的基准点，在中点或基准点处拆分边。如果选择基准点，则该基准点不能是要拆分边的端点，如图 2.63 所示。

4）基准面拆分边：在部件上选择要拆分的边，然后选择该边穿过的基准面，在边与面的交点处拆分边，如图 2.64 所示。

（2）拆分面工具集：对选择的面进行拆分，并在拆分处新增一条线。可通过草图、两点线、基准面、沿垂直于面的两条边的贝塞尔曲线、延伸面和投影边 6 种方式进行拆分。

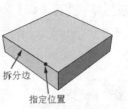

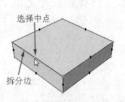

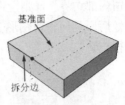

图 2.61 按指定位置拆分边　　图 2.62 输入参数拆分边　　图 2.63 中点或基准点拆分边　　图 2.64 基准面拆分边

1）草图拆分面 ：在部件上选择要拆分的面，并以该面为草图绘制平面，在拆分位置绘制合适的草图，用草图拆分面，如图 2.65 所示（可打开 jieguowenjian→ch2→jichu 文本中的 caotuchaifenmian 模型进行查看）。

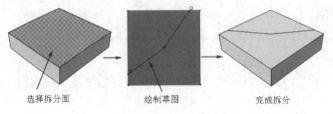

图 2.65 草图拆分面

2）两点线拆分面 ：在部件上选择要拆分的面，然后选择该面上的两点（边的中点或端点），通过这两点的直线分割面，如图 2.66 所示（可打开 jieguowenjian→ch2→jichu 文本中的 liangdianchaifenmian 模型进行查看）。

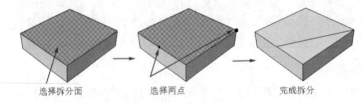

图 2.66 两点线拆分面

3）基准面拆分面 ：在部件上选择要拆分的面，然后选择与该面相交的基准面，在两面的相交处拆分面，如图 2.67 所示（可打开 jieguowenjian→ch2→jichu 文本中的 jizhunmianchaifenmian 模型进行查看）。

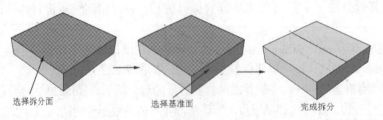

图 2.67 基准面拆分面

4）沿垂直于面的两条边的贝塞尔曲线拆分面 ：在部件上选择要拆分的面，选择该面上的一条线，用参数方式输入分割点的比例，然后再选择另一条线及分割点，自动生成起点和终点分别垂直于这两条线的贝塞尔曲线拆分面，如图 2.68 所示（可打开 jieguowenjian→ch2→jichu 文本中的 saibeierquxianchaifenmian 模型进行查看）。

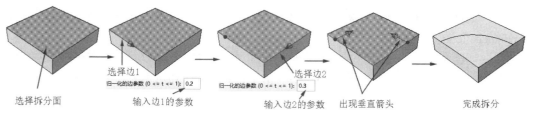

图 2.68　沿垂直于面的两条边的贝塞尔曲线拆分面

5）通过延伸面拆分面：在部件上选择要拆分的面，然后选择另一个面，通过该面的延长线的交点分割面。被延伸的面可以是平面、圆柱面或其他曲面，也并不一定与被拆分的面相交，如图 2.69 所示（可打开 jieguowenjian→ch2→jichu 文本中的 yanshenmianchaifenmian 模型进行查看）。

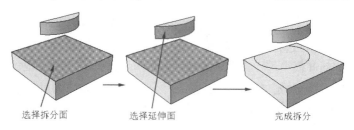

图 2.69　通过延伸面拆分面

6）投影边拆分面：在部件上选择要拆分的面，然后选择该面外的一条边线，通过该边线的垂直投影拆分面，如图 2.70 所示（可打开 jieguowenjian→ch2→jichu 文本中的 touyingbianchaifenmian 模型进行查看）。

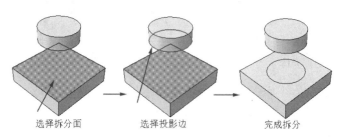

图 2.70　投影边拆分面

（3）拆分体工具集：对选择的体进行拆分，并在拆分处新增一个面。可通过切割平面、基准面、延伸面、拉伸扫掠边、使用 N 条边和草图平面 6 种方式进行拆分。

1）切割平面拆分体：通过平面拆分体，其用于拆分面的平面并不是现有的平面，而是拆分过程中创建的平面。创建平面的方法有 3 种，如下所示。

第一种，通过一点和一条法线创建平面拆分体，如图 2.71 所示。创建的拆分面所选择的点与选择的法线垂直，选择的法线可通过点，也可不通过点（可打开 jieguowenjian→ch2→jichu 文本中的 dianhefaxianchaifenti 模型进行查看）。

图 2.71　通过一点和一条法线创建平面拆分体

第二种，通过三点确定一个平面拆分体，如图 2.72 所示（可打开 jieguowenjian→ch2→jichu 文本中的 sandianchaifenti 模型进行查看）。

第三种，通过垂直边和该边上一点创建平面拆分体，如图 2.73 所示，该方法与第一种方法类似，只是选择的点必须是垂直边上的一点（可打开 jieguowenjian→ch2→jichu 文本中的 chuizhiyubianchaifenti 模型进行查看）。

图 2.72　通过三点确定一个平面拆分体　　　图 2.73　通过垂直边和该边上一点创建平面拆分体

2）基准面拆分体█：通过选择的基准面拆分体，如图 2.74 所示（可打开 jieguowenjian→ch2→jichu 文本中的 jizhunmianchaifenti 模型进行查看）。

3）延伸面拆分体█：通过延伸壳或特征表面拆分体，被延伸的面可以是平面、圆柱面或其他曲面，也并不一定与被拆分的面相交，如图 2.75 所示（可打开 jieguowenjian→ch2→jichu 文本中的 yanshenmianchaifenti 模型进行查看）。

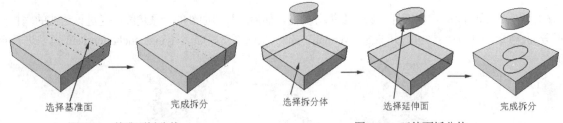

图 2.74　基准面拆分体　　　　　　图 2.75　延伸面拆分体

4）拉伸扫掠边拆分体█：通过选择的扫掠路径和扫掠轮廓边拆分体，如图 2.76 所示（可打开 jieguowenjian→ch2→jichu 文本中的 lashensaoluechaifenti 模型进行查看）。

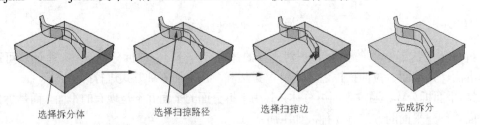

图 2.76　拉伸扫掠边拆分体

5）使用 N 条边拆分体█：通过选择 N 条边构成的闭合曲面分割单元或通过选择 3 个、4 个或 5 个点生成一个分割面和分割面外点分割体，如图 2.77 所示（可打开 jieguowenjian→ch2→jichu 文本中的 Ngebianchaifenti 和 sigedianchaifenti 模型进行查看）。

6）草图平面拆分体█：通过在部件内部的某个平面上绘制草图分割体，如图 2.78 所示，也可以在部件的外表面上绘制草图分割体，此时相当于草图拆分面（可打开 jieguowenjian→ch2→jichu 文本中的 caotupingmianchaifenti 模型进行查看）。

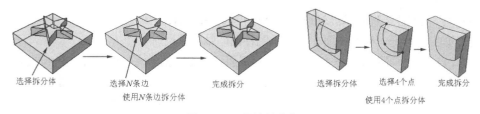

图 2.77　N 条边拆分体

（4）创建拆分工具：创建拆分工具是拆分边、面和体的集合工具，单击该按钮，弹出"创建分区"对话框，如图 2.79 所示。在该对话框中可以选择拆分类型和拆分方法，然后按照前面讲述的拆分边、线或面的步骤进行操作，这里不再详细讲解。

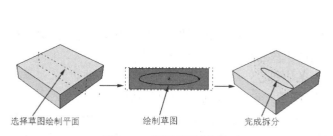

图 2.78　草图平面拆分体

图 2.79　"创建分区"对话框

4．创建基准工具

基准是建立模型的参考，主要的用途是作为三维对象设计的参考或基准数据。例如，要在平行于某个面的地方生成一个特征，就可以先创建与这个面平行的基准面，然后在这个基准面上创建特征；还可以在这个特征上再生成其他特征，当这个基准面移动时，在这个特征上生成的其他特征也相应移动。基准工具包括基准点、基准轴、基准面和基准坐标系。

（1）基准点工具集：用于在创建特征时定义基准点，创建基准点的方法有以下 7 种。

1）坐标值：通过输入坐标值创建基准点。

2）从一点偏移：先选择一个点，然后输入该点在坐标中的偏移量创建基准点。

3）两点的中点：选择两个参考点，在这两个点的中点上创建基准点。

4）从两边偏移：选择两条交叉的边，确定参考点距所选边的距离创建基准点。

5）输入参数：选择一条边，沿该边出现一个箭头，然后输入坐标点所在位置与所选边的比例创建基准点。

6）投影点到面上：将选择的参考点投影到所选的面上，在该面上创建基准点。

7）投影点到边或基准轴上：将选择的参考点投影到所选的边或基准轴上，在该边或基准轴上创建基准点。

（2）基准轴工具集：用于在创建特征时定义基准轴，创建基准轴的方法有以下 9 种。

1）主轴：通过选择主轴中的 X 轴、Y 轴、Z 轴创建基准轴。

2）两平面交线：选择两个不平行的面，在这两个平面的交线处创建基准轴。

3）直边：在部件上选择一条边，创建与该边共线的基准轴。

4）两点：在部件上选择基准轴通过的两个点创建基准轴。

5）圆柱的轴：选择一个圆柱面，创建于圆柱面同轴的基准轴。

6）通过一点垂直于平面：选择一个平面和平面外一点，创建通过该点且垂直于平面的基准轴。

7）过一点平行于一条线：在部件上选择一条边和编外的一个点，创建通过该点且平行于所选边的基准轴。

8）圆上三点：在模型上选择定义圆的 3 个点，创建一个过圆心且垂直圆的基准轴。

9）将已有线旋转：先选择一条边作为旋转轴，再选择一条边作为旋转边，将旋转边绕旋转轴旋转一定的角度创建基准轴。

（3）基准面工具集：用于在创建特征时定义基准面，创建基准面的方法有以下 9 种。

1）从主平面偏移：将选择的 XY、YZ 或 XZ 主平面沿垂直的轴线方向偏移指定的距离（可正向或反方向），创建基准面。

2）从已有平面偏移：在部件上选择任意平面，沿平面的法线方向偏移指定的距离，创建基准面。

3）三点：通过 3 点确定一个平面创建基准面。

4）一线一点：通过选择部件上一条边和边外一点确定一个平面创建基准面。

5）一点和法向：选择一个点和一条边，创建过该点且垂直于边的基准面。

6）两点的中面：选择两个点，这两个点确定一条边，创建垂直边且通过该边中点的基准面。

7）将已有平面旋转：在部件上选择一条边和边外的一个点，创建通过该点且平行于所选边的基准面。

8）圆上三点：在模型上选择定义圆的 3 个点，创建一个过圆心且垂直圆的基准面。

9）将已有线旋转：选择一个面作为旋转面，再选择一个边作为旋转轴，将旋转面绕旋转轴旋转指定的角度创建基准面。

（4）基准坐标系工具集：用于在创建特征时定义基准坐标系，创建基准坐标系的方法有以下 3 种。

1）三点：通过选择原点和另外两个点创建矩形坐标系、圆柱形坐标系或球形坐标系。

2）从已有坐标系偏移：选择一个坐标系，将该坐标系按指定的方向和距离进行偏移，创建矩形坐标系、圆柱形坐标系或球形坐标系。

3）两条线：通过选择两条相交的线创建矩形坐标系、圆柱形坐标系或球形坐标系。

创建基准坐标系工具集的操作较简单，这里不再详细讲解。

5．几何编辑工具

几何编辑工具用于将创建或导入的部件进行编辑，包括部件转换工具集、编辑边工具集、编辑面工具集和几何编辑工具。

（1）部件转换工具集：用于对整个部件进行编辑，包括转换为解析和转换到精确两种方法。

1）转换为解析：用于将边、面或单元的内部定义转换为可以用解析式表示的更简单的形式。该操作能提高加工速度，优化几何图形。

2）转换到精确：可通过"缩小孔隙"和"重新计算几何"两种方法将导入的实体转换为精确的几何图形。

➤ 缩小孔隙：该方法会提高模型的顶点、边和面，其速度快，但是不会对几何图形执行完整的计算。

➦ 重新计算几何：该方法通常会产生精确的几何图形，使几何图形完全匹配，但是计算时间较长，速度慢，且对于复杂曲面的计算可能会失败。

由于部件转换工具集对于初学者较难，且不常用，这里不再详细讲解。

（2）编辑边工具集 ：用于对部件的边进行编辑，包括缝合边、修复小边、合并边、删除冗余实体、修复无效的边和删除线 6 种方法。

1）缝合边 ：如果导入的几何为不连续的面，则可以将这些面在指定的公差范围内进行缝合。可在指定的边处缝合，也可缝合所有符合公差的面，如图 2.80 所示（可打开 jieguowenjian→ch2→jichu 文本中的 fenghebian 模型进行查看）。

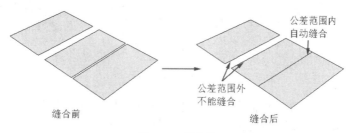

图 2.80　缝合边

2）修复小边 ：用于修复有裂口的小边，创建封闭的几何图形，如图 2.81 所示（可打开 jieguowenjian→ch2→jichu 文本中的 xiufuxiaobian 模型进行查看）。

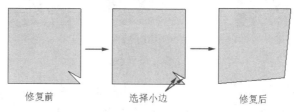

图 2.81　修复小边

3）合并边 ：将一系列连接的边合并为一条边。

4）删除冗余实体 ：将模型中多余的边或顶点删除，而不删除模型的形状，如图 2.82 所示（可打开 jieguowenjian→ch2→jichu 文本中的 shanchurongyushiti 模型进行查看）。

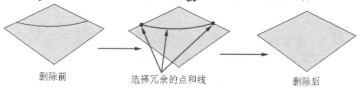

图 2.82　删除冗余实体

5）修复无效的边 ：有时导入模型后，系统会提示模型的某些边无效，此时可以运用该命令重新计算修复无效的边，这种情况很少出现。

6）删除线 ：删除选择的边或线。

（3）编辑面工具集 ：用于对部件的面进行编辑，包括删除面、覆盖边、修复面、修复小面、修复裂片等。

1）删除面 ：删除三维实体、壳或二维平面中选定的面（包括圆角、倒角和孔面），若从三维实体中删除一个或多个面后，则会将三维实体转换为壳零件。

2）覆盖边 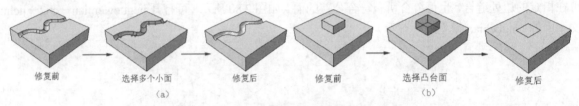：选择一条（圆弧线或闭环曲线）或多条边，形成闭合回路创建面，若对壳零件创建面后形成封闭的零件，此时不能转换为实体零件，必须通过"壳创建实体"命令将其转换为实体零件。

3）修复面 ：当导入的模型存在连续的多个小面时，会影响后续网格的划分，利用该命令可将这些连续的小面替换为一个较大的且更平滑的面，如图 2.83（a）所示；或者删除平面中凸出的小平台，使平面更平滑，如图 2.83（b）所示（可打开 jieguowenjian→ch2→jichu 文本中的 xiufumian(a) 和 xiufumian(b) 模型进行查看）。

| 修复前 | 选择多个小面 | 修复后 | 修复前 | 选择凸台面 | 修复后 |
| (a) | | | | (b) | |

图 2.83　修复面

4）修复小面 ：删除选定的小面并编辑相邻面，创建封闭的几何图形，如图 2.84 所示（可打开 jieguowenjian→ch2→jichu 文本中的 xiufuxiaomian 模型进行查看）。

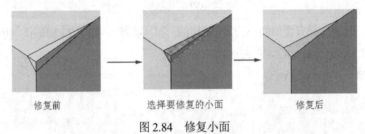

修复前　　　　　选择要修复的小面　　　　　修复后

图 2.84　修复小面

5）修复裂片 ：有些三维实体、壳或二维平面中的细小长条面，可以认为是一片小而尖的额外材料，可以利用该工具选择该细长面和面上两点删除该长条面，如图 2.85 所示（可打开 jieguowenjian→ch2→jichu 文本中的 xiufuliepian 模型进行查看）。

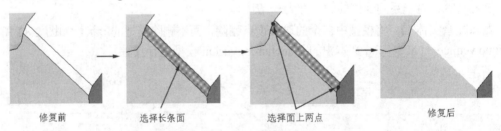

修复前　　　　选择长条面　　　　选择面上两点　　　　修复后

图 2.85　修复裂片

6）修复法相 ：用于修复导入的实体或壳零件的面法线。当导入的实体零件体积为负值或导入的壳体零件包含法线指向相反的面时，利用该工具调整法线的方向，由于这种情况很少发生，因此这里不再详细讲解。

7）偏移面 ：用偏移的方法复制选择的面。当选择偏移面后，弹出"偏移面"对话框，如图 2.86 所示。可直接指定偏移距离偏移面，如图 2.87（a）所示；也可使用目标面计算距离偏移面，如图 2.87（b）所示（可打开 jieguowenjian→ch2→jichu 文本中的 pianyimian 模型进行查看）。

8）延伸面 ：用于延伸选择的面，通过指定延伸距离或选择目标面控制延伸距离，单击该按钮，弹出"延伸面"对话框，如图 2.88 所示。可延伸一个面的边，也可延伸整个面（使面放大或缩小）。

可通过指定距离延伸面，如图 2.89（a）所示；也可选择延伸到的目标面，如图 2.89（b）所示（可打开 jieguowenjian→ch2→jichu 文本中的 yanshenmian 模型进行查看）。

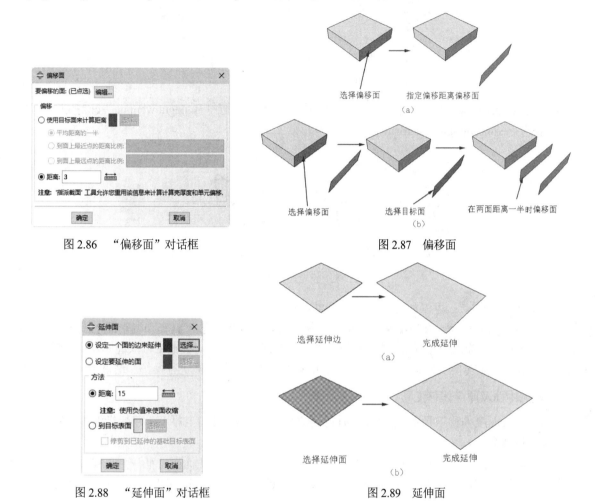

图 2.86　"偏移面"对话框　　　　　　　　图 2.87　偏移面

图 2.88　"延伸面"对话框　　　　　　　　图 2.89　延伸面

9）熔合面📐：用于在两个不连续的面之间创建一个新面将这两个面连接起来，根据提示分别先后选择要熔合面的两条边创建熔合面。创建连接新面的方法有以下 3 种。

📎 相切：创建的熔合面与所选面的两条边均相切，如图 2.90 所示（可打开 jieguowenjian→ch2→jichu 文本中的 xiangqieronghemian 模型进行查看）。

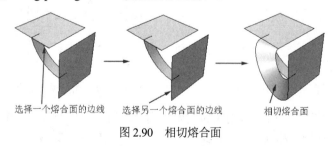

图 2.90　相切熔合面

📎 最短路径：创建的熔合面的路径最短，如图 2.91 所示（可打开 jieguowenjian→ch2→jichu 文本中的 zuiduanlujingronghemian 模型进行查看）。

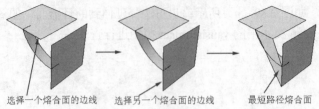

图 2.91　最短路径熔合面

➥ 设定路径：沿设定的路径创建熔合面，如图 2.92 所示（可打开 jieguowenjian→ch2→jichu 文本中的 shedinglujingronghemian 模型进行查看）。

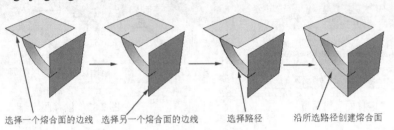

图 2.92　设定路径熔合面

10）单元中的面 ：可以利用孤立的单元面来创建新的几何面。

（4）几何编辑工具 ：几何编辑包含了部件转换工具集、编辑边工具集和编辑面工具集中的所有功能。单击该按钮，弹出"几何编辑"对话框，如图 2.93 所示。在该对话框中可以选择几何编辑类别和编辑方法，然后按照转换工具集、编辑边工具集和编辑面工具集的步骤进行操作，这里不再详细讲解。

6. 指派中面及厚度偏移工具

指派中面及厚度偏移工具用于创建曲面特征和对创建的壳特征指定厚度，包括指派中面区域以及指派厚度和偏移命令。

（1）指派中面区域 ：用于抽取所选实体模型的中间部分，生成曲面特征，并在视口区以半透明状态显示，如图 2.94 所示（可打开 jieguowenjian→ch2→jichu 文本中的 zhipaizhongmian 模型进行查看）。

图 2.93　"几何编辑"对话框

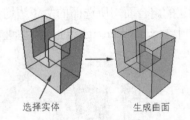

图 2.94　指派中面区域

（2）指派厚度和偏移 ：用于对创建的壳零件指定厚度，可以对壳零件的不同面指定不同的厚度，也可以对整个壳零件指定相同的厚度。选择该命令后，视口中没有被指定厚度的壳会被赋予黄色并高亮显示，此操作较简单，这里不再详细讲解。但要注意的是，利用该命令指定壳零件的厚度数据不能用于 Abaqus/Explicit 分析。

2.3 "装配"模块

在模块列表中选择装配，即进入"装配"模块。在"部件"模块中创建或导入部件时，整个过程都是在局部坐标系中进行的。对于由多个部件构成的物体，必须将其在统一的整体坐标系中进行装配，使之成为一个整体，这部分工作需要在"装配"模块中进行。

📢 注意：

> 一个模块只能包含一个装配件，一个装配件可以包含多个部件，一个部件也可以被多次调用组装成装配件。即使装配件中只包含一个部件，也必须进行装配，定义载荷、边界条件、相互作用等操作都必须在装配件的基础上进行。

2.3.1 "装配"模块菜单栏

"装配"模块中的专用菜单包括"实例"菜单和"约束"菜单。

1. "实例"菜单

"实例"菜单用于创建装配，并对创建的装配进行阵列、平移、旋转、替换、转换约束和合并/切削等操作，如图 2.95 所示。

2. "约束"菜单

通过约束命令调整部件之间的几何关系，与平移工具类似，但约束操作可以撤销或修改，包括面平行、共面、边平行、共边、共轴、共点、坐标系平行等命令，如图 2.96 所示。

图 2.95　"实例"菜单

图 2.96　"约束"菜单

📢 注意：

> "实例"菜单和"约束"菜单中的这些命令在"装配"模块的工具区中都能找到，将在 2.3.2 小节中进行详细讲解。

2.3.2 "装配"模块工具区

"装配"模块的工具区集成了创建装配、调整部件及约束定位的所有功能，如图 2.97 所示，包含了创建装配的各种命令和约束工具等，还包括了"部件"模块中的部分命令，这些命令同样适用于"装配"模块，操作和"部件"模块相同或类似，这里不再详细讲解，只对创建装配工具做详细介绍。

图 2.97　"装配"模块工具区

1．创建实例

单击"创建实例"按钮，弹出"创建实例"对话框，如图 2.98[①]所示。该对话框共包含 3 个部分，其中"部件"选项组内列出了所有可用于创建装配的部件，单击进行部件的选择，可以单选，也可以多选，多选则要借助 Shift 键或 Ctrl 键进行选择。

"实例类型"选项组用于选择创建实例的类型，包含以下两个选项。

（1）非独立（网格在部件上）：用于创建非独立的部件实例，为默认选项。当对部件划分网格时，相同的网格被添加到调用该部件的所有实例中，特别适用于线性阵列和辐射阵列构建部件实例。

（2）独立（网格在实例上）：用于创建独立的部件实例，这种实例是对原始部件的复制。此时，用户需要对装配件中的每个实例划分网格，而不是原始部件。此外，"从其他的实例自动偏移"选项用于使实例间产生偏移而不重叠。

最后，单击"确定"按钮，完成实例的创建。

"装配"模块的工具区和菜单栏中没有删除实例等工具，创建装配实例后，可以在模型树中进行这些操作，具体操作如下。

在模型树中单击该模型装配前的"展开"按钮⊞，展开列表，再单击实例前的"展开"按钮⊞，右击需要操作的实例，在弹出的快捷菜单中选择"删除"命令删除该实例，如图 2.99 所示。其中，"禁用"或"继续"命令（只有在选择"禁用"后才可以显示并选择"继续"命令）分别用于抑制和恢复该实例的选择。

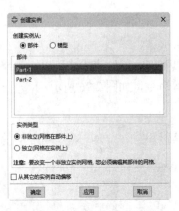

图 2.98　"创建实例"对话框

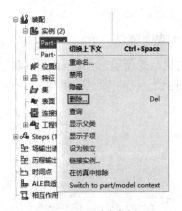

图 2.99　删除实例

部件实例创建完成后，类型可以修改，方法为在模型树中右击该部件实例，在弹出的快捷菜单中选择"设为独立"或"设为非独立"命令（只有在选择"设为独立"后才可以显示并选择"设为非独立"命令），即可改变实例的类型。

2．线性阵列

线性阵列用于对装配模型中的部件进行线性阵列复制。单击"线性阵列"按钮，在视口区单击要阵列复制的实例，单击提示区的"完成"按钮，弹出"线性阵列"对话框，如图 2.100 所示。该对话框中包含如下几个选项。

（1）"方向 1"选项组：用于设置线性阵列的第一个方向，默认为 X 轴。

（2）"方向 2"选项组：用于设置线性阵列的第二个方向，默认为 Y 轴。

---

① 编者注：该图中的"其它"为软件汉化问题，应为"其他"。正文中均使用"其他"，图片中保持不变，余同。

（3）"预览"复选框：用于预览线性阵列的实例，默认为选择预览方式。

3. 环形阵列

环形阵列用于对装配模型中的部件进行环形阵列复制。单击"环形阵列"按钮，在视口区单击要阵列复制的实例，单击提示区的"完成"按钮，弹出"环形阵列"对话框，如图 2.101 所示。其选项与线性阵列模式类似，这里不再详细讲解。

图 2.100　"线性阵列"对话框

图 2.101　"环形阵列"对话框

4. 平移实例

在装配过程中用于将选中的零件或模型沿指定的坐标方向进行平移。单击"平移实例"按钮，在视口区单击要平移的实例，单击提示区的"完成"按钮，再根据提示平移实例，平移方法有以下两种。

（1）按提示输入平移向量的起点坐标，如图 2.102 所示。按 Enter 键，然后继续在提示区输入平移向量的中点坐标，如图 2.103 所示。再次按 Enter 键，选中的实例会沿输入的坐标方向移动指定的距离。输入坐标的 3 个值分别代表 X 方向、Y 方向和 Z 方向。

图 2.102　输入平移向量起点的坐标

图 2.103　输入平移向量终点的坐标

（2）在视图区中选择部件实例上的一点，接着选择部件实例上的另一点。此时，视图区中显示出实例移动后的位置，单击"完成"按钮，完成部件实例移动。

5. 旋转实例

旋转实例用于将选择对象绕指定的轴旋转指定的角度。若旋转三维实例，则指定旋转轴旋转对象；若旋转二维实例，则指定旋转中心点旋转对象。单击"旋转实例"按钮，鼠标中键单击要旋转的部件，此时提示输入或选择一个点作为旋转中心，输入或选择后单击鼠标中键，提示输入旋转角度，输入后单击鼠标中键，然后单击"完成"按钮，完成旋转。

6. 平移到

该命令用于将选择实例的边或面与固定实例的边或面沿定义的向量移动指定的距离平移实例。具体操作如下。

单击"平移到"按钮，在视图区单击移动实例的边（二维或轴对称实例）或面（三维实例），单击提示区的"完成"按钮；再选择固定实例的面或边，单击提示区的"完成"按钮。类似于平移工具，选择平移向量的起止点。

之后需要在提示区输入移动后所选边或面在指定向量上的距离。负值表示两实例的重叠距离，默认为 0.0，即选择的两实例的面或边接触在一起，最后单击"完成"按钮 完成，如图 2.104 所示（可打开 jieguowenjian→ch2→jichu 文本中的 pingyidao 模型进行查看）。

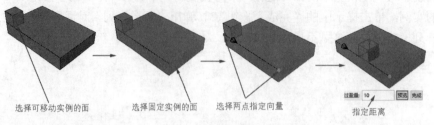

选择可移动实例的面　选择固定实例的面　选择两点指定向量　指定距离

图 2.104　平移到操作

7．约束工具集

装配工具中提供了一系列的约束工具，集中在约束工具集中，包括面平行、共面、边平行、共边、共轴、共点和坐标系平行等命令。这些工具与平移工具类似，都是通过指定两个部件实例间的位置关系移动其中一个实例；不同的是约束定位操作可以撤销和修改。

（1）面平行：添加选择面与固定面的几何关系为平行，如图 2.105 所示（可打开 jieguowenjian→ch2→jichu 文本中的 mianpingxing 模型进行查看）。

选择移动面　　选择固定面　　两面平行

图 2.105　面平行约束

（2）共面：添加选择面与固定面的几何关系为共面，或添加选择面与固定面的距离，如图 2.106 所示（可打开 jieguowenjian→ch2→jichu 文本中的 gongmian 模型进行查看）。

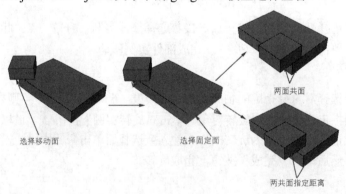

选择移动面　　　选择固定面　　两面共面

两共面指定距离

图 2.106　共面约束

（3）边平行：添加选择边与固定边的几何关系为平行，如图 2.107 所示（可打开 jieguowenjian→ch2→jichu 文本中的 bianpingxing 模型进行查看）。

（4）共边：添加选择边与固定边的几何关系为共边，如图 2.108 所示（可打开 jieguowenjian→ch2→jichu 文本中的 gongbian 模型进行查看）。

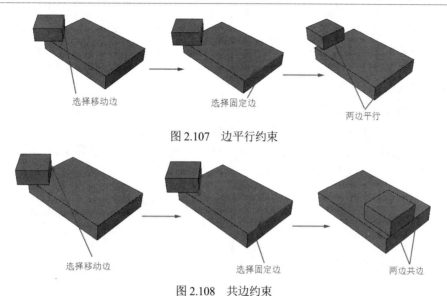

图 2.107　边平行约束

图 2.108　共边约束

（5）共轴 ：添加轴与轴、轴与孔或孔与孔之间的同轴几何关系，如图 2.109 所示（可打开 jieguowenjian→ch2→jichu 文本中的 gongzhou 模型进行查看）。

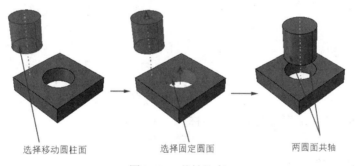

图 2.109　共轴约束

（6）共点 ：用于对选定的两个点添加重合约束，此操作简单，这里不再详细讲解。

（7）坐标系平行 ：添加选择的实例的坐标系与固定的实例的坐标系的几何关系为平行，如图 2.110 所示（可打开 jieguowenjian→ch2→jichu 文本中的 zuobiaoxipingxing 模型进行查看）。

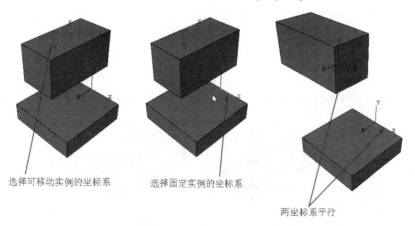

图 2.110　坐标系平行约束

◁)) 注意：

> 单独的约束操作很难对部件实例进行精确定位，往往需要几个约束操作配合使用才能精确地定位部件实例。

8. 合并/切割实例

当装配件包含两个或两个以上的部件实例时，Abaqus/CAE 提供部件实例的合并和剪切功能。对选择的实例进行合并或剪切操作后，将产生一个新的实例和一个新的部件。

单击"合并/切割实例"按钮⬮⬮，弹出"合并/切割实例"对话框，如图 2.111 所示，该对话框中的各项含义如下。

（a）合并几何实例 　　　　　　　　　　（b）合并网格实例

图 2.111　"切割/合并实例"对话框

（1）部件名：用于输入新生成的部件的名称。

（2）运算：用于选择操作的类型，包括合并和切割几何。

（3）合并：用于部件实例的合并。

（4）切割几何：用于部件实例的剪切，仅适用于几何部件实例。

（5）选项：用于设置操作的选项，包括"禁用"原始实例和"删除"原始实例。

（6）几何：几何部件合并或切割后，设置"删除"相交边界或"保持"相交边界。

（7）网格：用于选择结点的合并方式，适用于带有网格的实例。

（8）容差：用于输入合并结点间的最大距离，默认值为 1E-06，即间距在 1×10^{-6} 内的结点被合并，适用于带有网格的实例。

设置完"合并/切割实例"对话框后，单击"继续"按钮，在视口区选择要合并或切割的实例，单击提示区的"完成"按钮，完成操作。图 2.112 所示为合并实例操作，图 2.113 所示为切割实例操作（可打开 jieguowenjian→ch2→jichu 文本中的 hebingshiti 和 qiegeshiti 模型进行查看）。

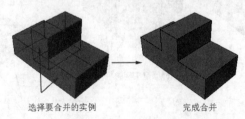

选择要合并的实例　　　　　　　　完成合并

图 2.112　合并实例

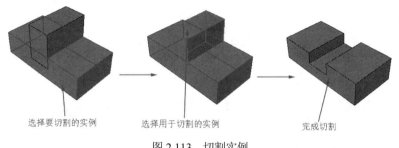

选择要切割的实例　　　选择用于切割的实例　　　完成切割

图 2.113　切割实例

2.4　实例——水管与卡扣

图 2.114（a）所示为家用 PVC 水管和卡扣的模型图。在铺设水管管道的过程中，先将卡扣固定在水管安装位置的墙上，然后再将水管卡入其中，便于管路的铺设。图 2.114（b）所示为水管与卡扣的工程图，本实例通过创建水管与卡扣的实体模型，综合掌握 Abaqus "草图" 模块、"部件" 模块和 "装配" 模块的操作过程。

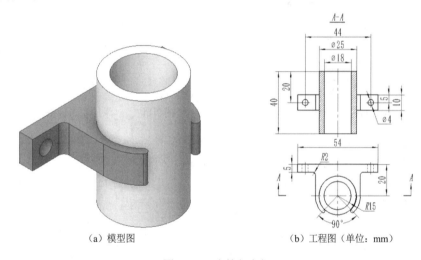

（a）模型图　　　　　　　　　　（b）工程图（单位：mm）

图 2.114　水管与卡扣

扫一扫，看视频

2.4.1　创建卡扣

设置工作目录。执行 "文件" → "设置工作目录" 菜单命令，弹出 "设置工作目录" 对话框，选择 Abaqus/CAE 所有文件的保存目录，如图 2.115 所示。单击 "新工作目录" 文本框右侧的 "选取" 按钮 ，找到文件要保存到的文件夹，然后单击 "确定" 按钮 确定(O)，完成操作。

图 2.115　"设置工作目录" 对话框

1. 创建部件

启动 Abaqus/CAE，进入 "部件" 模块，单击工具区中的 "创建部件" 按钮 ，弹出 "创建部件" 对话框。在 "名称" 文本框中输入 kakou，"模型空间" 选择 "三维"，再依次选择 "可变形" "实体" 和 "拉伸"，如图 2.116 所示，然后单击 "继续" 按钮 继续...，进入草图绘制环境。

2．绘制草图1

（1）单击"水平构造线"按钮━━━，过原点绘制一条水平构造线；然后单击"竖直构造线"按钮┊，过原点绘制一条竖直构造线。

（2）单击"添加约束"按钮⚙，弹出"添加"对话框，如图2.117所示。在"约束"选项栏中选择"固定"选项，按住Shift键，然后在视口区选择绘制的水平和竖直构造线，单击鼠标中键，将两条构造线固定。

图2.116　"创建部件"对话框

图2.117　"添加"对话框

（3）单击"矩形"按钮▢，在视口区绘制一个矩形；再单击"圆"按钮⊙，在视口区绘制一个圆。然后单击"添加尺寸"按钮✎，标注尺寸，结果如图2.118所示。

（4）单击"镜像"按钮，在提示区单击"复制"按钮 复制，选择竖直构造线为镜像轴，选择绘制的圆为镜像实体，双击鼠标中键完成复制，结果如图2.119所示。

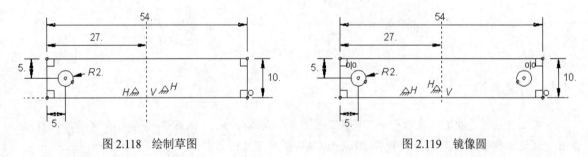

图2.118　绘制草图　　　　　　　　　　　　　图2.119　镜像圆

3．拉伸草图1

单击鼠标中键，弹出"编辑基本拉伸"对话框，如图2.120所示。设置深度为5，其余为默认设置。单击"确定"按钮 确定 ，完成拉伸，结果如图2.121所示。

4．绘制草图2

（1）单击"拉伸"按钮，选择图2.121中的面1为草图绘制平面；再选择边1，将其设为"垂直且在右边"，进入草图绘制环境。

图 2.120　"编辑基本拉伸"对话框

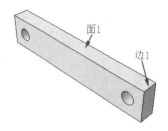

图 2.121　拉伸草图 1

（2）分别单击"水平构造线"按钮━━、"圆"按钮⊙和"线"按钮✖✖，绘制草图，如图 2.122 所示。

（3）单击"添加约束"按钮，在弹出的"添加"对话框中选择"相切"选项，为大圆和两条竖直线段添加相切几何关系，如图 2.123 所示。

（4）单击"自动裁剪"按钮━┼━，裁剪多余的图形；然后单击"添加尺寸"按钮╱，标注尺寸，结果如图 2.124 所示。

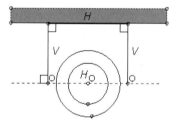

图 2.122　绘制圆和直线

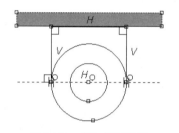

图 2.123　添加相切关系

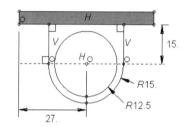

图 2.124　裁剪和标注尺寸

（5）单击"任意角构造线"按钮✍，在提示区设置角度为 45，然后在视口区的圆心处单击，按 Esc 键，绘制 45°的构造线。同理，再绘制 135°的构造线，然后单击"自动裁剪"按钮━┼━，裁剪多余的图形，结果如图 2.125 所示。

（6）单击"切线弧"按钮╰，在圆的两个断口处绘制切线弧，结果如图 2.126 所示。

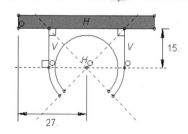

图 2.125　绘制构造线和修剪草图

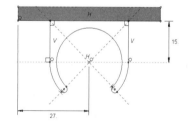

图 2.126　绘制切线弧

5. 拉伸草图 2

单击鼠标中键，弹出"编辑拉伸"对话框，如图 2.127 所示，设置深度为 10；单击"翻转方向"按钮⟳，使拉伸箭头向下，其余为默认设置。单击"确定"按钮 确定 ，完成拉伸，结果如图 2.128 所示。

6. 倒圆角

单击"倒圆角"按钮⬗，选择图 2.128 中的边 2，单击鼠标中键，在提示区设置半径值为 2，再次单击鼠标中键，完成倒角。同理，对另一侧的边进行倒圆角，结果如图 2.129 所示。

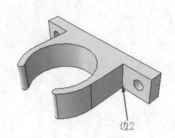

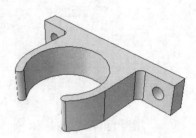

图 2.127　"编辑拉伸"对话框　　　　图 2.128　拉伸草图 2　　　　　图 2.129　倒圆角

扫一扫，看视频

2.4.2　创建水管

1. 创建部件

启动 Abaqus/CAE，进入"部件"模块，单击工具区中的"创建部件"按钮 ，弹出"创建部件"对话框。在"名称"文本框中输入"shuiguan"，"模型空间"选择"三维"，再依次选择"可变形""实体"和"拉伸"，如图 2.130 所示，然后单击"继续"按钮 继续...，进入草图绘制环境。

2. 绘制草图

（1）单击"圆"按钮 ，绘制两个同心圆，然后单击"添加尺寸"按钮 ，标注草图尺寸，结果如图 2.131 所示。

（2）双击鼠标中键，打开"编辑基本拉伸"对话框，如图 2.132 所示。设置"深度"为 40，其余为默认设置。单击"确定"按钮，完成水管的创建，结果如图 2.133 所示。

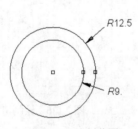

图 2.130　"创建部件"　　　图 2.131　绘制草图　　　图 2.132　"编辑基本拉伸"　　　图 2.133　创建水管
　　　　　对话框　　　　　　　　　　　　　　　　　　　　　　对话框

扫一扫，看视频

2.4.3　创建装配

1. 设置环境

在环境栏的"模块"列表中选择"装配"选项，设置环境为"装配"模块。

2. 创建实例

单击"创建实例"按钮⤷，弹出"创建实例"对话框，如图 2.134 所示。在"部件"选项框中选择 kakou 和 shuiguan 两个部件，设置实例类型为"非独立（网格在部件上）"，单击"确定"按钮 确定 ，创建装配实例，如图 2.135 所示。

图 2.134　"创建实例"对话框

图 2.135　创建装配实例

3. 添加共轴约束

单击"共轴"按钮⚲，选择水管圆弧面为可移动实例的圆柱面，选择卡扣的圆弧面为固定实例的圆柱面，单击提示区中的"确定"按钮 确定 ，添加共轴约束，结果如图 2.136 所示。

4. 添加共面约束

单击"共面"按钮⤳，选择水管上表面为可移动实例的平面，选择卡扣的上表面为固定实例的平面，单击提示区中的"确定"按钮 确定 ，接着在提示区设置"到固定平面的距离"为 15，按 Enter 键创建共面约束，结果如图 2.137 所示。

图 2.136　添加共轴约束

图 2.137　添加共面约束

5. 移动水管

由于后续章节要在此模型的基础上模拟水管卡入卡扣的过程，因此这里先将水管向外移动一段距离。单击"平移实例"按钮⤢，按照提示选择水管实例模型，单击提示区的"完成"按钮 完成 ，然后提示区提示"Select an axis or a start point for the translation vector—or enter X,Y,Z"（选择平移向量的轴或起点，或输入 X，Y，Z），在视口区选择坐标系的 Z 轴，如图 2.138 所示。然后在提示区的 "Distance"（距离）文本框中输入 30，单击 "继续" 按钮 继续，弹出一个警示对话框，如图 2.139 所示，单击 "是" 按钮 是，然后在提示区单击 "完成" 按钮 完成，完成偏移，结果如图 2.140 所示。

6. 保存文件

建模完成后，单击工具栏中的 "保存模型数据库" 按钮 ，保存文件到设置的工作目录中。

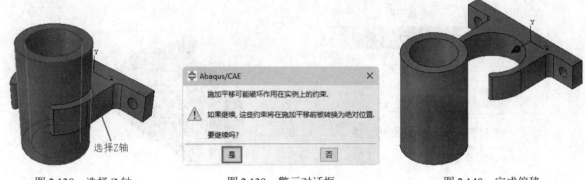

图 2.138　选择 Z 轴　　　　图 2.139　警示对话框　　　　图 2.140　完成偏移

2.5　动手练一练

图 2.141 所示为一种刮板机的链条刮板模型，图 2.142 所示为模型的工程图。参照工程图，在 Abaqus/CAE 中创建模型图，并将创建的模型创建为装配件，结果如图 2.143 所示。

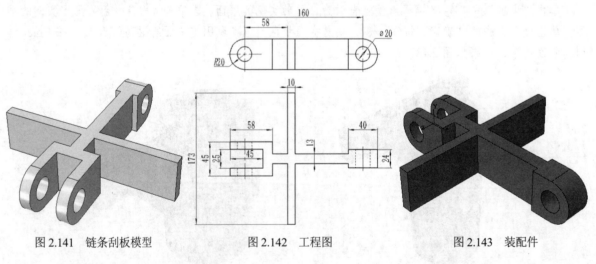

图 2.141　链条刮板模型　　　　图 2.142　工程图　　　　图 2.143　装配件

思路点拨：

（1）创建一个链条刮板模型。

（2）在模型树中通过复制创建另一个链条刮板模型。

（3）在 "装配" 模块中创建装配，再添加共轴和共面约束。

第 3 章　定义属性和分析步

内容简介

本章主要介绍 Abaqus 的"属性"模块和"分析步"模块，通过本章的讲解，使读者掌握对模型材料的创建和指派，以及分析步的创建和场输出的创建。

内容要点

➥ "属性"模块
➥ "分析步"模块
➥ 实例——定义水管与卡扣的属性和分析步

案例效果

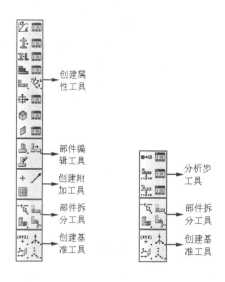

3.1　"属性"模块

在模块列表中选择"属性"，即进入"属性"模块。"属性"模块用于定义分析模型的材料属性。Abaqus/CAE 与其他有限元分析软件略有不同，它不能将材料属性直接赋予要分析的单元或模型，而是先将创建的材料属性定义在截面属性上，再将这些截面属性赋予相应的部件或部件的某些区域上。在 Abaqus 中定义材料属性的基本步骤为：创建和定义材料→创建和定义截面→指派截面到部件或部件的不同区域。下面具体讲解"属性"模块的具体功能。

3.1.1 "属性"模块菜单栏

"属性"模块中专用的菜单包括"材料"菜单、"截面"菜单、"剖面"菜单、"复合"菜单、"指派"菜单和"特殊设置"菜单。

1．"材料"菜单

"材料"菜单用于创建、编辑、复制、重命名和删除材料属性以及打开材料管理器，可以方便地浏览和管理材料，如图3.1所示。

2．"截面"菜单

"截面"菜单用于创建、编辑、复制、重命名和删除截面以及打开截面管理器，可以方便地浏览和管理截面，以及打开截面指派管理器浏览和管理截面指派，如图3.2所示。

3．"剖面"菜单

"剖面"菜单用于创建、编辑、复制、重命名和删除剖面以及打开剖面管理器，可以方便地浏览和管理剖面，如图3.3所示。

图3.1 "材料"菜单　　图3.2 "截面"菜单　　图3.3 "剖面"菜单

4．"复合"菜单

"复合"菜单用于创建、编辑、复制、重命名和删除复合叠层以及打开复合层管理器，可以方便地浏览和管理创建的复合叠层，如图3.4所示。

5．"指派"菜单

"指派"菜单用于将创建的截面指派给部件，以及指派梁截面方向、材料方向、钢筋参考方向等，如图3.5所示。

📢 **注意：**

> 上述菜单中的命令在"属性"模块的工具区中都能找到，将在3.1.2小节中进行详细讲解。

6．"特殊设置"菜单

"特殊设置"菜单用于创建蒙皮、纵梁、惯性和弹簧/阻尼器，如图3.6所示。

图3.4 "复合"菜单　　图3.5 "指派"菜单　　图3.6 "特殊设置"菜单

（1）蒙皮：在"属性"模块中，用户可以在实体模型的面或轴对称模型的边附上一层皮肤，适用于几何部件和网格部件。

📢 注意：

　　蒙皮的材料可以不同于其下部件的材料。蒙皮的截面类型可以是均匀壳截面、膜、复合壳截面、表面和垫圈。

执行"特殊设置"→"蒙皮"→"创建"菜单命令，在提示区显示"选择实体，在其上创建蒙皮"，然后在视口区选择创建蒙皮的部件的面，单击"完成"按钮，创建蒙皮。

选择部件的面有"逐个""按面的夹角"和"集"3种方法。

1）逐个：依次选择创建蒙皮的部件的表面，按 Shift 键可选择多个面，或按 Ctrl 键取消多余面的选择。

2）按面的夹角：选择该方法后，可在提示区后面的文本框中输入角度值（0°～90°），然后在视口区选择部件的一个表面，则该部件中所有与所选表面的夹角在输入角度范围内的表面都会被选中，在角度范围外的表面则不会被选中。

3）集：一般情况下，用户不方便直接从模型中选择蒙皮，这时可以使用集合工具。通过执行"工具"→"集"→"创建"菜单命令，弹出"创建集"对话框，在"名称"文本框中输入名称，如图3.7所示。单击"继续"按钮 继续... ，在视图中选择蒙皮作为构成集合的元素，单击提示区的"完成"按钮 完成 ，完成集合的定义。

单击"显示组"工具栏中的"创建显示组"按钮 🔲，弹出"创建显示组"对话框，在"项"选项组中选择"集"选项，在其右侧的区域内选择包含蒙皮的集合，如图3.8所示。单击"相交"按钮 ⊙，视图区即显示定义的蒙皮。

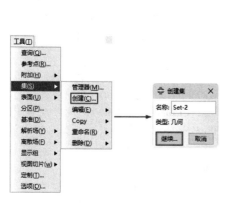

图3.7　创建集

图3.8　"创建显示组"对话框

对于实体和轴对称部件，在"网格"模块中对部件进行网格划分时，Abaqus 会自动对位于表面的蒙皮划分对应的网格，而不用单独对蒙皮进行网格划分。

（2）纵梁：用于在模型的边上创建纵梁。创建纵梁后可以使用"属性"模块中的命令为其指定截面、梁截面方向、材料方向和切线方向，也可在"网格"模块中为其指定单元类型。

执行"特殊设置"→"纵梁"→"创建"菜单命令，在提示区显示"选择实体，在其上创建纵梁"，然后在视口区选择创建纵梁的部件的边，单击"完成"按钮，创建纵梁。

选择部件的边有"逐个""按边的夹角"和"集"3种方法，与蒙皮中选择部件的面的方法类似，这里不再详细讲解。

（3）惯性：用户可以定义各种惯性。

执行"特殊设置"→"惯性"→"创建"菜单命令，弹出"创建惯量"对话框，如图 3.9 所示。在"名称"文本框中输入名称，在"类型"选项组中可以选择"点质量/惯性""非结构质量"或"热容"选项，单击"继续"按钮 继续... ，在视图区选择对象进行相应惯量的设置。

1）点质量/惯性：在部件或装配件的某个点上定义集中质量和转动惯量，还可以为点质量和转动惯量定义阻尼比。

2）非结构质量：为部件或装配件上的区域定义非结构质量。非结构质量具有可忽略结构刚度的特性，常用于部件表面的涂抹层，如金属板的油漆层。

3）热容：用于在部件或装配件的某个点上定义集中热容量。

（4）弹簧/阻尼器：用于将具有相同线性行为的部件或装配件定义为弹簧或阻尼器。

执行"特殊设置"→"弹簧/阻尼器"→"创建"菜单命令，弹出"创建弹簧/阻尼器"对话框，如图 3.10 所示。在"名称"文本框中输入名称，在"连接类型"选项组中可以选择"连接两点"或"将点接地(Standard)"选项，后者仅适用于 Abaqus/Standard 模块。

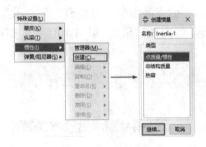

图 3.9　创建惯量

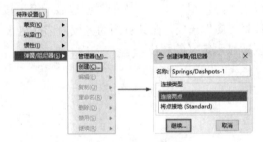

图 3.10　创建弹簧/阻尼器

单击"继续"按钮 继续... ，在视图区选择对象进行相应的设置，单击提示区的"完成"按钮 完成。用户可以在弹出的"编辑弹簧/阻尼器"对话框中同时设置弹簧的刚度和阻尼器系数，如图 3.11 所示。

（a）连接两点

（b）将点接地（Standard）

图 3.11　"编辑弹簧/阻尼器"对话框

3.1.2　"属性"模块工具区

"属性"模块的工具区位于图形界面的左侧，紧邻视口区，集成了创建材料属性和编辑属性的所有功能，如图 3.12 所示。其包含创建属性工具、创建附加工具、部件编辑工具、部件拆分工具和创建基准工具。本节只介绍前两种工具，其他工具可参见第 2 章"部件"模块工具区的介绍。

1. 创建属性工具

创建属性工具用于创建材料、创建截面，并对创建的部件或装配件指派截面，赋予材料属性，还可以创建复合层、剖面、蒙皮和纵梁等，有些命令还有相应的管理器，可以快速地浏览和管理对应的命令，如创建、编辑、复制、重命名和删除等操作。这里只介绍具体的工具，对管理器不再进行讲解。

（1）创建材料：用于创建新材料或编辑现有的材料。

单击"创建材料"按钮 🖉 ，弹出"编辑材料"对话框，在该对话框中可以设置材料名称、描述材料特性、材料行为、材料属性和参数编辑与数据区等。材料的属性包括通用属性、力学属性、热学属性、电/磁属性和其他属性等，有些属性菜单还包括子菜单，如图 3.13[①]所示。

图 3.12　"属性"模块工具区　　　　　　图 3.13　"编辑材料"对话框

1）名称：用于指定创建材料的名称。

2）描述：用于描述创建材料的特性，根据用户习惯或需要可描述，也可不描述。

3）材料行为：当在下方选择材料属性时，相应的属性会显示在材料行为中，如果需要修改材料属性，可在该行为列表中选择需要修改的属性，再在下方的属性框中修改。

4）材料属性：通过下拉菜单和子菜单选择材料属性类型，如通用属性、力学属性、热学属性、电/磁属性和其他属性。

　↳ 通用属性：用于定义材料密度、非独立变量、正则化和用户材料等，如图 3.14 所示。

　↳ 力学属性：用于定义材料的弹性、塑性、延性金属损伤、阻尼、膨胀和黏性等力学属性，如图 3.15 所示。

---

① 编者注：该图中的"粘"为软件汉化错误，应为"黏"。正文中均使用"黏"，图片中保持不变，余同。

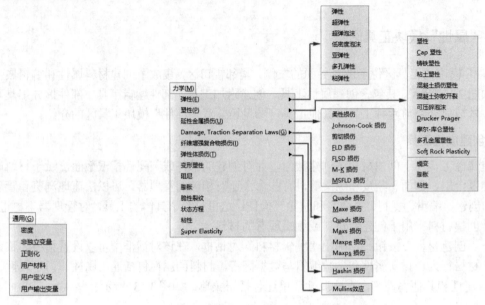

图 3.14　通用属性　　　　　　　　　　　　　　　　图 3.15　力学属性

- 🐾 **热学属性**：用于定义材料的传导率、生热、非弹性热份额、潜热和比热等热学属性，如图 3.16 所示。

- 🐾 **电/磁属性**：用于定义材料的电导率、绝缘（介电常数）、压电和磁导率等电/磁属性，如图 3.17 所示。

- 🐾 **其他属性**：用于定义声学介质属性、质量扩散属性、孔隙流属性和垫圈的材料属性，如图 3.18 所示。

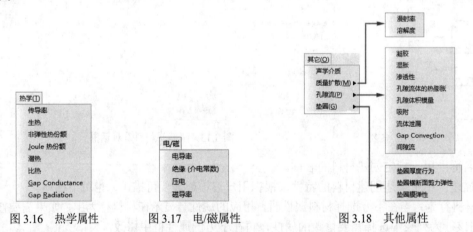

图 3.16　热学属性　　　　　　图 3.17　电/磁属性　　　　　　图 3.18　其他属性

（2）创建截面 📐：由于 Abaqus/CAE 不能将创建的材料直接赋予模型，而是先创建包含材料的截面，再将这些截面分配给模型，因此创建截面是将材料赋予模型的过渡操作。

单击"创建截面"属性，弹出"创建截面"对话框，如图 3.19 所示。设置完截面的"名称"和"类别"等，单击"继续"按钮 继续... ，弹出"编辑截面"对话框，如图 3.20 所示。在该对话框中的"材料"下拉列表中可选择需要的材料，然后单击"确定"按钮 确定 ，完成截面的创建。

在"创建截面"对话框中有实体、壳、梁和其他 4 个类别，每个类别还对应不同的类型，这里作简单介绍。

图 3.19　"创建截面"对话框　　　　图 3.20　"编辑截面"对话框

1）实体：用于定义实体的截面属性，包括均质、广义平面应变、欧拉和复合 4 种类型。

↘ 均质：用于定义二维、三维和轴对称实体区域的截面属性。

↘ 广义平面应变：用于定义二维平面区域的截面属性。

↘ 欧拉：适用于给流体分析的实体创建截面属性，该截面不会在实体的内部创建材料。

↘ 复合：用于定义由不同方向的不同材料层组成的三维区域的截面属性。

2）壳：用于定义壳的截面特性，包括均质、复合、膜、表面、通用壳刚度 5 种类型。

↘ 均质：用于定义均匀厚度的壳体的截面属性。

↘ 复合：用于定义由不同方向、不同材料组成的复合壳体的截面属性。

↘ 膜：用于定义空间中薄膜表面的截面属性，该属性在薄膜表面平面内提供强度，但没有弯曲刚度。

↘ 表面：用于定义空间曲面的截面属性，这类曲面没有固有的刚度，类似于零厚度的薄膜。

↘ 通用壳刚度：可通过指定刚度矩阵和热膨胀响应直接指定通用壳刚度的截面属性，这些数据可完全定义壳体截面的机械响应，因此不需要进行创建材料操作。

3）梁：用于定义梁的截面特性，包括梁和桁架两种类型，在创建梁截面之前需要先指定梁的横截面的形状和大小。

↘ 梁：先创建梁截面剖面的形状和大小，再创建梁截面属性。

↘ 桁架：用于定义二维和三维细长杆状结构的截面属性，只提供轴向强度，不提供弯曲刚度。

4）其他：用于创建垫圈、黏性、声学无限和声学界面的截面属性。

↘ 垫圈：用于定义位于结构组件之间的薄密封组件的截面属性。

↘ 黏性：用于定义两个黏合部件之间黏合层的截面属性。

↘ 声学无限：用于定义二维、三维和轴对称区域的截面属性，这些区域模拟了经历微小压力变化的声学介质，如果要提高涉及外部区域的分析精度，那么就可以使用声学无限截面。

↘ 声学界面：用于定义二维、三维和轴对称区域的截面属性，这些区域模拟了经历微小压力变化的声学介质，如果要将声学介质耦合到结构模型，那么就可以使用声学接口部分。

（3）指派截面▐：创建了截面属性后，就需要将它们指派给模型。

首先，在环境栏的"部件"列表中选择要赋予截面特性的部件，如图 3.21 所示。然后单击"指派截面"按钮▐，按提示在视口区选择要赋予此截面属性的部分或创建的集，单击提示区的"完成"按钮，弹出"编辑截面指派"对话框，如图 3.22 所示（以指派壳截面为例）。该对话框包含区域、截面、厚度和壳偏移 4 个部分。

1）区域：选择的要指派截面属性的区域范围。

2）截面：用于选择已建立的与选择区域对应的截面属性，选定后下方会显示该截面的类型和材料。

3）厚度：用于选择指派厚度的类型，即来自截面或来自几何。

4）壳偏移：用于选择定义壳偏移的类型，即中面、顶部表面、底部表面、指定值和来自几何。

图 3.21　在"属性"模块的"部件"列表中选择部件　　　图 3.22　"编辑截面指派"对话框

🔊 注意：

> 可以用拆分工具将需要单独指派截面属性的部分分离出来，再对该部分指派截面属性。

（4）创建剖面 ⊕：用于定义梁的横截面形状和尺寸。

单击"创建剖面"按钮 ⊕，弹出"创建剖面"对话框，如图 3.23 所示。以"I形"为例，单击"继续"按钮，弹出"编辑剖面"对话框，如图 3.24 所示。设置所需参数，单击"确定"按钮 确定，完成剖面的创建。

（5）创建复合层 📚：用于创建复合层。

单击"创建复合层"按钮 📚，弹出"创建复合层"对话框，如图 3.25 所示。在该对话框中可以设置名称、初始层数（默认为3）和单元类型（常规壳、连续壳和实体）。

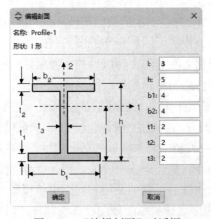

图 3.23　"创建剖面"对话框　　　图 3.24　"编辑剖面"对话框　　　图 3.25　"创建复合层"对话框

（6）指派材料方向 📚：全局坐标系决定默认的材料方向，但通过基准坐标系或离散场可为壳、实体零件、区域、蒙皮和桁架指定特定的材料方向。

（7）指派钢筋参考方向 ⇔：全局坐标系决定默认的钢筋参照方向，但可通过选择基准坐标系上的接近法线方向的轴，将钢筋参照方向指定给壳零件、区域、蒙皮或桁架。

（8）指派壳/膜法向 ◈：Abaqus 会为带有壳区域的零件或带有线区域的轴对称零件的法线指定一个方向，利用该命令可反转这些区域的法线方向。

（9）指派梁方向 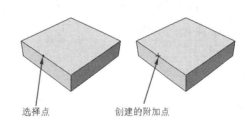：当模型的边上创建纵梁后，必须通过定义横截面的"近似 n1"的方向指定梁截面的方向。单击该按钮，在视口区选择要定义截面方向的梁；单击鼠标中键，在提示区中输入梁截面的局部坐标的 1 方向，如图 3.26 所示。按 Enter 键，再单击提示区的"确定"按钮 确定 ，完成梁截面方向的设置。

图 3.26　输入梁截面的局部坐标的 1 方向

（10）指派梁/桁架切向 ：Abaqus 会为创建的导线区域指定默认的切线方向，利用该命令可以反转这些区域的切线方向。单击该按钮，在视图区选择要改变切向方向的梁，单击提示区的"完成"按钮 完成 ，梁的切向方向即变为反方向。此时，梁截面的局部坐标的 2 方向也变为反方向。

"创建蒙皮"和"创建纵梁"命令这里不再详细讲解，详见 3.1.1 小节。

2. 创建附加工具

创建附加工具用于定义模型中的紧固件和其他元件的附点和附件线。

（1）创建附加点拾取或来自文件：通过拾取视口中模型的每个点或从文件中读取点的坐标创建附加点。具体操作如下。

单击"创建附加点拾取或来自文件"按钮 ，弹出"创建附加点"对话框，如图 3.27 所示。单击"编辑"按钮，按提示选择模型上的一个点，单击"确定"按钮 确定 ，完成附加点的创建，过程如图 3.28 所示。

图 3.27　"创建附加点"对话框

图 3.28　拾取方式创建附加点

"创建附加点"对话框中包括"点"选项卡和"投影"选项卡。

"点"选项卡中有 3 个按钮，分别如下。

1）编辑按钮 ：可以在视口区的模型上拾取点创建附加点。

2）读取文件按钮 ：可以读取包含每个点的 X、Y、Z 坐标的 ASCII 文件。

3）删除按钮 ：用于删除创建的附加点。

"投影"选项卡用于将需要的点投影到最近的面上。

（2）创建附加点沿某一方向 ：通过定义一条线并指定沿线点的数量或沿点的间距创建附加点，具体操作如下。

单击"创建附加点沿某一方向"按钮 ，按提示在模型上选择一点，弹出"沿方向创建附加点"对话框，如图 3.29 所示。单击"终点"旁边的"编辑"按钮 ，然后在模型上选择另一点作为终点，在"起点和终点之间的点数"文本框中设置点数量，单击"确定"按钮 ，完成附加点的创建，过程如图3.30所示。

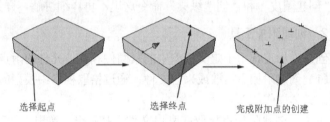

选择起点　　　　　　选择终点　　　　完成附加点的创建

图3.29　"沿方向创建附加点"对话框　　　　　图3.30　沿方向创建附加点

（3）创建附加点从边偏移 ：通过选择一条边或连接的边，然后定义阵列参数，在边、面或沿边的方向创建连接点的简单阵列，具体操作如下。

单击"创建附加点从边偏移"按钮 ，在视口区域的模型上选择一个边，单击鼠标中键，在模型的边上出现箭头。若方向正确，在提示区域单击"是"按钮 ；若方向错误，在提示区域单击"翻转"按钮 ，弹出"从边偏移创建附加点"对话框，如图3.31所示。设置"边选项"和"阵列选项"的参数，然后选择相邻面，单击"确定"按钮 ，完成附加点的创建，过程如图3.32所示。

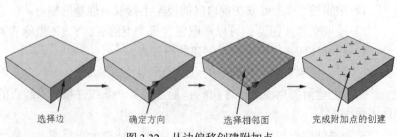

选择边　　　　确定方向　　　　选择相邻面　　　完成附加点的创建

图3.31　"从边偏移创建附加点"　　　　　图3.32　从边偏移创建附加点
　　　　　　对话框

3.2 "分析步"模块

在"模块"列表中选择"分析步",即进入"分析步"模块,用于创建分析步和指定输出请求。

创建分析步用于定义一个或多个分析步的序列,这些步骤序列提供了一种方便的方法捕捉模型的载荷和边界条件的变化、模型各部分相互作用方式的变化、零件的删除或添加以及分析过程中模型可能发生的任何其他变化。另外,分析步还可以更改分析程序、数据输出和各种控制以及定义关于非线性基态的线性扰动分析。

指定输出请求用于将分析结果写入输出数据库。输出请求定义了在分析步骤中输出哪些变量、从模型的哪个区域输出,以及输出速率等。

3.2.1 "分析步"模块菜单栏

"分析步"模块中的专用菜单包括"分析步"菜单、"输出"菜单和"其他"菜单。

1. "分析步"菜单

"分析步"菜单用于创建分析步,并对创建的分析步进行编辑、替换、重命名、删除、禁用、继续以及编辑几何非线性操作等,如图 3.33 所示。

2. "输出"菜单

"输出"菜单用于创建各种输出请求,包括场输出请求、历程输出请求、综合输出部分,还可以进行重启动请求、诊断输出、自由度监控器和创建时间点等操作,如图 3.34 所示。

（1）场输出请求：用较低的频率将整个模型或模型的大部分区域的结果写入输出数据库。

（2）历程输出请求：用较高的频率将模型的小部分区域的结果写入输出数据库。

（3）综合输出部分：用于输出所选择积分截面,跟踪表面的平均运动或在局部坐标系中表示通过曲面传递的力和力矩。

（4）重启动请求：用于重新启动一个模型,并计算模型关于新增载荷历程的响应。

（5）诊断输出：用于 Abaqus 在分析期间写入消息文件或状态文件并报告给作业模块的诊断信息,若模型分析失败或产生意外结果,可用于检查这些信息并查看对分析的描述。

（6）自由度监控器：用于监控分析过程中某一点的自由度,并将该点的自由度值报告给作业模块和状态文件。

（7）创建时间点：当需要 Abaqus 写入现场输出或历程输出数据时,可以定义一些不同的时间点,用这些时间点集合描述分析过程中的某一时刻的数值。

3. "其他"菜单

"其他"菜单主要用于 ALE 自适应网格的区域的创建、约束和控制,以及求解器的控制设置,如图 3.35 所示。

知识拓展

> ALE 自适应网格是任意拉格朗日-欧拉分析,综合了拉格朗日分析和欧拉分析的特征,其优点是在整个分析中保持高质量的网格而不改变网格的拓扑结构。ALE 自适应网格适用于静力学分析、热-力耦合分析、显示动力学分析、显示动态温度-位移耦合分析和土壤力学分析。

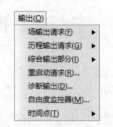

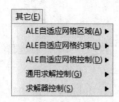

图 3.33 "分析步"菜单　　　　图 3.34 "输出"菜单　　　　图 3.35 "其他"菜单

（1）ALE 自适应网格区域：用于指定模型中 ALE 自适应网格的区域，并为该区域指定自适应网格划分的频率和强度。任何一个分析步只能定义一个自适应网格区域。

（2）ALE 自适应网格约束：用于指定 ALE 自适应网格的约束，可以为自适应网格区域的结点指定独立的网格运动，也可以指定必须跟随材质的结点。

（3）ALE 自适应网格控制：用于为应用于自适应网格区域的自适应网格和平滑算法指定控件。

（4）通用求解控制：通过修改变量控制用于收敛和时间积分精度的算法，但是该命令只适用于常规的 Abaqus/Standard 分析步。

（5）求解器控制：用于线性方程组迭代求解器的控制，仅适用于静力学分析、线性摄动静力学分析、黏性分析、热传递分析、地压应力场分析和土壤分析。

3.2.2 "分析步"模块工具区

"分析步"模块的工具区集成了分析步工具、部件拆分工具和创建基准工具。其中，分析步工具包括创建分析步、创建场输出和创建历程输出，如图 3.36 所示，还包括了"部件"模块中的部分命令，这些命令同样适用于"分析步"模块。操作和"部件"模块相同或类似，这里不再详细讲解，只对分析步工具进行详细介绍。

1．创建分析步

单击"创建分析步"按钮 ，弹出"创建分析步"对话框，如图 3.37 所示。该对话框中包含 3 部分选项区域，即名称、在选定项目后插入新的分析步和程序类型。

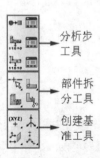

图 3.36 "分析步"模块工具区

图 3.37 "创建分析步"对话框

（1）名称：用于命名分析步的名称，默认为 Step-*n*（*n* 表示创建的第 *n* 个分析步）。

（2）在选定项目后插入新的分析步：用于设置创建的分析步的位置，每个新创建的分析步都可以设置在初始步后的任何位置。

（3）程序类型：用于选择分析步的类型，包括"通用"和"线性摄动"两种程序类型，每种程序类型下还对应着不同的分析步。

1）"通用"程序类型：用于设置一个通用分析步，适用于线性分析和非线性分析。该分析步定义了一个连续的事件，即前一个通用分析步的结束是后一个通用分析步的开始。Abaqus 中包括 14 种通用分析步，具体如下。

❧ 温度-位移耦合：当应力分布和温度分布互相影响时（如金属加工问题），必须使用完全耦合的温度-位移分析，该分析步适用于 Abaqus/Standard 模块和 Abaqus/Explicit 模块。所选用的单元类型应同时包含温度和位移自由度。

❧ 热-电耦合：仅适用于 Abaqus/Standard 模块中进行线性或非线性的热-电耦合分析，同时对结点处的温度和电势进行求解。

❧ 热-电-结构耦合：热-电耦合分析和热-结构耦合分析的综合运用，适用于电流引起材料发热，产生温度的变化，最终导致材料的结构发生变化。

❧ 直接循环：这是一种准静态分析，结合使用傅里叶系数和非线性材料行为的时间积分，通过迭代获得结构的稳定循环响应。

❧ 动力，隐式：适用于 Abaqus/Standard 模块中的一般线性分析或非线性动态分析使用隐式时间积分计算系统的瞬态动力响应。

❧ 动力，显式：适用于显式动力学分析，对于具有相对较短时间动态响应的大型模型的分析和具有高度不连续事件的分析具有高效性。

❧ 动力，温度-位移，显式：用于显式动态温度-位移耦合分析，类似于热-力耦合分析，包含惯性效应和瞬态热响应模型，该分析步仅适用于 Abaqus/Explicit 模块。

❧ 地应力：仅适用于 Abaqus/Standard 模块，用于线性或非线性的地压应力场分析，通常是岩土分析的第一步，然后再进行多孔流体扩散-应力耦合分析或静力学分析。

❧ 热传递：用于非耦合的热传递分析，利用与温度相关的导热率、内能、热对流和热辐射模拟实体的热传导。

❧ 质量扩散：用于质量扩散分析，包括瞬态扩散或稳态扩散，仅适用于 Abaqus/Standard 模块。

❧ 土：仅适用于 Abaqus/Standard 模块，用于土壤力学分析。

❧ 静力，通用：仅适用于 Abaqus/Standard 模块，是最常用的一种分析步。用于线性或非线性的静力学分析，忽略惯性属性及与时间相关的材料属性。

❧ 静态，Riks：仅适用于 Abaqus/Standard 模块，采用 Riks 方法处理不稳定的几何非线性问题。

❧ 黏性：该分析步属于惯性属性被忽略的准静态分析，仅适用于 Abaqus/Standard 模块。常用于与时间有关的线性或非线性响应分析，如黏弹性分析、黏塑性分析和蠕变分析。

2）"线性摄动"程序类型：用于设置一个线性摄动分析步，仅适用于 Abaqus/Standard 中的线性分析。Abaqus 中包含 5 种线性摄动分析步，具体如下。

❧ 屈曲：即特征值屈曲分析，常用于估算刚性结构的临界屈曲载荷。

❧ 频率：通过特征值的提取计算分析模型的固有频率和相应振型，可选用 Lanczos 特征值求解器、子空间迭代特征值求解器和 AMS 特征值求解器。

➤ 静力，线性摄动，通用：用于线性静态应力/位移分析。

➤ 稳态动力学，直接：直接求解稳态动力学，在 Abaqus/Standard 模块中使用系统的质量、阻尼和刚度矩阵，根据模型的物理自由度直接计算稳态谐波响应。

➤ 子结构生成：通过设置子结构生成过程控制子结构生成的数据。

选择好程序类型后，单击"继续"按钮 继续... ，弹出"编辑分析步"对话框。不同的分析步类型，该对话框中的设置内容也不尽相同。下面介绍几种常用的分析步。

（1）"静力，通用"分析步。该分析步用于分析线性或非线性静力学问题。其"编辑分析步"对话框中包括"基本信息""增量"和"其他"3 个选项卡。

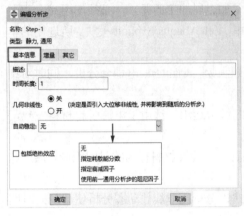

图 3.38 "基本信息"选项卡

"基本信息"选项卡主要用于设置分析步的时间长度和几何非线性等属性，如图 3.38 所示。

1）描述：用于输入对该分析步的简单描述，该描述保存在结果数据库中，进入"可视化"模块后显示在状态区。

2）时间长度：用于输入该分析步的时间，系统默认值为1。对于一般的静力学问题，可以采用默认值。

3）几何非线性：用于选择该分析步是否考虑几何非线性，对于 Abaqus/Standard，该选项默认为"关"。

4）自动稳定：用于局部不稳定的问题（如表面褶皱、局部屈曲），Abaqus/Standard 会施加阻尼使其变得稳定，施加阻尼的方法包括指定耗散能分数、指定衰减因子和使用前一通用分析步的阻尼因子。

①指定耗散能分数：通过在旁边的文本框中输入耗散能量分数的值（默认为 0.0002）计算阻尼系数。选择该方法，则自适应稳定是可选的，默认情况下处于打开状态。

②指定衰减因子：在旁边的文本框中直接输入阻尼系数。选择该方法，则自适应稳定是可选的，默认情况下是关闭的。

③使用前一通用分析步的阻尼因子：将上一步骤结束时的阻尼因子用作当前步骤的可变阻尼方案中的初始因子。

如果使用自动稳定，会启用"使用为应变能设置了最大稳定比例的自适应稳定性"，在后面的文本框中输入精度公差的值，该值是每次增量中阻尼耗散的能量与总应变能的比率，默认值为 0.05，适用于绝大多数情况。

5）包括绝热效应：用于绝热的应力分析，如高速加工过程。

图 3.39 "增量"选项卡

"增量"选项卡用于设置增量步，如图 3.39 所示。

1）类型：用于选择时间增量的控制方法，包括自动方法和固定方法。

①自动方法：该方法为默认的选项，建议用户采用这种方法。Abaqus/Standard 会根据计算效率自动选择时间增量的大小。选择该方法可设置增量步的大小。

➤ 初始：设置初始时间增量值，默认为1。

➤ 最小：设置最小的时间增量值，默认为 1E-05。当分析过程中所需的时间增量比设定的时间增量更小时，分析将不能继续进行。

↳ 最大：设置允许的最大时间增量值，默认为1。

②固定方法：求解过程会以设定的固定的时间增量值进行求解计算，只有在确定所设置的时间增量能够确保收敛的情况下，可选择该选项。

2）最大增量步数：用于设置该分析步的增量步数目的上限，默认值为100。即使没有完成分析，当增量步的数目达到该值时，分析也会停止。

"其他"选项卡用于选择求解器、求解技术，载荷随时间的变化方式等，如图3.40所示。

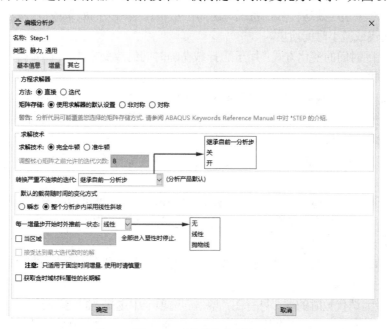

图3.40 "其他"选项卡

1）方程求解器：包括求解方法选项和矩阵存储选项。

①直接：这是默认的求解方法，采用直接稀疏求解器，适用于大多数分析。

②迭代：使用迭代的线性方程求解器，对自由度极大的块状结构模型进行分析，其求解速度比直接求解器快。

③使用求解器的默认设置：这是矩阵存储的默认选项，只适用于直接稀疏求解器。该选项是Abaqus/Standard自行选择对称或不对称的刚度矩阵存储方式和解答方案。

④非对称：选择不对称的刚度矩阵存储方式和解答方案，只适用于直接稀疏求解器。

⑤对称：选择对称的刚度矩阵存储方式和解答方案，适用于直接和迭代这两种求解器。

2）求解技术：包括完全牛顿和准牛顿两种技术，用于选择非线性平衡方程组的求解技巧。

①完全牛顿：这是默认的选项，使用牛顿法作为求解非线性平衡方程的数值技术，适用于大多数情况。

②准牛顿：使用准牛顿法作为求解非线性平衡方程的数值技术，当方程组的雅可比矩阵是对称的且在迭代过程中变化不大时，采用该方法能够加快收敛，节省计算成本，特别是大规模模型并且刚度矩阵在迭代之间变化不大时更有效。该求解技术只适用于对称方程组。

③调整核心矩阵之前允许的迭代次数：只有在选择"准牛顿"求解技术时才能激活该选项，输入允许的迭代次数，默认为8次，最大迭代次数为25次。

3）转换严重不连续的迭代：用于选择在非线性分析过程中处理严重不连续迭代的方法，包括继承自前一分析步、关和开3个选项。

①继承自前一分析步：该选项为默认选项，当出现严重不连续迭代时，采用前一个通用分析步的值。

②关：当出现严重不连续迭代时，强制开始一个新的迭代，而不考虑残余载荷的大小。该选项还改变一些时间增量参数，并使用不同的标准确定是开始一个新的迭代还是用较小的增量继续进行迭代计算。

③开：当出现严重不连续迭代时，系统考虑与严重不连续相关的残余载荷并检查平衡容差，判断是否开始另一个迭代或减小时间增量。

4）默认的载荷随时间的变化方式：用于选择载荷随时间的改变方式，包括瞬态和整个分析步内采用线性斜坡两种方式。

①瞬态：该选项可以使载荷在分析步开始时瞬间加载，并在整个分析步中保持不变。

②整个分析步内采用线性斜坡：该选项是默认选项，载荷大小在分析步中呈线性变化，从上一步结束时的值到施加载荷的最大值。

5）每一增量步开始时外推前一状态：用于选择每个增量步开始时的外推方法，包括线性、抛物线和无3个选项。

①线性：此选项为默认选项，在开始一个增量步前外推前一个增量步的解，第一个增量步不外推。
②抛物线：使用前两个增量解的二次外推法开始当前增量的非线性方程解。
③无：不适用于任何外推法。

6）当区域全部进入塑性时停止：选择该选项需要指定完全塑性行为的区域名称，当该区域的解都完全塑性时，该分析步结束。

7）接受达到最大迭代数时的解：只有在"增量"选项卡中选择"固定"类型时，才能激活该选项。选择该选项系统在允许的最大迭代次数后接受增量解，通常需要非常小的固定增量和至少两次的迭代。

📢 注意：

> 不建议使用该方法，只有在完全理解如何解释用这种方法获得的结果的情况下才可使用。

8）获取含时域材料属性的长期解：用以获得具有时域黏弹性的完全松弛的长期弹性解或两层黏塑性的长期弹塑性解。

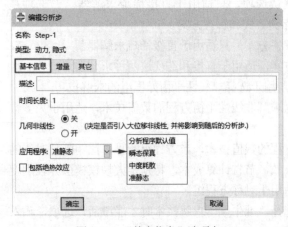

图3.41 "基本信息"选项卡

（2）"动力，隐式"分析步。对于一般线性或非线性的动态分析使用隐式时间积分计算系统的瞬态响应。"动力，隐式"分析步的"编辑分析步"对话框中也包含"基本信息""增量"和"其他"3个选项卡，其中很多选项与"静力，通用"分析步相同，此处仅介绍不同的选项。

"基本信息"选项卡中的应用程序包括几个选项用于调整各种数值的设置，以达到最有效和最准确的捕捉分析效果。这几个选项包括分析程序默认值、瞬态保真、中度耗散和准静态，如图3.41所示。

1）分析程序默认值：这是默认选项，取决于模型中是否存在接触，有接触的分析被视为中度耗散应用，无接触分析被视为瞬态保真应用。

2）瞬态保真：该选项使用较小的时间增量来精确解析结构的振动响应，数值能量耗散保持在最低水平。

3）中度耗散：使用一些能量耗散（通过塑性、黏性阻尼或数值效应）降低解的噪声并改善收敛行为，而不会显著降低解的精度。

4）准静态：引入惯性效应主要是为了调整分析中的不稳定行为，其主要焦点是最终的静态响应。尽可能采用较大的时间增量降低计算成本，并在加载历史的某些阶段使用大量的数值耗散获得收敛。

"增量"选项卡，可以选择自动类型和固定类型，如图 3.42 所示。

1）自动：选择该类型时，在设置增量步的初始值和最小值范围内，根据需求自动选择增量的大小。

2）固定：选择该类型时，可以勾选"禁用计算"复选框加快收敛。

"其他"选项卡如图 3.43 所示。

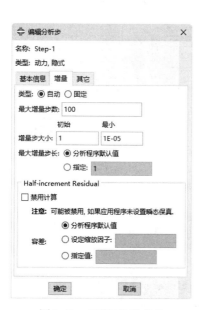

图 3.42 "增量"选项卡

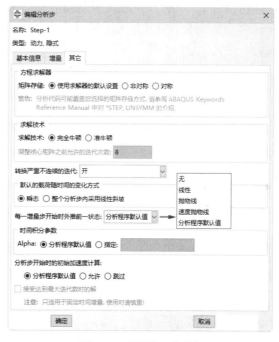

图 3.43 "其他"选项卡

1）每一增量步开始时外推前一状态：用于选择每个增量步开始时的外推方法，包括无、线性、抛物线、速度抛物线和分析程序默认 5 个选项。其中，前 3 个选项在"静力，通用"分析步中已经介绍过，这里不再介绍。

①速度抛物线：使用前两个增量解的基于速度的二次外推法开始当前增量的非线性方程解。

②分析程序默认值：该选项为默认选项，系统根据设置自动选择外推方法。若在"基本信息"选项卡中选择"瞬态保真"应用程序，系统则使用"基于速度的抛物线外推法"；若在"基本信息"选项卡中选择"中度耗散"或"准静态"应用程序，系统则使用"线性外推法"。

2）时间积分参数：用于设置时间积分 Alpha 值。

①分析程序默认值：这是默认选项，若在"基本信息"选项卡中选择"瞬态保真"应用程序，默

认的 Alpha 值为-0.05，表示轻微的数字阻尼；若在"基本信息"选项卡中选择"中度耗散"应用程序，默认的 Alpha 值为-0.41421。

②指定：只有在"基本信息"选项卡中选择"瞬态保真"应用程序时才能指定 Alpha 值，范围为-0.333~0。

3）分析步开始时的初始加速度计算：用于选择处理步骤开始时的初始加速度计算方法，包括分析程序默认值、允许和跳过。

①分析程序默认值：根据选择的应用程序确定初始加速度的计算方法，若在"基本信息"选项卡中选择"瞬态保真"应用程序，则计算实际初始加速度；若在"基本信息"选项卡中选择"中度耗散"应用程序，则计算实际初始加速度是根据"跳过"选项的标准设定的。

②允许：选择该选项则在动态步骤开始时计算模型中的实际加速度。

③跳过：根据两种情况设置初始加速度，若当前步骤是第一个动态步骤，系统则假设当前步骤的初始加速度为0；若前一步也是动态步骤，系统则使用前一步结束时的加速度继续新的步骤。

（3）"动力，显式"分析步。对于具有相对较短动态响应时间的大模型分析，以及具有极不连续事件或过程的分析，"动力，显式"分析步能够提高这些分析的求解效率。"动力，显式"分析步允许定义一般的接触条件，并使用大变形理论。

"动力、显式"分析步的"编辑分析步"对话框中除了包含"基本信息""增量"和"其他"3 个选项卡外，还有一个"质量缩放"选项卡，这里只介绍与前两种分析步不同的选项。

"基本信息"选项卡如图 3.44 所示。其中，几何非线性选项与"静力，通用"分析步不同，这里默认为"开"，即可启几何非线性，开启大变形。

"增量"选项卡如图 3.45 所示。

图 3.44　"基本信息"选项卡

（a）自动类型

（b）固定类型

图 3.45　"增量"选项卡

1）稳定增量步估计：当选择"自动"类型时，需要选择"稳定增量步估计"的方法，包括全局和单元-by-单元两种方法。

①全局：此选项为默认选项，用于估算整个模型使用当前膨胀波速的最高频率。当该方法具有足够的精确度时，才从单元-by-单元方式转换为全局方式。若模型包含流体单元、无限单元、阻尼器、厚壳、材料阻尼、自适应网格等，该方法不被使用。

②单元-by-单元：在 Abaqus/Explicit 模块中使用每个单元的当前膨胀波速确定下一个单元的估算

值，该方法是保守的，估算出的稳定时间增量小于整个模型最大频率的真实稳定极限。

2）Improved Dt Method（改进的 Dt 方法）：默认情况下，应用该方法估算三维连续体单元和具有平面应力公式的单元的稳定时间增量。这种方法能够产生更大的单元稳定时间增量。

3）最大时间增量步：用于选择最大时间增量步的方法，包括无限制和数量两个选项。

①无限制：此选项为默认选项，不限制时间增量的上限。

②数值：设置一个数值作为最大时间增量步的上限值。

4）时间缩放系数：用于输入时间增量比例系数，用于调整 Abaqus/Explicit 模块计算出的稳定的时间增量，默认值为1。

5）增量步值选择：当选择"固定"类型时，需要选择一个选项确定增量的大小，包括用户定义的时间增量和使用逐个单元的时间增量估计器两个选项。

①用户定义的时间增量：在后面的文本框中输入一个值可以直接指定时间增量的大小。

②使用逐个单元的时间增量估计器：默认选项，使 Abaqus/Explicit 模块在分析步开始时采用逐个单元估算法计算时间增量，并将该值作为固定时间增量。

"质量缩放"选项卡用于质量缩放的定义。当模型的某些区域包含控制稳定极限的很小单元时，Abaqus/Explicit 采用质量缩放功能来增加稳定极限，提高分析效率，如图 3.46 所示。

1）使用前一分析步的缩放质量和"整个分析步"定义 form the previous step（当前分析步）：默认选项，程序采用前一个分析对质量缩放的定义。选择了这个选项，就可以跳过剩余的操作。

2）使用下面的缩放定义：用于创建一个或多个质量缩放定义。选择该选项后，单击下方的"创建"按钮，弹出"编辑质量缩放"对话框，如图 3.47 所示。该对话框用来设置目标、应用程序和类型。

图 3.46　"质量缩放"选项卡

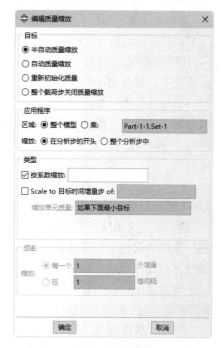

图 3.47　"编辑质量缩放"对话框

①目标：用于选择创建质量缩放定义的类型，包括半自动质量缩放、自动质量缩放、重新初始化质量和整个载荷步关闭质量缩放 4 种类型。

↘ 半自动质量缩放：可以为除了大块金属轧制之外的任何类型的分析定义质量缩放。

➷ 自动质量缩放：用于为大块金属轧制分析定义质量缩放。

➷ 重新初始化质量：将单元质量重新初始化为原始值。

➷ 整个载荷步关闭质量缩放：禁用之前步骤中的所有可变质量缩放定义。

②应用程序：用于选择缩放的区域和分析步缩放范围。

➷ 整个模型：用于将质量缩放用于整个模型。

➷ 集：用于将质量缩放用于创建的集当中，需要在后面的文本框中输入创建的集的名称。

➷ 在分析步的开头：仅在分析步开始时执行固定质量缩放。

➷ 整个分析步中：在整个分析过程中执行固定质量缩放。

③类型：若选择"半自动质量缩放"选项，则用于选择质量缩放的类型；若选择"自动质量缩放"，则需要指定一系列的轧制参数，包括流入比率、拉伸的单元长度和横截面上的结点，如图3.48所示。

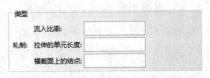

图3.48　自动质量缩放的"类型"设置框

➷ 按系数缩放：在分析步开始时按输入的缩放系数对单元进行一次缩放。

➷ Scale to 目标时间增量步 of：用于切换缩放系数到目标时间增量。在后面的文本框中输入所需要的单元稳定的时间增量，然后在下方选择"缩放单元质量"的类型，其中，包括一致满足目标、如果下面最小目标和与目标不一致3种类型。

　↺ 一致满足目标：用于均匀的缩放单元质量，最终使单元的最小单元稳定时间增量与目标值相等。

　↺ 如果下面最小目标：只缩放所有单元中稳定时间增量小于目标值的单元质量。

　↺ 与目标不一致：用于缩放所有单元的质量，最终使所有单元都具有与目标值相等的单元稳定时间增量。

➷ 流入比率：输入指定的流入比率，确定在稳态条件下工件在轧制方向上的平均速度。

➷ 拉伸的单元长度：用于设置轧制方向上单元的平均长度。

➷ 横截面上的结点：用于设置工件横截面中的结点数，增大该值则会减少质量缩放量。

④频率：若在应用程序中选择"整个分析步中"缩放，则需要设置执行质量缩放的频率。

➷ 每一个 `1` 个增量：在中间的文本框中输入所需要的值，指定进行质量缩放计算的频率。

➷ 在 `1` 等间隔：在中间的文本框中输入所需要的值，指定进行质量缩放计算的间隔数。

完成对"编辑质量缩放"的参数后，单击"确定"按钮 确定 ，返回到"编辑分析步"对话框，刚刚创建的质量缩放定义出现在数据表中。

"其他"选项卡仅包括线性体积黏性参数和二次体积黏性参数两项。

1）线性体积黏性参数：默认选项，用于输入线性体积黏性参数，默认值为0.06。

2）二次体积黏性参数：用于输入二次体积黏性参数值，默认值为1.2，仅适用于固体连续体单元，并且是体积应变率为压缩的情况。

（4）"静力，线性摄动"分析步。该分析步用于线性静力学分析，其"编辑分析步"对话框中仅包含"基本信息"和"其他"两个选项卡，如图3.49所示，且选项为"静力，通用"分析步的子集。

"基本信息"选项卡包含"描述"文本框。几何非线性为"关"，即不涉及几何非线性问题。

"其他"选项卡仅包含"方程求解器"选项组，如图3.50所示。

图 3.49　"编辑分析步"对话框

图 3.50　"其他"选项卡

设置完成后，单击"确定"按钮 确定 ，完成分析步的创建。

此时，单击工具区中的"分析步管理器"按钮 ，可见对话框中列出了初始步和已创建的分析步，可以对列出的分析步进行编辑、替换、重命名、删除操作和几何非线性的选择，如图 3.51 所示。

图 3.51　"分析步管理器"对话框

2. 创建场输出

这里创建的是场输出变量，即以较低的频率将整个模型或模型的大部分区域的结果写入输出数据库。

单击"创建场输出"按钮 ，弹出"创建场"对话框，如图 3.52 所示。在该对话框中设置创建场的名称和分析步后，单击"继续"按钮 继续... ，弹出"编辑场输出请求"对话框，如图 3.53 所示，在该对话框中设置"场输出请求"的各个参数。

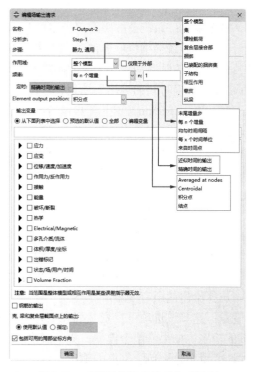

图 3.52　"创建场"对话框

图 3.53　"编辑场输出请求"对话框

（1）作用域：用于选择输出变量的区域，包括下列选项。

1）整个模型：将整个模型的场变量写入输出数据库。

2）集：从右侧的下拉列表中选择创建的集合名称，将该集合的场变量写入输出数据库。

3）螺栓载荷：从右侧的下拉列表中选择创建的螺栓载荷名称，将该螺栓载荷的场变量写入输出数据库。

4）复合层接合部：从右侧的下拉列表中选择创建的复合层接合部名称，将该复合层接合部的场变量写入输出数据库。

5）捆绑：从右侧的下拉列表中选择创建的紧固件名称，将该紧固件的场变量写入输出数据库。

6）已装配的捆绑集：从"装配"模型中选择创建的螺栓载荷名称，将"装配"模型的螺栓载荷的场变量写入输出数据库。

7）子结构：单击"选择子结构集"按钮 ，弹出"选择子结构集"对话框，选择要写的子结构集，将指定的子结构集的场变量写入输出数据库。

8）相互作用：从右侧的下拉列表中选择创建的面对面接触和自接触交互，将这些相互作用的场变量写入输出数据库。

9）蒙皮：从右侧的下拉列表中选择创建的蒙皮钢筋，将选择的蒙皮钢筋的场变量写入输出数据库。

10）纵梁：从右侧的下拉列表中选择创建的纵梁钢筋，将选择的纵梁钢筋的场变量写入输出数据库。

（2）频率：用于设置输出变量的频率，包括下列选项。

1）末尾增量步：将末尾增量步的场变量写入输出数据库。

2）每 n 个增量：该选项为默认选项，系统会将指定间隔数量的增量步写入输出数据库，并且也会将末尾增量步的场变量写入输出数据库。默认的间隔值为 1。

3）均匀时间间隔：系统会按照用户指定的时间间隔的数目将时间平均分割，并将场变量写入输出数据库。

4）每 x 个时间单位：系统会按照用户指定的时间长度将场变量写入输出数据库。

5）来自时间点：系统会根据创建的时间点集合将场变量写入输出数据库。

（3）定时：当选择的频率为"均匀时间间隔""每 x 个时间单位"或"来自时间点"时，可以在该列表中选择是按"精确时间的输出"还是"近似时间的输出"。

（4）Element output position（单元输出位置）：用于选择单元输出的位置，包括下列选项。

1）Averaged at nodes（在结点处平均）：将单元输出的位置外推至每个单元的结点，然后对这些具有相同属性结点的值进行平均，在平均值处输出位置。

2）Centroidal（质心）：在每个单元的质心处输出。

3）积分点：默认选项，在积分点处输出。

4）结点：在每个单元的结点处输出。

（5）输出变量：用于选择写入输出数据库的场变量，可通过以下方法进行选择。

1）从下面列表中选择：在给出的变量列表中选择需要输出的变量。

2）预选的默认值：系统会根据创建的分析步自动预选一组比较合适的输出变量。

3）全部：选择给出的所有变量。

4）编辑变量：选择该选项可在变量列表上方的文本框中输入或删除需要的输出变量。

（6）钢筋的输出：如果将整个模型、集、蒙皮或纵梁作为作用域，那么就可以激活该选项，用于设置在输出的场变量中是否包含钢筋的输出。

（7）壳，梁和复合层截面点上的输出：用于设置写入输入数据库的壳、梁和复合层的截面点，包括使用默认值和指定两种选项。

1）使用默认值：从系统默认的截面点输出数据库，通常是截面的外部纤维。

2）指定：输入指定的截面点编号（一个或多个），将这些截面点写入输出数据库。

（8）包括可用的局部坐标方向：取消该复选框的勾选，可从保存的数据中排出材料的方向减少输出数据库的大小。

3. 创建历程输出

这里创建的是时间历程变量，以较高的频率将模型的小部分区域的结果写入输出数据库。

单击"创建历程输出"按钮，弹出"创建历程"对话框，如图 3.54 所示。在该对话框中设置创建时间历程的名称和选择分析步后，单击"继续"按钮 继续... ，弹出"编辑历程输出请求"对话框，如图 3.55 所示。该对话框用于设置历程输出请求的各个参数，与"编辑场输出请求"对话框类似，这里只介绍不同之处。

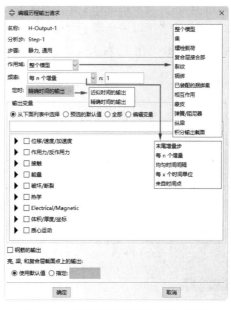

图 3.54　"创建历程"对话框　　　　图 3.55　"编辑历程输出请求"对话框

作用域用于选择输出时间历程变量的区域，大部分与场输出的作用域一致，但这里多了裂纹、弹簧/阻尼器和积分输出截面 3 个作用域。

（1）裂纹：这里的裂纹指等高线积分，选择该选项，从右侧的下拉列表中选择创建的等高线积分名称，将该等高线积分的历程变量写入输出数据库。当选择"裂纹"作为作用域时，需要选择"频率""云图数"和"积分类型"，如图 3.56 所示。

（2）弹簧/阻尼器：从右侧的下拉列表中选择创建的弹簧/阻尼器名称，将该弹簧/阻尼器的历程变量写入输出数据库。

（3）积分输出截面：从右侧的下拉列表中选择创建的积分输出截面名称，将该积分输出截面的历程变量写入输出数据库。

（4）云图数：用于指定输出云图的数量。

（5）类型：用于选择要进行等高线积分的类型，包括以下几种类型。

图 3.56　"裂纹"作用域

1）J 积分：在进行与速率无关的准静态断裂分析中，使用 J 积分表征与裂纹扩展相关的能量释放。如果材料响应是线性的，J 积分可以与应力强度因子相关。

2）Ct-积分：用于与时间相关的蠕变行为使用 Ct-积分，它描述了特定蠕变条件下的蠕变裂纹变形，包括瞬时裂纹扩展。

3）T-应力：使用 T-应力分量表示平行于裂纹前沿的应力。

4）应力强度因子：在线性弹性断裂分析中，使用应力强度因子 KⅠ、KⅡ和KⅢ表征局部裂尖应力和位移场。当选择该选项后还需要指定裂纹起始准则，包括"最大切向应力""最大能量释放率"和"KⅡ=0"。

3.3　实例——定义水管与卡扣的属性和分析步

第 2 章我们对水管与卡扣进行了建模及装配，在此基础上对这两个部件进行定义属性和创建分析步。通过本实例，读者可以进一步了解属性和分析步模块的使用。假设水管与卡扣的材质为 PVC-U，杨氏模量为 4300MPa，泊松比为 0.3。

3.3.1　打开模型

（1）打开模型。单击工具栏中的"打开"按钮 ，弹出"打开数据库"对话框，如图 3.57 所示。找到要打开的 "shuiguanyukakou.cae" 模型，然后单击"确定"按钮 确定(O)，打开模型。

（2）设置工作目录。执行"文件"→"设置工作目录"菜单命令，弹出"设置工作目录"对话框，选择 Abaqus/CAE 所有文件的保存目录，如图 3.58 所示。单击"新工作目录"右侧的"选取"按钮 ，找到文件要保存的文件夹，然后单击"确定"按钮 确定，完成操作。

图 3.57　"打开数据库"对话框　　　　　　图 3.58　"设置工作目录"对话框

📢 注意：

> 若不设置工作目录，则 Abaqus/CAE 产生的所有文件将会保存在默认的安装目录中的 temp 文件夹中。

扫一扫，看视频

3.3.2　定义属性

（1）创建材料。在环境栏中的"模块"下拉列表中选择"属性"选项，进入"属性"模块。单击工具区中的"创建材料"按钮 ，弹出"编辑材料"对话框，在"名称"文本框中输入"Material-PVC-U"，然后在"材料行为"选项组中依次选择"力学"→"弹性"→"弹性"。此时，在下方出现的数据表中依次设置"杨氏模量"为 4300，"泊松比"为 0.3，如图 3.59 所示。其余参数保持不变，单击"确定"按钮 <u>确定</u> ，完成材料的创建。

（2）创建截面。单击工具区中的"创建截面"按钮 ⫯，弹出"创建截面"对话框，在"名称"文本框中输入 Section-PVC-U，设置"类别"为"实体"，"类型"为"均质"，如图 3.60 所示。其余参数保持不变，单击"继续"按钮 <u>继续...</u> ，弹出"编辑截面"对话框，设置"材料"为 Material-PVC-U，其余为默认设置，如图 3.61 所示。单击"确定"按钮 <u>确定</u> ，完成截面的创建。

（3）指派截面。单击工具区中的"指派截面"按钮 ⫯L，在提示区取消"创建集合"复选框的勾选，然后在视口区选择卡扣实体，在提示区单击"完成"按钮 <u>完成</u>，弹出"编辑截面指派"对话框，设置截面为 Section-PVC-U，如图 3.62 所示。单击"确定"按钮 <u>确定</u>，将创建的 Section-PVC-U 截面指派给卡扣，指派截面的卡扣颜色变为绿色。将环境栏中的"部件"改为 shuiguan，将 shuiguan 调入视口区。然后单击工具区中的"指派截面"按钮 ⫯L，根据提示在视口区选择水管实体，然后在提示区单击"完成"按钮 <u>完成</u>，弹出"编辑截面指派"对话框，设置截面为 Section-PVC-U，单击"确定"按钮 <u>确定</u>，将创建的 Section-PVC-U 截面指派给 shuiguan，指派截面的水管颜色变为绿色，完成截面的指派。

图 3.59　"编辑材料"对话框　　图 3.60　"创建截面"　　图 3.61　"编辑截面"　　图 3.62　"编辑截面指派"
　　　　　　　　　　　　　　　　　　　对话框　　　　　　　对话框　　　　　　　对话框

3.3.3　创建分析步

（1）创建分析步。在环境栏中的"模块"下拉列表中选择"分析步"，进入"分析步"模块。单击工具区中的"创建分析步"按钮 ●→▪，弹出"创建分析步"对话框，在"名称"文本框中输入 Step-1，设置"程序类型"为"通用"，并在下方的列表中选择"静力，通用"，如图 3.63 所示；单击"继续"按钮 <u>继续...</u> ，弹出"编辑分析步"对话框，在"基本信息"选项卡中设置"几何非线性"为"开"，如图 3.64 所示；单击"增量"选项卡，设置"最大增量步数"为 150，"初始"增量步为 0.1，"最小"增量步为 1E-02，如图 3.65 所示；单击"其他"选项卡，采用默认设置，如图 3.66 所示，单击"确定"按钮 <u>确定</u> ，完成分析步的创建。

扫一扫，看视频

注意：

由于在水管卡入卡扣的过程中，卡扣会有一个明显的开口过程，因此这里设置"几何非线性"为"开"状态，引入大位移非线性。

图 3.63　"创建分析步"对话框

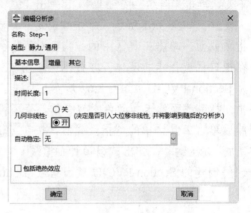

图 3.64　"基本信息"选项卡

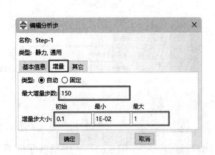

图 3.65　"增量"选项卡

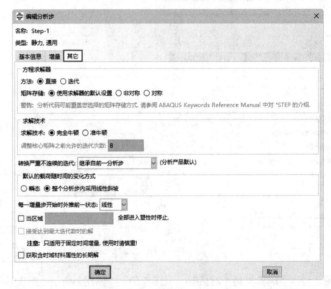

图 3.66　"其他"选项卡

（2）创建场输出。单击工具区中的"场输出管理器"按钮，弹出"场输出请求管理器"对话框，如图 3.67 所示。这里已经创建了一个默认的场输出，单击"编辑"按钮，弹出"编辑场输出请求"对话框，在"输出变量"列表中选择"应力"中的"MISES，Mises 等效应力"、"位移/速度/加速度"中的"U，平移和转动"、"作用力/反作用力"中的"RF，反作用力和力矩"和"TF，合力和合力矩"以及"接触"中的"CSTRESS，接触应力"、"CDISP，接触位移"选项，如图 3.68 所示。单击"确定"按钮，返回"场输出请求管理器"对话框，单击"关闭"按钮，关闭该对话框，完成场输出的创建。

（3）创建历程输出。单击工具区中的"历程输出管理器"按钮，弹出"历程输出请求管理器"对话框，如图 3.69 所示。这里已经创建了一个默认的历程输出，单击"编辑"按钮，弹出"编辑历程输出请求"对话框，在"输出变量"列表中选择"接触"中的"CSTRSSS，接触应力""CDSTRESS，接触阻尼应力""CDISP，接触位移"和"CAREA，总接触面积"，如图 3.70 所示。单击"确定"按钮 确定 ，返回"场输出请求管理器"对话框，单击"关闭"按钮 关闭 ，关闭该对话框，完成历程输出的创建。

图 3.68 "编辑场输出请求"对话框

图 3.67 "场输出请求管理器"对话框

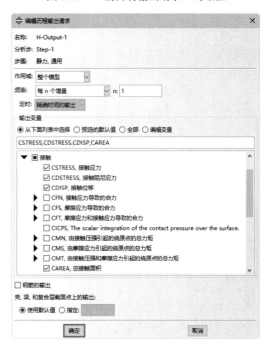

图 3.70 "编辑历程输出请求"对话框

图 3.69 "历程输出请求管理器"对话框

（4）保存文件。单击工具栏中的"保存模型数据库"按钮⊞，将文件保存到设置的工作目录中。

3.4　动手练一练

在第 2 章创建的装配件的基础上，为刮板链条定义属性，并创建分析步。假设刮板链条的材料为结构钢，其材料参数见表 3.1。

表 3.1　材料参数

材料名称	密度/(t/mm³)	杨氏模量/MPa	泊松比
结构钢	7.85e-9	200000	0.3

📋 **思路点拨：**

（1）设置材料名称为 Material-steel，并设置密度、杨氏模量和泊松比。

（2）创建截面。设置截面名称为 Section-steel，并将截面指派给链条刮板。

（3）创建分析步。采用默认设置创建"静力，通用"分析步。

第4章 定义相互作用和载荷边界条件

内容简介

本章主要介绍 Abaqus 的"相互作用"模块和"载荷"模块，通过本章的讲解，读者可掌握相互作用的创建和连接的创建，以及载荷的创建和边界条件的创建。

内容要点

❯ "相互作用"模块
❯ "载荷"模块
❯ 实例 ——定义水管与卡扣的相互作用和载荷

案例效果

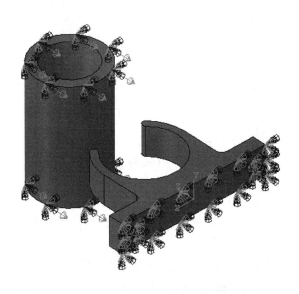

4.1 "相互作用"模块

在"模块"列表中选择"相互作用"，即进入"相互作用"模块。"相互作用"模块主要用于定义构成装配件各部件之间的相互作用、约束和连接器。可通过"创建相互作用属性"命令定义接触、膜条件、空腔辐射、流体腔、液体交换、声学阻抗、入射波等；通过"创建约束"命令定义绑定约束、刚体约束、显示体约束、耦合约束、壳-实体耦合约束、内置区域约束和方程约束等；通过"创建连接截面"命令定义梁、铰、牵引器、滑环、转换器、焊接等连接。

4.1.1 "相互作用"模块菜单栏

"相互作用"模块中专用的菜单包括"相互作用"菜单、"约束"菜单、"连接"菜单和"特殊设置"菜单。

1. "相互作用"菜单

"相互作用"菜单用于查找接触对，以及创建、编辑、复制、重命名和删除相互作用属性、接触控制、接触初始化和 Contact Stabilization（接触稳定化），如图 4.1 所示，这里只介绍接触控制、接触初始化和 Contact Stabilization（接触稳定化），其他命令将在"相互作用"工具区中介绍。

（1）接触控制：执行"相互作用"→"接触控制"→"创建"菜单命令，弹出"创建接触控制"对话框，如图 4.2 所示。该对话框用于强制修改接触条件的算法，可选择 Abaqus/Standard 接触控制属性或 Abaqus/Explicit 接触控制属性，对这两种类型的接触控制进行设置。

图 4.1 "相互作用"菜单　　　　　图 4.2 "创建接触控制"对话框

（2）Abaqus/Standard 接触控制属性：选择该类型，单击"继续"按钮 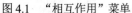，弹出该类型的"编辑接触控制"对话框，包括"稳定性"和"增广 Lagrange"两个选项卡。

"稳定性"选项卡，如图 4.3 所示，具体内容如下。

1）无稳定性：默认选项，拒绝使用接触问题中刚体运动的稳定性。

2）自动稳定：系统采用默认的阻尼系数进行稳定性的计算，还可以输入默认阻尼系数的比例因子进行调整。

3）稳定系数：输入稳定系数值，按指定的阻尼系数进行稳定性的计算。

4）相切比：在文本框中输入法线稳定与切线稳定的比值，修改切线稳定的阻尼参数，默认情况下相切比为 1，即切线稳定=法向稳定。

5）分析步结束时的阻尼百分比：用于设置步骤结束时的阻尼分数值。

6）阻尼为零的过盈：用于指定阻尼变为零时的间隙，包括"已计算"和"指定"两个选项。

①已计算：使用系统计算的默认间隙值。

②指定：指定阻尼变为零时的间隙值。

"增广 Lagrange"选项卡可以为使用增广拉格朗日曲面行为的接触相互作用属性进行设置，如图 4.4 所示，具体内容如下。

图 4.3 "稳定性"选项卡

图 4.4 "增广 Lagrange"选项卡

1）刚度比例因子：输入比例因子用于缩放默认的补偿刚度，获得用于接触对的刚度，默认值为 1。

2）穿透公差：该选项只能影响增广拉格朗日曲面行为的接触约束，将接触中不可穿透的条件设置为允许穿透，包括"绝对"和"相对"两个选项。

①绝对：用于设置允许穿透的值。

②相对：用于设置允许穿透与特征接触表面尺寸的比例，默认值为 0.001，而对于有限滑动和面对面接触，则相对值为 0.05。

（3）Abaqus/Explicit 接触控制属性：选择该类型，单击"继续"按钮 继续... ，弹出该类型的"编辑接触控制"对话框，如图 4.5 所示，具体内容如下。

1）指定增量步的最大数：用于指定增量步的最大数。对于自接触，默认的相邻两个全局接触搜索之间的最大增量数为 4；对于面面接触，该值为 100。

2）快速本地跟踪：该设置只适用于面与面的接触交互。默认情况下，该功能处于打开状态，当对于一个适当的接触条件难以强制实施时，可以将其关闭。

3）罚刚度因子：在文本框中输入一个值，系统会根据该因子缩放默认的补偿刚度，以获得用于补偿接触对的刚度，其默认值为 1。

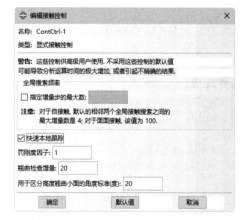

图 4.5 显式接触控制的"编辑接触控制"
对话框

4）翘曲检查增量：输入一个数用于检查主曲面上高度扭曲的小平面之间的增量数，其默认值为 20。如果增大该值的设置，会产生因频繁的检查导致增大计算时间的问题。

5）用于区分高度翘曲小面的角度标准（度）：用于将平面外翘曲角度定义为小平面上表面法线的变化量，其默认值为 20。

📢 注意：

接触控制的默认设置可以满足大多数分析，一般不需要另行设置，更改这些值可能会延长计算时间或使计算结果不准确，也可能造成不收敛。因此，初学者要慎用该命令。

（4）接触初始化：主要用于修正曲面之间的小间隙或过度闭合，若对较大的间隙或过度闭合进行接触初始化设置会导致网格变形，增加计算成本，具体内容如下。

执行"相互作用"→"接触初始化"→"创建"菜单命令，弹出 Create Contact Initializations 对话框，如图 4.6 所示。可选择 Abaqus/Standard 或 Abaqus/Explicit 接触初始化，对这两种类型的接触初始化进行设置，单击"继续"按钮 继续... ，弹出"编辑接触初始化"对话框，如图 4.7 所示。

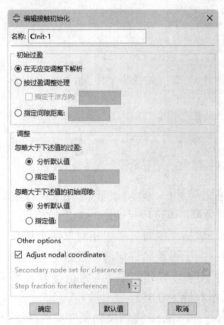

图 4.6　Create Contact Initializations
对话框

图 4.7　"编辑接触初始化"对话框

 注意：

> 对于选择 Abaqus/Standard 或 Abaqus/Explicit 这两种接触初始化，弹出的"编辑接触初始化"对话框基本上一致，只是 Abaqus/Standard 接触初始化弹出的"编辑接触初始化"对话框中的选项在 Abaqus/Explicit 接触初始化弹出的"编辑接触初始化"对话框中都能找到，因此这里只介绍 Abaqus/Explicit 接触初始化弹出的"编辑接触初始化"对话框中的内容。

1）在无应变调整下解析：该选项只调整位于指定距离范围内的部分曲面，通过调整这些曲面，使其在分析开始时精确接触，而不会在模型中产生应变。

2）按过盈调整处理：该选项只调整位于指定过盈闭合距离范围内的部分曲面。通过调整这些曲面，使分析在第一步中逐步解决曲面过闭合问题，但这种处理会使曲面随着位移而在模型中产生应变。

3）指定干涉方向：选择该选项，输入一个过盈闭合距离值，则位于指定距离范围内的曲面部分（过盈闭合和开口）将被调整为过盈闭合指定的量。该选项会使曲面在分析开始时，不会在模型中产生应变，但是在分析第一步的后续会干涉过盈调整处理在模型中产生应变。

4）指定间隙距离：输入一个间隙距离值，用于调整指定间隙范围内的部分曲面，这些曲面不会在模型中产生应变。

5）忽略大于下述值的过盈：使用默认或指定的过盈闭合距离范围，对于小于过盈闭合距离范围的闭合的结点使用无应变调整或逐渐干涉配合进行调整。

①分析默认值：选择该选项，系统会根据每个曲面上的基础单元面的大小计算最大过盈闭合调整距离。

②指定值：用于输入一个指定的最大过盈闭合调整距离值，如果该值小于曲面计算分析的默认值，则系统会使用该值。

6）忽略大于下述值的初始间隙：使用默认或指定的间隙范围，来对小于该间隙的结点进行无应变调整。

①分析默认值：在初始化调整期间忽略所有打开的结点。

②指定值：直接输入最大间隙的调整距离。

7）Adjust nodal coordinates（调整结点坐标）：该选项仅适用于 Abaqus/显式分析，并且仅可用于分析第一步中定义的间隙/过闭合。通过调整结点坐标解决间隙/过闭合问题，而不会在模型中产生应变。

8）Secondary node set for clearance（为间隙选取一个次结点集）：该选项仅适用于 Abaqus/显式分析。当指定间隙距离时，该命令可用。指定的间隙将在该结点集中的所有此结点上强制实施，而不管它们是在其各自的主曲面之上还是之下。

9）Step fraction for interference（干扰的阶跃分数）：该选项仅适用于 Abaqus/显式分析。当指定干涉方向时可以使用。为"干涉值"选择"步长分数"，以定义必须解决干涉配合的步长时间分数（在 0.0 和 1.0 之间）。默认值为 1.0。

（5）Contact Stabilization（接触稳定化）：通过引入一个用于在接触闭合之前稳定不受约束的刚体运动，而不会降低结果的准确性的阻尼，通过该阻尼对抗两个表面之间的增量相对运动。

执行"相互作用"→Contact Stabilization（接触稳定化）→"创建"菜单命令，弹出"编辑接触稳定化"对话框，如图 4.8 所示，具体内容如下。

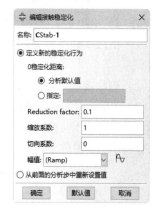

图 4.8　"编辑接触稳定化"对话框

1）定义新的稳定化行为：用于定义标准的稳定。

2）0 稳定化距离：当曲面之间的距离大于分析默认值或指定的稳定距离值时，这些曲面不会应用稳定。在分析过程中，稳定距离依赖于间隙的比例因子在 1（曲面接触时）和 0（曲面之间的间隙超过指定的零稳定距离时）之间变化。

①分析默认值：默认选项，将间隙距离设置为等于特征曲面的尺寸。

②指定：直接输入间隙距离。

3）Reduction factor（缩减系数）：用于确定阻尼值如何随着每次的增量而变化。小于 1 的值会导致阻尼随着每次增量而减小；大于 1 的值（不推荐）会导致阻尼随着每次增量而增加。

4）缩放系数：用于指定法线方向上应用于稳定阻尼效果的比例因子。

5）切向系数：用于指定切线方向上应用于稳定阻尼效果的切线因子。

6）幅值：根据需要，选择一个振幅包络改变步长过程中的稳定性。可以单击"创建幅值曲线"按钮，创建新的振幅。

7）从前面的分析步中重新设置值：通过从前面的分析步中选择重置值，定义一种特殊类型的稳定化，该稳定化可取消先前分析步骤中应用的稳定化效果。

2．"约束"菜单

"约束"菜单用于查找创建的接触对和创建约束，这里的约束指约束模型中各部件的自由度，如图 4.9 所示。由于该菜单中的命令在"相互作用"模块工具区中都能找到，这里不再详细讲解。

3．"连接"菜单

"连接"菜单用于创建连接截面并对这些连接进行指派，或者创建、修改、删除线条特征，如图 4.10 所示。由于该菜单中的命令在"相互作用"模块工具区中都能找到，这里不再详细讲解。

图 4.9　"约束"菜单

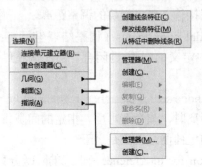

图 4.10　"连接"菜单

4．"特殊设置"菜单

"特殊设置"菜单用于创建惯性、裂纹、弹簧/阻尼器、捆绑和附加点，如图 4.11 所示。其中，惯性和弹簧/阻尼器在"属性"模块的"特殊设置"菜单中已经讲解，此处不再介绍，而捆绑和附加点在"相互作用"模块工具区中都能找到，这里也不再详细讲解，这里只介绍裂纹命令。

（1）指派接缝：将创建的接缝指派给模型。指派的模型必须是二维平面上的边或三维模型单元上的面。

（2）删除接缝：用于删除选定的接缝。

（3）创建：用于创建裂纹，执行"特殊设置"→"创建"菜单命令，弹出"创建裂纹"对话框，如图 4.12 所示。创建的裂纹包括云图积分、XFEM（扩展有限元法）和 Debond using VCCT（虚拟裂纹闭合技术）3 种类型。

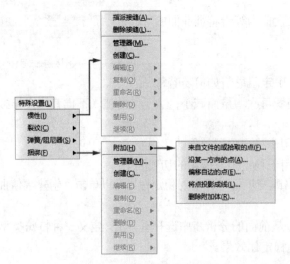

图 4.11　"特殊设置"菜单

图 4.12　"创建裂纹"对话框

1）云图积分：用云图积分估算准静态问题中裂纹的开始，但该方法不能预测裂纹如何扩展。

2）XFEM（扩展有限元法）：仅适用于三维实体模型、平面模型以及孤立的网格。用于研究路径沿所有根据求解计算出来的路径的起始和扩展，无须重新划分网格。

3）Debond using VCCT（虚拟裂纹闭合技术）：用于研究裂纹沿已知的裂纹表面的起始和扩展。

4.1.2 "相互作用"模块工具区

"相互作用"模块工具区位于图形界面的左侧，紧邻视口区，集成了创建和编辑相互作用的所有功能，如图 4.13 所示。其中共包含了相互作用工具、参考点工具、创建附加工具和创建基准工具，本小节只介绍前 3 种工具，创建基准工具可参见第 2 章"部件"模块工具区的介绍。

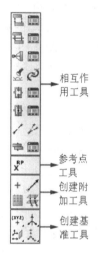

图 4.13　"相互作用"模块工具区

1. 相互作用工具

相互作用工具用于创建相互作用、创建相互作用属性、创建约束、创建连接截面、创建连接指派和创建捆绑等，有些命令还有相应的管理器，可以快速地浏览和管理对应的命令，如创建、编辑、复制、重命名和删除等操作。这里只介绍具体的工具，而对管理器不再讲解。

2. 创建相互作用

创建相互作用用于创建不同类型的接触，如通用接触、表面与表面接触、自接触、流体腔、液体交换等接触类型。

单击"创建相互作用"按钮 ，弹出"创建相互作用"对话框，在该对话框中可以设置相互作用的名称、选择分析步和选择相应分析步对应的相互作用类型。选择不同种类的分析步，则对应的相互作用类型也有差别，如图 4.14 所示。

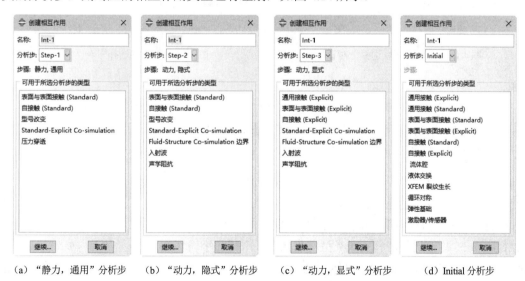

（a）"静力，通用"分析步　　（b）"动力，隐式"分析步　　（c）"动力，显式"分析步　　（d）Initial 分析步

图 4.14　"创建相互作用"对话框

（1）名称：用于指定相互作用的名称。

（2）分析步：选择适用的分析步，如"静力，通用"分析步、"动力，隐式"分析步、"动力，

显式"分析步或 Initial 分析步。

（3）可用于所选分析步的类型：选择相应分析步的相互作用类型。

设置完成后单击"继续"按钮 继续... ，可进行所选接触类型的设置，由于接触类型过多，且篇幅有限，下面只介绍几种常用的接触类型。

（1）表面与表面接触。表面与表面接触包括"表面与表面接触（Standard）"和"表面与表面接触（Explicit）"两种，前一种适用于 Initial、"静力，通用"和"动力，隐式"分析步；后一种适用于动力，显式分析步。当选择一种表面与表面接触类型后，单击"继续"按钮，根据提示在视口区选择主面，然后单击提示区的"完成"按钮 完成 ；或者单击"表面"按钮 表面... ，弹出表面"区域选择"对话框，如图 4.15 所示，选择创建的表面集，单击"继续"按钮 继续... 。

然后在提示区单击"表面"按钮 表面 或"结点区域"按钮 结点区域 。若选择表面，则按照与选择主面相同的方法选择从面；若选择结点区域，则在视口区选择结点区域，或者单击提示区的"集"按钮 集... ，弹出"区域选择"对话框，如图 4.16 所示。选择创建的集，单击"继续"按钮 继续... ，弹出"编辑相互作用"对话框；若选择 Initial、"静力，通用"或"动力，显式"分析步，则显示类型为"表面与表面接触（Standard）"，如图 4.17（a）所示；若选择"动力，显式"分析步，则显示类型为"表面与表面接触（Explicit）"，如图 4.17（b）所示。

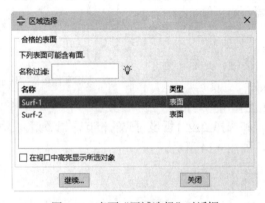

图 4.15　表面"区域选择"对话框

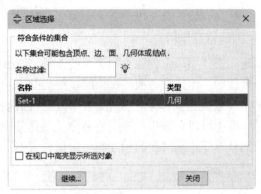

图 4.16　"区域选择"对话框

注意：

> 表面与表面接触需要选择一个主面和一个从面，组成一个接触对，其中主面可以渗透到从面内，而从面则不能渗透到主面内。接触对定义的两个面可以都是可变形面；也可以一个是可变形面，另一个是不可变形的刚性面。若接触对存在刚性面，刚性面必须是主面。

下面对"编辑相互作用"对话框的各个选项做简单介绍。

1）表面与表面接触（Standard）类型。

①切换曲面 ：该按钮用于切换主面和从面。

②滑移公式：用于选择滑移公式类型，包括有限滑移和小滑移。

❧ 有限滑移：默认选项，允许接触面之间任意滑动、分离和旋转，在分析过程中系统将一直判断各个从面结点与主面的哪个区域发生接触，计算成本较大。

❧ 小滑移：如果两个接触面之间的相对滑动或转动量很小，一般小于接触面上单元尺寸的 20%，就可以选择小滑移。这种滑移公式在分析一开始就确定了从面的各个结点与主面是否接触，与主面哪个区域接触，并在整个分析过程中保持这些关系不变，计算成本较低。

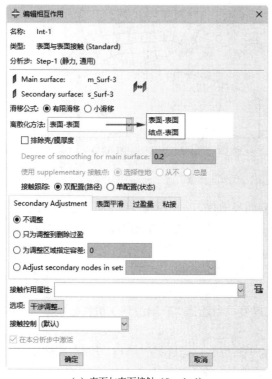

（a）表面与表面接触（Standard）

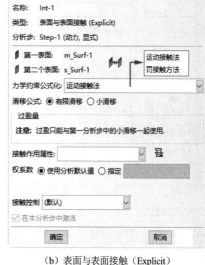

（b）表面与表面接触（Explicit）

图 4.17　"编辑相互作用"对话框

③离散化方法：用于选择不同的离散化的方法增强约束，包括"表面-表面"和"结点-表面"两种方法。

- 表面-表面：默认选项，该方法会为整个从面（而不是单个结点）建立接触条件，在接触分析过程中同时考虑主面和从面的变化，这样提高了计算精度，但也会增加计算时间，可能在某些结点上会出现渗透，但渗透程度不会很大。

- 结点-表面：该方法是将从面上的每个结点与该结点在主面上的投影点建立接触关系，接触方向为主面的法向，每个接触条件都包含一个从面结点和它的投影点附近的一组主面结点。使用该方法，从面结点不会渗透到主面结点，但主面结点可以渗透到从面结点。

图 4.18 所示为表面-表面离散化方法的渗透情况，图 4.19 所示为结点-表面离散化方法的渗透情况。

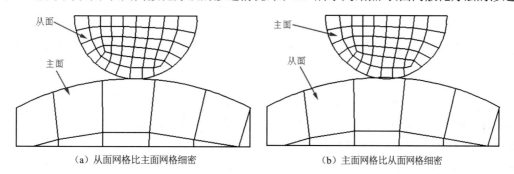

（a）从面网格比主面网格细密　　　　　　　（b）主面网格比从面网格细密

图 4.18　表面-表面离散化方法的渗透情况

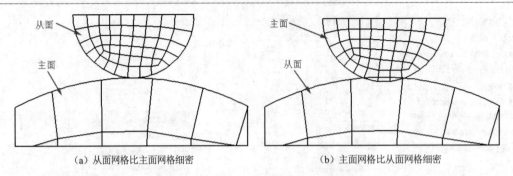

（a）从面网格比主面网格细密　　　　　　　（b）主面网格比从面网格细密

图 4.19　结点-表面离散化方法的渗透情况

从图 4.18 与图 4.19 中可以看出，不论是表面-表面离散化方法还是结点-表面离散化方法，当从面网格比主面网格细密时，分析结果都没有产生渗透现象，从面与主面的变形都在正常范围内，结果较好；但是当主面网格比从面网格细密时，表面-表面离散化方法只产生了轻微的渗透现象，主、从面变形仍较好，而结点-表面离散化方法分析结果很差，主面进入从面较多，主、从面变形都不正常，产生了严重的渗透现象。

④排除壳/膜厚度：用于选择是否考虑壳或膜的厚度。当选择"有限滑移"滑移公式，且离散化方法为"结点-表面"时，该选项不被激活。

⑤Degree of smoothing for main surface（主面的平滑度）：当选择"结点-表面"离散化方法时，可在该文本框中输入主面边界长度分数作为主面的平滑度。输入值不大于 0.5，默认值为 0.2。

⑥使用 supplementary（补充的）接触点：用于在不改变基本单元公式的情况下添加补充接触约束。使用补充接触点的方式有"选择性地""从不"和"总是"。当选择"有限滑移"滑移公式，且离散化方法为"表面-表面"时，该选项不被激活。

⑦接触跟踪：仅当选择"有限滑移"滑移公式，且离散化方法为表面-表面时，该选项被激活。用于选择接触跟踪的方法，包括双配置（路径）和单配置（状态）两种方法。

- 双配置（路径）：默认选项，是基于路径的跟踪方法。该方法考虑了从面上的结点在每个增量内相对于主面的相对路径，对于自接触或大增量相对运动分析，该方法比单配置（状态）更有效。

- 单配置（状态）：该方法是基于状态的跟踪方法，通过与增量的开始相关联的跟踪状态以及与预测配置相关联的几何信息更新跟踪状态。这种方法非常适合大多数有限滑动分析，但需要使用单侧曲面，并且偶尔难以跟踪大的增量运动。

📢 注意：

> 如果使用表面-表面离散化方法，并且接触中的一个或多个曲面是分析刚性曲面，则应选择基于状态的单配置（状态）跟踪方法。

⑧Secondary Adjustment（二次调整）选项卡：用于在计算开始时调整从属单元的位置，对从结点或从面位置的调整仅仅是对模型几何的调整，并不会产生任何应变。包括以下几个选项。

- 不调整：默认选项，不对从结点或从面进行二次调整。

- 只为调整到删除过盈：只对被主面渗透的从面区域进行调整，将这些区域精确的移动到与主面接触的位置。

- 为调整区域指定容差：在后面的文本框中输入一个距离值（默认为 0），会形成一个调整区域，该调整区域为主面向外延伸设定的距离值,系统会将调整区域中被主面渗透的从面精确的移动到与主面接触的位置。

➥ Adjust secondary nodes in set(调整集合中的从结点):用于将指定集合内的从面结点精确的移动到与主面接触的位置,不管该结点与主面的距离有多远。

⑨"表面平滑"选项卡:当选择"表面-表面"离散化方法时可用,用于降低由表面几何体上的网格离散化导致的接触压力的不准确性,包括"不作平滑"和"自动平滑 3D 几何表面(如果可用)"两个选项,如图 4.20 所示。

➥ 不作平滑:默认选项,不对接触的表面应用平滑。

➥ 自动平滑 3D 几何表面(如果可用):将平滑应用于系统自动识别的轴对称或球形曲面。自动平滑对网格零件或二维模型没有影响。

⑩"过盈量"选项卡:只有选择"小滑移"滑移公式时才能激活该选项卡。通过以下几种方式指定从面和主面上的结点之间的初始间隙,如图 4.21 所示。

➥ 未指定:默认选项,不指定初始间隙。

➥ Uniform value across secondary surface(从面上的统一值):在后面的文本框中输入一个值,用于当从结点坐标计算不够精确时,为从面上的结点定义精确的初始间隙或过闭合值以及接触方向。

➥ 计算单线螺栓:用于模拟对计算精度要求不高的螺栓连接,通过设置螺栓的各个参数[次表面间隙、左旋、右旋、半线角(度)、螺距和螺栓直径]模拟螺栓连接。

➥ 指定单纹螺栓:与计算单线螺栓类似,只是需要指定初始孔隙的值。

⑪"黏接"选项卡:用于将绑定限制到特定子集中的从结点,如图 4.22 所示。

图 4.20　"表面平滑"选项卡　　　图 4.21　"过盈量"选项卡　　　图 4.22　"黏接"选项卡

⑫接触作用属性:用于选择接触属性。也可以单击"创建相互作用属性"按钮进行创建。

⑬选项:用于"干涉调整"选项的设置。

⑭接触控制:用于选择已建立的接触控制。

2)表面与表面接触(Explicit)类型。

当创建"动力,显式"分析步后,再创建的"表面与表面接触"类型即为 Explicit 类型,如图 4.17(b)所示。该对话框中的选项大部分与 Standard 类型相同,这里只介绍不同的部分。

①力学约束公式化:用于选择力学约束公式的方法,包括运动接触法和罚接触方法。

➥ 运动接触法:默认选项,使用运动预测器/校正器接触算法严格执行接触约束,如不允许穿透。

➥ 罚接触方法:该方法对接触约束的强制较弱,但允许处理更一般类型的接触。

②权系数:用于设置接触面的加权系数,包括使用分析默认值和指定值。

➥ 使用分析默认值:默认选项,使用分析产生的值作为接触面加权系数。

➥ 指定:指定一个数值作为接触面加权系数。

(2)自接触。自接触包括"自接触(Standard)"和"自接触(Explicit)"两种,前一种适用于

Initial、"静力,通用"和"动力,显式"分析步；后一种适用于"动力,显式"分析步。当选择一种自接触类型后，单击"继续"按钮，根据提示在视口区选择一个表面，然后单击提示区的"完成"按钮 完成 或者单击"表面"按钮 表面... ，弹出表面"区域选择"对话框，选择创建的表面集，单击"继续"按钮 继续... ，弹出"编辑相互作用"对话框。若选择 Initial、"静力,通用"或"动力,隐式"分析步，则显示类型为"自接触（Standard）"，如图 4.23（a）所示；若选择"动力,显式"分析步，则显示类型为"自接触（Explicit）"，如图 4.23（b）所示。对话框中显示的选项与"表面与表面接触"中的相同，这里不再详细讲解。

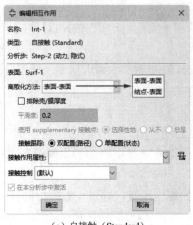

（a）自接触（Standard）　　　　　　（b）自接触（Explicit）

图 4.23　"编辑相互作用"对话框

3. 创建相互作用属性

该命令用于创建相互作用的属性，包括接触、空腔辐射、声学阻抗和入射波等。

单击"创建相互作用属性"按钮 ，弹出"创建相互作用属性"对话框，在该对话框中可以设置相互作用属性的名称和选择类型，如图 4.24 所示。由于相互作用属性的类型繁多，不能一一讲解，这里以最常用的"接触"类型为例进行介绍。

在"类型"列表中选择"接触"选项，然后单击"继续"按钮 继续... ，弹出"编辑接触属性"对话框，如图 4.25 所示，具体内容如下。

图 4.24　"创建相互作用属性"对话框　　　图 4.25　"编辑接触属性"对话框

（1）接触属性选项：用于选择接触属性的类型，包括"力学""热学"和"电"3 种类型的属性选项卡，当选择选项卡中对应的属性后，则该属性会显示在"接触属性选项"列表中。

1）力学：用于定义力学的接触属性，包括切向行为、法向行为、阻尼、损伤、断裂准则、黏性行为和几何属性等属性，如图 4.26 所示。

①切向行为：主要用于设置摩擦系数、剪应力和弹性滑动。

②法向行为：用于定义接触刚度等法向接触属性。

③阻尼：用于设置接触面相对运动时的阻尼。

④损伤：用于设置表面接触的相互作用中引发损伤的初始准则、演化类型和稳定性。

⑤断裂准则：用于设置接触属性中的裂纹扩展的断裂标准，规定了临界能量的释放率。

⑥黏性行为：用于设置基于断裂的黏性行为，定义裂纹的扩展能力。

⑦几何属性：选择定义附加的几何属性。

2）热学：用于定义接触面间因摩擦而产生的热传导、生热和辐射，如图 4.27 所示。

①热传导：用于定义相邻接触面之间的热传导率。

②生热：用于热-电耦合或热-力耦合分析，两接触面因相互作用产生的能量损耗而生成热量。

③辐射：用于定义相邻面之间的辐射热传递。

3）电：用于定义接触面之间的电器相互作用，如图 4.28 所示。

电导系数：用于指定紧密相邻或接触面之间的电导系数。

图 4.26　"力学"选项卡　　　　图 4.27　"热学"选项卡　　　　图 4.28　"电"选项卡

（2）接触参数设置区域：当选择接触属性选项后，相应的接触参数设置出现在下方，用于设置具体的参数值。这里主要介绍常用的"力学"选项卡中的"切向行为"和"法向行为"，以及"热学"选项卡中的"热传导"和"生热"。

1）切向行为：主要用于设置摩擦系数、剪应力和弹性滑动，选择该接触属性，参数设置区域如图 4.29 所示。

①无摩擦：默认选项，用于定义无摩擦的接触面。

②罚：用于定义罚函数的摩擦公式，包含"摩擦""剪应力"和"弹性滑动"3 个选项卡。

"摩擦"选项卡用于定义摩擦系数，如图 4.30 所示。

- ↳ 方向性：用于选择摩擦系数的方法，包括"各向同性"和"各向异性（只用于 Standard）"两个选项。其中"各向同性"为默认选项，只设置一个摩擦系数；而"各向异性（只用于 Standard）"则需要输入两个正交方向的摩擦系数。

- ↳ 使用基于滑动率的数据：用于设置与滑动率相关的摩擦系数，在数据表中同时输入"摩擦系数"和"滑移速率"。

- ↳ 使用依赖接触压力的数据：用于设置与接触压力相关的摩擦系数，在数据表中同时输入"摩擦系数"和"接触压力"。

- ↳ 使用与温度相关的数据：用于设置与温度相关的摩擦系数，在数据表中同时输入"摩擦系数"和"温度"。

➥ 场变量个数：用于设置与摩擦系数相关的场变量的数量，设置后在数据表中出现对应数量的场变量，显示为"场1""场2""场3"……默认场变量个数为0。

"剪应力"选项卡用于设置剪切应力的界限，如图4.31所示。

➥ 无限制：默认选项，接触面在滑动前不限制接触面的剪应力。

➥ 指定：用于壳指定剪应力的界限，当剪应力超过设置值时，接触面开始滑动。

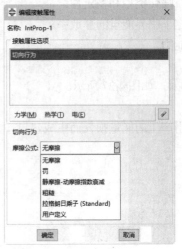

图4.29　"切向行为"的设置　　　　图4.30　"摩擦系数"选项卡　　　图4.31　"剪应力"选项卡

"弹性滑动"选项卡用于设置Standard分析模块中的最大弹性滑移和Explicit分析模块中的弹性滑动刚度，如图4.32所示。

➥ 表面特征尺寸百分比：默认选项，用接触面长度的最小分数作为允许的最大弹性滑动，默认值为0.005。

➥ 绝对距离：用于输入一个数值自定义允许的最大弹性滑移距离。

➥ 无限（无滑移）：用于取消剪应力的弹性，变为无弹性滑动。

➥ 指定：用于激活剪应力的弹性，输入曲线的斜率，将剪应力定义为两个曲面之间的弹性滑动函数。

③静摩擦-动摩擦指数衰减：用于设置静摩擦系数、动摩擦系数和弹性滑动，同样包括"摩擦"选项卡和"弹性滑动"选项卡。

"摩擦"选项卡用于定义静摩擦系数和动摩擦系数的指数衰减关系，包括"系数"和"实验数据"两种方法，如图4.33所示。

➥ 系数：用于指定静摩擦系数、动摩擦系数和衰减系数，定义静摩擦系数和动摩擦系数指数衰减关系。

➥ 试验数据：输入符合静摩擦系数和动摩擦系数指数衰减关系的试验数据。

"弹性滑动"选项卡与选择"罚"摩擦公式中的"弹性"选项卡一致，这里不再详细讲解。

④粗糙：用于模拟无限大的摩擦系数的接触，发生接触时不会发生滑移。

⑤拉格朗日乘子（Standard）：仅适用于Standard分析模块，通过用拉格朗日乘子加强接触面的黏性约束。其包含的"摩擦"选项卡和"剪应力"选项卡的设置与选择"罚"摩擦公式一致，这里不再详细讲解。

⑥用户定义：用于选择用户子程序FRIC（Abaqus/Standard）或VFRIC（Abaqus/Explicit）进行分

析，包括"状态相关变量的个数"和"摩擦属性"两个设置选项，如图4.34所示。

图 4.32　"弹性滑动"选项卡　　　图 4.33　"摩擦"选项卡　　　图 4.34　"用户定义"的设置

> 状态相关变量的个数：用于指定与解答相关状态变量的个数。
> 摩擦属性：用于输入子程序中需要的摩擦系数。

2）法向行为：主要用于设置接触压力和渗透关系，包括"压力过盈"和"约束执行方法"两个设置选项，如图4.35所示。

①"硬"接触：默认选项，选择该选项，则可在"约束执行方法"下拉列表中选择4种方法之一加强接触约束，如图4.36所示。

> 默认：选择该选项，对接触压力和渗透关系强制约束。
> 增广 Lagrange（只用于 Standard）：只适用于 Standard 分析模块，设置如图4.37所示。

图 4.35　"法向行为"设置区　　　图 4.36　4 种约束执行方法　　　图 4.37　增广 Lagrange
（只用于 Standard）设置

> 刚度值：用于指定接触刚度值，可选择"使用默认"，使用系统自动计算出的罚函数作为接触刚度；也可选择"指定"，输入一个正值作为接触刚度。
> 刚度比例因子：用于指定与所选补偿刚度相乘的比例因子，默认值为1，该值必须大于0。
> 接触压力为零的过盈：用于指定接触压力为零时的相互接触的主从面的距离，默认值为0。

> 罚（Standard）：只适用于 Standard 分析模块，使用罚函数方法进行强制接触约束。选择该方法后，可以在设置区选择"线性"罚函数方程进行强制接触约束，也可以选择"非线性"

进行强制接触约束，其余设置与"增广 Lagrange（只用于 Standard）"方法设置相同，这里不再详细讲解。

  ❧ 直接（Standard）：只适用于 Standard 分析模块，可直接强制接触约束，无须近似或使用增加迭代。

  ❧ "允许接触后分离"复选框默认为勾选状态，表示允许接触面分离；若取消选择，则接触面不允许分离。

②指数：用于指定接触压力与渗透的指数关系，在数据表中输入零间距时的压力值和 0 压力时的间距值，参数设置如图 4.38 所示。

  ❧ 最大刚度（Explicit）：只适用于 Explicit 分析模块，用于设置模型的最大的接触刚度。

    ↳ 无限（无滑移）：默认选项，表示在运动接触中最大接触刚度为无限大。

    ↳ 指定：用户可指定最大的接触刚度。

③线性：用于指定接触压力与渗透的线性关系，参数设置如图 4.39 所示。必须输入一个正值作为接触压力和渗透关系的曲线斜率。

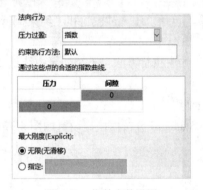

图 4.38　指数参数设置　　　　图 4.39　线性参数设置区

④表：在表格中输入单调递增的数据作为接触压力与对应的渗透量，输入的数据必须以 0 压力开始，参数设置如图 4.40 所示。

⑤标量因子（通用接触，Explicit）：用基于缩放接触刚度的比例系数定义接触压力与渗透的分段线性关系，只适用于 Explicit 分析模块，参数设置如图 4.41 所示。

  ❧ 过盈：在文本框中输入一个正数的渗透量，可选择"系数"和"度量"两种方式。

    ↳ 系数：将渗透量定义为最小单元的百分比，需要输入最小单元尺寸的分数。

    ↳ 度量：直接输入一个正数作为渗透量。

  ❧ 接触刚度比例系数：在文本框中输入一个大于 1 的数值，作为接触刚度的几何比例，当渗透量大于过盈栏中指定的渗透量时，则接触刚度乘以该放大因子。

  ❧ 初始刚度比例因子：在文本框中输入一个大于 0 的数值，作为接触刚度的附加比例因子，默认值为 1。

3）热传导：用于定义相邻接触面之间的热传导率。参数设置如图 4.42 所示。

①定义：用于选择定义热传导的方式，包括"表"和"用户定义"两个选项。

  ❧ 用户定义：在用户子程序 GAPCON 中定义热传导，该选项针对于高级用户，这里不再详细讲解。

②只使用依赖于 clearance 的数据：将热传导定义为接触面之间的间隙函数，此时"过盈量相关"选项卡被激活。

图 4.40　表参数设置

图 4.41　标量因子（通用接触 Explicit）参数设置

- ↳ 使用与温度相关的数据：勾选该复选框，需要在下方表格中输入与温度相关的数据。
- ↳ 使用基于质量流率的数据（只用于 Standard）：只适用于 Standard 分析模块，勾选该复选框，需要在下方表格中输入与单位面积的平均质量流率相关的数据。
- ↳ 场变量个数：用于设置与摩擦系数相关的场变量的数量，设置后在数据表中出现对应数量的场变量，显示为"场 1""场 2""场 3"……默认场变量个数为 0。

③只使用依赖于压力的数据：将热传导定义为接触面之间的接触压力的函数，此时"压强依赖性"选项卡被激活，该选项卡的设置参数与"过盈量相关"选项卡相同，这里不再详细讲解。

④同时使用基于间隙和基于压强的数据：将热传导定义为接触面之间的间隙和接触压力都相关的函数。

4）生热：用于热-电耦合或热-力耦合分析，两接触面因相互作用产生的能量损耗而生成热量。参数设置如图 4.43 所示。

图 4.42　热传导参数设置

图 4.43　热传导参数设置

①由摩擦或电流（转换为热量）产生的耗散能百分数：用于指定由摩擦或电流引起的能量耗散转换为热量的比例。

- ↳ 使用默认值（1.0）：默认选项且默认值为 1，表示将所有耗散的能量转换为热量。
- ↳ 指定：用户直接指定热量转换的分数。

②Fraction of converted heat distributed to secondary surface（分配到次表面的热量转换比例）：用于指定主表面与次表面的热量转换比例。

　　➥ 使用默认值（0.5）：默认选项且默认值为 0.5，表示在主表面与从表面之间平均分配热量。

　　➥ 指定：用户直接指定要分配给从表面的热量比，剩余部分将分配在主表面上。

4．创建约束

该命令用于约束模型中各部分之间的自由度，包括绑定、刚体、显示体、耦合的等。

单击"创建约束"按钮 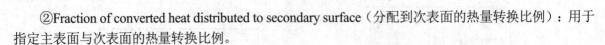，弹出"创建约束"对话框，在该对话框中可以设置创建约束的名称和选择约束类型，如图 4.44 所示。由于约束的类型繁多，不再一一讲解，这里只讲解几种常用的约束类型。

（1）绑定：用于将模型中两个网格划分的截然不同的区域绑定在一起，使二者不做相对运动。

选择该选项后，单击"继续"按钮 继续...，根据提示先选择主面，再选择从面，弹出绑定约束的"编辑约束"对话框，如图 4.45 所示。该对话框中有些选项与编辑相互作用一致，这里只介绍不同的部分。

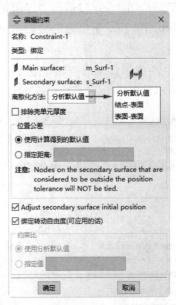

图 4.44　"创建约束"对话框　　　　图 4.45　绑定约束的"编辑约束"对话框

1）位置公差：用于设置被绑定的从面结点区域的公差，位于设置公差范围内的从面结点将被绑定，包括"使用计算机得到的默认值"和"指定距离"两个选项。

　　➥ 使用计算得到的默认值：默认选项，使用系统计算得到的默认值确定被绑定的从面结点区域的公差。

　　➥ 指定距离：用于指定一个距离值，则从主面延伸指定的距离范围为绑定区域，与该区域内的从面结点进行绑定。

2）Adjust secondary surface initial position（调整从面初始位置）：用于调整从面结点的初始位置，使被绑定的从面结点与主面接触区域重合，该功能只调整几何位置，不产生应力或应变。

3）绑定转动自由度（可应用的话）：用于约束主面和从面的旋转自由度。

4）约束比：当取消勾选"绑定转动自由度（可应用的话）"复选框时，该选项被激活。用于设置主面与从面间距离的比率，进行平移约束，包括"使用分析默认值"和"指定值"两种方法。

- 使用分析默认值：默认选项，使用系统计算得到的默认值作为约束比。
- 指定值：通过用户输入具体数值指定一个约束比。

（2）刚体：用于创建一个刚性区域，跟随指定的参考点进行刚体位移，而刚性区域内的结点和单元的相对位置不变。在分析时，将刚度相对较大的区域设置为刚性区域可缩短计算时间。

选择该选项后，单击"继续"按钮 继续... ，弹出刚体约束的"编辑约束"对话框，如图 4.46 所示。

1）区域类型：用于选择刚体区域的类型，当选择"体（单元）""铰结（结点）""绑定（结点）"或"解析表面"这些区域类型后，单击右侧的"编辑选择"按钮 ，选择相应的刚体区域，若定义的刚体区域有误，单击"清除已选"按钮 ，清除已选的刚体区域。

- 体（单元）：选择的刚体区域为实体模型或独立的网格单元。
- 铰结（结点）：选择的刚体区域为只有平移自由度的结点。
- 绑定（结点）：选择的刚体区域为具有平移自由度和旋转自由度的结点。
- 解析表面：选择的刚体区域为解析表面。

2）参考点：单击"编辑"按钮，用于选择参考点。

- 在分析开始时将点调整到质心：勾选该选项，可用于系统在刚体的计算质心处重新定位刚体参考点。

3）将所选区域限制为等温的（只应用于耦合热-应力分析）：只适用于耦合热-应力分析，用于指定等温刚体。

（3）显示体：该约束既不参与分析，也不划分网格。和刚体约束一样，可以整体发生刚性位移，但与刚体约束不同的是，它不能在显示体上指定相互作用、边界条件和载荷。一般将复杂的模型用显示体代表，可减少计算时间并提高"可视化"模块中显示的质量。

选择该选项后，单击"继续"按钮 继续... ，在视口区域选择一个实体模型，弹出显示体约束的"编辑约束"对话框，如图 4.47 所示。

1）无运动：默认选项，在分析过程中固定选中的实体。

2）跟随单个点：选择该选项，单击"编辑"按钮 ，选择显示体被约束到的点，该点不能是显示体上的点，设置完成后，在分析过程中显示体会跟随选定的点平移或旋转。

3）跟随 3 个点：选择该选项，单击"编辑"按钮 ，在视口区的其他不是显示体的模型上选择 3 个点，这 3 个点定义了一个坐标系，设置完成后，在分析过程中显示体会跟随定义的坐标系平移或旋转。选择的这 3 个点中，第一个点表示坐标系的原点，第二个点表示 X 方向，第三个点表示 X–Y 平面，这 3 个点不能共线。

图 4.46　刚体约束的"编辑约束"对话框

（4）耦合的：该约束将曲面约束为一个或多个点的运动。可以通过指定一个或多个控制点、一个约束区域和一个影响半径创建耦合约束。

选择该选项后，单击"继续"按钮 继续... ，在视口区域选择一个约束控制点，再选择约束区域的类型（表面或结点区域），单击"完成"按钮 完成 ，弹出耦合约束的"编辑约束"对话框，如图 4.48 所示。

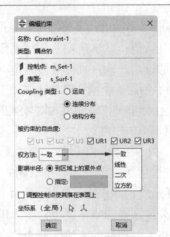

图 4.47　显示体约束的"编辑约束"对话框　　　图 4.48　耦合约束的"编辑约束"对话框

1）Coupling 类型（耦合类型）：用于选择耦合的类型，包括"运动""连续分布"和"结构分布"3 种类型。

　　➷ 运动：用于指定运动耦合的约束，当选择该选项后，下方的"被约束的自由度"复选框将被全选，强制耦合的区域跟随参考点进行强制运动，也可根据需要选择约束自由度。

　　➷ 连续分布：约束区域内的耦合结点的合力与合力矩等于约束控制点上的力和力矩，选择该选项后，下方的"被约束的自由度"选项中用于约束平移自由度的 U1、U2 和 U3 被抑制。

　　➷ 结构分布：与连续分布类似，只是选择该选项后，下方的"被约束的自由度"选项全部被抑制。

2）被约束的自由度：用于选择被约束的自由度，其中 U1、U2 和 U3 是沿 X 轴、Y 轴和 Z 轴方向上的平移自由度；而 UR1、UR2 和 UR3 是绕 X 轴、Y 轴和 Z 轴的旋转自由度。

3）权方法：当选择"连续分布"或"结构分布"耦合类型时被激活，用于对约束区域内各耦合结点的运动进行加权，包括"一致""线性""二次"和"立方的"4 种选项。

　　➷ 一致：默认选项，采用一致的加权方法，所有加权因子都等于 1。

　　➷ 线性：约束区域内各耦合结点的加权因子与该结点到约束控制点的距离为线性关系。表达式为

$$\omega_i = 1 - \frac{r_i}{r_0} \tag{4.1}$$

式中：ω_i 为结点 i 的加权因子；r_i 为结点 i 与约束控制点的距离；r_0 为约束区域内耦合结点与约束控制点的最远距离。

　　➷ 二次：约束区域内各耦合结点的加权因子与该结点到约束控制点的距离为二次关系。表达式为

$$\omega_i = \left(1 - \frac{r_i}{r_0}\right)^2 \tag{4.2}$$

　　➷ 立方的：约束区域内各耦合结点的加权因子与该结点到约束控制点的距离为三次多项式关系。表达式为

$$\omega_i = 1 - 3\left(\frac{r_i}{r_0}\right)^2 + 2\left(\frac{r_i}{r_0}\right)^3 \tag{4.3}$$

4）影响半径：用于选择定义影响半径的方法，包括"到区域上的紧外点"和"指定"两种方法。

　　➷ 到区域上的紧外点：默认选项，系统将指定区域上的所有结点包含在耦合定义中。

　　➷ 指定：通过用户指定的以约束控制点为中心的球体半径，限制耦合定义中的点。

5）调整控制点使其落在表面上：勾选该复选框，系统会将控制点移动到约束的曲面上。

6）坐标系：用于更改耦合约束的坐标系，可单击"编辑"按钮，选择已经定义好的坐标系，或者单击"创建基准坐标系"按钮，创建一个新的坐标系。

（5）MPC 约束：该约束是多点约束，允许在计算机模型不同的自由度之间加强约束。它定义的是一种结点自由度的耦合关系，以一个结点的某几个自由度为标准值，然后令其他指定的结点的某几个自由度与这个标准值建立某种关系。

选择该选项后，单击"继续"按钮，在视口区域选择一个 MPC 控制点，再选择次结点区域，可以是顶点、边线、面、几何体或结点，单击"完成"按钮，弹出 MPC 约束的"编辑约束"对话框，如图 4.49 所示。

MPC 类型：用于选择 MPC 耦合的类型，包括"梁""绑定""链接""铰结""关节"和"用户定义"6 种类型。

①梁：定义刚性 MPC 连接，将每个次结点的位移和旋转约束到控制点上。

②绑定：可以使每个次结点的自由度与控制点的自由度一致。

③链接：使每个次结点与控制点之间为刚性固定约束。

④铰结：使每个次结点与控制点之间为铰链约束。

⑤关节：可以将弯头 31 单元的结点或弯头 32 单元的结点约束在一起，主要用于创建管道与弯头的约束关系。

⑥用户定义：选择该类型用于在用户子程序 MPC 中定义多点约束，选择该类型后，"编辑约束"对话框中会出现"用户定义的模式"和"C 约束类型"设置选项，如图 4.50 所示。

图 4.49　MPC 约束的"编辑约束"对话框

图 4.50　"用户定义"设置选项

➥ 自由度-by-自由度：选择该模式，则每次调用用户子程序时都会限制一个单独的自由度。

➥ 逐个结点：选择该模式，则每调用一次用户子程序就会施加一组约束。

➥ C 约束类型：输入在用户子程序中使用的整数值，区分不同的约束类型，默认值为 0。

5. 连接创建器

该命令用于创建连接器，对"装配"模型中两个不同的部件上的两个点或"装配"模型中的一个点和地面之间创建连接，建立它们之间的运动关系。

单击"连接创建器"按钮，按照提示在视口区选择第一个连接点，再选择第二个连接点，在选择过程中可选择其中一点为接地，选择完成后，打开"连接创建器"对话框，如图 4.51 所示。接下来对该对话框做简单讲解。

（1）位置：显示所选择的点 1 或点 2 的坐标位置。

（2）创建参考点：勾选该复选框，将选择的点 1 或点 2 设置为参考点。

（3）互换端点：单击"互换端点"按钮，互换选择的点 1 和点 2 的位置。

（4）线特性名称：用于设置创建的线条特征的名称。

（5）截面：用于选择创建的连接截面，也可单击旁边的"创建连接器截面"按钮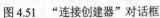，创建一个连接截面。

（6）坐标系1：用于对创建的坐标系进行设置。

1）在点间的轴线上创建坐标系：用于在所选的两点的轴线上创建坐标系，然后可以选择轴1、轴2、轴3作为新建的坐标系的X、Y、Z轴与轴线对齐。

2）指定坐标系：用于选择一个已有的坐标系，新建的坐标系的方向与新建坐标系一致。

3）指定附加旋转：用于将创建的坐标系，绕指定的轴1、轴2、轴3旋转指定的角度。

6. 创建连接指派

该命令用于将已定义好的连接器界面指派给指定的连接器或线条特征，同时对该连接器划分相应的连接单元。

单击"创建连接指派"按钮，按照提示在视口区选择创建的线条特征，弹出"编辑连接截面指派"对话框，包括"截面""方向1"和"方向2"3个选项卡。

（1）"截面"选项卡用于选择或创建连接截面，还可以显示连接类型图例，如图4.52所示。

1）截面：在下拉列表中选择已经创建好的连接截面。

2）创建连接器截面：单击该按钮，用于创建连接器的连接截面。

3）连接类型图表：单击"显示图表"按钮，弹出"连接类型提示"对话框，显示选择的连接器的图例，如图4.53所示。

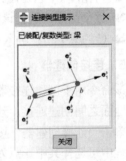

图4.51　"连接创建器"对话框　　图4.52　"截面"选项卡　　图4.53　"连接类型提示"对话框

（2）"方向1"选项卡用于指定连接器第一个端点的坐标系，如图4.54所示。

1）指定坐标系：单击"编辑"按钮，选择已定义的局部坐标系，默认为全局坐标系。

2）没有修改坐标系：当选择了局部坐标系时，该选项被激活，表示不修改选择的局部坐标系。

3）附加旋转角：当选择了局部坐标系时，该选项被激活，用于将局部坐标系绕选择的轴 1、轴 2、轴 3 旋转指定的角度。

（3）"方向 2"选项卡用于指定连接器第二个端点的坐标系，如图 4.55 所示。

使用方向 1：默认选项，使用连接器第一个端点的坐标系。

图 4.54　"方向 1"选项卡

图 4.55　"方向 2"选项卡

7. 创建连接截面

Abaqus 中的连接器分为"已装配/复数""基本信息"和"MPC"3 种连接器，其中"基本信息"连接器又分为"平移类型"连接器和"旋转类型"连接器。

单击"创建连接截面"按钮 ，弹出"创建连接截面"对话框，在该对话框中显示 3 种连接种类：已装配/复数、基本信息和 MPC。

（1）已装配/复数：默认选项，用于选择装配/复数连接器的类型，该种类的连接类型如图 4.56 所示。

1）梁：用于在两个结点之间提供刚性梁连接，相当于"连接"和"对齐"组合连接类型的局部方向定义，所有相对运动分量均被约束，没有可用的相对运动分量，两个端点的局部坐标系要求为"可选"。

2）衬套：用于在两个结点之间提供类似衬套的连接，相当于"投影笛卡儿"和"投影弯曲扭转"组合连接类型，不约束任何相对运动分量，第一个端点的局部坐标系要求为"必需"，第二

图 4.56　"已装配/复数"连接类型

个端点的局部坐标系要求为"可选"，该连接类型不适用于二维或轴对称分析。

3）CV 连接：用于连接两个结点的位置，并在它们的旋转自由度之间提供恒定的速度约束，相当于"连接"和"匀速"组合连接类型，该连接类型不适用于二维或轴对称分析。被约束的相对运动分量为 U1、U2、U3 和 UR2，第一个端点的局部坐标系要求为"必需"，第二个端点的局部坐标系要求为"可选"。

4）柱坐标系：用于两个结点之间的槽连接和一个旋转约束，其中自由旋转是围绕槽线进行的，相当于"槽"和"旋转"组合连接类型。被约束的相对运动分量为 U2、U3、UR2 和 UR3，可用的相对运动分量为 U1 和 UR1，第一个端点的局部坐标系要求为"必需"，第二个端点的局部坐标系要求为"可选"，该连接类型不适用于二维或轴对称分析。

5）铰：用于连接两个结点的位置，并在它们的旋转自由度之间提供旋转约束，相当于"连接"和"旋转"组合连接类型。被约束的相对运动分量为 U1、U2、U3、UR2 和 UR3，可用的相对运动分量为 UR1，第一个端点的局部坐标系要求为"必需"，第二个端点的局部坐标系要求为"可选"，该连

接类型不适用于二维或轴对称分析。

6）平面：用于在三维分析中提供局部的二维系统，相当于"滑动平面"和"旋转"组合连接类型。被约束的相对运动分量为U1、UR2和UR3，可用的相对运动分量为U2、U3和UR1，第一个端点的局部坐标系要求为"必需"，第二个端点的局部坐标系要求为"可选"，该连接类型不适用于二维或轴对称分析。

7）牵引器：用于连接两个结点的位置，并在连接器的第二个结点处的材料流动自由度和第一个结点处的旋转自由度之间提供流动转换器约束，相当于"连接"和"流量转换器"组合连接类型。被约束的相对运动分量为U1、U2、U3和UR3，无可用的相对运动分量，第一个端点的局部坐标系要求为"必需"，第二个端点的局部坐标系要求为"忽略"，在Explicit模块分析中，该连接类型不适用于二维或轴对称分析。

8）滑环：用于连接两个结点，可模拟皮带系统两点之间的材料转动和拉伸。不会约束任何相对运动分量，可用的相对运动分量为U1，第一个端点和第二个端点的局部坐标系要求均为"忽略"，在Explicit模块分析中，该连接类型不适用于二维或轴对称分析。

9）转换器：在两个结点之间提供槽约束，并对齐它们的局部方向，相当于"槽"和"对齐"组合连接类型。被约束的相对运动分量为U2、U3、UR1、UR2和UR3，可用的相对运动分量为U1，第一个端点的局部坐标系要求为"必需"，第二个端点的局部坐标系要求为"可选"。

10）U连接：用于连接两个结点的位置，并在它们的旋转自由度之间提供通用约束，相当于"连接"和"通用"的组合连接类型。被约束的相对运动分量为U1、U2、U3、和UR2，可用的相对运动分量为UR1和UR3，第一个端点的局部坐标系要求为"必需"，第二个端点的局部坐标系要求为"可选"。

11）焊接：用于在两个结点之间提供完全结合的连接，相当于"连接"和"对齐"的组合连接类型。所有相对运动分量均被约束，没有可用的相对运动分量，两个端点的局部坐标系要求为"可选"。

（2）基本信息。

1）平移类型：用于选择平移连接器的类型，如图4.57所示[①]。

图4.57 平移类型

①无：不使用平移类型。

②加速计：提供了一种方便的方法测量物体在局部坐标系中的相对位置、速度和加速度。没有相对运动分量，两个端点的局部坐标系要求均为"可选"。在Explicit模块分析中，该连接类型不适用于二维或轴对称分析。

③轴向：提供了两个结点之间的连接，其中相对位移沿着两个结点的分隔线。轴向连接模拟离散的物理连接，如轴向弹簧、轴向减震器或结点到结点的接触。没有相对运动分量，可用的相对运动分量为U1、U2和U3，两个端点的局部坐标系要求均为"可选"。

④笛卡儿：提供了两个结点之间的连接，其中，在第一个结点的3个局部连接方向上测量位置的变化。没有相对运动分量，可用的相对运动分量为U1，第一个端点的局部坐标系要求为"可选"，第二个端点的局部坐标系要求为"忽略"。

---

① 编者注：该图中的"尔"为软件汉化错误，应为"儿"。正文中均使用"儿"，图片中保持不变，余同。

⑤加入：可使连接的两个结点位置相同，如果两个结点最初不在同一位置，则第二个结点的位置相对于第一个结点在附着于第一个结点的笛卡儿坐标系中的位置是固定的。被约束的相对运动分量为U1、U2和U3，无可用的相对运动分量，第一个端点的局部坐标系要求为"可选"，第二个端点的局部坐标系要求为"忽略"。

⑥链接：连接类型链接在两个结点之间保持恒定的距离。旋转自由度（如果存在）在任意结点都不受影响。没有相对运动分量，两个端点的局部坐标系要求均为"忽略"。

⑦Proj笛卡儿：用于两个结点之间的连接，其中测量了3个局部连接方向上的响应。没有相对运动分量，可用的相对运动分量为U1、U2和U3，两个端点的局部坐标系要求均为"可选"。

⑧径向压力：用于两个结点之间的连接，其中径向和圆柱轴方向的响应不同。没有相对运动分量，可用的相对运动分量为U1，第一个端点的局部坐标系要求为"必需"，第二个端点的局部坐标系要求为"忽略"。该连接类型不适用于二维或轴对称分析。

⑨滑动平面：将第二个结点保持在由第一个结点的方向和第二个结点的初始位置定义的平面上。被约束的相对运动分量为U1，可用的相对运动分量为U2和U3，第一个端点的局部坐标系要求为"必需"，第二个端点的局部坐标系要求为"忽略"。

⑩插槽：提供了一种连接，其中第二个结点停留在由第一个结点的方向和第二个结点的初始位置定义的线上。被约束的相对运动分量为U2和U3，可用的相对运动分量为U1，第一个端点的局部坐标系要求为"必需"，第二个端点的局部坐标系要求为"忽略"。

2）旋转类型：用于选择旋转连接器的类型，如图4.58所示。

①无：不使用旋转类型。

②对齐：提供了两个结点之间的连接，其中，所有3个局部方向都对齐。被约束的相对运动分量为UR1、UR2和UR3，无可用的相对运动分量，两个端点的局部坐标系要求均为"可选"。

③Cardan：提供了两个结点之间的旋转连接，其中结点之间的相对旋转由万向接头参数化。没有

图4.58 旋转类型

相对运动分量，可用的相对运动分量为UR1、UR2和UR3，第一个端点的局部坐标系要求为"必需"，第二个端点的局部坐标系要求为"可选"。

④速度常数：提供了等速万向节式的连接。被约束的相对运动分量为UR2，无可用的相对运动分量，第一个端点的局部坐标系要求为"必需"，第二个端点的局部坐标系要求为"可选"。该连接类型不适用于二维或轴对称分析。

⑤欧拉：提供了两个结点之间的旋转连接，其中结点之间的总相对旋转由欧拉角参数化。无被约束的相对运动分量，可用的相对运动分量为UR1、UR2和UR3，第一个端点的局部坐标系要求为"必需"，第二个端点的局部坐标系要求为"可选"。

⑥弯-扭：提供了两个结点之间的旋转连接，用于模拟两个轴之间圆柱形联轴器的弯矩和扭曲。无被约束的相对运动分量，可用的相对运动分量为UR1、UR2和UR3，第一个端点的局部坐标系要求为"必需"，第二个端点的局部坐标系要求为"可选"。

⑦流动转炉：将连接器的两个结点之间围绕用户指定的轴的相对旋转，转换成连接器元件的第二个结点处的材料流动自由度。用于模拟汽车安全带中的卷收器和预张紧器装置或绞盘类装置中的电缆卷筒。被约束的相对运动分量为UR3，无可用的相对运动分量，第一个端点的局部坐标系要求为"必

需"，第二个端点的局部坐标系要求为"忽略"。

⑧Proj Flex-Tors：提供两个结点之间的旋转连接。它模拟两个轴之间圆柱形联轴器的弯曲和扭曲。无被约束的相对运动分量，可用的相对运动分量为 UR1、UR2 和 UR3，第一个端点的局部坐标系要求为"必需"，第二个端点的局部坐标系要求为"可选"。该连接类型不适用于二维或轴对称分析。

⑨旋转：此处的旋转指外卷，提供了两个结点之间的连接，其中旋转被约束在两个局部方向上，且绕一个共享轴自由旋转。被约束的相对运动分量为 UR2 和 UR3，可用的相对运动分量为 UR1，第一个端点的局部坐标系要求为"必需"，第二个端点的局部坐标系要求为"可选"。该连接类型不适用于二维或轴对称分析。

⑩旋转：提供了两个结点之间的旋转连接，其中结点之间的相对旋转由旋转向量参数化。在二维和轴对称分析中，旋转连接类型涉及单个（标量）相对旋转分量。无被约束的相对运动分量，可用的相对运动分量为 UR1、UR2 和 UR3，第一个端点的局部坐标系和第二个端点的局部坐标系要求为"可选"。

⑪旋转加速度计：提供了一种方便的方法测量物体在局部坐标系中的相对角位置、速度和加速度。无被约束的相对运动分量，第一个端点的局部坐标系和第二个端点的局部坐标系要求为"可选"。

⑫全局：在两个结点之间提供了一种连接，其中，旋转在一个局部方向上是固定的，在另外两个方向上是自由的。被约束的相对运动分量为 UR2，可用的相对运动分量为 UR1 和 UR3，第一个端点的局部坐标系要求为"必需"，第二个端点的局部坐标系要求为"可选"。

（3）MPC：用于选择 MPC 多点约束类型，与创建约束中的 MPC 约束一致，这里不再讲述。

选择完连接器类型后，单击"继续"按钮 继续... ，弹出"编辑连接截面"对话框，如图 4.59 所示。在该对话框中进行"行为选项"的设置，这里与编辑接触属性类似，不再讲述。

8. 创建线条特性

该命令可以创建"分离的线条""成链的线条"和"到地面的线"。

单击"创建线条特征"按钮，弹出"创建线框特征"对话框，如图 4.60 所示，接下来对其进行简单讲解。

图 4.59 "编辑连接截面"对话框　　　　图 4.60 "创建线框特征"对话框

（1）分离的线条：通过选择两个点（顶点、结点或参考点）构成一条线条特征，选择的两个点分别为线条特征的第一个点和第二个点，选择该选项后，单击"添加"按钮，然后在视口区选择需要的两个点。

（2）成链的线条：通过选择 n 个点，创建首尾相连的线条特征，单击"添加"按钮➕，然后在视口区选择需要的 n 个点。

（3）到地面的线：通过地面特征与选择的模型中的点创建线条特征，选择的点为线条特征的第二个端点。

（4）添加：单击"添加"按钮➕，用于选择点创建线条特征，创建好的线条特征被列在表格中。

（5）编辑：在表格中选择要修改的线条特征的端点，再单击"编辑"按钮✏，在视口区重新选择一个端点来替换原来的端点。

（6）删除：在表格中选择要删除的线条特征的序号，或者选择构成线条特征的两个端点，再单击"删除"按钮✏，删除选择的线条特征。

（7）交换：在表格中选择选择线条特征的序号，或者选择构成线条特征的两个端点，再单击"交换"按钮🔄，可以交换选择的线条特征的端点。

（8）创建线框集合：默认选项，用于设置是否创建包含该线条特征的集合。

9．修改线条特性

单击"修改线条特征"按钮🖍，然后在视口区选择要修改的线条特征，弹出"修改线条特征"对话框，可以对选择的线条特征进行修改。

10．创建捆绑

该命令用于创建捆绑约束，包括"基于点""离散"和"已装配"3 种类型。

单击"创建捆绑"按钮🗂，弹出"创建捆绑"对话框，如图 4.61 所示。

（1）基于点：能够在两个或多个面之间创建点对点的连接，可模拟点焊、螺栓或铆钉连接。

（2）离散：利用附着线在系统中的选定面之间创建连接器，可模拟点焊、螺栓或铆钉连接。

（3）已装配：可以在大量模型中高效地指定复杂的紧固件。

图 4.61 "创建捆绑"对话框

4.2 "载荷"模块

在"模块"列表中选择"载荷"，即进入"载荷"模块，可用于加载载荷、创建边界条件、预定义场和载荷工况。在进入该模块之前，需要在"装配"模块中创建装配件并完成各部件的定位。另外，载荷、边界条件、预定义场和载荷状况都是与步骤相关的，也需要事先创建相关的分析步。

4.2.1 "载荷"模块菜单栏

"载荷"模块中的专用菜单包括"载荷"菜单、"边界条件"菜单、"预定义场"菜单和"载荷工况"菜单。

（1）"载荷"菜单：用于创建载荷，并对创建的载荷进行编辑、复制、重命名、删除、禁用以及继续等操作，如图 4.62 所示。

（2）"边界条件"菜单：用于创建边界条件，并对创建的边界条件进行编辑、复制、重命名、删除、禁用以及继续等操作，如图 4.63 所示。

（3）"预定义场"菜单：用于创建预定义场，并对创建的预定义场进行编辑、复制、重命名、删除、禁用以及继续等操作，如图4.64所示。

（4）"载荷工况"菜单：用于创建载荷工况，并对创建的载荷工况进行编辑、复制、重命名、删除、禁用以及继续等操作，如图4.65所示。

图4.62 "载荷"菜单　　图4.63 "边界条件"菜单　　图4.64 "预定义场"菜单　　图4.65 "载荷工况"菜单

📢注意：

上述菜单中的命令在"载荷"模块工具区中都能找到，"载荷"模块将在4.2.2小节进行详解。

4.2.2 "载荷"模块工具区

"载荷"模块的工具区集成了载荷工具，其中包括创建载荷、创建边界条件、创建预定义场和创建载荷工况，如图4.66所示。它还包括了"部件"模块的部分命令，这些命令同样适用于"载荷"模块，操作与"部件"模块相同或类似，这里不再详细讲解，只对载荷工具进行详细介绍。

1. 创建载荷

单击"创建载荷"按钮┗┛，弹出"创建载荷"对话框，如图4.67所示。该对话框包含4个部分，即名称、分析步、类别和可用于所选分析步的类型。

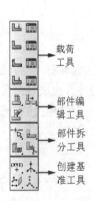

图4.66 "载荷"模块工具区

图4.67 "创建载荷"对话框

（1）名称：在该文本框中输入载荷的名称，默认为Load-n（n为创建的第n个载荷）。

（2）分析步：用于选择创建载荷的分析步，选择的分析步类型不同，下方对应的类别选项也不同。

（3）类别：用于选择适用于所选分析步的加载种类，包括以下几种。

1）力学：包括集中力、弯矩、压强、壳的边载荷、表面载荷、管道压力、体力、线载荷、重力、螺栓载荷、旋转体力、科氏力、子结构载荷等。

2）热学：包括表面热流、体热通量、集中热通量。

3）声学：可设置声媒介边界上点或结点的容积加速度。

4）流体：包括点或结点上的集中孔隙流速和垂直于表面的孔隙流速。

5）Electrical/Magnetic（电磁学）：包括"静力，通用"分析步中的集中电荷、表面电荷、体电荷；热-电耦合分析中的表面电流、集中电流、体电流。

6）质量扩散：包括集中浓度流量、表面浓度流量和体积浓度流量。

（4）可用于所选分析步的类型：用于选择载荷的类型，是"类别"的下一级选项。对于不同的分析步，可以施加不同的载荷种类。

2．创建边界条件

单击"创建边界条件"按钮 ，弹出"创建边界条件"对话框，如图4.68所示。该对话框与"创建载荷"对话框类似，包括以下几部分。

（1）名称：在该文本框中输入边界条件的名称，默认为BC-n（n为创建的第n个边界条件）。

（2）分析步：选择用于创建边界条件的步骤，包括初始步和分析步。

（3）类别：用于选择适用于所选分析步的边界条件种类。

1）力学：包括对称/反对称/完全固定、位移/转角、速度/角速度、加速度/角加速度、连接位移、连接速度、连接加速度，如图4.68（a）所示。

2）Electrical/Magnetic（电磁学）：包括电势。

3）其他：包括温度、孔隙压力、流体气蚀区压力、质量浓度、声学压强和连接物质流动等，如图4.68（b）所示。

（4）可用于所选分析步的类型：用于选择边界条件的类型，是"类别"的下一级选项。对于不同的分析步，可以施加不同的边界条件类型。

（a）力学类别

（b）其他类别

图4.68 "创建边界条件"对话框

下面对较常用的"对称/反对称/完全固定"和"位移/转角"边界条件的定义进行简要介绍。

（1）定义"对称/反对称/完全固定"边界条件：如图4.68（a）所示，选择"对称/反对称/完全固定"选项后，单击"继续"按钮 ，选择施加该边界条件的点、线、面或单元，单击提示区的"完成"按钮 ，弹出"编辑边界条件"对话框，如图4.69所示。

图 4.69　"编辑边界条件"对话框

该对话框中包含以下 8 种单选的边界条件。

1）XSYMM：关于与 X 轴（坐标轴 1）垂直的平面对称（U1=UR2=UR3=0）。

2）YSYMM：关于与 Y 轴（坐标轴 2）垂直的平面对称（U2=UR1=UR3=0）。

3）ZSYMM：关于与 Z 轴（坐标轴 3）垂直的平面对称（U3=UR1=UR2=0）。

4）XASYMM：关于与 X 轴（坐标轴 1）垂直的平面反对称（U2=U3=UR1=0），仅适用于 Abaqus/Standard。

5）YASYMM：关于与 Y 轴（坐标轴 2）垂直的平面反对称（U1=U3=UR2=0），仅适用于 Abaqus/Standard。

6）ZASYMM：关于与 Z 轴（坐标轴 3）垂直的平面反对称（U1=U2=UR3=0），仅适用于 Abaqus/Standard。

7）铰结：约束 3 个平移自由度，即铰支约束（U1=U2=U3=0）。

8）完全固定：约束 6 个自由度，即固支约束（U1=U2=U3=UR1=UR2=UR3=0）。

（2）定义"位移/转角"边界条件：在"创建边界条件"对话框中选择"位移/转角"选项后，单击"继续"按钮 继续... ，选择施加该边界条件的点、线或面，单击提示区的"完成"按钮 完成 ，弹出"编辑边界条件"对话框，如图 4.70 所示。该对话框中包含以下选项。

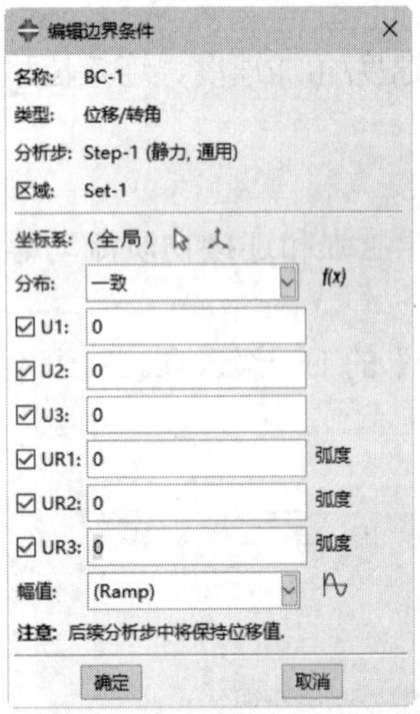

1）坐标系：用于选择坐标系，默认为整体坐标系。单击"编辑"按钮 ，可以选择局部坐标系。

2）分布：用于选择边界条件的分布方式。

3）U1、U2、U3：用于指定坐标中 X、Y、Z 3 个方向的位移边界条件。

4）UR1、UR2、UR3：用于指定坐标中绕 X、Y、Z 3 个轴旋转的边界条件。

5）幅值：用于选择边界条件随时间/频率变化的规律，与施加集中力时的设置方法相同，这里不再讲解。

图 4.70　"编辑边界条件"对话框

完成边界条件的设置后，单击工具区中的"边界条件管理器"按钮 ，可以看到边界条件管理器内列出了已创建的边界条件。该管理器的用法与载荷管理器类似，这里不再赘述。

3．创建预定义场

单击"创建预定义场"按钮 ，弹出"创建预定义场"对话框，如图 4.71 所示。该对话框与"创建载荷"对话框类似，包含以下几部分。

（1）名称：在该文本框中输入预定义场的名称，默认为 Predefined Field-*n*（*n* 表示创建的第 *n* 个预定义场）。

（2）分析步：选择用于创建预定义场的步骤，包括初始步和分析步。

（3）类别：用于选择适用于所选分析步的预定义场的种类。

1）力学：在初始步中设置速度，如图 4.71（a）所示。单击"继续"按钮 继续... ，选择施加该边界条件的点、线、面、单元，单击提示区的"完成"按钮 完成 ，弹出"编辑预定义场"对话框，如图 4.72 所示。

（a）力学类别

（b）其他类别

图 4.71 "创建预定义场"对话框

2）其他：包括温度、材料指派、初始状态、饱和、孔隙比和孔隙压力等，如图 4.71（b）所示，其中初始状态仅适用于初始步，输入以前的分析得到的已发生变形的网格和相关的材料状态作为初始状态场。

（4）可用于所选分析步的类型：用于选择预定义场的类型，是"类别"的下一级选项。

完成预定义场的设置后，单击工具区中的"预定义场管理器"按钮，弹出"预定义场管理器"对话框，如图 4.73 所示，其中列出了已创建的预定义场。该管理器的用法与载荷管理器、边界条件管理器类似。

图 4.72 "编辑预定义场"对话框

图 4.73 "预定义场管理器"对话框

4. 创建载荷工况

工况是一系列组合在一起的载荷和边界条件（可以指定非零的比例系数对载荷和边界条件进行缩放），线性叠加结构对它们的响应，仅适用于直接求解的稳态动力学线性摄动分析步和静态线性摄动分析步。

单击"创建载荷工况"按钮，弹出"创建载荷工况"对话框，如图 4.74 所示。该对话框中包含以下两部分。

（1）名称：在该文本框中输入载荷工况的名称，默认为 LoadCase-n（n 表示创建的第 n 个载荷工况）。

（2）分析步：选择用于创建载荷工况的分析步。

单击"继续"按钮 继续...，弹出"编辑载荷工况"对话框，如图 4.75 所示。该对话框中包含"载荷"选项卡和"边界条件"选项卡。

图 4.74 "创建载荷工况"对话框

图 4.75 "编辑载荷工况"对话框

（1）载荷：用于选择创建的载荷工况下的载荷。可以在表格内输入载荷名称和非零的比例系数（可为负数），勾选"在视口中高亮显示所选对象"复选框，则对选择的载荷进行高亮显示。单击"添加"按钮 ，选择添加载荷；单击"删除行"按钮 ，可将添加的载荷删除。

（2）边界条件：用于选择载荷工况下的边界条件。默认选择的"除以下选择外，使用扩展边界条件或根据基状态修改的边界条件。"表示除了表中选择的边界条件外，该工况还包含所有传播到该分析步的边界条件。

完成载荷工况的设置后，单击工具区中的"载荷工况管理器"按钮 ，可见工况管理器内列出了该分析步内已创建的工况。

4.3 实例——定义水管与卡扣的相互作用和载荷

第 3 章对水管与卡扣定义了材料属性和分析步，在此基础上对这两个部件进行相互作用、载荷和边界条件的设置。通过本实例，使读者进一步了解"相互作用"和"载荷"模块的使用。模拟将水管向卡扣移动 30mm，将水管卡入卡扣的过程。

4.3.1 打开模型

1. 打开模型

单击工具栏中的"打开"按钮 ，弹出"打开数据库"对话框，如图 4.76 所示。找到要打开的"shuiguanyukakou.cae"模型，然后单击"确定"按钮 确定(O)，打开模型。

2. 设置工作目录

执行"文件"→"设置工作目录"菜单命令，弹出"设置工作目录"对话框，选择 Abaqus/CAE 所有的文件的保存目录，如图 4.77 所示。单击"新工作目录"文本框右侧的"选取"按钮，然后单击"确定"按钮 确定，完成操作。

图 4.76　"打开数据库"对话框

图 4.77　"设置工作目录"对话框

📢 注意：

> 若不设置工作目录，则 Abaqus/CAE 产生的所有文件将会保存在默认的安装目录中的 temp 文件夹中。

4.3.2　创建相互作用

1. 创建相互作用属性

在环境栏中的"模块"下拉列表中选择"相互作用"，进入"相互作用"模块。单击工具区中的"创建相互作用属性"按钮，弹出"创建相互作用属性"对话框，在"名称"文本框中输入 IntProp-jiechu，然后在"类型"列表中选择"接触"选项，如图 4.78 所示。单击"继续"按钮 继续... ，弹出"编辑接触属性"对话框，单击"力学"下拉列表，选择"切向行为"和"法向行为"两个选项，将其添加到"接触属性选项"列表中，如图 4.79 所示，单击"确定"按钮 确定 ，关闭对话框。

2. 创建相互作用

单击工具区中的"创建相互作用"按钮，弹出"创建相互作用"对话框，在"名称"文本框中输入 Int-B to B，设置"分析步"为 Step-1，设置"可用于所选分析步的类型"为"表面与表面接触（Standard）"，如图 4.80 所示。单击"继续"按钮 继续... ，根据提示在视口区选择水管外表面，如图 4.81 所示。单击提示区的"完成"按钮 完成 ，然后在提示区单击"表面"按钮 表面 ，在视口区选择卡扣的内圆弧面和两个前端口圆面，如图 4.82 所示。单击提示区的"完成"按钮 完成 ，弹出"编辑相互作用"对话框，采用默认设置，如图 4.83 所示，单击"确定"按钮 确定 ，关闭对话框。

图 4.78　"创建相互作用属性"对话框

图 4.79　"编辑接触属性"对话框

图 4.80 "创建相互作用"对话框

图 4.81 选择水管外表面

图 4.82 选择卡扣 3 个圆弧面

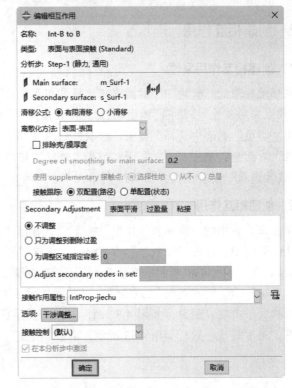

图 4.83 "编辑相互作用"对话框

扫一扫，看视频

4.3.3 创建载荷

1. 创建水管边界条件

在环境栏中的"模块"下拉列表中选择"载荷"选项，进入"载荷"模块。单击工具区中的"创建边界条件"按钮，弹出"创建边界条件"对话框，在"名称"文本框中输入 BC-weiyi，设置"分析步"为 Step-1，"类别"为"力学"，并在右侧的"可用于所选分析步的类型"列表中选择"位移/转角"，如图 4.84 所示。单击"继续"按钮，根据提示在视口区选择水管的外表面，单击提示区的"完成"按钮，弹出"编辑边界条件"对话框，勾选 U1～UR3 所有复选框，并设置 U3 为-30，如图 4.85 所示。单击"确定"按钮，完成水管边界条件的创建。

图 4.84　"创建边界条件"对话框

图 4.85　"编辑边界条件"对话框

2. 创建卡扣边界条件

单击工具区中的"创建边界条件"按钮，弹出"创建边界条件"对话框，在"名称"文本框中输入 BC-guding，设置"分析步"为 Step-1，"类别"为"力学"，并在右侧的"可用于所选分析步的类型"列表中选择"对称/反对称/完全固定"，单击"继续"按钮继续...，根据提示在视口区选择卡扣的后表面，如图 4.86 所示。单击提示区的"完成"按钮完成，弹出"编辑边界条件"对话框，勾选"完全固定(U1=U2=U3=UR1=UR2=UR3=0)"单选按钮，如图 4.87 所示。单击"确定"按钮确定，完成卡扣边界条件的创建，结果如图 4.88 所示。

3. 保存文件

单击工具栏中的"保存模型数据库"按钮，保存文件到设置的工作目录中。

选择后表面

图 4.86　选择卡扣后表面

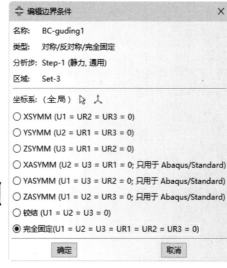

图 4.87　"编辑边界条件"对话框

图 4.88　完成边界条件的创建

4.4 动手练一练

如图 4.89 所示，在刮板链条的后连接孔上添加固定边界条件，在刮板链条的两个翼板上分别施加 1MPa 的压力。

分别施加1MPa
的压力   固定

图 4.89 定义边界条件和施加载荷

思路点拨：

（1）在刮板链条的后连接孔上添加固定边界条件，设置名称为 BC-guding，分析步为 Initial。

（2）在刮板链条的一个翼板上施加 1MPa 的压力，设置名称为 Load-yali1，分析步为 Step-1。

（3）在刮板链条的另一个翼板上也施加 1MPa 的压力，设置名称为 Load-yali2，分析步为 Step-1。

第5章　划分网格与分析作业

本章主要介绍 Abaqus 的"网格"模块和"作业"模块，通过本章节的讲解，使读者掌握对模型网格的划分，以及进行分析作业。

- ➘ "网格"模块
- ➘ "作业"模块
- ➘ 实例 ——水管与卡扣划分网格及作业分析

5.1　"网格"模块

在"模块"列表中选择"网格"，即进入"网格"模块。"网格"模块主要用于几何模型网格的划分，网格划分的精度对有限元划分有很大的影响。划分的网格太少，计算精度就太差，不准确；划分网格太多，计算精度就会提高，但计算成本也会增大。因此，合理地划分网格对有限元分析非常正确。

5.1.1　"网格"模块菜单栏

"网格"模块中专用菜单包括"布种"菜单、"网格"菜单和"自适应"菜单。

1．"布种"菜单

"布种"菜单用于对实体和边进行布种或删除不需要的种子，如图 5.1 所示。

2．"网格"菜单

"网格"菜单用于对要划分的对象进行网格设置，包括控制属性、指向、实例划分网格和区域划分网格等操作，如图 5.2 所示。

3. "自适应"菜单

"自适应"菜单用于重新划分网格，通过定义需要网格重划的区域、误差因子的相关变量和目标，以及网格重划的控制参数多次重划网格，以得到所要求的求解精度合适的网格，如图 5.3 所示。

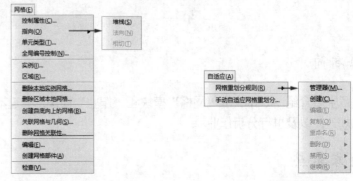

图 5.1 "布种"菜单   图 5.2 "网格"菜单   图 5.3 "自适应"菜单

🔊 **注意：**

> 上述菜单中的命令在"网格"模块工具区中都能找到，将在 5.1.2 小节进行详解。

5.1.2 "网格"模块工具区

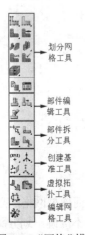

图 5.4 "网格"模块工具区

"网格"模块工具区位于图形界面的左侧，紧邻视口区，集成了划分网格的所有功能，如图 5.4 所示，包含了划分网格工具、部件编辑工具、部件拆分工具、创建基准工具、虚拟拓扑工具和编辑网格工具。本小节只介绍划分网格工具、虚拟拓扑工具和编辑网格工具，其余可参见第 2 章"部件"模块工具区的介绍。

1. 划分网格工具

划分网格工具包括网格划分与设置的所有功能，如为实例布种、为边布种、划分网格、指派网格控制属性、指派单元类型、创建自下而上的网格、将网格与几何关联等。

（1）种子部件：种子是单元的边结点在区域边界上的标记，它决定了网格的密度。对于非独立实体，在创建了部件后就可以在网格模块中对该部件进行网格划分。

单击"为部件实例布种"按钮，弹出"全局种子"对话框，在该对话框中可以设置"近似全局尺寸""曲率控制"和"最小尺寸控制"，如图 5.5 所示。

1）近似全局尺寸：输入近似的单元尺寸，系统会根据输入的尺寸自动调整单元大小，将近似尺寸应用于整个模型，使模型中每条边上的种子均匀分布。

2）曲率控制：默认情况为勾选状态，将曲率控制应用于整个模型的布种，通过输入最大偏离因子控制曲率对布种的影响。

3）最小尺寸控制：用于控制曲边的种子，有助于防止系统在高曲率区域创建不必要的精细网格。

①按占全局尺寸的比例：将最小值作为全局单元大小的一部分，表示单元的偏差程度，偏差系数越小，曲边上的种子越多。

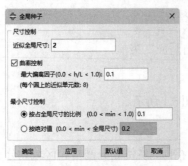

图 5.5 "全局种子"对话框

②按绝对值：输入绝对最小单元的大小，该值必须大于 0 且小于全局尺寸。

（2）删除实例种子 ：用于删除定义好的实例种子。

（3）为边布种：用于对模型的边进行布种。对边布种是要覆盖实例布种的，如果对模型的所有边进行了布种，就不必要对整个实例进行布种。

单击"为边布种"按钮 ，根据提示在视口区选择要布种的模型的边，单击"完成"按钮 完成 ，弹出"局部种子"对话框，如图 5.6 所示。其中，包含"基本信息"和"约束"两个选项卡。

（a）"基本信息"选项卡　　　　　（b）"约束"选项卡

图 5.6　"局部种子"对话框

1）方法：用于选择为边布种的方法，包括"按尺寸"和"按个数"两种方法。

①按尺寸：通过输入近似单元尺寸布局边种子，该方法与"全局尺寸"类似，这里不再介绍。

②按个数：通过设置所选边上单元的个数布局边种子。

2）偏移：可以选择"无""单精度"或"两者"。默认为选择"无"，在选取的边上以指定的最大单元与最小单元的比值非均匀地为边布种。

①无：默认选项，不采用偏移设置。所设置的种子均匀地分布在所选的边上。

②单精度：采用单精度偏移设置。选择该选项，设置偏心率后，所设置的种子数会沿所选的边在要偏移的地方划分得更密集。

③两者：采用双向偏移设置。选择该选项，设置偏心率后，所设置的种子会在所选择的边上向两侧偏移。

3）单元数：用于设置所选边上划分单元的数量。

4）布种约束：用于对布种的单元数量进行约束，包括以下 3 个选项。

①允许单元数目增加或减少：默认选项，不约束所设置的边种子，此时边种子用圆圈表示，最终边上的单元数可多于或少于设置的种子数。

②只允许单元数目增加：对边种子进行部分约束，此时边种子用三角形表示，最终边上的单元数会多于或等于设置的种子数。

③不允许改变单元数：对边种子进行完全约束，此时边种子用正方形表示，最终边上的单元数等于设置的种子数。

◀》注意：

> 一般情况下，对于自由划分的三角形或四面体单元，系统通常能精确地匹配结点与种子，不需要对边种子进行约束，若对边种子进行约束可能导致网格划分失败，因此要慎用该命令。

（4）删除边上的种子 ：用于删除定义好的边种子。单击该按钮，在视口区选择要删除的边种子，单击"完成"按钮 完成，删除边种子。

（5）为部件划分网格 ：用于对整个部件划分网格。单击该按钮，再单击提示区的"是"按钮 是，则自动对整个部件进行网格划分。

（6）为区域划分网格 ：对选择的模型区域划分网格。若模型包含多个模型区域，单击该按钮，在视图区选择要划分网格的模型区域，单击提示区的"是"按钮 是，完成该模型区域的网格划分。

（7）删除部件本地网格 ：用于删除整个部件的网格。单击该按钮，再单击提示区的"是"按钮 是，进行部件网格的删除。

（8）删除区域本地网格 ：用于删除模型区域的网格。单击该按钮，再单击提示区的"是"按钮 是，进行模型区域网格的删除。

📢 注意：

> 若删除或重新设置种子以及重新设置网格控制参数（包括网格划分技术、单元形状、网格划分算法、重新定义扫略路径或角点、最小化网格过渡等），Abaqus/CAE 会弹出对话框，如图 5.7 所示，单击"删除网格"按钮删除已划分的网格，之后才能继续操作。勾选"自动删除因网格控制属性改变而无效的网格"复选框，再单击"删除网格"按钮，则以后遇到同样的问题时不再勾选对话框询问，而是直接删除网格。另外，单元类型的重新设置不需要重新划分网格。

图 5.7　Abaqus 提示对话框

（9）指派网格控制属性 ：用于选择划分网格的单元形状和网格划分的技术与算法。单击"指派网格控制属性"按钮 ，弹出"网格控制属性"对话框。模型的维数不同，则网格控制属性的单元形状的选择也不同。对于二维模型，可以选择"四边形""四边形为主"和"三角形" 3 种单元形状，如图 5.8 所示；对于三维模型，可以选择"六面体""六面体为主""四面体"和"楔形" 4 种单元形状，如图 5.9 所示；对于一维模型，如梁和桁架等，则无法进行网格控制。

图 5.8　二维模型单元形状选择

图 5.9　三维模型单元形状选择

1）单元形状：用于选择划分单元的形状，包括"四边形""三角形""六面体""四面体"和"楔形"，如图 5.10 所示。

①"四边形"用于二维平面模型网格的划分，划分的网格全部是四边形单元。

②"四边形为主"用于二维平面模型网格的划分，划分的网格主要是四边形单元，过渡区域允许产生少量的三角形单元。

（a）四边形

（b）三角形

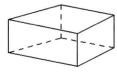
（c）六面体

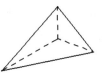
（d）四面体

（e）楔形

图 5.10　单元形状

③"三角形"用于二维平面模型网格的划分，划分的网格全部是三角形单元。

④"六面体"用于三维实体模型网格的划分，划分的网格全部是六面体单元。

⑤"六面体为主"用于三维实体模型网格的划分，划分的网格主要是以六面体为主的单元，过渡区域允许产生少量的楔形单元。

⑥"四面体"用于三维实体模型网格的划分，划分的网格全部是四面体单元。

⑦"楔形"用于三维实体模型网格的划分，划分的网格全部是楔形单元。

2）技术：用于选择划分网格的技术，包括"自由""结构"和"扫掠"3 种划分技术和"保持原状""自底向上"和"重复"3 种网格划分方案。

①自由划分网格：自由划分网格技术具有很大的灵活性，适用于非常复杂的几何结构的网格划分，在网格划分之前，不能对划分网格的模式进行预测。采用自由划分网格的模型显示为粉红色。对于二维模型的四边形、四边形为主和三角形单元形状，均可用自由划分方法进行网格的划分，而对于三维模型，只能使用四面体网格单元。

②结构划分网格：将一些标准的网格模式应用于一些形状简单的几何区域，该技术适用于简单的二维区域和用六面体单元划分的简单的三维区域。采用结构划分网格的模型显示为绿色。对于二维模型的四边形、四边形为主和三角形单元形状，均可用结构划分方法进行网格的划分，要求划分的二维区域没有孔洞、没有孤立的边或点，并且二维区域内包含 3～5 个逻辑边时才可用；对于三维模型，只适用于六面体和六面体为主两种单元形状，但选择六面体为主的单元形状时，划分的网格也全部是六面体。对三维模型进行结构网格划分还需要满足以下条件。

➥ 三维模型没有空洞，没有孤立的点、线、面。

➥ 三维模型的所有面都可以用二维结构划分网格。

➥ 面和边上的弧度值应该小于 90°。

➥ 保证三维模型中的每个顶点为 3 条边的交点。

➥ 三维模型的面数必须大于或等于 4 个（如果包含虚拟拓扑，必须仅包含 6 条边）。

➥ 三维模型各相邻面之间的角度应尽量接近 90°。当大于 150°时，就需要在这两个面的交界处进行模型的分割。

➥ 若三维区域不是立方体，每个面只能包含一个小面；若三维区域是立方体，每个面可以包含一些小面，但每个小面仅有 4 条边，且面被划分为规则的网格形状。

③扫掠划分网格：首先在起始的边或面上生成网格，然后沿扫掠路径复制起始边或面上的网格单元，一次前进一个单元，直到目标边或面，得到该模型区域的网格。一般情况下系统会选择最复杂的边和面作为起始边或面，用户不能自行选择，但可以选择扫掠路径。采用扫掠划分网格的模型显示为黄色。对于二维模型的四边形和四边形为主的单元形状，可使用扫掠技术划分网格，当起始边或面与旋转轴有一个交点时，必须使用四边形为主的单元，因为网格在划分时会在交点处产生一层三角形单元；对于三维模型，只适用于六面体、六面体为主和楔形单元形状，首先在起始面上采用自由划分方法，划分出四边形、四边形为主或三角形的单元形状，再沿扫掠路径复制起始面内的结点，直到目标面，得到扫掠网格。

对三维模型进行扫掠网格划分还需要满足以下条件。

- ↪ 连接起始面和目标面的每个面只能有一个小面，并且不能有孤立的边或点。
- ↪ 目标面必须只包含一个小面，且没有孤立的边或点。
- ↪ 如果起始面有两个及以上的小面，则这些相邻小面之间的角度应尽量接近 180°。
- ↪ 每个连接面应由 4 条边组成，每条边之间的角度应接近 90°。
- ↪ 每个连接面与起始面、目标面之间的角度应接近 90°。
- ↪ 如果扫掠路径是一条封闭的样条曲线，则该样条曲线需要被分割为两段或更多段。
- ↪ 如果划分区域的一条或多条边位于旋转轴上，则必须使用六面体为主的单元形状。
- ↪ 如果旋转体区域与旋转轴相交，就不能使用扫掠网格划分技术进行网格的划分。

3）算法：当选择了四边形或六面体单元形状时，会提供"中性轴算法"和"进阶算法"两种算法。

①中性轴算法：该算法首先把要划分网格的区域分为一些简单的区域，然后使用结构化网格划分技术来划分这些简单的区域，该算法主要有以下特征。

- ↪ 使用该算法更容易得到规则的网格单元，但网格与种子的位置衔接较差。
- ↪ 在二维模型中使用该算法时，选择"最小化网格过渡"可以很大程度上提高网格质量，但这种算法容易使网格偏离种子位置。
- ↪ 在模型的一部分边上设置了受完全约束的种子时，该算法会自动为其他的边选择最佳的种子分布。
- ↪ 当导入的其他 CAD 模型不精确时该算法不支持，同样，该算法也不支持虚拟拓扑。

②进阶算法：该算法首先在边界上生成四边形单元，然后再向区域内部扩展。该算法主要有以下特征。

- ↪ 使用该算法会得到与种子位置衔接很好的网格划分，但该算法在较窄的区域内精确匹配每个种子可能会使网格发生歪斜，使网格质量下降。

图 5.11 "创建自底向上网格"对话框

- ↪ 使用该算法会比较容易得到单元大小均匀的网格，但不代表网格质量一定好，有些情况下，单元尺寸均匀很重要。
- ↪ 该算法支持从其他 CAD 软件导入的不精确模型和二维模型的虚拟拓扑。
- ↪ 使用该算法可以实现从粗网格到细网格的过渡，如果模型中存在网格过渡区，建议使用该算法。

（10）创建自下而上的网格 ：这种划分网格的方法针对比较复杂的模型，对复杂的模型进行分割后，将一部分模型设置为"自底向上"的划分方案后，才能使用"自下而上"的网格划分方法。采用自下而上划分网格的模型显示为褐色。

单击"创建自下而上的网格"按钮 ，弹出"创建自底向上网格"对话框，如图 5.11 所示。可通过选择作用域、方法，设置参数进行网格的划分。下面对该对话框做简单介绍。

1）作用域：用于选择要进行自下而上划分网格的区域，包括"3D 区域（选定的）"和"孤立单元"两种。

①3D 区域（选定的）：当模型中只有一个区域被设置了自底向上划分方案后，系统会自动选择该区域，如果有多个区域被设置了自底向上划分方案后，需要手动选择要进行自下而上划分网格的区域。

②孤立单元：选择该作用域，设置参数时，所选择的"来源"必须划分好网格。划分的单元与零件中的任何几何区域之间没有关联。

2）方法：用于选择自下而上划分网格的方法，包括"扫掠""拉伸""旋转"和"偏移"4 种方法。

①扫掠：通过沿扫掠路径移动二维网格创建三维网格，当区域横截面在起始边和结束边之间变化时，应使用自下而上扫描网格化方法。通过选择"来源""连接侧"和"目标"来划分网格。划分过程如图 5.12 所示（可打开 jieguowenjian→ch5→jichu 文本中的 saoluehuafenwangge 模型进行查看）。

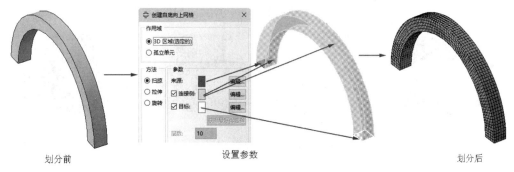

图 5.12　自下而上的扫掠方法划分网格

②拉伸：该方法可以看作是"扫掠方法"的一个特例，其线性路径由方向和距离定义。对于具有恒定横截面和线性扫掠路径的区域，应该使用拉伸方法。通过选择"来源""向量""深度""层数"或设置来源面与末端面单元厚度变化的"偏移比例"来划分网格。划分过程如图 5.13 所示（可打开 jieguowenjian→ch2→jichu 文本中的 lashenhuafenwangge 模型进行查看）。

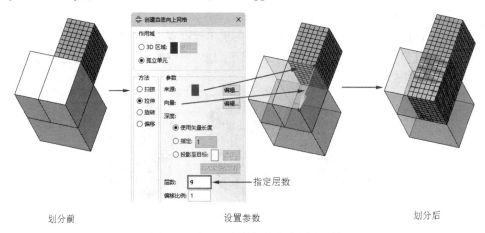

图 5.13　自下而上的拉伸方法划分网格

③旋转：该方法可看作是"扫掠方法"的另一个特例，扫掠路径是由轴和旋转角度定义的圆形路径。对于具有恒定横截面和圆形扫掠路径的区域，应该使用此方法。通过选择"来源""轴""角度"（默认为逆时针旋转）和"层数"划分网格。划分过程如图 5.14 所示（可打开 jieguowenjian→ch2→jichu 文本中的 xuanzhuanhuafenwangge 模型进行查看）。

④偏移：通过偏移选定的元素创建一层或多层实体元素。仅当使用孤立单元时，偏移才可用。通过选择"来源"、输入偏移的总厚度和所需的单元层数划分网格。划分过程如图 5.15 所示（可打开 jieguowenjian→ch2→jichu 文本中的 pianyihuafenwangge 模型进行查看）。

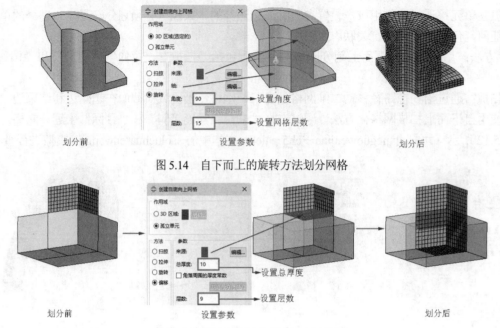

图 5.14　自下而上的旋转方法划分网格

图 5.15　自下而上的偏移方法划分网格

3）选项：用于将自下而上创建的网格单元添加到集合中，包括"延伸现有集合"和"为新单元创建集合"等选项。

①延伸现有集合：如果选择的网格来源本身就是集合，则会将选择的这些集合延伸到新网格中。

②为新单元创建集合：为自下而上划分的网格单元创建新的集合。可以为创建的新单元集合设置名称，也可采用默认的名称。

③各层单独一个集合：将自下而上划分网格的每层单元设置为一个独立的集合。

（11）将网格与几何关联▉：用于将定义了自下而上划分网格的几何与自下而上划分的独立单元关联起来。操作过程如图 5.16 所示。

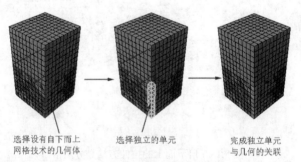

图 5.16　将网格与几何体关联

（12）删除网格关联▉：用于删除网格与几何关联关系。

（13）指派单元类型▉：对于所选的模型区域，根据分析需要选择合适的单元类型。

单击"指派单元类型"按钮▉，根据提示在视口区选择要指派单元类型的区域，单击提示区的"完成"按钮▉，弹出"单元类型"对话框，如图 5.17①所示，具体内容如下。

---

① 编者注：该图中的"驰"为软件汉化问题，应为"弛"。正文中均使用"弛"，图片中保持不变，余同。

图 5.17 "单元类型"对话框

1）单元库：用于选择 Standard 模块分析（默认选项）或 Explicit 模块（Standard 模块分析单元库的子集）分析类型的单元库。

2）几何阶次：用于选择"线性"单元或"二次"单元。

①线性：默认选项，采用线性差值，单元结点仅包含在单元的顶点处，如三角形单元包含 3 个结点、四边形单元包含 8 个结点、六面体单元包含 8 个结点等，如图 5.18 所示。

②二次：单元边具有一定的弧度，采用二次差值，在单元每条边上布置中间结点，如三角形单元包含 6 个结点、四边形单元包含 8 个结点、六面体单元包含 20 个结点等，如图 5.19 所示。

图 5.18 线性单元类型   图 5.19 二次单元类型

3）族：用于选择适合当前分析类型的单元。该下拉列表列出的单元族与所选的模型的维数、类型和形状相对应，不同的维数、类型和形状对应不同的单元族。

4）单元形状：用于选择单元形状并设置单元控制属性。单元形状以选项卡的形式展现，所选模型的维数不同，对应的单元形状的选项卡也不同。例如，线模型对应"线"选项卡，如图 5.20 所示；二维壳模型对应"四边形"选项卡和"三角形"选项卡，如图 5.21 所示；三维模型对应"六面体"选项卡、"楔形"选项卡和"四面体"选项卡，如图 5.22 所示。

5）杂交公式：在 Standard 模型中，每种实体单元都有其对应的杂交公式，使用该公式的单元在它的名字中含有字母 H，用于不可压缩材料或近似不可压缩材料。除了平面应力问题之外，不能用于普通单元模拟不可压缩材料的响应，因为此时单元中的应力是不确定的。

图 5.20　线模型单元形状

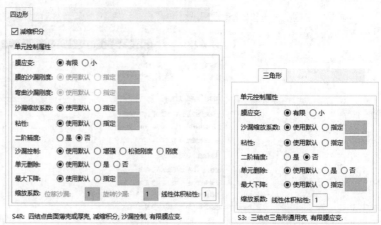

图 5.21　二维壳模型单元形状

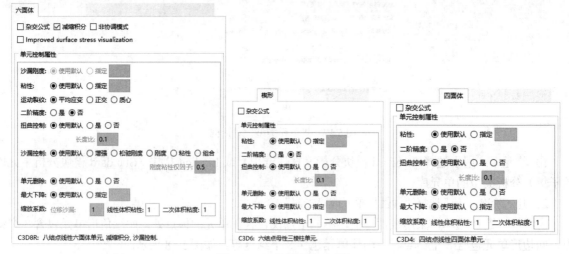

图 5.22　三维模型单元形状

6）减缩积分：只适用于划分壳的四边形单元和划分实体的六面体单元，它比普通的完全积分单元在每个方向少用一个积分点，线性缩减积分单元只在单元的中心有一个积分点，由于存在沙漏数值问题而过于柔软。因此，采用线性缩减积分单元模拟承受弯曲载荷的结构时，沿厚度方向上至少应划分4个单元。缩减积分单元的名字中含有字母 R。

使用减缩积分公式有以下优点：对位移的求解计算结果较精确；网格存在扭曲变形时，分析精度不会受到明显的影响；在弯曲载荷下不易产生剪切自锁。

使用减缩积分公式也有以下缺点：需要较细的网格克服沙漏问题，增加计算成本；若以应力集中部位的结点应力作为分析目标，则不能选择该方法。

7）非协调模式：只适用于线性四边形单元和线性六面体单元，它把增强单元位移梯度的附加自由度引入线性单元，能克服线性完全积分单元中的剪切自锁问题，具有较高的计算精度。非协调模式单元的名字中含有字母 I。

使用非协调模式有以下优点：克服了剪切自锁问题，在单元扭曲比较小的情况下得到的位移和应力结果非常精确；在弯曲问题中，在厚度方向上只需要很少的单元就可以得到与二次单元相接近的结果，降低了计算成本；当使用了增强变形梯度的非协调模式，单元交界处不会重叠或开洞，因此很容易扩展到非线性、有限应变的位移。

使用非协调模式也有以下缺点：在使用时必须确保单元扭曲非常小；若分析的部位单元扭曲较大，特别是当出现交错扭曲时，会降低分析精度；非协调模式与减缩积分不能同时选择。

8）单元控制属性：用于设置单元控制选项，不同的单元形状有不同的控制选项，选择不同的单元库、几何阶次和族，单元控制选项也不尽相同，可根据需要进行设置，这里不再详细讲解。

（14）检查网格：用于对划分网格的质量进行检查。

单击"检查网格"按钮，在提示区选择要检查的模型区域，如图 5.23 所示，包括部件（适用于非独立实体）或部件实例（适用于独立实体）及单元和几何区域。

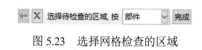

图 5.23　选择网格检查的区域

选择部件、部件实例或几何区域，选择对应的部件实体、部件或模型区域，单击鼠标中键，弹出"检查网格"对话框，包括"形状检查""尺寸检查"和"分析检查"3 个选项卡，如图 5.24 所示。下面对该对话框进行介绍。

（a）"形状检查"选项卡

（b）"尺寸检查"选项卡

（c）"分析检查"选项卡

图 5.24　"检查网格"对话框

1）形状检查：用于逐项检查单元的形状。单击"高亮"按钮，开始网格检查。检查完毕后，视图区高亮显示不符合标准的单元，信息区显示单元总数不符合标准的单元数量和百分比、该标准量的平均值和最危险值。单击"重新选择"按钮，重新选择网格检查的区域；单击"默认值"按钮，使各统计检查项恢复到默认值。

①Shape Factor（形状因子）-For Tets,Less Than（小于）：用于设置单元的形状因子的下限，仅适用于三角形单元或四面体单元。

②Tri-Face Corner Angle（三角形面的夹角）- Less Than（小于）：用于设置单元中边角的最小值，默认值为 5。

③Tri-Face Corner Angle（三角形面的夹角）- Greater Than（大于）：用于设置单元中边角的最大值，默认值为 170。

④Aspect Ratio（长宽比）- Greater Than（大于）：用于设置单元的长宽比（单元的最长边与最短边的比）的最大值，默认值为 10。

2）尺寸检查：包括 5 种单元检查标准。

①几何偏心因子大于：用于设置几何偏差的系数，反映单元边偏离几何形状的程度，默认值为0.2。

②边短于：用于设置最短单元边，默认值为0.01。

③边长于：用于设置最长单元边，默认值为1。

④稳定时间增量步小于：用于设置稳定时间增量步的最小值，默认值为0.0001。

⑤最大允许频率小于（用于声学单元）：仅用于声学单元，用于设置允许的最大频率，默认值为100。

3）分析检查：用于检查分析过程中会导致错误或警告信息的单元，错误单元用紫红色高亮显示，警告单元以黄色高亮显示。单击"高亮"按钮 高亮，开始网格检查。检查完毕后，视图区高亮显示错误和警告单元，信息区显示单元总数、错误和警告单元的数量和百分比。梁单元、垫圈单元和黏合层单元不能使用分析检查。

（15）指派叠层方向：用于为实体零件或零件中的所有单元（四面体单元除外）或选择的单元指定叠层方向。指定完叠层方向后，顶部单元的面为棕色，而底部单元的面为紫色。

（16）指派壳/膜法向：用于为壳/膜区域指定或反转法线方向，设置完成后，正方向的壳/膜颜色为棕色，而负方向的壳/膜颜色为紫色。

（17）指派梁/桁架法向：用于为梁/桁架指定或反转法线方向，设置完成后，梁/桁架模型上会出现一个箭头，或将箭头反转。

（18）创建重划分规则：若对模型划分了三角形、四面体自由网格或进阶算法的四边形为主的自由网格，则可以使用该命令进行自适应网格重划分规则。

单击"创建重划分规则"按钮，根据提示在视口区选择一个区域或整个模型进行网格重划分规则，单击"完成"按钮 完成，弹出"创建网格重划分规则"对话框，如图5.25所示。下面对该对话框进行简单讲解。

1）名称：用于输入网格重划分规则的名称。

2）描述：用于对自适应网格重划分规则进行简单描述。

3）"分析步和索引"选项卡：用于选择分析步和误差指标变量。

①分析步：用于选择网格重划分规则的分析步，适用于Standard分析中的静态分析、准静态分析、热-力耦合分析、热-电耦合分析和传热分析等。

②变量指示器错误：用于选择误差指示变量，包括单元能量、Mises等效应力、等效塑性应变、电流量和电势梯度等。

③输出频率：用于选择变量指示器错误写入输出数据库的频率，包括分析步的末尾增量步和分析步中的所有增量步。

➥ 分析步的末尾增量步：默认选项，在所选分析步的最后一个增量步结束后写入误差指示变量，系统会根据最后一个增量步的误差指示变量对模型进行网格重划分。

➥ 分析步中的所有增量步：在所选分析步的每个增量步结束后都写入误差指示变量，若分析不收敛，用户可以使用最近输出的误差指示变量进行手工网格重划分。

4）"尺寸方法"选项卡：用于选择计算单元尺寸的方法，包括"默认方法和参数""一致错误分布"和"最小/最大控制"3种方法，如图5.26所示。

①默认方法和参数：采用默认的方法进行计算，单元能量和热通量采用一致增量分布方法；其余变量指示器错误采用最小/最大控制方法。

②一致错误分布：使用统一误差分布网格尺寸算法，使模型区域内的每个单元都满足误差目标。

➥ 自动目标减缩：默认选项，系统自动设置误差目标；

- ➥ 固定目标：在后面的文本框中输入数值设置误差目标。

③最小/最大控制：采用最小/最大控制网格尺寸的算法。

- ➥ 固定目标：用于设置最大和最小基础目标，最大基础解目标被用到结果最高的附近区域，最小基础解目标被用到结果最低的附近区域；
- ➥ 网格偏心：用于设置网格尺寸分布，向"强"一侧拖动滚条则细化高结果值附近更大区域的网格。

5）"约束"选项卡：用于设置对单元尺寸的约束，如图5.27所示。

图5.25 "创建网格重划分规则"对话框

图5.26 "尺寸方法"选项卡

图5.27 "约束"选项卡

①单元大小：用于设置最小和最大的单元尺寸。

- ➥ 自动计算：默认设置，系统自动计算最小和最大单元的尺寸，最小单元尺寸为0.02，最大单元尺寸为20。
- ➥ 指定：用户也可指定最小和最大的单元尺寸。

②变化率限制：用于设置网格细化或粗糙化的速率。

- ➥ 使用默认：默认选项，系统采用中间值5。
- ➥ 指定：用于指定网格细化或粗糙化的速率，向"高"一侧拖动滚条则加快网格细化或粗糙化的速度。
- ➥ 不要细化：不对单元尺寸进行细化或粗糙化。

2．虚拟拓扑工具

在一些情况下，装配件中的部件实例常会包含一些小尺寸区域，如微小的面和边，这些小尺寸区域往往会增加网格密度或降低划分的网格质量，甚至导致网格划分失败。虚拟拓扑工具则可以解决这些问题，通过在划分网格过程中忽略一些不重要的细节，将相邻的小面或小边合并，使网格划分顺利。

（1）虚拟拓扑合并面🖐️：用于合并选择的面，在划分网格过程中，系统将合并的面作为单个边，并忽略已经移除的边和顶点。

（2）虚拟拓扑合并边 ：用于合并选择的线，在划分网格过程中，系统将合并的边作为单个面，并忽略已经移除的顶点。

（3）虚拟拓扑忽略实体 ：用于删除选择的线或顶点。删除线相当于合并面，删除顶点相当于合并线。

（4）虚拟拓扑自动创建 ：单击该按钮，根据提示选择虚拟拓扑的区域，弹出"创建虚拟拓扑"对话框，如图 5.28 所示。设置参数后，系统会自动合并面、合并边或忽略模型的图元进行虚拟拓扑。

（5）虚拟拓扑恢复实体 ：通过选择要恢复的单个实体恢复之前由虚拟拓扑替换的边和顶点。

3．编辑网格工具

（1）编辑网格 ：用于对划分的网格进行编辑，已达到最佳的效果。

单击"编辑网格"按钮 ，弹出"编辑网格"对话框，如图 5.29 所示，包括"结点""单元""网格"和"改善" 4 种类型，每种类型还包括不同的方法。

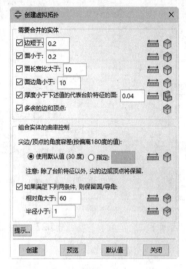

图 5.28　"创建虚拟拓扑"对话框　　　图 5.29　"编辑网格"对话框

1）结点：用于对划分的网格的结点进行编辑，对应的方法有以下命令。

①创建：用于在全局坐标系或指定的基准坐标系中创建新的结点。

②编辑：用于在全局坐标系或指定的基准坐标系中指定所选结点的新坐标，或指定所选结点从当前位置的偏移量。

③拖拽：用于将模型中的结点拖拽到指定的位置，一次只能拖动一个结点。

④投影：用于将选择的结点或所选边或面上的结点投影到选定的实体上。

⑤删除：用于删除所选择的结点，同时与该结点相关联的单元也将被删除。

⑥合并：用于将模型中的结点拖拽到指定的位置，一次只能拖动一个结点。

⑦调整中间：选择调整的结点，并输入一个 0～1 的偏差参数，调整二阶单元的中间结点的位置。

⑧重新编号：对所选的结点进行重新编号。

⑨Smooth（平滑）：对所选的结点进行调整，使其变得平滑。

2）单元：用于对划分的网格的单元进行编辑，对应的方法有以下命令，如图 5.30 所示。

①创建：用于创建单元。首先要选择要创建单元的形状，然后按照合适的顺序选择结点创建单元。

②删除：用于删除所选的单元，同时删除与该单元相关联的结点。

③翻转法向：用于翻转所选单元曲面的法线方向。

④确定堆栈方向：用于指定四边形、六面体和楔形单元的层叠方向。

⑤去除边（三角形/四边形）：选择三角形或四边形单元的一条边，使边上的两个结点合并为一个结点，单元会沿着指定的方向扩展。

⑥拆分边（三角形/四边形）：选择三角形或四边形单元的一条边，在边上指定的位置创建结点，该结点分割选择的边并与周围结点连接生成新的单元。

⑦交换对角线（三角形）：如果一阶或二阶相邻三角形单元的顺序相同，且具有一致的法线，则可以交换这两个三角形单元组成的四边形的对角线。

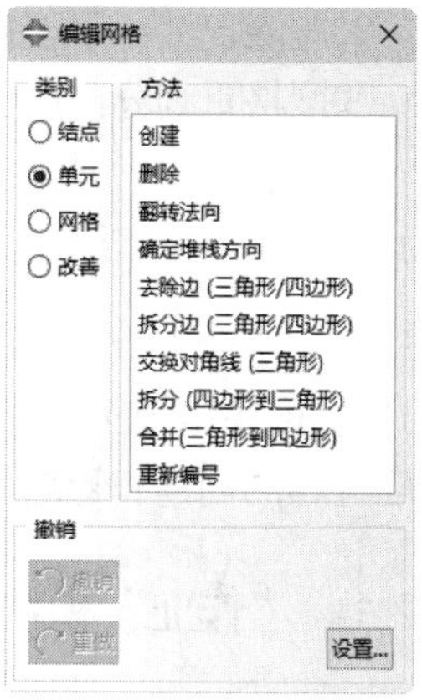

图 5.30　"单元"类别及方法

⑧拆分（四边形到三角形）：用于将一个四边形单元拆分成两个三角形单元。

⑨合并（三角形到四边形）：用于将两个相邻的三角形单元合并成一个四边形单元。

⑩重新编号：对孤立网格中选择的单元进行重新编号。

3）网格：用于对划分的整个网格进行编辑，对应的方法有以下命令，如图 5.31 所示。

①偏移（创建实体层）：沿选择的三维实体单元或三维壳单元的表面的法线方向偏移生成一层指定厚度的三维实体单元。

②偏移（创建壳层）：沿选择的三维实体单元或三维壳单元的表面的法线方向生成一层指定偏移距离的壳单元。

③去除短边：用于将小于指定长度的短边进行合并。

④生长短边：用于指定模型中出现的最小单元边的大小，将较小的边增长到指定的最小长度。

⑤将 tri（三角形）转换为 tet（四面体）：用于将三角形单元的封闭三维壳转换为四面体单元的实体网格。

⑥将实体转换为壳：将孤立的实体网格单元转换为孤立的壳网格单元。

⑦合并层：用于将选择的相邻的一组单元沿指定的方向进行合并。

⑧细分层：用于将选择的一组单元沿等分单元的边进行拆分，使单元更加细密。

①网格与几何相关联：用于将定义了自下而上划分网格的几何与自下而上划分的独立单元关联起来。

⑩删除网格关联性：用于删除顶点、边、面或整个几何区域的网格与几何体的关联性，也可以删除原生网格的关联，为部分模型创建孤立网格。

⑪Copy mesh pattern（复制网格图案）：用于将二维网格映射到同一零件或组件上的相似几何目标中。

⑫Insert cohesive seams（插入黏合接缝）：用于在裂缝区域打开成对的连接单元，并在间隙区域插入一层作为孤立单元创建的孔隙压力内聚单元。

4）改善：用于优化三角形单元的平面网格，对应的方法有以下命令，如图 5.32 所示。

①设置大小：用于指定网格中划分的全局单元尺寸。

图 5.31　"网格"类别及方法

图 5.32　"改善"类别及方法

②删除尺寸：用于移除已指定的网格中划分的单元尺寸。

③网格重划分：用于平面三角形网格的重划分。

5.2 "作业"模块

在"模块"列表中选择"作业"，就可以进入"作业"模块，该模块主要用于进行分析作业和网格自适应过程的创建和管理。

5.2.1 "作业"模块菜单栏

"作业"模块中的专用菜单包括"作业"菜单、"自适应"菜单、"协同运行"菜单和"优化"菜单。

（1）"作业"菜单：用于创建分析作业，并对创建的作业进行编辑、复制、重命名、删除、提交和监控等操作，如图 5.33 所示。

（2）"自适应"菜单：用于创建网格自适应，并对创建的网格自适应进行编辑、复制、重命名、删除、数据检查和提交等操作，如图 5.34 所示。

（3）"协同运行"菜单：用于创建两个分析作业的协同模拟执行，并对创建的协同运行进行编辑、复制、重命名、删除、数据检查和提交等操作，如图 5.35 所示。

（4）"优化"菜单：用于创建优化任务，并对创建的优化任务进行编辑、复制、重命名、删除、Write Files（写入文件）、提交、重启动和监控等操作，如图 5.36 所示。

图 5.33 "作业"菜单　　　图 5.34 "自适应"菜单　　　图 5.35 "协同运行"菜单　　　图 5.36 "优化"菜单

📢 注意：

> 上述菜单中的命令在"作业"模块工具区中都能找到，将在 5.2.2 小节进行详解。

5.2.2 "作业"模块工具区

图 5.37 "作业"模块工具区

"作业"模块工具区集成了作业工具，包括创建作业、创建自适应过程、创建 Co-execution（创建协同运行）和创建优化进程以及各自对应的管理器，如图 5.37 所示，下面对作业工具做详细介绍。

1．创建作业

单击"创建作业"按钮，弹出"创建作业"对话框，如图5.38所示，该对话框包含名称和来源两部分。

（1）名称：用于定义和输入分析作业的名称，默认为Job-n。

（2）来源：用于选择分析作业的来源，包括"模型"和"输入文件"两种来源。

1）模型：默认选项，用于选择要进行分析作业的模型，如图5.38（a）所示。

2）输入文件：通过单击下方的"选取"按钮⬚，选择用于创建分析作业的IPN文件，如图5.38（b）所示。

（a）来源为"模型"　　　　（b）来源为"输入文件"

图5.38　"创建作业"对话框

在设置完名称和来源后，单击"继续"按钮 继续...，弹出"编辑作业"对话框，如图5.39所示，进行分析作业的编辑。该对话框包括"提交""通用""内存""并行"和"精度"5个设置选项卡。

（3）"提交"选项卡：用于设置分析作业的提交参数，包括"作业类型""DSLS SIM Unit Licensing""运行模式"和"提交时间"。

1）作业类型：用于选择进行分析作业的类型，包括"完全分析""恢复（Explicit）"和"重启动"。

①完全分析：默认选项，用于对模型执行一个完整的分析，将分析结果写入输出数据库。

②恢复（Explicit）：用于对前面提前终止的Explicit分析重新提交，仅适用于Explicit模块分析。

③重启动：用于完成一个重启动分析，该分析使用同一模型先前分析中保存的数据。

2）DSLS SIM Unit Licensing（DSLS SIM单元许可）：只适用于SIM单元许可模式，对于其他情况，该选项则被禁用，由于不常用，这里不再讲解。

图5.39　"编辑作业"对话框

3）运行模式：用于选择分析作业的运行模式，包括"背景"和"队列"两种模式。

①背景：默认选项，在本地的后台运行分析作业。

②队列：从下拉列表中选择批处理队列，将分析作业提交到选择的本地或远程的批处理队列。

4）提交时间：用于设置提交作业运行的时间，包括"立即""等待"和"指定"3个选项。

①立即：默认选项，提交的分析作业会立即在本地计算机的后台进行分析计算，或者立即将分析

作业提交到批处理列队。

②等待：在后面的文本框中输入等待的时间，系统会在等待的时间段后，将分析作业在本地计算机的后台运行。

③指定：用于指定分析作业进行分析的具体时间。

（4）"通用"选项卡：用于一些杂项的分析作业设置，包括"预处理器输出""草稿目录""用户子程序文件"和"Results Format"（结果格式），如图 5.40 所示。

①预处理器输出：用于选择预处理输出，选择是否将输入数据、接触约束、模型定义数据和历史数据输出到数据文件。对于来自 inp 文件的分析作业，需要在 inp 文件中指定预处理打印输出。

②草稿目录：用于选择分析过程中产生的临时文件的保存目录。

③用户子程序文件：用于选择模型能够引用的所有用户子程序的文件名。

④Results Format（结果格式）：用于选择以 ODB 格式或 SIM 格式编写分析结果。

（5）"内存"选项卡：用于指定分析过程中的内存分配。如果 Abaqus 环境中没有指定内存值，Abaqus 则会自动监测机器上的物理内存，并分配一定百分比的可用内存，如图 5.41 所示。

（6）"并行"选项卡：用于设置并行运算，包括"使用多个处理器""多处理器模式""使用 GPGPU 加速"和"Abaqus/Explicit"几个设置选项，如图 5.42 所示。

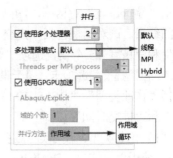

图 5.40　"通用"选项卡　　　　图 5.41　"内存"选项卡　　　　图 5.42　"并行"选项卡

1）使用多个处理器：在并行处理可用的情况下，用于设置分析的处理器的数量。

2）多处理器模式：用于选择多处理器的模式，包括"默认""线程""MPI"和"Hybrid"（混合）4 种模式。其中，后两种模式只适用于拓扑域的并行。

①若多处理器模式选择"默认"或"MPI"模式，则"Threads per MPI process"（每个 MPI 进程的线程数）为不可调节状态，默认的线程值为 1。

②若多处理器模式选择"线程"模式，则"Threads per MPI process"（每个 MPI 进程的线程数）也为不可调节状态，默认的线程值与"使用多个处理器"数字框中的数值相同。

③若多处理器模式选择"Hybrid"（混合）模式，则"Threads per MPI process"（每个 MPI 进程的线程数）为激活状态，可以设置每个 MPI 进程的线程数量。

3）使用 GPGPU 加速：只适用于 Abaqus/Standard 模块分析，用于选择使用直接稀疏解算器的 GPGPU 加速，并指定 GPGPU 的数量。

4）域的个数：只适用于 Abaqus/Explicit 模块分析，当使用该选项时，域的数量必须等于处理器的数量或是处理器数量的倍数。

5）并行方法：用于选择并行运行的方法，包括"作用域"和"循环"两种方法。

①作用域：默认选项，该方法将模型分割成多个拓扑域，这些拓扑域均匀分布在可用的处理器中。

②循环：用于在并行运行中负责大部分计算成本的低级循环，选择该并行运算则多处理器模式必须选择"默认"模式。

（7）"精度"选项卡：用于精度的控制，包括 Abaqus/Explicit 分析精度的选择和 Abaqus/Standard 或 Abaqus/Explicit 分析的结点输出精度，如图 5.43 所示。

1）Abaqus/Explicit 精度：用于选择 Abaqus/ Explicit 分析精度的选择，包括"单精度""强制关闭 Single/Double""两者-只分析""两者-只约束"和"两者-分析+packager"5 种选项。

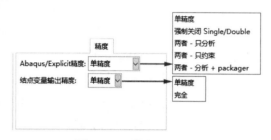

图 5.43　"精度"选项卡

①单精度：对 Abaqus/Explicit 模式的分析采用单精度，单精度可节省 20%～30%的 CPU 使用，并且大多数情况下可以提供准确的结果，但当分析增量大于 30 万时，建议使用双精度。

②强制关闭 Single/Double（强制关闭单/双精度）：选择该选项，则 Abaqus/Explicit 模式的打包程序和分析将以单精度运行。

③两者-只分析：选择该选项，则 Abaqus/Explicit 模式的分析将以双精度运行，而打包程序将以单精度运行。

④两者-只约束：选择该选项，则 Abaqus/Explicit 模式的约束打包程序和分析将以双精度运行，而 Abaqus/Explicit 模式的打包程序和分析的其余部分则以单精度运行。

⑤两者-分析+packager（两者-分析+打包）：选择该选项，则 Abaqus/Explicit 模式的打包程序和分析将以双精度运行，这会占用大量的 CPU 使用，但也会确保最高的整体执行精度。

2）结点变量输出精度：用于选择"单精度"或"完全"结点输出精度。

①单精度：设置写入输出数据库文件的字段输出精度为单精度。

②完全：用于获得 Abaqus/Explicit 模式分析的双精度结点场输出，产生双精度结点和单元字段输出。

2．作业管理器

单击"作业管理器"按钮▦，弹出"作业管理器"对话框，如图 5.44 所示。对话框下半部分是主要用于分析作业的创建、编辑、复制、重命名和删除等命令，右边主要用于提交作业、进行数据检查、监控作业分析以及写入分析过程中的数据和切换到"可视化"模块进行后处理操作等命令。下面对右边的命令按钮进行简单讲解。

（1）写入输入文件：用于在工作目录中生成该模型的 inp 文件，需要在不立即执行分析作业的情况下写入输入文件。

（2）数据检查：用于检查通过分析输入文件处理器运行输入文件，以确保模型是一致的。

（3）提交：用于提交分析作业，且在提交分析作业后，管理器中的状态栏会发生相应改变。

（4）监控：用于打开分析作业监控器，如图 5.45 所示，该对话框上半部分的表格中显示分析过程的信息，这部分信息也可以通过状态文件（job_name.sta）进行查阅。

1）日志：用于显示日志文件中出现的分析开始和结束时间。

2）错误：用于显示分析过程中的错误信息。

图 5.44　"作业管理器"对话框

图 5.45　"监控器"对话框

3）!警告：与错误页面类似，用于显示分析过程中的警告信息。

4）输出：用于记录输出数据的录入。

5）数据文件：用于记录分析过程中产生的数据。

6）Message 文件（信息文件）：用于记录分析过程中的信息。

7）Status 文件（状态文件）：用于记录分析过程产生的状态文件。

（5）结果：用于运行完成的分析作业的后处理，单击该按钮进入可视化模块。

（6）中断：用于终止正在运行的分析作业。

3．创建自适应过程

如果在"网格"模块中定义了自适应网格重划分规则，就可以对该模型运行网格自适应过程。系统根据自适应网格重划分规则对模型重新划分网格，进而完成一系列连续的分析作业，直到结果满足自适应网格重划分规则，或已完成指定的最大迭代数，或分析中遇到错误。

单击"创建自适应过程"按钮 ，弹出"创建自适应过程"对话框，如图 5.46 所示。该对话框包括"自适应""通用""内存""并行"和"精度"5 个设置选项卡。

"自适应"选项卡用于设置网格自适应过程的参数，包括"最大迭代"（用于设置最大迭代的次数）和"运行模式"。该对话框中的其余选项与"编辑作业"相同，这里不再讲解。

图 5.46　"创建自适应过程"对话框

图 5.47　"自适应过程管理器"对话框

4．自适应过程管理器

单击"自适应过程管理器"按钮 ，弹出"自适应过程管理器"对话框，已创建的自适应过程出现在管理器中，如图 5.47 所示。用户可以单击管理器右侧的"提交"按钮 提交 ，提交该自适应过程。然而，用户需要在分析作业管理器中进行自适应过程的监控、终止和每个迭代的结果后处理操作。

5．创建 Co-execution（创建协同运行）

创建协同运行是对两个分析作业进行协同模拟运算，在创建协同运行后，只能在单个分析作业中编辑分析作业参数。

单击"创建 Co-execution"（创建协同运行）按钮![icon]，弹出"编辑 Co-execution"对话框，如图 5.48 所示。该对话框中包括"名称""描述""模型""作业参数"和"正在计算内部结点（步骤 1/4）"几个设置选项，下面对该对话框做简单讲解。

（1）名称：用于编辑或定义协同运行的名称。

（2）描述：用于对创建的协同运行进行简单描述，该描述会存储在模型数据库和输出数据库中。

（3）模型：用于在当前数据库中选择创建协同运行的模型，所选择的模型对应的"分析产品"和"作业名"都会显示在列表中。

（4）作业参数：用于设置创建协同运行的各项参数，包括"提交""通用""内存""并行"和"精度" 5 个选项卡，设置方法与"编辑作业"对话框相同，这里不再讲解。

（5）正在计算内部结点（步骤 1/4）：用于设置在没有收到协同运行的任何通信时终止的时间。默认值为 10 分钟。

6. Co-execution（协同运行）管理器

单击"Co-execution 管理器"按钮![icon]，弹出"Co-execution 管理器"对话框，已创建的协同运行出现在管理器中，如图 5.49 所示。用户可以单击该管理器右侧的"提交"按钮![提交]，提交该协同运行。

图 5.48　"编辑 Co-execution"对话框

图 5.49　"Co-execution 管理器"对话框

7. 创建优化进程

该命令用于读取在优化模块中定义的优化任务，并根据在优化任务中定义的目标函数和约束条件迭代搜索优化的解决方案。该命令不是本书讲解的重点，因此，这里不再对"创建优化进程"和"优化进程管理器"作讲解。

5.3 实例——水管与卡扣划分网格及作业分析

第 4 章对水管与卡扣定义了相互作用并施加了载荷，本章在此基础上对这两个部件分别进行网格的划分，然后进行作业分析。通过本实例，使读者进一步了解"网格"模块和"作业"模块的使用。

5.3.1 打开模型

1. 打开模型

单击工具栏中的"打开"按钮，弹出"打开数据库"对话框，如图 5.50 所示，找到要打开的 shuiguanyukakou.cae 模型，然后单击"确定"按钮 确定(O)，打开模型。

2. 设置工作目录

执行"文件"→"设置工作目录"菜单命令，弹出"设置工作目录"对话框，选择 Abaqus/CAE 所有的文件的保存目录，如图 5.51 所示，单击"新工作目录"文本框右侧的"选取"按钮，然后单击"确定"按钮 确定(O)，完成操作。

📢 **注意：**

> 若不设置工作目录，则 Abaqus/CAE 产生的所有文件将会保存在默认的安装目录中的 temp 文件夹中。

图 5.50 "打开数据库"对话框　　　　　　图 5.51 "设置工作目录"对话框

扫一扫，看视频

5.3.2 划分网格

1. 布种

单击工具区中的"种子部件"按钮，弹出"全局种子"对话框，设置"近似全局尺寸"为 2，其余为默认设置，如图 5.52 所示。单击"确定"按钮 确定，将 kakou 部件的"近似全局尺寸"设置为 2，结果如图 5.53 所示。然后在环境栏中的"部件"下拉列表中选择 shuiguan，同理将 shuiguan 部件的"近似全局尺寸"设置为 2，如图 5.54 所示。

2. 指派网格控制属性

在环境栏的"部件"下拉列表中选择 kakou，然后单击工具区中的"指派网格控制属性"按钮，由于只有卡扣一个部件，系统会自动选择该部件为要指定网格控制属性的区域，弹出"网格控制属性"对话框，设置"单元形状"为"四面体"，设置"技术"为"自由"，设置"算法"为"使用默认算法"，如图 5.55 所示。单击"确定"按钮 确定，关闭对话框。

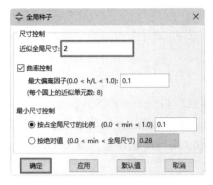

图 5.52 "全局种子"对话框

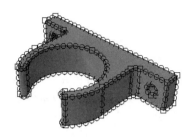

图 5.53 卡扣种子

图 5.54 水管种子

在环境栏"部件"下拉列表中选择 shuiguan，然后单击工具区中的"指派网格控制属性"按钮 ，由于只有水管一个部件，系统会自动选择该部件为要指定网格控制属性的区域，系统打开"网格控制属性"对话框，设置"单元形状"为"六面体"，"技术"为"扫掠"，"算法"为"中性轴算法"，如图 5.56 所示。单击"确定"按钮 确定 ，关闭对话框。

图 5.55 卡扣的"网格控制属性"对话框

图 5.56 水管的"网格控制属性"对话框

3. 为部件划分网格

在环境栏"部件"下拉列表中选择 kakou，然后单击工具区中的"为部件划分网格"按钮 ，在提示区单击"是"按钮 ，对卡扣进行网格划分，如图 5.57 所示。在环境栏"部件"下拉列表中选择 shuiguan，然后单击工具区中的"为部件划分网格"按钮 ，在提示区单击"是"按钮 ，对水管进行网格划分，如图 5.58 所示。

图 5.57 卡扣划分网格

图 5.58 水管划分网格

5.3.3 提交作业

1. 创建作业

在环境栏的"模块"下拉列表中选择"作业"选项，进入"作业"模块。单击工具区中的"创建作业"按钮，弹出"创建作业"对话框，在"名称"文本框中输入 Job-anzhuang，其余为默认设置，如图 5.59 所示。单击"继续"按钮，弹出"编辑作业"对话框，采用默认设置，如图 5.60 所示。单击"确定"按钮，关闭该对话框。

图 5.59 "创建作业"对话框   图 5.60 "编辑作业"对话框

2. 提交作业

单击工具区中的"作业管理器"按钮，打开"作业管理器"对话框，如图 5.61 所示。选择创建的 Job-anzhuang 作业，单击"提交"按钮，进行作业分析，然后单击"监控"按钮，弹出"Job-anzhuang 监控器"对话框，可以查看分析过程，如图 5.62 所示。当"日志"选项卡中显示"已完成"时，表示分析完成。单击"关闭"按钮，关闭"Job-anzhuang 监控器"对话框，返回"作业管理器"对话框。

图 5.61 "作业管理器"对话框   图 5.62 "Job-anzhuang 监控器"对话框

3. 分析后处理

计算完成后，单击"作业管理器"对话框中的"结果"按钮 结果 ，系统切换到"可视化"模块，进行后处理操作。

本书将在第 6 章讲解"可视化"模块的后处理操作。

5.4　动手练一练

对刮板链条在如图 5.63 所示的 5 个几何元素面处进行拆分，然后将刮板链条划分为单元大小为 2 的六面体网格；以默认设置创建并提交作业。

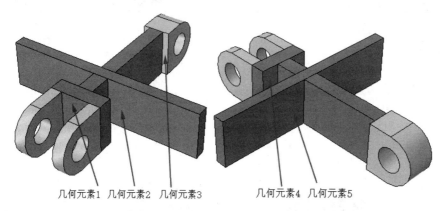

几何元素1　几何元素2　几何元素3　　　几何元素4　几何元素5

图 5.63　拆分图

思路点拨：

（1）拆分刮板链条。

（2）设置全局种子为 2，单元形状为六面体。

（3）划分网格。

（4）创建并提交作业。

第6章 可视化后处理

内容简介

本章主要介绍 Abaqus 的可视化模块，该模块主要是对分析后的模型和数据进行后处理，通过本章节的讲解，使读者掌握模型有限元分析后的可视化处理，包括绘制变形图、云图、曲线图以及动画等。

内容要点

➥ "可视化" 模块
➥ 实例 ——水管与卡扣分析后处理

案例效果

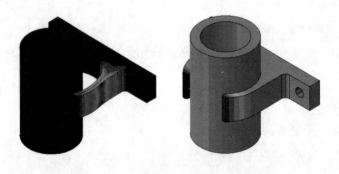

6.1 "可视化" 模块

在"模块"列表中选择"可视化"，即进入"可视化"模块，也可以在"作业"模块中完成分析作业后，单击"作业管理器"对话框中的"结果"按钮 结果 ，即进入"可视化"模块。"可视化"模块主要用于有限元分析的后处理操作，包括绘制未变形图、变形图、未变形云图、变形云图、符号图、材料方向图、设置动画参数及动画显示、绘制 X-Y 图标等操作和命令。

6.1.1 "可视化" 模块菜单栏

"可视化"模块中专用的菜单包括"结果"菜单、"绘图"菜单、"动画"菜单和"报告"菜单。

1. "结果" 菜单

"结果"菜单用于对有限元分析后显示或设置分析结果，包括"分析步/帧""激活的分析步/帧""截面点""场输出""历程输出"和"选项"命令，如图 6.1 所示。该菜单中的所有命令在"可视化"

模块的工具区中都能找到，这里不再讲解。

2. "绘图"菜单

"绘图"菜单用于对有限元分析完成后，绘制变形图、未变形图、各种云图、符号图和材料方向图等，如图 6.2 所示。该菜单中的所有命令在"可视化"模块的工具区中都能找到，这里不再讲解。

3. "动画"菜单

"动画"菜单用于对有限元分析完成后，动画显示变形效果，包括设置动画缩放系数、显示时间历程动画、谐调动画和动画另存为等操作，如图 6.3 所示。其中"缩放系数""时间历程"和"谐调"命令在"可视化"模块的工具区中都能找到，这里只讲解"另存为"命令。

首先在一个或多个视口中播放动画，然后执行"动画"→"另存为"命令，弹出"保存图像动画"对话框，如图 6.4 所示。可将该动画保存到文件中，下面对该对话框做简单介绍。

图 6.1　"结果"菜单　　　　图 6.2　"绘图"菜单　　　　图 6.3　"动画"菜单　　　　图 6.4　"保存图像动画"对话框

（1）文件名：用于输入要保存动画的名称，单击文本框右侧的"文件选择浏览器"按钮，可以选择动画的保存路径。

（2）格式：用于选择要保存动画的格式，在该下拉列表中可选择 AVI、Quick Time、VRML 和压缩的 VRML 4 种格式。

1）AVI 格式：默认格式，系统会以 AVI 格式保存动画，选择该格式后单击后面的"AVI 格式选项"按钮，弹出"AVI 选项"对话框，如图 6.5 所示。

①图片大小（像素）：用于设置保存动画的像素大小，可以选择默认的"使用屏幕上的尺寸（684×608）"，也可选择"使用下面的设定"选项，然后通过设置"宽度"和"高度"定义保存动画的大小。

②压缩：主要用于选择压缩的解码器，包括"无 -8 比特/像素""无-24 比特/像素""RLE（8bits/pixel）"

图 6.5　"AVI 选项"对话框

"Intel IYUV 编码解码器""Microsoft Video 1""TechSmith Screen Codec 2"和"TechSmith 屏幕捕获编解码器"7 种类型。

③配置：当选择"Microsoft Video 1""TechSmith Screen Codec 2"或"TechSmith 屏幕捕获编解码器"时被激活，单击"配置"按钮，在弹出的对话框中可以设置"压缩率"或"质量比率"。

④质量：当选择"Microsoft Video 1"解码器时被激活，拖动质量滑块可以设置文件的压缩量，最

高值为100，为不压缩动画而产生最高质量的动画。

2）Quick Time 格式：选择使用 Quick Time 格式保存动画。选择该格式后单击后面的"Quick Time 格式选项"按钮，弹出"Quick Time 选项"对话框，与"AVI 选项"对话框类似，用于选择或设置图片大小和选择压缩解码器。

3）VRML 格式或压缩的 VRML 格式：这两个格式均为虚拟现实建模语言格式。选择这两个格式，只能保存当前视口的动画，且不能进行"选择"和"帧频率"的设置。

（3）选择：用于选择抓取"当前视口"或"所有视口"；选择抓取视口的类型，包括"修饰""背景"或"罗盘"。

（4）帧频率（帧/秒）：用于指定存储的动画中每秒显示的帧数，通过输入"变化率"的值（1～50）或拖动滑块选择 1～50 帧/秒之间的帧速率。

4．"报告"菜单

"报告"菜单用于对有限元分析完成后，设置将 XY 数据对象、场输出变量对象和自由体切面对象包含在报告中，如图 6.6 所示。

（1）XY：用于选择一个或多个 XY 数据对象，将其包含在 XY 报告中。单击该命令弹出"报告 XY 数据"对话框，如图 6.7 所示，该对话框包含"XY 数据"和"设置"两个选项卡，下面对这两个选项卡做简单介绍。

1）"XY 数据"选项卡：用于在列表中选择列出的要包含在报告中的 XY 数据对象。

①选择范围：用于过滤列表中显示的 XY 数据的范围，若选择"所有 XY 数据"，会列出所有先前保存的 XY 数据对象；若选择"当前视口中的 XY 曲线"，则列表中只列出当前视口中包含的 XY 数据对象。

②名称过滤：当列表中的 XY 数据较多时，为了方便选择，可在"名称过滤"文本框中输入包含的名称字段后按 Enter 键，则列表中会列出要选择的包含该名称字段所有 XY 数据。例如，在文本框中输入*Body 则会列出所有以 Body 名称结尾的 XY 数据；在文本框中输入 XY*则会列出所有以 XY 名称开头的 XY 数据。

2）"设置"选项卡：用于设置文件名称、选择输出格式和数据，如图 6.8①所示。

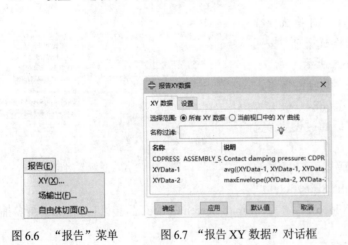

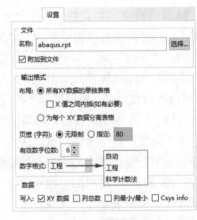

图 6.6　"报告"菜单　　　图 6.7　"报告 XY 数据"对话框　　　图 6.8　"设置"选项卡

---

① 编者注：该图中的"科学计数法"为软件汉化问题，应为"科学记数法"。正文中均使用"科学记数法"；图片中保持不变，余同。

①名称：用于选择或定义生成的 XY 数据报告的名称。单击文本框右侧的"选择"按钮 选择...，弹出"文件选取"对话框，用于过滤和浏览现有文件。

②附加到文件：该复选框默认为勾选状态，用于将生成的 XY 数据报告附加到指定的文件的当前内容中，若取消勾选，则现有文件内容将被覆盖。

③所有 XY 数据的单独表格：用于将所选定的数据对象合并到单个表格中。

④X 值之间内插（如有必要）：如果选择的对象存在缺失点，系统会将缺失点在表格中显示为无值。

⑤为每个 XY 数据分离表格：未选择的不同的 XY 数据创建单独的表格，使每个选定的数据对象出现在自己的表格中。

⑥页宽（字符）：用于设置生成 XY 数据报告的页面宽度，选择"无限制"，则不考虑页面宽度，可以为无限宽度；选择"指定"，则用于指定页面的宽度，在后面的文本框中输入数值，作为页面的最大宽度。

⑦有效数字位数：用于指定生成报告的数据的有效位数或小数位数，对于 XY 数据报告，默认的有效位数为 6；对于自由体切面报告，默认小数位数为 3。位数越多，精度就越高，但占用的空间越大，表格宽度也就越大。

⑧数字格式：用于为生成的报告数据值选择数字格式，包括"自动""工程"和"科学记数法"3 种格式。

- ➦ 自动：对于非常大或非常小的数值采用科学记数方式，而其他剩余的数值则用指定的有效数字位数表示。
- ➦ 工程：对于生成的 XY 数据报告，该选项为默认选项。对于大于或等于 1000 以及小于或等于 0.001 的数值，生成的报告中将其表示为 1～999 的数字乘以 10 的 n 次方，其中 n 为 3 的整数倍数。如将 1000000 表示为 1E+06；将 0.000001 表示为 1E-06，而其他剩余的数值则用指定的有效数字位数表示。
- ➦ 科学记数法：对于所有数值都以科学记数的方法表示，表示为 1～10 的数字乘以 10 的适当幂，如将 100 表示为 1E+02；将 6000 表示为 6E+03。

⑨数据：用于选择或取消将"XY 数据""列总数""列最小/最小"和"Csys info"写入报告中。

（2）场输出：用于选择一个或多个场输出变量，将其包含在表格报告中。可用的变量由保存到场变量数据库中的变量组成。单击该命令弹出"报告场变量输出"对话框，如图 6.9 所示，该对话框中包含"分析步/帧"设置选项和"变量"与"设置"两个选项卡，下面对该对话框做简单介绍。

1）"分析步/帧"设置选项：用于选择需要的分析步和帧，包括"指定"和"激活的分析步/帧"两个设置选项。

①指定：用于选择需要的分析步和帧，单击"分析步/帧"按钮 ⊶ ，弹出"分析步/帧"对话框，选择分析步和该分析步中的帧。

②激活的分析步/帧：通过激活的分析步和帧的子集，或者通过更改一个或多个步骤的持续时间或步长定义输出数据库的步骤的帧的显示。单击"激活的分析步/帧"按钮 激活的分析步/帧... ，弹出"激活的分析步/帧"对话框，如图 6.10 所示，下面对该对话框做简单介绍。

- ➦ 选择范围：用于设置所选分析步的范围，包括"所有分析步""所选分析步"和"所选帧"。
- ➦ 选择方式：用于指定要搜索的分析步和帧的变量。可通过"时间/长度"选择特定时间范围内的分析步和帧；通过"频率"选择特定频率的分析步和帧；通过"帧"选择指定编号的帧。
- ➦ 全局范围：用于指定搜索的上限和下限，并定义分析步或帧之间的增量。
- ➦ 退选基状态帧：用于停用输出数据库中的基础状态框架。只有当输出数据库中包含线性扰动步长时，此选项才可用。

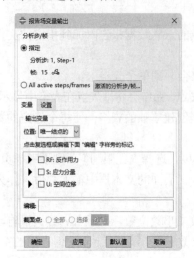

图6.9 "报告场变量输出"对话框

图6.10 "激活的分析步/帧"对话框

➥ 退选重复的第一帧：有些步骤可能会将前一步的最终帧作为下一步的第一帧，取消这些重复的第一帧会使数据分析更平滑、更真实。

2）"变量"选项卡：用于显示输出变量选项，包括选择输出变量的位置和选择场输出变量。

①位置：用于选择报告给定变量在不同位置的值，主要报告位置有"积分点""质心""单元结点"和"唯一结点的"。选择不同的位置，对应的场输出变量也不同，通过勾选列表中的场变量或在下面的编辑文本框中输入对应场变量的编码选择要包含在报告中的场输出变量。

②截面点：用于指定报告值的单个截面点。

3）"设置"选项卡：用于设置文件名称、选择输出格式和数据，如图6.11所示。大部分与"报告XY数据"中的设置选项卡相同，这里只介绍不同部分。

①Annotated format（注释格式）：对于场变量输出报告仅写在可用的步骤/帧下，在报告开头包含数据，如步长/帧和输出位置。

②以逗号分隔的值（CSV）：用于生成一个包含所有选定场输出变量的标题，并将所有区域和实例中的场输出合并到一个表格中。如果任何选定的场输出在特定步骤/帧中不可用，则相应的该场输出的表格列表中将出现一个新值条目。

③分类以：用于指定按选择的分类方式对表格数据进行排序，如选择按"Node Label"（结点标签）或按"Element Label"（单元标签）方式对表格数据进行排序。

④上升：对表格数据进行升序排列。

⑤递减：对表格数据进行降序排列。

（3）自由体切面：用于将所选择的自由体切面包含在表格报告中，如图6.12所示。该对话框中的选项有些与"报告XY数据"或"报告场变量输出"相同，这里只介绍不同部分。

1）固定：该选项只适用自由体切面报告中，所有值都不以指数表示，都以固定的数值加上所设置的小数位数来显示，如数字200在报告中以200.00（小数位数设置为2）表示。

2）全局坐标系：在全局坐标系中报告自由体切削的数据。

3）局部坐标系：在定义的局部坐标系中报告自由体切削的数据。

4）阈值：对作用力和弯矩进行阈值的设置，对于小于设置的值，则对应项显示为0。

图6.11　"设置"选项卡

图6.12　"报告自由体切面"对话框

5. "选项"菜单

"选项"菜单用于对有限元分析完成后，选择要显示的结果、动画等命令，如图6.13所示。该菜单中的大多数命令在"可视化"模块的工具区中都能找到，这里只讲解"自由体"和"显示体"两个命令。

（1）自由体：用于设置自定义自由实体切口的内容和外观。执行"选项"→"自由体"菜单命令，弹出"自由体绘图选项"对话框，如图6.14所示，该对话框中包含"通用""颜色与风格""标签"和"符号图"4个选项卡。

图6.13　"选项"菜单

图6.14　"自由体绘图选项"对话框

1）"通用"选项卡：用于切换自由体切削的力和弯矩的向量的显示，以及力和弯矩的向量显示类型，包括合成量向量或X、Y、Z方向上的分量显示。

①显示力：勾选该复选框，用于显示当前视口中所有自由体切面的力向量。

②显示弯矩：勾选该复选框，用于显示当前视口中所有自由体切面的力矩向量。

③使用定长度的箭头：勾选该复选框，用于将力和弯矩值以相同长度箭头显示。不勾选该复选框时，力和弯矩向量根据其大小显示长度。

④向量显示：选择"合成量"，则只显示合力和弯矩向量；选择"分量"，则显示X、Y、Z方

向的分量和弯矩向量。

2）"颜色与风格"选项卡：用于设置力和弯矩的合成量和1、2、3分量向量的颜色（1、2、3分别代表X、Y、Z），用于显示或隐藏单个分量向量，设置向量长度的缩放比例，如图6.15所示。

①颜色：为力和弯矩提供了相同但独立的颜色设置选项，默认的合力向量和分量向量为红色；合弯矩向量和分向量颜色为蓝色。单击要设置颜色部分的后面的"颜色块"按钮，弹出"选择颜色"对话框，如图6.16所示，用于选择和设置颜色。

图6.15 "颜色与风格"选项卡

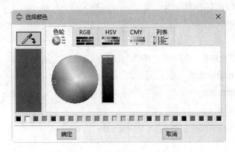

图6.16 "选择颜色"对话框

②分量：用于显示或隐藏1、2、3分量向量的颜色（1、2、3分别代表X、Y、Z）。

③缩放比例：用于按照"屏幕尺寸"或"模型尺寸"的百分比调整自由体切面的向量长度。"百分比"文本框中输入数值，或拖动滑块可以调整百分比的大小。

3）"标签"选项卡：用于定制力和弯矩数字标签的显示，这些标签与自由体切面的向量一起显示，如图6.17所示。

①在向量符号旁边显示数值：用于打开或关闭数字标签的显示。

②文本颜色：用于设置数字标签的文本颜色。

③设置字体：单击"设置字体"按钮 设置字体... ，弹出"选择字体"对话框，用于设置数字标签文本的字体和大小。

④数字格式：用于选择数值显示的格式，包括"科学记数法""固定"和"工程"3种方法。

⑤小数位数：用于设置标签数值所需要的小数位数。

⑥阈值：默认的阈值为 1E-06，当所选类型的向量标签值小于设置的阈值时，该向量将在视口中隐藏。

4）"符号图"选项卡：用于显示或隐藏在符号绘图中区分力和力矩，如图6.18所示。

（2）显示体：显示体不参与有限元分析，但在后处理过程中可见的零件实例，该命令可以自定义模型中显示体零件的外观。执行"选项"→"显示体"菜单命令，弹出"显示体选项"对话框，如图6.19所示，该对话框中包含"基本信息""颜色与风格"和"其他"3个选项卡。

图6.17 "标签"选项卡

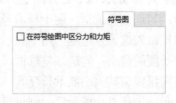

图6.18 "符号图"选项卡

1）"基本信息"选项卡：用于控制单元和曲面边的可见性。

①所有边：显示所有单元和曲面的边。要查看模型内部的单元边，还需要将显示类型设置为线框模式。

②外部边：显示模型外部的边。

③特征边：显示模型外部被作为特征的边。

④自由边：显示属于单个单元的边，这对于定位网格中潜在的洞或裂缝特别有用。

⑤无：抑制所有边的显示，仅适用于填充或阴影模式的显示类型。

⑥建议按钮：单击"建议"按钮💡，弹出"可见边的尖端"对话框，对可见边的所有类型做了详细介绍，如图 6.20 所示。

图 6.19　"显示体选项"对话框

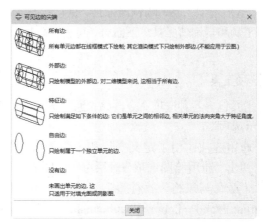

图 6.20　"可见边的尖端"对话框

2）"颜色与风格"选项卡：用于设置模型边缘颜色、模型填充颜色和模型边属性，如图 6.21 所示。

①颜色：为模型边缘和模型填充颜色提供了相同但独立的颜色设置选项，默认的模型边缘颜色为蓝色，模型填充颜色为蓝色。单击要设置颜色部分的后面的"颜色块"按钮■，弹出"选择颜色"对话框，用于选择和设置颜色。

②允许颜色代码选择集覆盖此对话框中的选项：默认情况为勾选状态，用于使用单个项目颜色选择覆盖该对话框中设置的颜色。

③边属性：用于设置模型边缘的属性，在"风格"下拉列表中可以设置边的类型，如实线、虚线或点划线等；在"厚度"下拉列表中可以设置边的宽度。

3）"其他"选项卡：用于缩放或扭曲显示体的形状和设置显示体的透明度，如图 6.22 所示。

①单元收缩：勾选该复选框，使每个模型以质心为缩放点缩放模型，拖动单元收缩的滑块设置缩放因子。当值为 0 时，表示没有收缩；当值为 0.9 时，会将所有单元缩小为点。

图 6.21　"颜色与风格"选项卡

图 6.22　"其他"选项卡

②缩放坐标：勾选该复选框，可以分别设置X、Y、Z方向上的缩放因子，在X、Y、Z方向上按指定的缩放因子分别缩放。

③应用透明：勾选该复选框，拖动滑块设置模型的透明度，默认的透明度为0.3。当设置透明度为1时，表示不透明；当设置透明度为0时，表示全透明。

6.1.2 "可视化"模块工具区

"可视化"模块工具区位于图形界面的左侧，紧邻视口区，集成了分析后处理的所有功能，如图6.23所示，包含选项工具、绘制结果图工具、动画工具、坐标系工具、XY选项工具、场输出工具、剖切工具、自由体切面工具、流动工具、叠合绘图工具和查询值工具。下面对"可视化"模块工具区中的常用工具进行简单讲解。

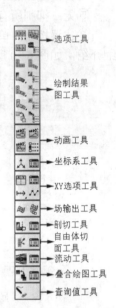

图6.23 "可视化"模块工具区

1. 选项工具

选项工具包含各种选项命令，如"通用选项""重叠选项""结果选项"和"ODB显示选项"。

（1）通用选项：用于定义变形和未变形模型的外观。单击"通用选项"按钮，弹出"通用绘图选项"对话框，如图6.24所示，该对话框中包含"基本信息""颜色与风格""标签""法线"和"其他"5个选项卡（可打开jieguowenjian→ch6→jichu→yuanhuanshiya文本中的yuanhuashiya模型进行查看）。

1）"基本信息"选项卡：用于设置模型的渲染风格、变形图的缩放和可见边的类型。

①渲染风格：用于设置模型的显示类型，包括"线框""消隐""填充"和"阴影"4种风格，如图6.25所示。

②变形缩放系数：用于对变形图的变形量进行放大或缩小，包括"自动计算""一致"和"不一致"3个选项。

- 自动计算：系统会根据分析结果自动计算变形图的变形量。
- 一致：系统会根据设置的缩放数值来显示变形图的变形量，该变形在X、Y、Z方向上的变形量一致。
- 不一致：需要分别输入变形图在X、Y、Z方向上的变形量，系统会根据设置显示变形图，可能导致图形扭曲。

图6.24 "通用绘图选项"对话框

图6.26所示为不同类型的缩放变形图。

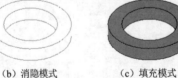

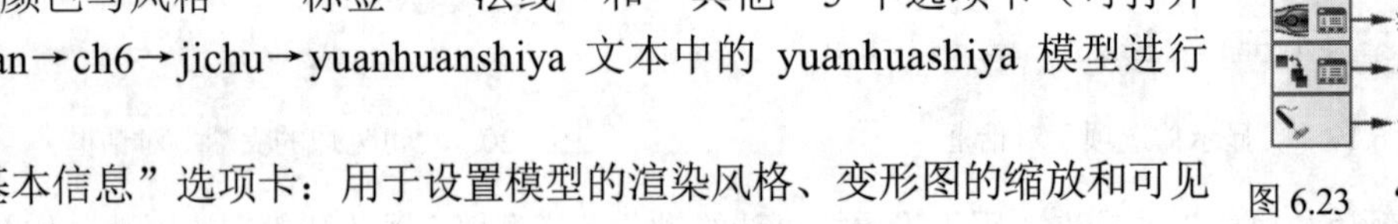

（a）线框模式　　　　（b）消隐模式　　　　（c）填充模式　　　　（d）阴影模式

图6.25 4种渲染风格

③可见边：用于控制单元和曲面边的可见性。与"显示体选项"对话框的"基本信息"选项卡相同，这里不再讲解。

（a）未变形图　　　　（b）自动缩放变形　　　　（c）一致变形：数值=1　　　　（d）不一致变形：
X=1、Y=2、Z=5

图 6.26　不同类型的缩放变形图

2）"颜色与风格"选项卡：用于设置模型边缘颜色、模型填充颜色和模型边属性。与"显示体选项"对话框的"颜色与风格"选项卡相同，这里不再讲解。

3）"标签"选项卡：用于显示或隐藏单元、面、结点的编号，以及设置编号的字体；用于显示或隐藏结点符号，以及设置结点符号的颜色、符号形状和大小等，如图 6.27 所示。

①为所有模型标签设置字体：单击该按钮，弹出"选择字体"对话框，用于设置单元、面或结点编号的字体。

②显示单元编号：用于显示或隐藏单元编号，单击后面的"颜色块"按钮█，弹出"选择颜色"对话框，用于选择和设置单元编号的颜色。

③显示面编号：用于显示或隐藏面编号，同样也可以设置面编号的颜色。

④显示结点编号：用于显示或隐藏结点编号，同样也可以设置结点编号的颜色。

⑤显示结点符号：单击后面的"颜色块"按钮█，用于设置结点符号的颜色，默认为黄色；单击"符号"下拉列表，用于设置结点符号类型，默认为圆环形状；单击"大小"下拉列表，用于设置结点符号的大小，默认为小。

⑥允许颜色代码选择集覆盖此对话框中的选项：默认情况为勾选状态，用于使用单个项目颜色选择覆盖该对话框中设置的颜色。

⑦字体设置：用于设置查询注解的字体，同样单击后面的"颜色块"按钮█，用于设置字体的颜色。

4）"法线"选项卡：用于隐藏或显示变形和未变形图的单元或表面的法线方向的箭头，并对这些法线箭头的颜色、长度、粗细和箭头类型进行设置，如图 6.28 所示。

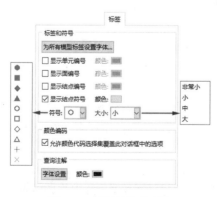 

图 6.27　"标签"选项卡　　　　图 6.28　"法线"选项卡

①显示法线：勾选该复选框，用于显示法线。勾选"在单元上"选项，则显示在单元上的法线，勾选"在表面上"选项，则显示在表面上的法线。

②颜色：用于设置"面法线""梁切向""梁的 n1 方向"和"梁的 n2 方向"的法线颜色。

③风格：用于设置法线箭头的"长度""线粗"和"箭头"类型。

5）"其他"选项卡：用于缩放或扭曲显示体的形状和设置显示体的透明度，与"显示体选项"对话框中的"其他"选项卡相同，这里不再讲解。

（2）重叠选项：用于在单个绘图中组合变形图和未变形图的模型形状。单击"重叠选项"按钮，弹出"叠加绘图选项"对话框，如图6.29所示。该对话框中同样包含"基本信息""颜色与风格""标签""法线"和"其他"5个选项卡。其中前4个选项卡与"通用绘图选项"对话框中的相同，不再讲解，这里只介绍"其他"选项卡。

"其他"选项卡：用于缩放或扭曲模型的形状、设置模型的透明度和设置未变形与变形模型之间的偏移量，如图6.30所示，其中的"缩放比例"和"半透明"设置与"显示体选项"对话框中的"其他"选项卡相同，这里只介绍偏移设置。

图6.29　"叠加绘图选项"对话框

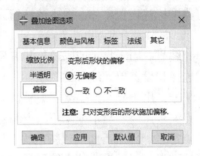

图6.30　"偏移"选项

偏移：用于设置变形后的模型相对于变形前的模型的偏移距离，默认为"无偏移"；还可以通过"一致"偏移，设置偏移数值，使变形在X、Y、Z方向上的变形量一致；也可以通过"不一致"偏移，分别设置模型在X、Y、Z方向上偏移量偏移模型。

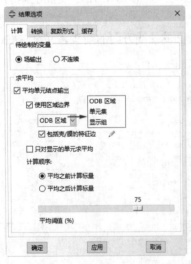

图6.31　"结果选项"对话框

（3）结果选项：用于定义或设置计算结果、转换结果、复数形式和结果缓存，单击"结果选项"按钮，弹出"结果选项"对话框，如图6.31所示，该对话框中包含"计算""转换""复数形式"和"缓存"4个选项卡。

1）"计算"选项卡：用于选择待绘制的变量和求平均值。

①场输出：将场输出作为要绘制的变量。

②不连续：将不连续作为要绘制的变量，不连续性是相邻单元之间场输出值的差异。

③平均单元结点输出：用于激活或抑制求单元结点的平均值。

④使用区域边界：当要控制两个或多个结果区域的公共结点处的计算时，需要激活该选项，这会使在计算结点平均值或计算不连续时，不合并相邻结果区域的值。当禁用该选项时，会忽略区域边界，并对整个模型的结果进行求平均值。这里的区域边界包括"ODB区域""单元集"和"显示组"。

➥ ODB区域：默认选项，使结果区域与输出数据库中保存的截面分配区域相同。

➥ 单元集：通过选择单元集指定结果区域。

➥ 显示组：通过选择显示组指定结果区域。

⑤包括壳/膜的特征边：默认情况下系统会将包括壳或膜的特征边作为附加区域的边界。

⑥只对显示的单元求平均：取消勾选该复选框，则系统根据所有起作用的单元平均结点结果；勾选该复选框，则系统会基于当前显示组中的单元平均结点结果。

⑦平均之前计算标量：默认选项，系统会在对所有结果及方向进行平均之前计算标量，选择该选项可通过设置平均阈值控制相邻单元之间的平均值。拖动滑块可以设置阈值，当阈值为0时表示抑制所有平均，当阈值为100时表示对所有结果进行求平均值。

⑧平均之后计算标量：选择该选项，系统会对所有结果及方向进行求平均值，保持计算不变量的有效基础。

2）"转换"选项卡：用于将计算结果转换到新的坐标系中，如图6.32所示。默认情况下，系统在预处理期间定义的坐标系中显示基于单元的场输出结果，在全局坐标系中显示基于结点的场输出结果。如果在预处理期间定义了结点变换，可以选择将这些变换应用于基于结点的结果，也可以选择将基于单元和基于结点

图6.32 "转换"选项卡

的结果都转换到用户指定的坐标系中，或者将角度转换应用于基于坐标和距离的结点矢量结果。

①默认：默认选项，为模型定义的默认坐标系。基于结点的结果显示在全局系统中。基于单元的结果显示在为模型定义的局部坐标系上；如果没有定义局部坐标系，则使用全局系统。全局系统或局部方向的投影用于二维连续体单元、壳单元和膜单元。

②结点：选择该选项，则基于结点的结果显示在模型定义的局部坐标系上，而基于单元的结果显示在全局坐标系中。

③用户指定：用于将整个模型的结果转换到用户指定的坐标系中。

④角的：用于将基于坐标和距离的结点向量结果转换为出现的柱面或球面坐标系中。

⑤Layup-orientation（叠层方向）：用于将张量和向量场转换为复合截面定义的叠层方向。

3）"复数形式"选项卡：当进行稳态动态分析，则应力或位移等输出变量的值可以是具有实部和虚部的复数。在Abaqus/CAE中显示模型的绘图或记录模型的探测值时，可以控制复数的形式。这里不是本书重点，因此不再讲解。

4）"缓存"选项卡：用于在后处理期间将分析结果存储在缓存中，使屏幕快速生成结果图像，但是这会占用一定的内存，降低整体的性能，如图6.33所示。

①缓存选项：用于启用或关闭将"变形变量结果""主变量结果"或"切面场"存储在内存中。

②ODB存取选项：用于提高访问输出数据库时的性能。

➤ 检查ODB文件更新：取消勾选该复选框，会停止系统监控输出数据库的更新。

➤ 两次检查之间的最小时间间隔（秒）：用于定义数据库更新的最小时间间隔，当输入较大数值时会降低系统检查输出数据库更新的频率。

（4）ODB显示选项：用于对模型显示的精细化程度、渲染剖面和壳厚度、实体显示、约束显示、扫掠/拉伸单元和镜像或阵列结果模型进行设置。单击"ODB显示选项"按钮，弹出"ODB显示选项"对话框，如图6.34所示，该对话框中包含"通用""实体显示""约束""扫掠/拉伸"和"镜像/图样"5个选项卡。

1）"通用"选项卡：用于设置模型曲线和面的精细化程度、特征角的显示以及辅助显示等。

①细化精度：用于对模型进行细化设置，使模型曲面更平滑，图6.35所示为不同细化精度的模型。在"细化精度"下拉列表中可选择不同的细化等级，"极细"会产生最平滑的曲线，但也会降低绘图速度；相反，"极粗"会产生粗糙的外观，但绘图速度最快。

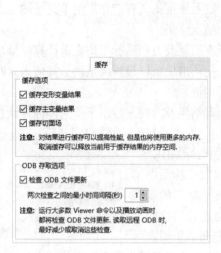

图 6.33　"缓存"选项卡

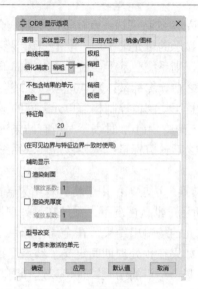

图 6.34　"ODB 显示选项"对话框

②不包含结果的单元：在生成云图时，有些特定变量和框架的结果不可用，或者不适用于云图中的某个或多个单元，这些单元就是不包括结果的单元，单击该命令后面的"颜色块"按钮□，可以为没有结果的单元指定显示的颜色，默认为白色。图 6.36 所示的白色部分不包括结果的单元。

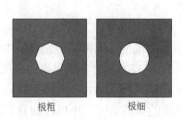

图 6.35　不同细化精度的模型

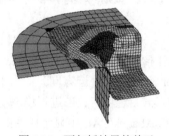

图 6.36　不包括结果的单元

③特征角：用于设置特征角度，较大的角度会减少特征边的数量；相反，较小的角度会导致更多的边缘可见，默认值为 20。图 6.37 所示为不同特征角的模型显示。

图 6.37　不同特征角的模型显示

④渲染剖面：适用于未变形、变形和云图中对梁轮廓的缩放，勾选该复选框，通过设置缩放系数对模型中的梁轮廓进行缩放。图 6.38 所示为放大梁轮廓图。

⑤渲染壳厚度：用于对分析过程中较薄的壳单元进行设置，增加壳的厚度，勾选该复选框，通过设置缩放系数增加壳的厚度。图 6.39 所示为不同缩放系数的壳厚度。

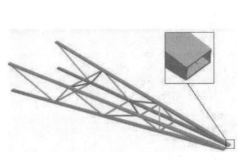

图 6.38 放大梁轮廓图

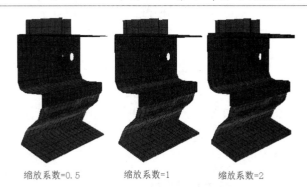

缩放系数=0.5　　缩放系数=1　　缩放系数=2

图 6.39 不同缩放系数的壳厚度

⑥考虑未激活的单元：默认为勾选状态，在设置上述参数时，包括未激活的单元。

2）"实体显示"选项卡：用于激活或取消分析过程中应用的"边界条件""连接""ODB 坐标系""任务坐标系"和"点单元"的显示，如图 6.40 所示。可通过输入数值或拖动滑块设置上述显示符号的大小。图 6.41 所示为不同符号大小的边界条件的显示。

图 6.40 "实体显示"选项卡

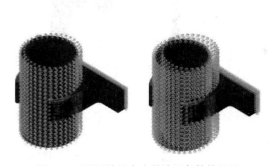

图 6.41 不同符号大小的边界条件的显示

3）"约束"选项卡：用于有选择地控制分析约束的显示。当模型存在大量约束时，通过显示或关闭某些约束的显示，可以更容易地理解复杂的模型。如图 6.42 所示，可以对绑定、壳对实体的耦合、分布式耦合、运动耦合、刚性体连接与销钉连接集合和多点约束进行显示设置。

4）"扫掠/拉伸"选项卡：用于将轴对称的平面二维模型通过指定的角度进行扫掠使其产生三维的视觉效果；或者将非轴对称的二维平面模型通过指定的拉伸深度使其产生三维的视觉效果，如图 6.43 所示（可打开 jieguowenjian→ch6→jichu→wantou 文本中的 wantou 模型进行查看）。

①扫掠单元：将轴对称的二维平面模型的单元按指定的扫掠角度扫掠，从而产生三维视觉效果。扫掠效果如图 6.44 所示。

↳ 扫掠从……到……：指定模型单元的扫掠角度。

↳ 分割部分数：在文本框中输入数值，指定扫掠时沿圆周方向上分割模型的分数。

②扫掠解析刚性表面：将轴对称分析刚性曲面按指定的扫掠角度扫掠，从而产生三维视觉效果。

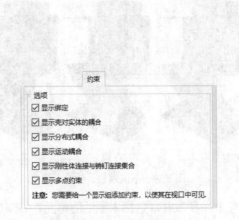

图 6.42　"约束"选项卡

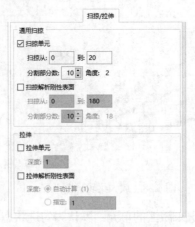

图 6.43　"扫掠/拉伸"选项卡

❧ 分割部分数：在文本框中输入数值，指定扫掠时沿圆周方向上分割模型的分数。

③拉伸单元：将二维平面模型的单元按指定的深度拉伸，从而产生三维视觉效果。拉伸效果如图 6.45 所示。

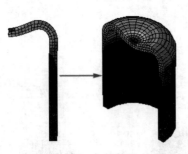

图 6.44　扫掠单元

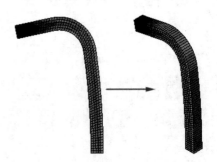

图 6.45　拉伸单元

❧ 深度：指定模型单元的拉伸的距离。

④拉伸解析刚性表面：将二维平面分析刚性曲面按自动计算或指定的深度进行拉伸，从而产生三维视觉效果。

图 6.46　"镜像/图样"选项卡

5）"镜像/图样"选项卡：通过镜像或阵列的方法复制表示模型中重复部分的分析结果，如图 6.46 所示。

①镜像坐标系：用于选择镜像时的坐标系，默认为 Global（全局）坐标系。

②镜像平面：用于选择镜像模型的平面，包括 XY 平面、XZ 平面和 YZ 平面。

③镜像显示物体：用于显示镜像复制后得到的模型。

④阵列坐标系：用于选择阵列时的坐标系，默认为 Global（全局）坐标系。

⑤直角：该选项类似于矩形阵列，通过设置沿 X、Y、Z 轴上阵列的数目和偏移量阵列模型。

⑥圆形：该选项类似于圆形阵列，通过设置阵列轴、阵列数目和阵列角度阵列模型。

⑦操作顺序：用于选择镜像、矩形图样阵列和圆形图样阵列的应用顺序。

2. 绘制结果图工具

绘制结果图工具主要用于在分析完成后的后处理操作中绘制未变形图、变形图、各种云图、各种符号图、各种材料方向图和绘制多图状态，并设置相应的选项。

（1）绘制为变形图 ：用于显示变形前的网格模型图。

（2）绘制变形图 ：用于显示变形后的网格模型图。

（3）在变形图上绘制云图 ：用于绘制变形后的云图，用不同的颜色显示分析变量。

（4）在未变形图上绘制云图 ：用于显示变形前的云图。

（5）同时在两个图上绘制云图 ：用于同时显示变形前和变形后的云图。

（6）云图选项 ：用于自定义云图的外观，单击该按钮，弹出"云图绘制选项"对话框，如图6.47所示，该对话框中包含"基本信息""颜色与风格""边界"和"其他"4个选项卡。

1）"基本信息"选项卡：用于设置云图的类型、间隔和方法。

①云图类型：用于选择绘制云图的类型，包括"线""Banded""Quilt"和"等值表面"4种类型。

- ➤ 线：云图以轮廓线的形式显示单元和结点的场变量，如图6.48（a）所示。
- ➤ Banded（平滑轮廓）：默认选项，云图以较平滑的轮廓过渡显示单元和结点的场变量，如图6.48（b）所示。
- ➤ Quilt（条状）：每个单元面上仅显示一种条状颜色，只适用于基于结点的场变量，如图6.48（c）所示。
- ➤ 等值表面：在线单元的每个结点处，垂直于该单元的方向设置图例刻度，方便线单元云图的查看，如图6.48（d）所示。

图6.47　"云图绘制选项"对话框

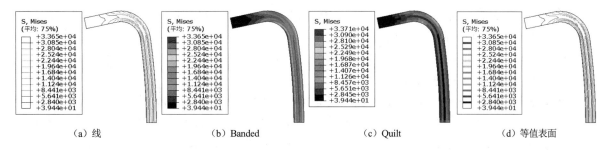

| (a) 线 | (b) Banded | (c) Quilt | (d) 等值表面 |

图6.48　云图的显示类型

②云图间隔：用于设置云图的间距，包括"连续""离散"和"间隔类型"3个设置选项。

- ➤ 连续：仅适用于Banded（平滑轮廓）云图类型，使云图的颜色平滑过渡。
- ➤ 离散：默认选项，用于选择离散的云图间距，云图的颜色为分段显示，可通过滑块调整离散的间距。数值越小，离散的间距越大；数值越大，离散的间距越小。
- ➤ 间隔类型：用于选择间隔的类型，当选择离散间隔时被激活，包括"一致""对数"和"用户定义"3个选项。选择"一致"选项，则间隔值以等差数列的方式均匀排列；选择"对数"选项，则间隔值以对数数列的方式排列；选择"用于定义"选项，则可单击下面的"编辑，间隔"按钮，在弹出的对话框中进行间隔值的修改。

③云图方法：用于选择绘制云图的方法，包括"纹理映射"和"Tessellated"（棋盘格）两种方法。若选择"纹理映射"方法，能够得到高效果的云图；若选择"Tessellated"（棋盘格）方法，会以棋盘状的方式依次绘制单元面的云图，该效果较差，且对于大型的模型绘制比较费时。

2）"颜色与风格"选项卡：用于设置"模型边""谱"和"Banded/Isosurface"（平滑轮廓/等值面）的颜色，以及"线"的风格，包含"模型边""谱""线"和"Banded/Isosurface"（平滑轮廓/等值面）4 个页面。

①模型边：用于设置模型单元的边颜色，如图 6.49 所示，当在"基本信息"选项卡中选择云图类型为"线"时，可用"在线云图类型下"后面的颜色块设置模型单元的边颜色；当在"基本信息"选项卡中选择云图类型为"Banded"（平滑轮廓）或"Quilt"（条状）时，可用"在 banded（平滑轮廓）/quilt（条状）云图类型下"后面的颜色块设置模型单元的边颜色。

②谱：用于选择和设置色谱，如图 6.50 所示。

图 6.49   "模型边"页面

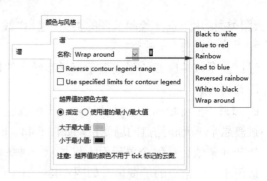

图 6.50   "谱"页面

➤ 名称：用于选择色谱的名称及类型，也可以单击后面的"创建谱"按钮，根据用户需要创建新谱。

➤ Reverse contour legend range（反向轮廓图例示范）：勾选该复选框，以升序方式显示云图图例中的值，将最小值放在顶部。

➤ Use specified limits for contour legend（对轮廓图使用指定的限制）：勾选该复选框，将云图图例中超过指定限制的值隐藏。

➤ 越界值的颜色方案：用于设置超出设定范围的模型区域的颜色。选择"指定"可以设置"大于最大值"的颜色和"小于最小值"的颜色；选择"使用谱的最小/最大值"，系统会以最小/最大区间值的颜色分别表示小于最小/大于最大区间值的区域的颜色。

③线：用于设置云图线的线性和线宽，如图 6.51 所示，此操作较简单，这里不再详细讲解。

④Banded/Isosurface（平滑轮廓/等值面）：用于设置平滑轮廓云图的边线颜色、边线线型和边线线宽，默认为不显示平滑轮廓云图的边，如图 6.52 所示，此操作较简单，这里不再详细讲解。

3）"边界"选项卡：当在"基本信息"选项卡中设置云图类型为"线"时可用，用于设置云图线的线型和线宽，如图 6.53 所示。

①最小/最大：用于设置云图线区间的最小值和最大值。

②自动计算：系统会自动计算云图线区间的最小值和最大值。

③显示位置：勾选该复选框，则会在云图线的最大值和最小值出现的位置。

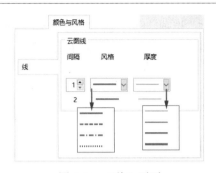
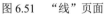

图 6.51　"线"页面　　　　　　　图 6.52　Banded/Isosurface（平滑轮廓/等值面）页面

④指定：用户根据需要指定最大值和最小值。

⑤自动计算界限：用于选择色谱的名称及类型，也可以单击后面的"创建谱"按钮■，根据用户需要创建新谱。

4）"其他"选项卡：用于控制线单元的图例、结点平均向量或张量方向的显示，以及截面点或包络图的显示，如图 6.54 所示。

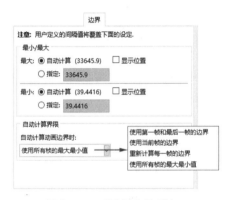

图 6.53　"边界"选项卡　　　　　　　图 6.54　"其他"选项卡

（7）在变形图上绘制符号 ▣：用于绘制变形后的向量或张量符号图，用不同的颜色的箭头表示向量或张量的方向，以箭头的长短表示向量或张量的大小。

（8）在未变形图上绘制符号 ▣：用于显示变形前的向量或张量符号图。

（9）同时在两个图上绘制符号 ▣：用于同时显示变形前和变形后的向量或张量符号图。

（10）符号选项 ▣：用于自定义符号图的外观，单击该按钮，弹出"符号绘制选项"对话框，如图 6.55 所示，该对话框中包含"颜色与风格""边界"和"标签"3 个选项卡。

📢 注意：

> 如果从当前模型数据库中选取了一个模型，符号图将显示主变量，而不是在"场输出"对话框中指定符号变量。除非从场输出数据库中指定数据，否则更改符号变量没有任何作用。

1）"颜色与风格"选项卡：用于设置"向量"或"张量"的箭头符号的颜色、大小、线宽和箭头样式等，包括"向量"和"张量"两个页面。

①"向量"页面：对表示向量变量的合成值的箭头符号的外观进行设置，包括颜色、大小、线宽和箭头样式等，如图 6.56 所示。

➘ 数量：默认选项，且不可更改，用于显示合成的向量。

- 颜色：用于设置向量符号的颜色，若选择"一致"选项，则符号的颜色与指定的颜色一致；若选择"谱"选项，则符号颜色与选择的色谱名一致，可通过拖动"间隔数"滑块调整显示色谱的数量，以及在图例中显示的对应数量的数据，默认值为12。
- 大小：用于设置箭头符号的大小。可在文本框中指定，也可通过拖动滑块来调整；还可选择设置箭头符号大小的依据，是以"屏幕尺寸"还是"模型尺寸"为依据。
- 风格：用于设置箭头符号的线宽和箭头样式。
- 符号密度：通过拖动滑块调整箭头符号显示的密度。

图 6.55 "符号绘制选项"对话框

图 6.56 "向量"页面

② "张量"页面：对代表张量变量的所有主分量、所有直接分量或选定分量的箭头符号的外观进行设置，同样包括颜色、大小、线宽和箭头样式等，如图 6.57 所示。张量箭头可以显示在单元积分点、质心或结点处。如果箭头显示在结点上，张量总是在平均后计算。该页面与"向量"页面类似，这里只介绍不同部分。

- 数量：默认选项，且不可更改，用于显示张量的所有主分量。
- 颜色：用于设置张量符号的颜色，若选择"一致"选项，则可设置"最大主值""中间主值"和"最小主值"的颜色；若选择"谱"选项，则符号颜色与选择的色谱名一致，可通过拖动"间隔数"滑块调整显示色谱的数量，以及在图例中显示的对应数量的数据，默认值为12。
- 显示：用于设置将张量的箭头符号显示在积分点、质心或结点处。

2）"边界"选项卡：用于设置向量或张量的箭头符号显示的最大值和最小值，如图 6.58 所示。其设置和含义与"云图绘制选项"对话框中的"边界"选项卡类似，这里不再讲解。

3）"标签"选项卡：用于设置在向量符号旁边显示数值，设置文本颜色、字体、数字格式和小数位数，如图 6.59 所示。其设置和含义与"自由体绘制选项"对话框中的"标签"选项卡类似，这里不再讲解。

（11）在变形图上绘制材料方向 ：用于绘制变形后的材料方向图，仅适用于在"属性"模块中指派了材料方向。若没有指派材料方向，则会弹出一个提示框，如图 6.60 所示，表示材料方向在当前框架中不可用。

图 6.57 "张量"页面

图 6.58 "边界"选项卡

（12）在未变形图上绘制材料方向⌐：用于显示变形前的材料方向图。

（13）同时在两个图上绘制材料方向⌐：用于同时显示变形前和变形后的材料方向图。

图 6.59 "标签"选项卡

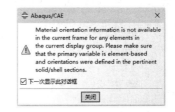

图 6.60 Abaqus/CAE 提示框

（14）材料方向选项⌐：用于设置材料方向符号的颜色、大小、线宽、箭头样式、符号密度和方向等，如图 6.61 所示。

1）显示 1 轴 颜色：用于设置 X 轴上材料方向符号的颜色。

2）显示 2 轴 颜色：用于设置 Y 轴上材料方向符号的颜色。

3）显示 3 轴 颜色：用于设置 Z 轴上材料方向符号的颜色。

4）大小：通过在文本框中输入数值或拖动滑块控制符号的大小。

5）依据：用于选择设置符号大小的依据，以"屏幕尺寸"或"模型尺寸"为依据。

6）厚度：用于设置符号的线宽。

7）箭头：用于设置符号箭头的样式。

8）Symbol Density（符号密度）：通过拖动滑块调整箭头符号显示的密度。

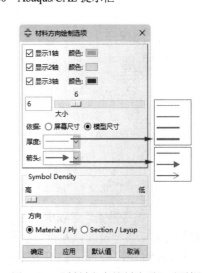

图 6.61 "材料方向绘制选项"对话框

9）方向：用于设置材料符号的方向，可以选择符号的方向沿"Material/Ply"（材料/厚度）或者沿"Section/Layup"（截面/层）。

（15）允许多绘图状态 ：单击该按钮后，可以同时选择多个显示类型的图，如同时显示未变形图、变形图和在变形图上绘制云图等。

（16）铺层叠放绘制选项 ：铺层叠放一组特殊的绘图状态独立选项，当将未变形的绘图叠加到变形图、变形的云图、变形的符号图和变形的材料方向图时，可利用该命令影响未变形图的绘图。单击该按钮，弹出"层堆叠绘图选项"对话框，如图 6.62 所示，该对话框中包含"基本信息""纤维""参考平面"和"标签"4 个选项卡。

1）"基本信息"选项卡：用于设置层叠图的显示、可见层的范围和层的颜色。

↳ 渲染风格：用于设置层叠图的显示类型，包括线框模式、填充模式和阴影模式。

↳ 绘制边：用于设置是否显示每个层叠图的边缘，以及边缘的边线类型和线宽。

↳ 层显示：用于设置层叠图的层板显示样式，包括从第一层到最后一层递减的阶梯式和关于中心层对称两种样式。

↳ 方法：用于选择可见层的方法，默认为起始/结束方法。

↳ 起始：用于设置从第几层开始可见。

↳ 结束：用于设置从第几层开始不可见。

↳ 偶数：通过后面的颜色块设置偶数层的颜色。

↳ 奇数：通过后面的颜色块设置奇数层的颜色。

2）"纤维"选项卡：用于设置在铺层堆叠图中是否显示纤维，以及设置纤维的颜色、风格、厚度和间距，如图 6.63 所示。该选项卡设置简单，这里不再讲解。

图 6.62 "层堆叠绘图选项"对话框

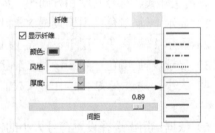

图 6.63 "纤维"选项卡

3）"参考平面"选项卡：用于设置是否显示参考平面以及对参考平面的颜色和透明度的设置；设置是否显示参考轮廓以及设置参考轮廓的颜色、样式和线宽，如图 6.64 所示。

4）"标签"选项卡：用于设置是否显示在铺层堆叠图中的文本和符号，以及对应文本的字体和符号的颜色，如材料和层的名称、状态信息和厚度编号等，如图 6.65 所示。

图 6.64　"参考平面"选项卡

图 6.65　"标签"选项卡

3. 动画工具

动画工具主要用于对变形图、云图、符号图和材料方向图进行动态模拟仿真，可通过动画工具查看和设置。

（1）缩放系数动画：按缩放系数设置动画产生一系列的图像，将这些图像按从分析开始到指定的增量分析步为止进行顺序显示，产生动画效果。适用于变形图、变形后的云图和变形后的符号图。

（2）时间历程动画：在分析过程中会产生一系列随时间变化的图，然后以增量步的顺序将这些图片进行顺序显示，产生动画效果。适用于变形图、云图、符号图和材料方向图。若为变形前的云图、符号图和材料方向图，则视口区仅显示场变量的变化过程。

（3）谐振动画：显示从分析开始到指定的分析步为止的变形以及对称的模拟变形的谐振动画，适用于变形图及变形后的云图和变形后的符号图。

（4）动画选项：用于对动画的播放进行设置，包括动画的播放速度、循环模式、对时间历程动画的设置以及与 XY 图表动画相关的播放参数等，包含"播放器""缩放系数/谐波""时间历程"和"XY" 4 个选项卡，如图 6.66 所示。

1）"播放器"选项卡：用于设置动画的播放模式、速度和动画类型等。

①播放一次：将动画按正常播放形式从头到尾播放一次。

②循环：将动画按正常播放形式从头到尾循环播放。

③向后循环：将动画从后向前循环播放。

④摇摆：先将动画按正常播放形式从头到尾播放，然后再将动画从后到前播放，并重复这种播放。

⑤帧频率：拖动滑块设置动画的播放速度。

⑥显示帧计数：用于设置动画帧数是否可见，动画帧数信息显示在视口的右上角。对于缩放系数动画，则显示每幅图像的比例因子；对于时间历程动画，则显示每幅图像的步长和帧；对于谐振动画，则显示每个图像的相位角。

⑦动画类型：用于选择动画播放的类型，如缩放系数动画、时间历程动画和谐波动画，与前面讲解的动画类型一一对应。

2）"缩放系数/谐波"选项卡：用于设置缩放系数动画和谐波动画的参数，如图 6.67 所示，可选择全循环或半循环。

①全循环：对于缩放系数动画产生反向变形，比例系数的变化范围为-1～1；对于谐波动画产生全周期的谐波动画，对应的范围为-180°～180°。

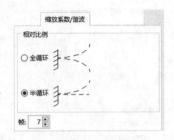

图 6.66　"动画选项"对话框　　　　　图 6.67　"缩放系数/谐波"选项卡

②半循环：对于缩放系数动画不产生反向变形，比例系数的变化范围为 0～1；对于谐波动画产生半周期的谐波动画，对应的范围为 0°～180°。

③帧：用于选择动画中独立图像的数量。

3）"时间历程"选项卡：用于控制系统在播放时间历程动画时是基于帧的历程还是基于时间的历程，如图 6.68 所示。

①基于帧：默认选项，动画的播放是基于帧的数量，每次增加一帧。

②基于时间：动画的播放是基于时间，视口动画根据公共时间线进行播放，可以设置"时间增量""最小时间"和"最大时间"。

➥ 时间增量：用于控制每次增加数据显示所用的时间。

➥ 最小时间：用于设置动画开始的时间，默认为自动计算，也可以自行指定开始时间。

➥ 最大时间：用于设置动画结束的时间，默认为自动计算，也可以自行指定结束时间。

4）XY 选项卡：用于设置与 XY 图表动画相关联的播放参数，如图 6.69 所示。当显示与时间相关的 XY 图表动画时，Abaqus/CAE 会向图中添加一条垂直于 X 轴的线，该线沿 X 轴移动显示当前时间。该图还在每条 XY 曲线上最接近当前时间的数据点处出现一个彩色符号，如图 6.70 所示。

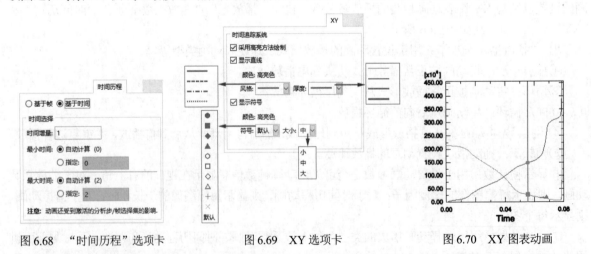

图 6.68　"时间历程"选项卡　　　　图 6.69　XY 选项卡　　　　图 6.70　XY 图表动画

①采用高亮方法绘制：默认为勾选状态，以高亮的方法显示垂直线与交点符号。

②显示直线：默认为勾选状态，用于设置是否显示垂直线，还可以设置直线的样式和线宽。

③显示符号：默认为勾选状态，用于设置是否显示垂直线与 XY 曲线相交处的交点符号，还可以设置符号的样式和大小。

4．坐标系工具

在后处理过程中可以根据需要利用坐标系工具来创建局部坐标系，并对创建的局部坐标系进行重命名、删除或移至 ODB。

创建坐标系 ⚒：用于创建局部坐标系，然后将场输出结果转换为创建的局部坐标系。单击该按钮，弹出"创建坐标系"对话框，如图 6.71 所示。

1）名称：可采用默认或指定新建的局部坐标系的名称。

2）运动：用于选择创建局部坐标系的方法，包括"固定坐标系""三结点坐标系""圆上三结点构成的坐标系"和"单结点坐标系"。

图 6.71　"创建坐标系"对话框

①固定坐标系：通过指定原点和其他两个点定义固定坐标系。对于直角坐标系，原点与指定的点 1 构成的直线为 X 轴；对于柱坐标系和球坐标系，原点与指定的点 1 构成的直线为 R 轴。指定的点可以在提示区的文本框中输入，也可在模型上点选。

②三结点坐标系：通过指定 3 个点创建局部坐标系，指定的点 1 为原点。对于直角坐标系，点 1 与点 2 构成的直线为 X 轴；对于柱坐标系和球坐标系，点 1 与点 2 构成的直线为 R 轴。指定的点可以在提示区的文本框中输入，也可在模型上点选。

③圆上三结点构成的坐标系：通过选择圆弧上的 3 个结点确定圆心，将圆心作为坐标系的原点。对于直角坐标系，原点与指定的点 1 构成的直线为 X 轴；对于柱坐标系和球坐标系，原点与点 2 构成的直线为 R 轴。

④单结点坐标系：通过指定单个结点作为原点创建局部坐标系，结点处的自由度决定了分析的每一步和每一帧的坐标轴的方向。如果结点只有平移自由度，则局部坐标系始终平行于全局坐标系。

3）类型：用于选择创建局部坐标系的类型，包括直角坐标系、柱坐标系和球坐标系。

5．XY 选项工具

XY 选项工具用于创建 XY 数据表，并对这些图标的轴、表格、图表、标题和图例以及曲线进行设置。

（1）创建 XY 数据⚏：用于选择创建关系图表的类型，并将该关系图表以表格形式输出到文件。单击该按钮，弹出"创建 XY 数据"对话框，如图 6.72 所示。

图 6.72　"创建 XY 数据"对话框

1）ODB 历程变量输出：XY 曲线图的数据来源于输出数据的时间历程变量，得到选择的历程变量与时间的关系图表。

2）ODB 场变量输出：XY 曲线图的数据来源于输出数据库的场变量，得到选择的场变量与时间的关系图表。

3）厚度：XY 曲线图的数据来源于穿过模型壳区域厚度的单元的场输出结果，得到场输出结果与壳厚度的关系图表。

4）自由体：XY 曲线图的数据来源于所有活动的自由体的场输出结果，得到场输出结果与自由体的关系图表。

5）操作 XY 数据：XY 曲线的数据来源于已经保存的 XY 曲线的数据，通过指定新的 XY 数据与保存的 XY 数据的应用函数和数学运算来得到新的 XY 图表。

6）ASCII 文件：从现有的文本文件中读取 X 和 Y 值，该文件至少包含两列数据，用户需要指定 X 轴、Y 轴数据对应的列数及读入数据的间隔行数，并用逗号、空格或制表符分隔。

7）键盘：XY 曲线图的数据来源于手动输入的 X 和 Y 值。

8）路径：XY 曲线图的数据来源于沿模型路径位置的场变量输出结果。

（2）XY 轴选项┠━┥：用于对绘制的 XY 图表的轴进行设置，单击该按钮弹出"轴选项"对话框，如图 6.73 所示，该对话框中包含"缩放""Tick 标记""标题"和"轴"4 个选项卡。

1）"缩放"选项卡：用于为 XY 图表的 X 轴和 Y 轴选择线性、对数或基于分贝的刻度。设置时 X 轴和 Y 轴是独立选择的。

①线性：默认选项，选定的 X 轴或 Y 轴的刻度以线性级数显示。

②对数：选定的 X 轴或 Y 轴的刻度以 10 为底的对数级数显示。

③10dB：选定的 X 轴或 Y 轴的刻度以 10dB 的级数显示。选择该选项后，dB 引用被激活，可对选定的轴输入基于 10dB 的数据的分贝参考值。

④20dB：选定的 X 轴或 Y 轴的刻度以 20dB 的级数显示。选择该选项后，dB 引用被激活，可对选定的轴输入基于 20dB 的数据的分贝参考值。

⑤最大：默认为自动计算，也可以在后面的文本框中输入数值作为所选轴的最大刻度值。

⑥最小：默认为自动计算，也可以在后面的文本框中输入数值作为所选轴的最小刻度值。

⑦时钟模式：用于选择刻度的模式，包括"自动""按照增量"和"按数目"3 个选项。

➥ 自动：用于沿选定的轴的主要刻度线之间的间隔，四舍五入划分合理的间隔。

➥ 按照增量：选择该选项，激活"时钟增量"文本框，输入刻度的增量，则按指定的增量划分刻度线。

➥ 按数目：选择该选项，激活"时钟数"文本框，输入划分刻度的数量，则按指定的刻度数划分刻度线。

⑧次刻度：用于设置每两个主刻度之间的次要刻度线的数量。

2）"Tick 标记"（刻度标记）选项卡：用于设置刻度线的位置、长短、线型、线宽和颜色，如图 6.74 所示。

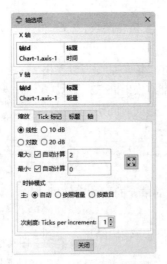

图 6.73 "轴选项"对话框

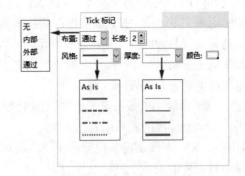

图 6.74 "Tick 标记"对话框

①布置：用于设置刻度线在 X 轴或 Y 轴的位置，包括"无""内部""外部"和"通过"4 种类型，图 6.75 所示为这几种类型的示意图。

②长度：用于设置主要和次要刻度线的长度。

③风格：用于设置刻度线的线型。

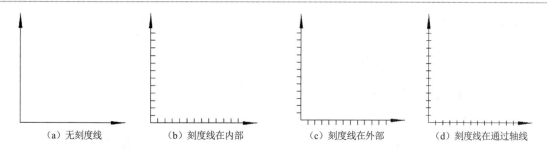

| (a) 无刻度线 | (b) 刻度线在内部 | (c) 刻度线在外部 | (d) 刻度线在通过轴线 |

图 6.75　刻度的布置位置

④厚度：用于设置刻度线的线宽。

⑤颜色：通过单击后面的颜色块可以设置刻度线的颜色。

3）"标题"选项卡：用于设置 XY 图表的 X 轴或 Y 轴的名称、字体和颜色，如图 6.76 所示。这里设置简单，不再讲解。

4）"轴"选项卡：用于设置 XY 图表的 X 轴或 Y 轴的位置、轴线的样式和线宽、轴上数值的位置、数值的计数方式和精度、字体以及字体颜色等，如图 6.77 所示。这里设置简单，不再讲解。

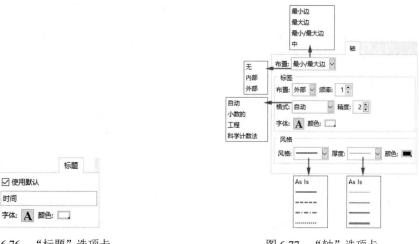

图 6.76　"标题"选项卡　　　　图 6.77　"轴"选项卡

（3）XY 图表选项 ：用于对绘制的 XY 图表的主要网格线和次要网格线的样式、线宽、图标填充颜色进行设置；对网格显示的大小和位置进行设置，包括"栅格显示"和"栅格区域"两个选项卡，如图 6.78 所示。

1）栅格显示：网格设置为由主网格线、次网格线、边界和填充底色组成，如图 6.79 所示。"栅格显示"选项卡用于对网格的显示选项进行设置。

①主：用于设置主网格线的样式、线宽和颜色。

②次要：用于设置次要网格线的样式、线宽和颜色。

③显示边界：用于设置是否显示网格的边界线以及对边界线的颜色进行设置。

④填充：用于对网格的填充底色进行设置。

2）"栅格区域"选项卡：用于设置网格的大小和显示位置进行设置，如图 6.80 所示。

①调整到图表：默认选项，将选定的 XY 图表自动调整到与视口相匹配的尺寸。

②正方形：选择该选项，网格变为正方形，并且激活大小滑块，拖动该滑块可以改变图表的大小。

③手动：选择该选项可激活对应的 X 轴和 Y 轴的调整滑块，可以分别设置 X 轴方向和 Y 轴方向

的表格大小。

图 6.78 "图表选项"对话框

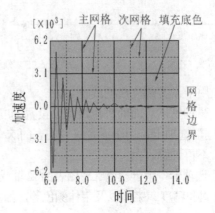

图 6.79 图表网格构成示意图

④自动对齐：选择该选项，可通过"对齐"下拉列表设置图表在视口中的位置，如在视口的左上角、左侧、右下角或正中间等 9 个位置。

⑤手动：选择该选项可激活对应的 X 轴和 Y 轴的调整滑块，可以分别设置 X 轴方向和 Y 轴方向的表格位置。

（4）XY 绘图选项：用于设置 XY 图表的背景边界的显示和背景颜色的填充，如图 6.81 所示。这里操作简单，不再讲解。

（5）XY 绘图标题选项：用于设置 XY 图表标题的名称、字体、颜色、位置、边界框和填充色等，如图 6.82 所示，包含"标题"和"面积"两个选项卡。

1）"标题"选项卡：用于设置标题的名称、字体和颜色。这里操作简单，不再讲解。

2）"面积"选项卡：用于设置标题的位置、边界和填充色，如图 6.83 所示。

图 6.80 "栅格区域"选项卡

图 6.81 "绘图选项"对话框

图 6.82 "绘图标题选项"对话框

图 6.83 "面积"选项卡

①插入：勾选该复选框，可将标题插入表格背景边界内部，如图 6.84 所示。

②自动对齐：选择该选项，可通过"对齐"下拉列表设置标题在视口中的位置。如在视口的左上角、左侧、右下角或正中间等 9 个位置。

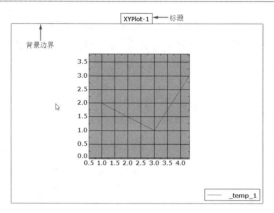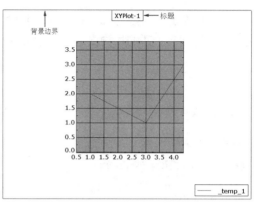

图 6.84　将标题插入背景边界内

③手动：选择该选项，可激活对应的 X 轴和 Y 轴的调整滑块，可以分别设置 X 轴方向和 Y 轴方向的标题位置。

④显示边界：用于设置是否显示标题的边界线，如图 6.85 所示。

⑤填充：用于设置是否对标题的背景填充颜色，还可设置背景颜色，如图 6.85 所示。

（6）XY 图例选项：用于设置 XY 图表图例的名称、字体、颜色、格式、精度、位置、边界框和填充色等，如图 6.86 所示，同样包含"标题"和"面积"两个选项卡，且与"XY 绘图标题选项"对话框类似，这里不再讲解。

图 6.85　显示标题颜色及填充背景　　　　图 6.86　"图表图例选项"对话框

（7）XY 曲线选项：用于设置 XY 图形表格曲线的属性，包括选择图例文本、曲线的颜色、样式和线宽以及符号的颜色、样式、大小和频率，如图 6.87 所示。

1）图例文本：用于在上面的列表中选择图例的来源，有系统自动设置数据曲线的图例，也可以在文本框中输入数据曲线图例的文本。

2）显示：用于设置是否显示数据曲线，并对数据曲线的颜色、样式和线宽进行设置。

3）显示符号：用于设置是否在数据曲线上显示符号标志，并对符号的样式、大小和符号沿曲线出现的频率进行设置。

6．场输出工具

场输出工具用于使用输出数据库中可用的场输出，通过计算得出的结果创建新的场输出，或通过组合输出数据库中的几个可用帧的结果创建新的场输出。

（1）创建场输出（来自场 ）：在现有的输出数据库中使用可用的场输出，通过输入有效的场输出表达式计算得到一个新的场输出结果。单击该按钮，弹出"创建场输出"对话框，如图 6.88 所示。

图 6.87　"曲线选项"对话框

图 6.88　"创建场输出"对话框

1）名称：用于定义创建新的场输出的名称。

2）表达式：在文本框中输入一个表达式，对单个场输出变量进行运算来定义新的场输出变量。输入的表达式不支持不同区域的场输出相关联的字段进行操作。

3）输出变量：用于在列表中选择场输出变量。可通过分析步或帧过滤场输出变量。

4）函数：通过该下拉列表选择一个函数作为创建新的场输出的方法，包括"运操作符""转换"和"标量"3 种选择。

➶ 运操作符：通过选择或输入运算符号输入一个表达式，进行场输出变量的运算。

➶ 转换：在下方的列表中选择一个坐标系，应用于所选的场输出。

➶ 标量：从选定的场输出中提取可用的标量分量作为新的场输出对象。

5）清除表达式：如果构建的表达式有误或希望重新输入一个新的表达式，可单击该按钮，重新进行操作。

（2）创建场输出（来自帧 ）：通过组合输出数据库中的几个可用帧的结果创建场输出，可以创建一个新的场输出显示对几种载荷情况的综合响应。单击该按钮，弹出"从帧创建场输出"对话框，如图 6.89 所示，该对话框中包含"帧"和"场"两个选项卡。

1）运算：用于选择对新建的场输出的几种载荷情况进行综合响应，可以对指定的帧的值进行求和，可以在指定的帧上找到最小值或最大值。当选择"将所有的帧值加总"运算时，下方的"帧"选项卡列表中的"比例因子"被激活，可以修改选定帧的比例因子。

2）"添加"按钮 ：单击该按钮，弹出"添加帧"对话框，如图 6.90 所示，选择用于创建新的场输出的帧。

3）"移除所选"按钮 ：用于在"帧"选项卡中删除所选的帧。

4）"移除所有"按钮 ：用于在"帧"选项卡中删除所有帧。

5）"场"选项卡：该选项卡中显示了可用于所选帧的场输出变量，以及输出变量类型的信息，如图 6.91 所示，可以选择要输出的场变量。

图 6.89　"从帧创建场输出"对话框

图 6.90　"添加帧"对话框

图 6.91　"场"选项卡

7. 剖切工具

剖切工具用于对模型进行剖分，以便查看模型内部剖切面的图形。例如，查看剖切面处的变形图、云图、符号图等，以及对剖切面的位置进行设置。

（1）激活/取消视图切面 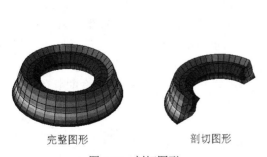：单击该按钮，可以对模型在设置的剖切面处进行剖切，如图 6.92 所示，再次单击该按钮，则取消激活。

（2）视图切面管理器：单击该按钮，弹出"视图切面管理器"对话框，如图 6.93 所示，可以进行剖切面的创建、编辑、复制、重命名、删除和关闭等操作，还可以进行剖切面的选择和位置的控制。

完整图形　　　　剖切图形

图 6.92　剖切图形

图 6.93　"视图切面管理器"对话框

1）X-Plane：创建与 X 轴垂直的平面。
2）Y-Plane：创建与 Y 轴垂直的平面。

3）Z-Plane：创建与 Z 轴垂直的平面。

4）切片下方▥：显示小于该剖切面坐标值的模型区域。

5）切片▯：只显示剖切面。

6）切片上方▨：显示大于该剖切面坐标值的模型区域。

7）自由体▧：显示剖切面处的合力。

8）允许多重切割：可选择多个剖切平面对模型进行切割。

9）平移：创建的剖面通过平移的方式变换位置，可在"位置"文本框中输入数值或拖动后面的滑块调整位置。

10）旋转：创建的剖面绕选择的旋转轴旋转变换位置，选择该选项后，下方的"位置"文本框变为"角度"文本框，可在"角度"文本框中输入数值或拖动后面的滑块调整角度。

11）灵敏度：仅适用于"平移"模式，用于指定剖面平移的灵敏度，可通过单击"增大"或"减小"按钮，以 10 的倍数进行调整，数值越大，灵敏度越小，反之则越大，默认值为 1。

8．自由体切面工具

自由体切面工具用于对视图的切面、二维单元的边、三维单元的面和独立的单元与结点进行合力和力矩的显示，包括"创建自由体切面"和"自由体切面管理器"两个命令。

图 6.94　"创建自由体切面"对话框

创建自由体切面▧：单击该按钮，弹出"创建自由体切面"对话框，如图 6.94 所示，用于选择创建自由体切面的方法，然后选择"曲面""显示组""单元"或"结点"作为用于自由体横截面的模型单元作为自由体切面，通过设置"合计点"和"坐标系"显示合力和力矩。

1）名称：用于设置创建的自由体切面的名称。

2）选择方法：提供了 4 种创建自由体切面的方法，包括"基于视图切片""二维单元的边""三维单元面"和"单元与结点"。

①基于视图切片：使用当前视图切片计算和显示自由体剖面上的合力和力矩，选择该选项后，单击"继续"按钮 继续…，弹出"视图切面管理器"对话框，如图 6.93 所示，与其中的"自由体"功能一样，这里不再详解。

②二维单元的边：通过选择单元的边指定结点和单元，适用于二维模型。选择该选项后，单击"继续"按钮 继续…，弹出"自由体横截面"对话框，如图 6.95 所示。在该对话框中的"项"选项组中选择"表面"或"显示组"作为用于自由体横截面的模型单元的类型；在"方法"选项组中选择"面集合"或"从视口中拾取边"，从右侧的列表中选择创建好的面集合或从视口中选择模型的边，单击"确定"按钮，弹出"编辑自由体切面"对话框，如图 6.96 所示，用于设置"合计点"和"分量精度"。

- ↳ 切面的形心：用于将合计点自动放置在对自由体计算有效的单元面的质心处。
- ↳ Nodal average（结点平均值）：用于将合计点自动放置在自由体切口中包含的所有结点的平均变形坐标处。
- ↳ 用户定义：用户自定义合计点的位置。
- ↳ 法向和切向：用所选曲面的法向或切向确定分量向量。
- ↳ 坐标系：通过选择或新建坐标系将分量向量转换到自定义的坐标系。

③三维单元面：通过选择单元的面指定结点和单元，适用于三维模型，设置方法与"二维单元的边"类似，这里不再讲解。

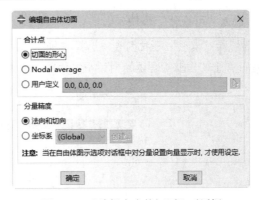

图 6.95　"自由体横截面"对话框　　　　图 6.96　"编辑自由体切面"对话框

④单元与结点：通过选择指定独立的单元和单元中的结点，适用于任何类型的模型，设置方法与"二维单元的边"类似，这里不再讲解。

6.2　实例——水管与卡扣分析后处理

第 5 章对水管与卡扣进行了网格划分和作业分析，在此基础上对作业分析进行可视化处理。通过本实例，使读者进一步了解"可视化"模块的使用。

6.2.1　打开模型

1. 打开模型

单击工具栏中的"打开"按钮 ，弹出"打开数据库"对话框，如图 6.97 所示，找到要打开的 shuiguanyukakou.cae 模型，然后单击"确定"按钮 确定(O)，打开模型。

2. 设置工作目录

执行"文件"→"设置工作目录"菜单命令，弹出"设置工作目录"对话框，选择 Abaqus/CAE 所有文件的保存目录，如图 6.98 所示，单击"新工作目录"文本框右侧的"选取"按钮 ，然后单击"确定"按钮 确定，完成操作。

📢 注意：

> 若不设置工作目录，则 Abaqus/CAE 产生的所有文件将会保存在默认的安装目录中的 temp 文件夹中。

图 6.97　"打开数据库"对话框　　　　图 6.98　"设置工作目录"对话框

3. 进入"可视化"模块

在环境栏"模块"下拉列表中选择"作业"，进入"作业"模块。单击工具区中的"作业管理器"按钮，弹出"作业管理器"对话框，如图 6.99 所示，单击"结果"按钮 结果 ，进入"可视化"模块。

图 6.99 "作业管理器"对话框

6.2.2 可视化后处理

1. 通用设置

单击工具区中的"通用选项"按钮，弹出"通用绘图选项"对话框，设置"渲染风格"为"阴影"，"可见边"为"特征边"，如图 6.100 所示。单击"确定"按钮，此时模型如图 6.101 所示。

图 6.100 "通用绘图选项"对话框

图 6.101 阴影模式的模型

2. 查看变形图

单击工具区中的"绘制变形图"按钮，可以查看模型的变形图。单击"结果"下拉列表中的"分析步/帧"命令，弹出"分析步/帧"对话框，可以查看分析步中不同帧的变形图，如图 6.102 所示。例如，选择第 10 帧，单击"应用"按钮 应用 ，查看第 10 帧的变形图，如图 6.103 所示；选择第 15 帧，单击"应用"按钮 应用 ，查看第 15 帧的变形图，如图 6.104 所示。

3. 查看应力云图

单击工具区中的"在变形图上绘制云图"按钮，可以查看模型的变形云图。单击"结果"下拉列表中的"场输出"命令，弹出"场输出"对话框，可以查看不同变量的场输出，如图 6.105 所示。在"输出变量"列表中选择 S 输出变量，单击"应用"按钮 应用 ，查看等效应力云图。同样，可以利用"分析步/帧"命令查看不同帧的等效应力云图，图 6.106 所示为第 12 帧的等效应力云图，图 6.107 所示为第 15 帧的等效应力云图。

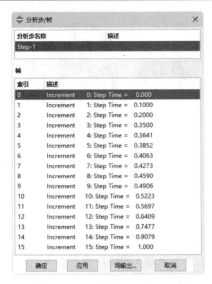

图 6.102 "分析步/帧"对话框

图 6.103 第 10 帧变形图

图 6.104 第 15 帧变形图

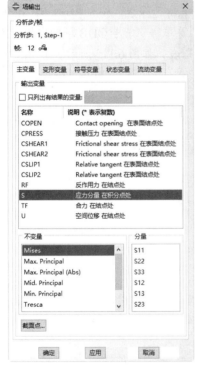

图 6.105 "场输出"对话框

图 6.106 第 12 帧的等效应力云图

图 6.107 第 15 帧的等效应力云图

4. 查看位移云图

在"场输出"对话框中选择 U 输出变量，单击"应用"按钮 应用 ，查看位移云图。同样，可以利用"分析步/帧"命令查看不同帧的位移云图，图 6.108 所示为第 12 帧的总位移云图，图 6.109 所示为第 15 帧的总位移云图。还可以查看不同分量的位移云图，在"场输出"对话框右下角的"分量"列表中选择 U1，可以查看沿 X 轴分量的变形图，图 6.110 所示为第 12 帧的 X 轴位移云图，图 6.111 所示为第 15 帧的 X 轴位移云图。

图 6.108　第 12 帧的总　　　图 6.109　第 15 帧的总　　　图 6.110　第 12 帧的 X 轴　　　图 6.111　第 15 帧的 X
　　　　　位移云图　　　　　　　　　　位移云图　　　　　　　　　　位移云图　　　　　　　　　轴位移云图

5. 绘制某点的 XY 位移数据图

单击工具区中的"创建 XY 数据"按钮，弹出"创建 XY 数据"对话框，如图 6.112 所示。选择"ODB 场变量输出"数据源，然后单击"继续"按钮，弹出"来自 ODB 场输出的 XY 数据"对话框，在"变量"选项卡中设置"输出变量"的位置为"唯一结点的"，然后展开"U：空间位移"，勾选"U1"复选框，如图 6.113 所示，用于绘制某个结点在 X 轴分量上的位移数据图。然后单击"单元/结点"选项卡，设置"方法"为"从视口中拾取"，然后单击"编辑选择集"按钮，在视口区选择如图 6.114 所示的结点，单击提示区中的"完成"按钮，再单击"来自 ODB 场输出的 XY 数据"对话框中的"绘制"按钮，绘制所选结点的时间-位移图表，如图 6.115 所示。单击"关闭"按钮，关闭对话框。

图 6.112　"创建 XY 数据"对话框

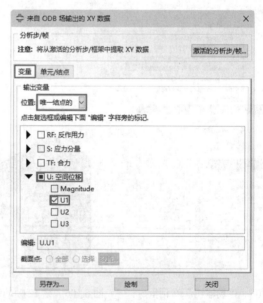

图 6.113　设置"变量"选项卡

6. 查看动画

单击工具区中的"在变形图上绘制云图"按钮，显示模型的位移云图；然后单击"动画：时间历程"按钮，查看位移云图的时间历程动画。单击"动画选项"按钮，弹出"动画选项"对话框，如图 6.116 所示，设置"模式"为"循环"，拖动"帧频率"滑块到中间位置后单击"确定"按钮，减慢动画的播放，此时可以更好地观察动画的播放。

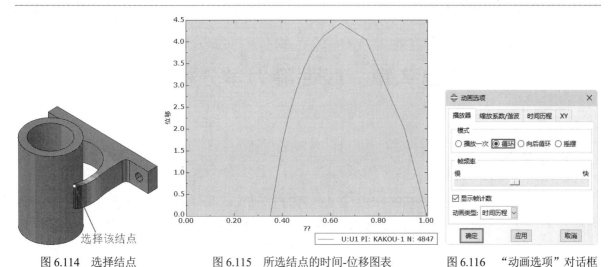

图 6.114　选择结点　　　　　图 6.115　所选结点的时间-位移图表　　　　图 6.116　"动画选项"对话框

6.3　动手练一练

在上次提交作业完成分析计算的基础上,查看刮板链条的应力和应变,结果如图 6.117 和图 6.118 所示。

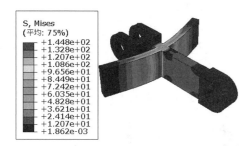

图 6.117　链条刮板的应力云图

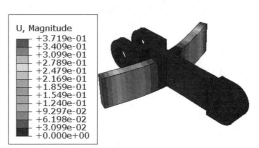

图 6.118　链条刮板的应变云图

思路点拨:

（1）创建一个链条刮板模型。

（2）在模型树中通过复制创建另一个链条刮板模型。

（3）在"装配"模块中创建装配,再添加共轴和共面约束。

第 7 章　线性静力学分析

内容简介

线性静力学分析是有限元分析的基础，在线性静力学分析中，所使用的材料必须为线性材料，即材料的应力与应变成正比，本章结合实例具体讲解 Abaqus 软件的线性静力学结构分析。

内容要点

➤ 静力分析介绍
➤ Abaqus 静力分析的步骤
➤ 实例——衣架线性静力学分析
➤ 实例——高脚凳线性静力学分析
➤ 实例——墙梯线性静力学分析

案例效果

7.1　静力分析介绍

静力分析主要用来分析由稳态外载荷引起的位移、应力和应变等，其中稳态载荷主要包括外部施加的力、稳态的惯性力（如重力和旋转速度）、位移和温度等有限元法的基本应用领域，适于求解惯性及阻尼对结构响应影响不显著的问题。静力分析分为线性静力分析和非线性静力分析，本章主要讲解线性静力分析。

7.1.1 静力分析的定义

静力分析计算在给定静力载荷作用下结构的响应，不考虑惯性和阻尼的影响，但是静力分析可以计算那些固定不变的惯性载荷对结构的影响（如重力和离心力），以及那些可以近似为等效静力作用的随时间变化的载荷（如通常在许多建筑规范中所定义的等效静力风载和地震载荷）。线性分析是指在分析过程中结构的几何参数值发生轻微的变化，从而可以忽略这种变化，而把分析中的所有非线性项去掉。

7.1.2 线性静力学分析的依据

在经典力学理论中，物体的动力学通用方程为

$$[M](\ddot{x}) + [C](\dot{x}) + [K](x) = \{F(t)\} \tag{7.1}$$

式中：$[M]$为质量矩阵；$[C]$为阻尼矩阵；$[K]$为刚度系数矩阵；(x)为位移向量；$\{F\}$为力向量。在线性静态结构分析中与时间无关，因此，位移(x)可以由下面的矩阵方程解出，即

$$[K](x) = \{F\} \tag{7.2}$$

式中：$[K]$是一个常量矩阵，它建立的假设条件是：假设是线弹性材料行为，使用小变形理论，可能包含一些非线性边界条件；$\{F\}$是静态加在模型上的，不考虑随时间变化的力，不包含惯性影响（质量、阻尼）。

7.1.3 静力分析的载荷

静力分析用于计算由那些不包括惯性和阻尼效应的载荷作用于结构或部件上引起的位移、应力、应变和力。固定不变的载荷和响应是一种假设，即假设载荷和结构的响应时间的变化非常缓慢。

静力分析所施加的载荷包含以下几种。

（1）外部施加的作用力和压力。

（2）稳态的惯性力（重力和离心力）。

（3）位移载荷。

（4）温度载荷。

7.2 Abaqus 静力分析的步骤

利用 Abaqus 进行静力学分析的基本步骤如下。

（1）创建或导入几何模型。

（2）定义并指派材料属性。

（3）定义分析步和创建场输出。

（4）施加边界条件和载荷。

（5）划分网格。

（6）定义作业并求解。

（7）可视化后处理。

7.3 实例——衣架线性静力学分析

衣架是我们生活中常用的物品，图 7.1（a）所示为一个由不锈钢制成的衣架，不锈钢的截面为 1mm×10mm 的钢板，为研究衣架承受重物的能力，在衣架的底部横杆两端分别挂上 5kg 的重物，分析此情况下衣架的变形和产生的应力图 7.1（b）所示为衣架的中面层的尺寸图，可按该图创建模型。其他参数见表 7.1。

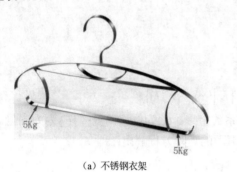

（a）不锈钢衣架

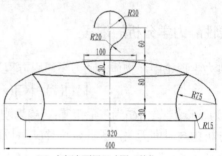

（b）衣架中面层尺寸图（单位：mm）

图 7.1　衣架

表 7.1　衣架材料参数

材料名称	密度/(t/mm³)	杨氏模量/ MPa	泊松比
不锈钢	7.75e-9	193000	0.31

7.3.1　创建模型

扫一扫，看视频

1. 设置工作目录

执行"文件"→"设置工作目录"菜单命令，弹出"设置工作目录"对话框，选择 Abaqus/CAE 所有文件的保存目录，如图 7.2 所示。单击"新工作目录"右侧的"选取"按钮，找到文件要保存到的文件夹，然后单击"确定"按钮 确定 ，完成操作。

2. 创建部件

单击"部件"模块工具区中的"创建部件"按钮，弹出"创建部件"对话框，在"名称"文本框中输入"yijia"，设置"模型空间"为"三维"，再依次选择"可变形""实体"和"拉伸"，设置"大约尺寸"为 500，如图 7.3 所示。单击"继续"按钮 继续... ，进入草图绘制环境。

3. 绘制草图

（1）单击"水平构造线"按钮，过原点绘制一条水平构造线，然后单击"竖直构造线"按钮，过原点绘制一条竖直构造线。

（2）单击"添加约束"按钮，弹出"添加"对话框，如图 7.4 所示。选择"固定"约束，按住 Shift 键，然后在视口区选择绘制的水平和竖直构造线，单击鼠标中键，将两条构造线固定。

（3）单击"椭圆"按钮，在提示区输入椭圆的中心点坐标（0，0）；单击鼠标中键，然后输入椭圆长轴坐标（200，0）；再次单击鼠标中键，然后输入椭圆短轴坐标（0，80）；最后单击鼠标中键，绘制大椭圆。绘制一个中心点坐标为（0，80）、长轴坐标为（50，80）、短轴坐标为（0，110）的小椭圆，如图7.5所示。

图7.2　"设置工作目录"对话框

图7.3　"创建部件"对话框

图7.4　"添加"对话框

（4）单击"圆"按钮⊙，在提示区输入圆心坐标（0,140）；单击鼠标中键，然后输入圆上一点坐标（-30,140）；再次单击鼠标中键，绘制一个圆。绘制一个圆心坐标为（-200,0）、圆上一点坐标为（-275,0）的一个圆，以及圆心坐标为（200,0）、圆上一点坐标（275,0）的另一个圆，如图7.6所示。

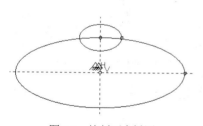

图7.5　绘制两个椭圆

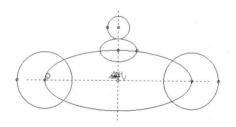

图7.6　绘制圆

（5）单击"线"按钮，在提示区输入起点坐标（-160,-30）；单击鼠标中键，输入终点坐标（160,-30）；再次单击鼠标中键，绘制一条水平直线。绘制一条起点坐标为（0,80）、终点坐标为（0,110）的竖直直线，如图7.7所示。

（6）单击"圆"按钮⊙，在提示区输入圆心坐标（-160,-15）。单击鼠标中键，输入圆上一点坐标（-175,-15）；再次单击鼠标中键，绘制一个小圆。绘制一个圆心坐标为（160,-15）、圆上一点坐标为（175,-15）的另一个小圆，如图7.8所示。

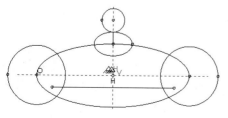

图7.7　绘制直线

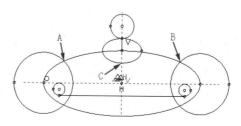

图7.8　绘制小圆

（7）单击"三点圆弧"按钮，绘制与图 7.8 中 A 点和 B 点相交且与 C 点相切的圆弧，如图 7.9 所示。

（8）单击"自动剪裁"按钮，修剪多余的线，结果如图 7.10 所示。

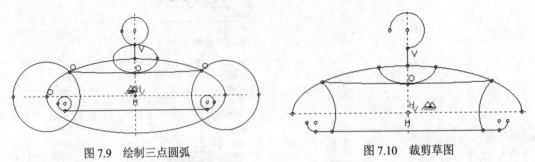

| 图 7.9　绘制三点圆弧 | 图 7.10　裁剪草图 |

（9）单击"绘制倒圆角"按钮，在提示区输入圆角半径为 20；单击鼠标中键，然后选择上部圆弧挂钩和竖直线段；再次单击鼠标中键，绘制倒圆角，如图 7.11 所示。

（10）单击"偏移曲线"按钮，将所有的线逐条向两侧分别偏移 0.5，然后单击"删除"按钮，删除所有中间的线，结果如图 7.12 所示。

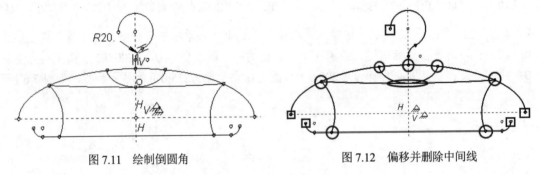

图 7.11　绘制倒圆角　　　　　　图 7.12　偏移并删除中间线

（11）单击"自动剪裁"按钮，剪掉图 7.12 中圆形标记处修剪多余的线。图 7.13 所示为修剪的部分局部放大图。

（12）单击"线"按钮，在图 7.12 中方形标记处绘制线段，封闭端口。图 7.14 所示为封闭的一个端口局部放大图。

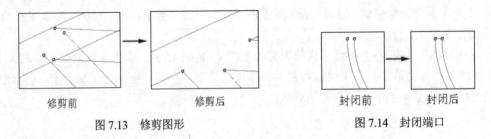

图 7.13　修剪图形　　　　　　　图 7.14　封闭端口

4．拉伸草图

按 Esc 键退出线段的绘制，然后单击提示区的"完成"按钮，弹出"编辑基本拉伸"对话框，设置深度为 10，如图 7.15 所示。然后单击"确定"按钮，完成衣架模型的创建，结果如图 7.16 所示。

图 7.15 "编辑基本拉伸"对话框

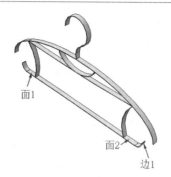

图 7.16 衣架模型

5. 拆分面

单击"草图拆分面"按钮 ，根据提示选择图 7.16 中的面 1 为要分割的面，单击"完成"按钮 完成 ；再选择图 7.16 中的边 1 进入草图绘制环境，绘制一条竖直线段，如图 7.17 所示；然后双击鼠标中键，完成面 1 的拆分。按照同样的操作，完成面 2 的拆分，结果如图 7.18 所示，这样拆分出两个面积为 10mm×10mm 的面。

图 7.17 绘制直线（单位：mm）

图 7.18 拆分面

注意：

此处拆分面是为了后面为模型施加压强载荷提供表面，详情见 7.3.5 小节。

7.3.2 定义属性及指派截面

1. 创建材料

在环境栏中的"模块"下拉列表中选择"属性"，进入"属性"模块。单击工具区中的"创建材料"按钮 ，弹出"编辑材料"对话框，在"名称"文本框中输入 Material-buxiugang，在"材料行为"选项组中依次选择"通用"→"密度"。此时，在下方出现的数据表中设置"质量密度"为 7.75e-9，如图 7.19 所示。然后在"材料行为"选项组中依次选择"力学"→"弹性"→"弹性"。此时，在下方出现的数据表中依次设置"杨氏模量"为 193000，"泊松比"为 0.31，如图 7.20 所示。其余参数保持不变，单击"确定"按钮 确定 ，完成材料的创建。

2. 创建截面

单击工具区中的"创建截面"按钮 ，弹出"创建截面"对话框，在"名称"文本框中输入 Section-buxiugang，设置"类别"为"实体"、"类型"为"均质"，如图 7.21 所示。其余参数保持不变，单击"继续"按钮 继续... ，弹出"编辑截面"对话框，设置"材料"为 Material-buxiugang，其余为默认设置，如图 7.22 所示。单击"确定"按钮 确定 ，完成截面的创建。

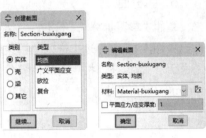

图 7.19　设置密度　　　　图 7.20　设置弹性　　　图 7.21　"创建截　图 7.22　"编辑截
　　　　　　　　　　　　　　　　　　　　　　　　面"对话框　　　　面"对话框

3. 指派截面

单击工具区中的"指派截面"按钮 ，在提示区取消"创建集合"复选框的勾选，然后在视口区选择衣架实体，在提示区单击"完成"按钮 完成 ，弹出"编辑截面指派"对话框，设置截面为 Section-buxiugang，如图 7.23 所示。单击"确定"按钮 确定 ，将创建的 Section-buxiugang 截面指派给衣架，指派截面的衣架颜色变为绿色，完成截面的指派。

7.3.3　创建装配件

在环境栏中的"模块"下拉列表中选择"装配"，进入"装配"模块。单击工具区中的 Create Instance（创建实例）按钮 ，弹出"创建实例"对话框，如图 7.24 所示。采用默认设置，单击"确定"按钮 确定 ，完成装配件的创建。

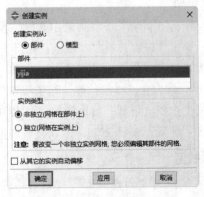

图 7.23　"编辑截面指派"对话框　　　　　　图 7.24　"创建实例"对话框

7.3.4　创建分析步和场输出

1. 创建分析步

在环境栏中的"模块"下拉列表中选择"分析步",进入"分析步"模块。单击工具区中的"创建分析步"按钮◉▬█,弹出"创建分析步"对话框,在"名称"文本框中输入 Step-1,设置"程序类型"为"通用",并在下方的列表中选择"静力,通用"选项,如图 7.25 所示。单击"继续"按钮 继续... ,弹出"编辑分析步"对话框,在"基本信息"选项卡中设置"时间长度"为 5,如图 7.26 所示;在"增量"选项卡中设置"最大增量步数"为 200,"初始"增量步为 0.1,"最小"增量步为 1E-02,如图 7.27 所示。其余采用默认设置,单击"确定"按钮 确定 ,完成分析步的创建。

图 7.25　"创建分析步"对话框

图 7.26　设置"基本信息"选项卡

2. 创建场输出

单击工具区中的"场输出管理器"按钮▦,弹出"场输出请求管理器"对话框,如图 7.28 所示。这里已经创建了一个默认的场输出,单击"编辑"按钮,弹出"编辑场输出请求"对话框,在"输出变量"列表中选择"应力"→"MISES,Mises 等效应力"和"位移/速度/加速度"→"U,平移和转动"选项,如图 7.29 所示。单击"确定"按钮 确定 ,返回"场输出请求管理器"对话框,单击"关闭"按钮 关闭 ,关闭该对话框,完成场输出的创建。

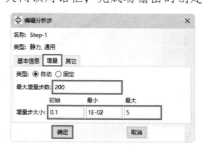

图 7.27　设置"增量"选项卡

图 7.28　"场输出请求管理器"对话框

7.3.5　定义载荷和边界条件

1. 创建边界条件

在环境栏中的"模块"下拉列表中选择"载荷",进入"载荷"模块。单击工具区中的"创建边

扫一扫,看视频

界条件"按钮，弹出"创建边界条件"对话框，在"名称"文本框中输入 BC-guding，设置"分析步"为 Step-1，"类别"为"力学"，并在右侧的"可用于所选分析步的类型"列表中选择"对称/反对称/完全固定"，如图 7.30 所示。单击"继续"按钮 继续，根据提示在视口区选择衣架的上部挂钩内表面，如图 7.31 所示。单击提示区的"完成"按钮 完成，弹出"编辑边界条件"对话框，勾选"完全固定(U1=U2=U3=UR1=UR2=UR3=0)"单选按钮，如图 7.32 所示。单击"确定"按钮 确定，完成衣架边界条件的创建，结果如图 7.33 所示。

图 7.29　"编辑场输出请求"对话框

图 7.30　"创建边界条件"对话框

图 7.31　选择固定面

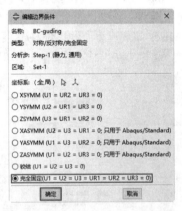

图 7.32　"编辑边界条件"对话框

图 7.33　创建固定边界条件

2. 创建载荷

Abaqus 添加的与力相关的载荷常用的有两种：一种是集中力；另一种是压强。集中力需施加到点上，而压强需施加到面上。由于衣架模型中有现成的面，这里就为衣架添加压强载荷。

单击"创建载荷"按钮，弹出"创建载荷"对话框，在"名称"文本框中输入 Load-yaqiang1，选择"类别"为"力学"，在"可用于所选分析步的类型"列表中选择"压强"，如图 7.34 所示。单

击 "继续" 按钮 ，根据提示选择图 7.33 中的面 3，在提示区单击 "完成" 按钮 ，弹出 "编辑载荷" 对话框，设置 "大小" 为 0.5，如图 7.35 所示。单击 "确定" 按钮 ，完成面 3 处载荷的施加。采用同样的操作，为图 7.32 中的面 4 添加压强名称为 Load-yaqiang2 的相等压强，完成载荷的施加，结果如图 7.36 所示。

图 7.34　"创建载荷" 对话框

图 7.35　"编辑载荷" 对话框

图 7.36　添加压强载荷

本例是在衣架的两端各挂 5kg 的重物，承受重物的表面积为 $100mm^2 = 0.0001m^2$，这里取重力系数为 10N/kg，则 5kg 重物产生的重力可由重力计算公式 $G=mg$ 计算得出：$G=5 \times 10=50N$，则施加在表面的力 $F=G=50N$；再根据压强计算公式 $P=F/S$ 计算得出 $P=50/0.0001=500000Pa=0.5MPa$，因此这里施加的压强大小设置为 0.5。

7.3.6　划分网格

1. 布种

在环境栏中的 "模块" 下拉列表中选择 "网格"，进入 "网格" 模块，然后设置 "对象" 为 "部件"。单击工具区中的 "种子部件" 按钮 ，弹出 "全局种子" 对话框，设置 "近似全局尺寸" 为 2，其余为默认设置，如图 7.37 所示。单击 "确定" 按钮 ，关闭对话框。

2. 指派网格控制属性

单击工具区中的 "指派网格控制属性" 按钮 ，弹出 "网格控制属性" 对话框，设置 "单元形状" 为 "六面体"，其余为默认设置，如图 7.38 所示。单击 "确定" 按钮 ，关闭对话框。

扫一扫，看视频

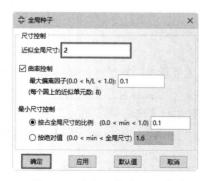

图 7.37　"全局种子" 对话框

图 7.38　"网格控制属性" 对话框

3. 指派单元类型

单击工具区中的"指派网格控制属性"按钮，根据提示在视口区选择衣架模型，然后单击提示区中的"完成"按钮 完成，弹出"单元类型"对话框，设置"几何阶次"为"线性"，其余为默认设置，如图 7.39 所示。单击"确定"按钮 确定，关闭对话框。

4. 为部件划分网格

单击工具区中的"为部件划分网格"按钮，然后单击提示区中的"是"按钮 是，完成网格的划分，结果如图 7.40 所示。

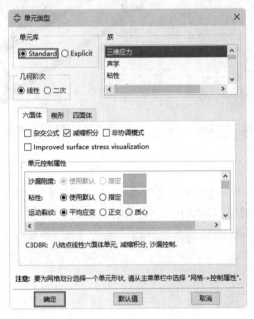

图 7.39 "单元类型"对话框

图 7.40 划分网格

7.3.7 提交作业

1. 创建作业

在环境栏中的"模块"下拉列表中选择"作业"，进入"作业"模块。单击工具区中的"创建作业"按钮，弹出"创建作业"对话框，在"名称"文本框中输入 Job-yijia，其余为默认设置，如图 7.41 所示。单击"继续"按钮 继续...，弹出"编辑作业"对话框，采用默认设置，如图 7.42 所示。单击"确定"按钮 确定，关闭该对话框。

2. 提交作业

单击工具区中的"作业管理器"按钮，弹出"作业管理器"对话框，如图 7.43 所示。选择创建的 Job-yijia 作业，单击"提交"按钮 提交，进行作业分析，然后单击"监控"按钮 监控...，弹出"Job-yijia 监控器"对话框，可以查看分析过程，如图 7.44 所示。当"日志"选项卡中显示"已完成"时，表示分析完成，单击"关闭"按钮 关闭，关闭"Job-yijia 监控器"对话框，返回"作业管理器"对话框。

图 7.42 "编辑作业"对话框

图 7.41 "创建作业"对话框

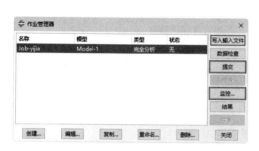

图 7.43 "作业管理器"对话框

图 7.44 "Job-yijia 监控器"对话框

7.3.8 可视化后处理

1. 进入"可视化"模块

单击"作业管理器"对话框中的"结果"按钮 结果 ，系统自动切换到"可视化"模块。

扫一扫，看视频

2. 通用设置

单击工具区中的"通用选项"按钮 ，弹出"通用绘图选项"对话框，设置"渲染风格"为"阴影"，"可见边"为"特征边"，如图 7.45 所示。单击"确定"按钮 确定 ，此时模型如图 7.46 所示。

图 7.45 "通用绘图选项"对话框

图 7.46 阴影模式的模型

3. 查看变形图

单击工具区中的"绘制变形图"按钮，可以查看模型的变形图，单击环境栏后面的"最后一个"按钮，查看最后一帧变形图，如图 7.47 所示。

4. 查看应力云图

单击工具区中的"在变形图上绘制云图"按钮，可以查看模型的变形云图。执行"结果"→"场输出"菜单命令，弹出"场输出"对话框，可以查看不同变量的场输出，如图 7.48 所示。在"输出变量"列表中选择 S，单击"应用"按钮 应用，查看等效应力云图，最后一帧的等效应力云图，如图 7.49 所示。

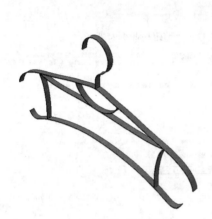

图 7.47　最后一帧变形图

图 7.48　"场输出"对话框

5. 查看位移云图

在图 7.48 的"输出变量"列表中选择 U，单击"确定"按钮 确定，查看位移云图，最后一帧位移云图，如图 7.50 所示。

6. 查看动画

单击"动画：时间历程"按钮，查看位移云图的时间历程动画。单击"动画选项"按钮，弹出"动画选项"对话框，如图 7.51 所示。设置"模式"为"循环"，然后拖动"帧频率"滑块到中间位置，单击"确定"按钮 确定，减慢动画的播放，可以更好地观察动画的播放。

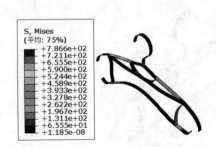

图 7.49　最后一帧等效应力云图

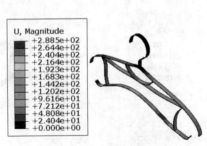

图 7.50　最后一帧位移云图

图 7.51　"动画选项"对话框

7.4 实例——高脚凳线性静力学分析

高脚凳是休闲场所中常用的物品。图 7.52 所示为一个高脚凳。为研究该高脚凳承受重物的能力，假设在上面坐着一个体重为 85kg 的人，体重分布情况为：座位处承受重量为 65kg，双脚处重量为 20kg，分析此情况下高脚凳的变形和产生的应力。其他参数见表 7.2。

图 7.52 高脚凳

表 7.2 高脚凳材料参数

材料名称	密度/(t/mm³)	杨氏模量/MPa	泊松比
木材	9.36e-10	22780	0.31

7.4.1 创建模型

扫一扫，看视频

1. 设置工作目录

执行"文件"→"设置工作目录"菜单命令，弹出"设置工作目录"对话框，选择 Abaqus/CAE 所有文件的保存目录，如图 7.53 所示。单击"新工作目录"文本框右侧的"选取"按钮，找到文件要保存到的文件夹，然后单击"确定"按钮 确定 ，完成操作。

2. 打开模型

单击工具栏中的"打开"按钮，弹出"打开数据库"对话框，打开 yuanwenjian→ch7→gaojiaodeng 中的模型，如图 7.54 所示。单击"确定"按钮 确定(O) ，打开模型，如图 7.55 所示。

图 7.53 "设置工作目录"对话框

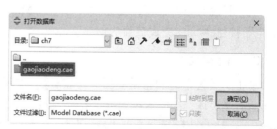

图 7.54 "打开数据库"对话框

3．关闭基准面和基准轴

执行"视图"→"部件显示选项"菜单命令，弹出"部件显示选项"对话框，在"基准"选项卡中取消勾选"显示基准轴"和"显示基准面"复选框，如图 7.56 所示。单击"确定"按钮 确定 ，关闭基准面和基准轴的显示，结果如图 7.57 所示。

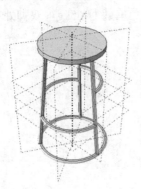

图 7.55 gaojiaodeng 模型

图 7.56 "部件显示选项"对话框

图 7.57 关闭基准面和基准轴

本例中已经将模型建好，可利用"打开"命令打开现有的模型。若读者想自己建立该模型，可在左侧的模型树中展开"部件（1）"→gaojiaodeng→"特征"，然后通过编辑草图或特征，按该模型的草图或特征重新建立模型。

扫一扫，看视频

7.4.2 定义属性及指派截面

1．创建材料

在环境栏中的"模块"下拉列表中选择"属性"，进入"属性"模块。单击工具区中的"创建材料"按钮 ，弹出"编辑材料"对话框，在"名称"文本框中输入 Material-mucai，在"材料行为"选项组中依次选择"通用"→"密度"。此时，在下方出现的数据表中设置"质量密度"为 9.36e-10，如图 7.58 所示。然后在"材料行为"选项组中依次选择"力学"→"弹性"→"弹性"。此时，在下方出现的数据表中依次设置"杨氏模量"为 22780，"泊松比"为 0.374，如图 7.59 所示，其余参数保持不变，单击"确定"按钮 确定 ，完成材料的创建。

2．创建截面

单击工具区中的"创建截面"按钮 ，弹出"创建截面"对话框，设置"名称"为 Section-mucai，"类别"为"实体"，"类型"为"均质"，如图 7.60 所示。其余参数保持不变，单击"继续"按钮 继续... ，弹出"编辑截面"对话框，设置"材料"为 Material-mucai，其余为默认设置，如图 7.61 所示。单击"确定"按钮 确定 ，完成截面的创建。

3．指派截面

单击工具区中的"指派截面"按钮 ，在提示区取消勾选"创建集合"复选框，然后在视口区选择高脚凳实体，在提示区单击"完成"按钮 完成 ，弹出"编辑截面指派"对话框，设置截面为 Section-mucai，如图 7.62 所示。单击"确定"按钮 确定 ，将创建的 Section-mucai 截面指派给高脚凳，指派截面的高脚凳颜色变为绿色，完成截面的指派。

图 7.58　设置密度　　　　图 7.59　设置弹性　　　图 7.60　"创建截　　图 7.61　"编辑截面"
　　　　　　　　　　　　　　　　　　　　　　　　　　　　面"对话框　　　　　　对话框

7.4.3　创建装配件

1. 创建装配件

在环境栏中的"模块"下拉列表中选择"装配"，进入"装配"模块。单击工具区中的 Create Instance
（创建实例）按钮 ，弹出"创建实例"对话框，如图 7.63 所示。采用默认设置，单击"确定"按钮 确定 ，
完成装配件的创建。

2. 关闭基准面和基准轴

执行"视图"→"装配件显示选项"菜单命令，弹出"装配件显示选项"对话框，在"基准"选
项卡中取消"显示基准轴"和"显示基准面"复选框的勾选，单击"确定"按钮 确定 ，关闭基准面
和基准轴的显示，创建的装配件如图 7.64 所示。

图 7.62　"编辑截面指派"对话框　　　图 7.63　"创建实例"对话框　　　图 7.64　创建装配件

7.4.4　创建分析步和场输出

1. 创建分析步

在环境栏中的"模块"下拉列表中选择"分析步"，进入"分析步"模块。单击工具区中的"创

扫一扫，看视频

建分析步"按钮 ●→▇，弹出"创建分析步"对话框，在"名称"文本框中输入Step-1，设置"程序类型"为"通用"，并在下方的列表中选择"静力，通用"选项，如图7.65所示。单击"继续"按钮 继续...，弹出"编辑分析步"对话框，在"基本信息"选项卡中设置"时间长度"为10，如图7.66所示；在"增量"选项卡中设置"最大增量步数"为1000，"初始"增量步为0.02，"最小"增量步为0.0001，如图7.67所示。其余采用默认设置，单击"确定"按钮 确定，完成分析步的创建。

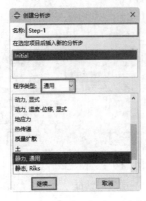

图7.65 "创建分析步"对话框

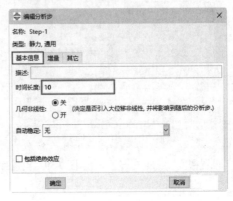

图7.66 设置"基本信息"选项卡

2. 创建场输出

单击工具区中的"场输出管理器"按钮 ▤，弹出"场输出请求管理器"对话框，如图7.68所示。这里已经创建了一个默认的场输出，单击"编辑"按钮 编辑...，弹出"编辑场输出请求"对话框，在"输出变量"列表中选择"应力"→"MISES，Mises等效应力"和"位移/速度/加速度"→"U，平移和转动"选项，如图7.69所示。单击"确定"按钮 确定，返回"场输出请求管理器"对话框，单击"关闭"按钮，关闭该对话框 关闭，完成场输出的创建。

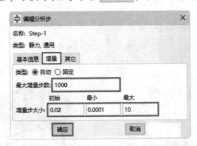

图7.67 设置"增量"选项卡

图7.68 "场输出请求管理器"对话框

7.4.5 定义载荷和边界条件

扫一扫，看视频

1. 创建边界条件

在环境栏中的"模块"下拉列表中选择"载荷"，进入"载荷"模块。单击工具区中的"创建边界条件"按钮 ▙，弹出"创建边界条件"对话框，在"名称"文本框中输入BC-guding，设置"分析步"为Step-1，"类别"为"力学"，并在右侧的"可用于所选分析步的类型"列表中选择"位移/转角"，如图7.70所示。单击"继续"按钮 继续...，根据提示在视口区选择高脚凳的底面，如图7.71所示。单击提示区的"完成"按钮 完成，弹出"编辑边界条件"对话框，勾选U1~UR3复选框，并设置数值均为0，如图7.72所示。单击"确定"按钮 确定，完成高脚凳边界条件的创建，结果如图7.73所示。

知识拓展

　　该方法通过设置被选对象的 6 个自由度均为 0 固定被选对象，与 7.3 节实例中选择"对称/反对称/完全固定"的方法创建"完全固定"边界条件的效果一样。通过该实例，使读者学习到有两种方法可以固定被选中的对象。

图 7.69　"编辑场输出请求"对话框

图 7.70　"创建边界条件"对话框

图 7.71　选择固定面

图 7.72　"编辑边界条件"对话框

图 7.73　创建固定边界条件

2．创建载荷

　　Abaqus 添加的与力相关的载荷常用的有两种：一种是集中力；另一种是压强。集中力需施加到点上，压强需施加到面上。本例通过施加集中力施加载荷学习如何在点上施加集中力，并将施加的集中力作用到面上。该模型中需施加两个集中力：一个在高脚凳的座面处；另一个在脚踩的横梁处。

（1）创建参考点1。在环境栏中的"模块"下拉列表中选择"相互作用"，进入"相互作用"模块。单击工具区中的"创建参考点"按钮 $\mathbf{X}^{\mathbf{RP}}$，根据提示选择高脚凳座面上的圆心点，如图7.74所示，创建一个参考点，标记为RP-1。

（2）创建基准点和参考点2。单击工具区中的"创建基准点:两点的中点"按钮 ，选择脚踩处横梁的两个点，如图7.75所示。在这两个点中间创建一个基准点，然后单击工具区中的"创建参考点"按钮 $\mathbf{X}^{\mathbf{RP}}$，根据提示选择创建的基准点创建另一个参考点，标记为RP-2，结果如图7.76所示。

图7.74　选择圆心点

图7.75　选择两个点

图7.76　创建参考点

（3）创建约束。单击工具区中的"创建约束"按钮 ，弹出"创建约束"对话框，选择"类型"为"耦合的"，如图7.77所示。单击"继续"按钮 继续... ，根据提示选择创建的参考点RP-1，然后单击提示区中的"完成"按钮 完成 ，再单击提示区中的"表面"按钮 表面 ，根据提示选择如图7.78所示的高脚凳座面；单击提示区中的"完成"按钮 完成 ，弹出"编辑约束"对话框，勾选所有"被约束的自由度"复选框，如图7.79所示，单击"确定"按钮 确定 。采用同样的方法在参考点RP-2与所在平面上添加"耦合的"约束，结果如图7.80所示。

图7.77　"创建约束"对话框

图7.78　选择面

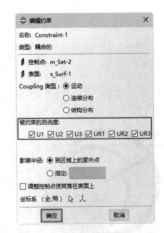
图7.79　"编辑约束"对话框

（4）添加集中力。在环境栏中的"模块"下拉列表中选择"载荷"，重新进入"载荷"模块。单击工具区中的"创建载荷"按钮 ，弹出"创建载荷"对话框，在"名称"文本框中输入Load-jizhongli1，设置"类别"为"力学"，在"可用于所选分析步的类型"列表中选择"集中力"，如图7.81所示。单击"继续"按钮 继续... ，根据提示选择创建的参考点RP-1，在提示区单击"完成"按钮 完成 ，弹出"编辑载荷"对话框，设置CF2为-650，其余为0，如图7.82所示。单击"确定"按钮，完成参考点RP-1

处集中力载荷的施加。采用同样的操作，在参考点 RP-2 处施加载荷名称为 Load-jizhongli2，CF2 值为 –200 的集中力载荷，结果如图 7.83 所示，完成载荷的施加。

图 7.80　添加耦合约束　　图 7.81　"创建载荷"对话框　　图 7.82　"编辑载荷"对话框　　图 7.83　施加集中力载荷

　　本例中在高脚凳座面处承受 65kg 的重量，这里取重力系数为 10N/kg，则产生 650N 的力；脚踩横梁处承受 20kg 的重量，则产生 200N 的力。直接添加集中力不需要计算承受集中力所在面承受的压强，比施加压强载荷快捷，且效果相同。

7.4.6　划分网格

1. 布种

在环境栏中的"模块"下拉列表中选择"网格"，进入"网格"模块，然后设置"对象"为"部件"。单击工具区中的"种子部件"按钮，弹出"全局种子"对话框，设置"近似全局尺寸"为 5，其余为默认设置，如图 7.84 所示。单击"确定"按钮，关闭对话框。

2. 指派网格控制属性

单击工具区中的"指派网格控制属性"按钮，弹出"网格控制属性"对话框，设置"单元形状"为"四面体"，其余为默认设置，如图 7.85 所示。单击"确定"按钮，关闭对话框。

扫一扫，看视频

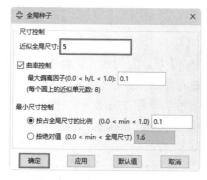

图 7.84　"全局种子"对话框　　　　　图 7.85　"网格控制属性"对话框

3. 指派单元类型

单击工具区中的"指派网格控制属性"按钮，根据提示在视口区选择高脚凳模型，然后单击提示区中的"完成"按钮，弹出"单元类型"对话框，设置"几何阶次"为"线性"，其余为默认设置，如图7.86所示。单击"确定"按钮，关闭对话框。

4. 为部件划分网格

单击工具区中的"为部件划分网格"按钮，然后单击提示区中的"是"按钮，完成网格的划分，结果如图7.87所示。

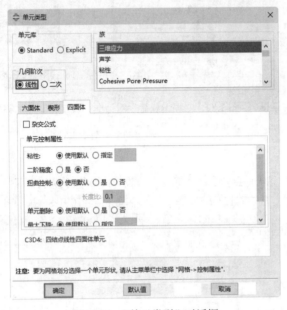

图7.86　"单元类型"对话框

图7.87　划分网格

7.4.7　提交作业

1. 创建作业

在环境栏中的"模块"下拉列表中选择"作业"，进入"作业"模块。单击工具区中的"创建作业"按钮，弹出"创建作业"对话框，在"名称"文本框中输入Job-gaojiaodeng，其余为默认设置，如图7.88所示。单击"继续"按钮，弹出"编辑作业"对话框，采用默认设置，如图7.89所示。单击"确定"按钮，关闭该对话框。

2. 提交作业

单击工具区中的"作业管理器"按钮，弹出"作业管理器"对话框，如图7.90所示。选择创建的Job-gaojiaodeng作业，单击"提交"按钮，进行作业分析，然后单击"监控"按钮，弹出"Job-gaojiaodeng监控器"对话框，可以查看分析过程，如图7.91所示。当"日志"选项卡中显示"已完成"时，表示分析完成。单击"关闭"按钮，关闭"Job-gaojiaodeng监控器"对话框，返回"作业管理器"对话框。

图 7.88 "创建作业"对话框

图 7.89 "编辑作业"对话框

图 7.90 "作业管理器"对话框

图 7.91 "Job-gaojiaodeng 监控器"对话框

扫一扫，看视频

7.4.8 可视化后处理

1. 进入"可视化"模块

单击"作业管理器"对话框中的"结果"按钮 ▇结果▇ ，系统自动切换到"可视化"模块。

2. 通用设置

单击工具区中的"通用选项"按钮 ▇ ，弹出"通用绘图选项"对话框，设置"渲染风格"为"阴影"，设置"可见边"为"特征边"，如图 7.92 所示。单击"确定"按钮 ▇确定▇ ，此时模型如图 7.93 所示。

图 7.92 "通用绘图选项"对话框

图 7.93 阴影模式的模型

3. 查看变形图

单击工具区中的"绘制变形图"按钮 ，可以查看模型的变形图，单击环境栏后面的"最后一个"按钮 ，查看最后一帧变形图，如图 7.94 所示。

4. 查看应力云图

单击工具区中的"在变形图上绘制云图"按钮 ，可以查看模型的变形云图。执行"结果"→"场输出"菜单命令，弹出"场输出"对话框，可以查看不同变量的场输出，如图 7.95 所示。在"输出变量"列表中选择 S 选项，单击"应用"按钮 ![应用]，查看等效应力云图，最后一帧的等效应力云图如图 7.96 所示。

图 7.94 最后一帧变形图

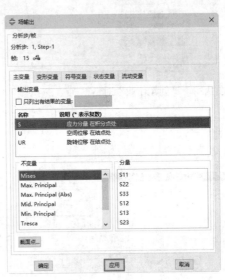

图 7.95 "场输出"对话框

5. 查看位移云图

在图 7.95 中的"输出变量"列表中选择 U，单击"确定"按钮 ![确定]，查看位移云图，最后一帧位移云图如图 7.97 所示。

6. 查看动画

单击"动画：时间历程"按钮 ，查看位移云图的时间历程动画。单击"动画选项"按钮 ，弹出"动画选项"对话框，如图 7.98 所示。设置"模式"为"循环"，然后拖动"帧频率"滑块到中间位置，单击"确定"按钮 ![确定]，减慢动画的播放，可以更好地观察动画的播放。

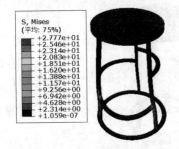

图 7.96 最后一帧等效应力云图

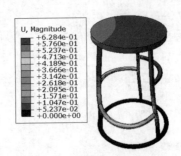

图 7.97 最后一帧位移云图

图 7.98 "动画选项"对话框

7.5 实例——墙梯线性静力学分析

墙梯是生活中进行登高作业最常用的工具，图 7.99（a）所示为一个由方管铝合金制成的墙梯。为研究该墙梯承受重物的能力，假设在墙梯第 7 节横杆上面站立一个体重为 100kg 的人。图 7.99（b）所示为墙梯的尺寸图，且墙梯与墙的夹角为 20°，分析此情况下墙梯的变形和产生的应力。其他参数见表 7.3。

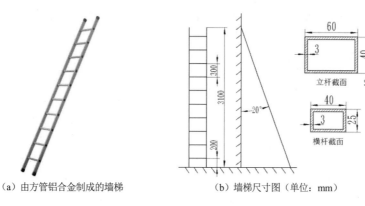

（a）由方管铝合金制成的墙梯　　　　（b）墙梯尺寸图（单位：mm）

图 7.99 墙梯

表 7.3 墙梯材料参数

材料名称	密度/(t/mm³)	杨氏模量/MPa	泊松比
铝合金	2.77e-9	71000	0.33

7.5.1 创建模型

1. 设置工作目录

执行"文件"→"设置工作目录"菜单命令，弹出"设置工作目录"对话框，单击"新工作目录"文本框右侧的"选取"按钮，找到文件要保存到的文件夹，然后单击"确定"按钮 确定(O) ，完成操作。

2. 创建部件

单击在"部件"模块工具区中的"创建部件"按钮 ，弹出"创建部件"对话框，在"名称"文本框中输入 qiangti，设置"模型空间"为"三维"，再依次选择"可变形""线"和"平面"，设置"大约尺寸"为 7000，如图 7.100 所示。然后单击"继续"按钮 继续... ，进入草图绘制环境。

3. 绘制草图

（1）单击"水平构造线"按钮 ，过原点绘制一条水平构造线，然后单击"竖直构造线"按钮 ，过原点绘制一条竖直构造线。

（2）单击"添加约束"按钮 ，弹出"添加"对话框，在"约束"选项卡中选择"固定"选项，按住 Shift 键，然后在视口区选择绘制的水

扫一扫，看视频

图 7.100 "创建部件"对话框

平和竖直构造线，单击鼠标中键，将两条构造线固定。

（3）单击"线"按钮，在绘图区绘制一条斜线段，然后单击"添加尺寸"按钮，标注尺寸，结果如图7.101所示。

（4）退出草图绘制环境。按 Esc 键退出线段的绘制，然后单击提示区的"完成"按钮 完成，退出草图绘制环境；单击工具栏中的"应用等轴视图"按钮，将视图切换为等轴视图。

4. 创建基准点

单击"创建基准点：从一点偏移"按钮，根据提示选择斜线段的上端点，然后在提示区的"偏移（X,Y,Z）"文本框中输入（0.0,0.0,400.0），单击鼠标中键，创建基准点，结果如图7.102所示。

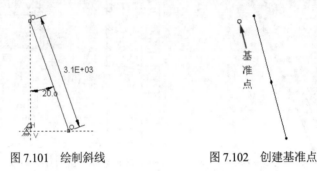

图7.101　绘制斜线　　　　　　图7.102　创建基准点

5. 创建基准平面

单击"创建基准平面：一线一点"按钮，根据提示选择斜线和创建的基准点，创建基准平面。

6. 创建线模型

单击"创建线：平面"按钮，根据提示选择创建的基准平面，然后再选择绘制的斜线段，进入绘图环境。单击"线"按钮，在提示区选择创建的基准点为绘制线段的起点，然后向下移动鼠标，绘制一条竖直线段。单击"添加尺寸"按钮，标注尺寸，结果如图7.103所示。再次单击"线"按钮，在两条竖直线中间绘制一条横线，然后单击"添加尺寸"按钮，标注尺寸，结果如图7.104所示。

7. 线性阵列横线

单击"线性阵列"按钮，根据提示选择绘制的水平线段，然后单击提示区的"完成"按钮 完成，弹出"线性阵列"对话框，设置"方向1"的个数为1，设置"方向2"的个数为10，"间距"为300，如图7.105所示。单击"确定"按钮 确定，阵列横线，结果如图7.106所示。然后单击提示区的"完成"按钮 完成，退出草图绘制环境，完成模型的创建。

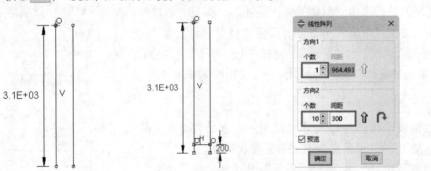

图7.103　绘制竖直线段　　图7.104　绘制横线　　图7.105　"线性阵列"对话框　　图7.106　阵列横线

7.5.2　定义属性及指派截面

1．创建材料

在环境栏中的"模块"下拉列表中选择"属性"，进入"属性"模块。单击工具区中的"创建材料"按钮 $\mathbf{\mathcal{Y}_{\varepsilon}}$，弹出"编辑材料"对话框，在"名称"文本框中输入 Material-lvhejin，在"材料行为"选项组中依次选择"通用"→"密度"。此时，在下方出现的数据表中设置"质量密度"为 2.77e-9，如图 7.107 所示。然后在"材料行为"选项组中依次选择"力学"→"弹性"→"弹性"。此时，在下方出现的数据表中依次设置"杨氏模量"为 71000，"泊松比"为 0.33，如图 7.108 所示。其余参数保持不变，单击"确定"按钮 确定，完成材料的创建。

图 7.107　设置密度

图 7.108　设置弹性

2．创建截面

单击工具区中的"创建截面"按钮 ，弹出"创建截面"对话框，在"名称"文本框中输入 Section-ligan，设置"类别"为"梁"，"类型"为"梁"，如图 7.109 所示。其余参数保持不变，单击"继续"按钮 继续...，弹出"编辑梁方向"对话框，如图 7.110 所示。单击其中的"创建梁截面剖面"按钮 ，弹出"创建剖面"对话框，在"名称"文本框中输入 xingcai1，选择"形状"为"箱形"，如图 7.111 所示。单击"继续"按钮 继续...，弹出"编辑剖面"对话框，设置"宽度"为 60，"高度"为 40，"厚度"为 3，如图 7.112 所示。单击"确定"按钮 确定，返回"编辑梁方向"对话框，单击"确定"按钮 确定，完成立杆截面的创建。同理，创建横杆的截面，截面名称为 Section-henggan，剖面名称为 xingcai2（在创建完 xingcai2 剖面后，需要在"编辑梁方向"对话框中选择"剖面名称"为 xingcai2）。

3．指派截面

单击工具区中的"指派截面"按钮 ，在提示区取消勾选"创建集合"复选框，按住 Shift 键，根据提示在视口区选择墙梯所有立杆线段，然后在提示区单击"完成"按钮 完成，弹出"编辑截面指派"对话框，选择截面为 Section-ligan，如图 7.113 所示。单击"确定"按钮 确定 ，将创建的 Section-ligan 截面指派给墙梯的立杆，同理将 Section-henggan 指派为墙梯的横杆。

图 7.109　"创建截面"对话框　　　　图 7.110　"编辑梁方向"对话框　　　　图 7.111　"创建剖面"对话框

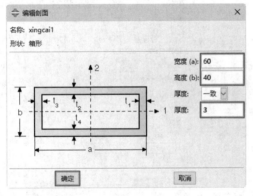

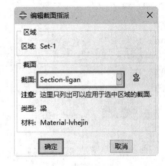

图 7.112　"编辑剖面"对话框　　　　　　图 7.113　"编辑截面指派"对话框

4．指派梁方向

单击工具区中的"指派梁方向"按钮 ，按住 Shift 键，根据提示在视口区选择墙梯所有立杆线段，单击"完成"按钮 完成 ，然后在提示区的"近似的 n1 方向"文本框中输入（-1.0，0.0，0.0），单击鼠标中键，再单击提示区中的"确定"按钮 确定 ；同理，选择墙梯所有横杆线段，单击"完成"按钮 完成 ，然后在提示区的"近似的 n1 方向"文本框中输入（-1.0，-0.364，0.0），单击鼠标中键，再单击提示区中的"确定"按钮 确定 ，完成立杆和横杆梁方向的指派。

5．渲染剖面

执行"视图"→"部件显示选项"菜单命令，弹出"部件显示选项"对话框，在"通用"选项卡中勾选"辅助显示"中的"渲染剖面"复选框，如图 7.114 所示。单击"确定"按钮 确定 ，关闭对话框，结果如图 7.115 所示。

图 7.114 "部件显示选项"对话框　　　　图 7.115 墙梯实体

7.5.3 创建装配件

在环境栏中的"模块"下拉列表中选择"装配",进入"装配"模块。单击工具区中的 Create Instance(创建实例)按钮 ,弹出"创建实例"对话框,采用默认设置,单击"确定"按钮 确定 ,完成装配件的创建。

7.5.4 创建分析步和场输出

扫一扫,看视频

1. 创建分析步

在环境栏中的"模块"下拉列表中选择"分析步",进入"分析步"模块。单击工具区中的"创建分析步"按钮 ,弹出"创建分析步"对话框,在"名称"文本框中输入 Step-1,设置"程序类型"为"通用",并在下方的列表中选择"静力,通用",如图 7.116 所示。单击"继续"按钮 继续... ,弹出"编辑分析步"对话框,在"基本信息"选项卡中设置"时间长度"为 5,如图 7.117 所示;在"增量"选项卡中设置"最大增量步数"为 500,"初始"增量步为 0.01,如图 7.118 所示。其余采用默认设置,单击"确定"按钮 确定 ,完成分析步的创建。

2. 创建场输出

单击工具区中的"场输出管理器"按钮 ,弹出"场输出请求管理器"对话框,如图 7.119 所示。这里已经创建了一个默认的场输出,单击"编辑"按钮,弹出"编辑场输出请求"对话框,在"输出变量"列表中选择"应力"→"MISES,Mises 等效应力"和"位移/速度/加速度"→"U,平移和转动",如图 7.120 所示。单击"确定"按钮 确定 ,返回"场输出请求管理器"对话框,单击"关闭"按钮 关闭 ,关闭该对话框,完成场输出的创建。

图 7.116 "创建分析步"对话框

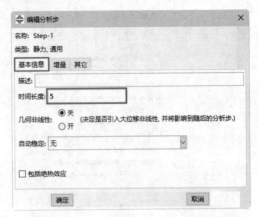

图 7.117 "基本信息"选项卡设置

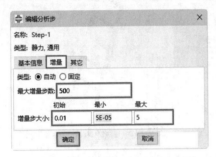

图 7.118 "增量"选项卡设置

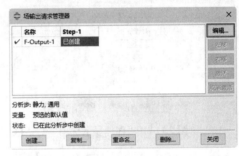

图 7.119 "场输出请求管理器"对话框

扫一扫，看视频

7.5.5 定义载荷和边界条件

1. 创建边界条件

（1）固定地脚。在环境栏中的"模块"下拉列表中选择"载荷"命令，进入"载荷"模块。单击工具区中的"创建边界条件"按钮，弹出"创建边界条件"对话框，在"名称"文本框中输入 BC-guding，设置"分析步"为 Step-1，设置"类别"为"力学"，并在右侧的"可用于所选分析步的类型"列表中选择"位移/转角"选项，如图 7.121 所示。单击"继续"按钮，根据提示在视口区选择墙梯的底部脚点，如图 7.122 所示。单击提示区的"完成"按钮，弹出"编辑边界条件"对话框，勾选 U1～UR3 复选框，并设置数值均为 0，如图 7.123 所示。单击"确定"按钮，将墙梯地脚固定。

（2）顶点添加边界条件。再次单击工具区中的"创建边界条件"按钮，弹出"创建边界条件"对话框，在"名称"文本框中输入 BC-yueshu，"分析步"为 Step-1，"类别"为"力学"，并在右侧的"可用于所选分析步的类型"列表中选择"位移/转角"，单击"继续"按钮，根据提示在视口区选择墙梯的顶点。单击提示区的"完成"按钮，弹出"编辑边界条件"对话框，勾选 U1 和 U3 复选框，并设置数值均为 0，如图 7.124 所示。单击"确定"按钮，为顶点添加边界条件，结果如图 7.125 所示。

2. 创建载荷

（1）创建参考点。在环境栏中的"模块"下拉列表中选择"相互作用"，进入"相互作用"模块。单击工具区中的"创建参考点"按钮，根据提示选择第 7 个横杆的中点，创建一个参考点，标记为 RP-1，如图 7.126 所示。

图 7.120 "编辑场输出请求"对话框

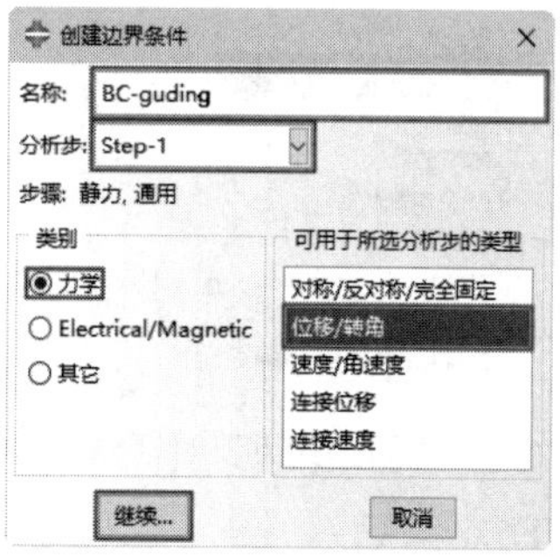

图 7.121 "创建边界条件"对话框 1

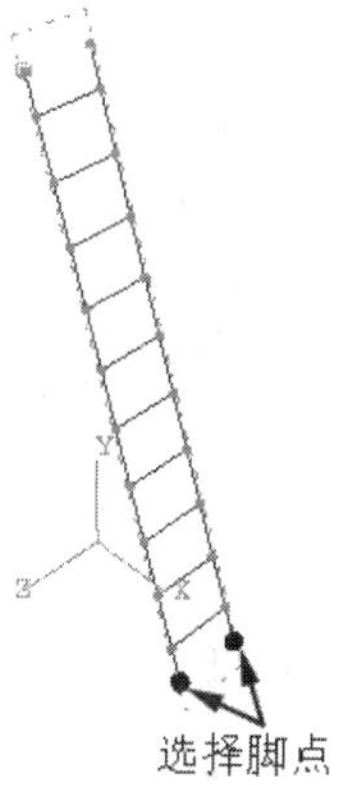

选择脚点

图 7.122 选择脚点

图 7.123 "编辑边界条件"对话框 1

图 7.124 "编辑边界条件"对话框 2

图 7.125 约束顶点

（2）创建约束。单击工具区中的"创建约束"按钮 ⊲ ，弹出"创建约束"对话框，选择"类型"为"耦合的"，如图 7.127 所示。单击"继续"按钮 继续... ，根据提示选择创建的参考点 RP-1，然后单击提示区中的"完成"按钮 完成 ；再单击提示区中的"表面"按钮 表面 ，根据提示选择如图 7.128 中的墙梯的第 7 个横杆。单击提示区中的"完成"按钮 完成 ，再单击提示区中的"末端（品红）"按钮 末端(品红) ，弹出"编辑约束"对话框，勾选所有"被约束的自由度"复选框，如图 7.129 所示，单击"确定"按钮 确定 。

（3）添加集中力。在环境栏中的"模块"下拉列表中选择"载荷"，重新进入"载荷"模块。单击工具区中的"创建载荷"按钮 ⌴ ，弹出"创建载荷"对话框，在"名称"文本框中输入 Load-jizhongli，设置"类别"为"力学"，在"可用于所选分析步的类型"列表中选择"集中力"，如图7.130所示。单击"继续"按钮 继续... ，根据提示选择创建的参考点RP-1，在提示区单击"完成"按钮 完成，弹出"编辑载荷"对话框，设置CF2为-1000，其余为0，如图7.131所示。单击"确定"按钮 确定 ，完成参考点RP-1处集中力载荷的施加。结果如图7.132所示，完成载荷的施加。

图7.126　创建参考点

图7.127　"创建约束"对话框

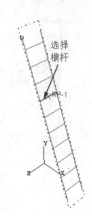

图7.128　选择横杆

图7.129　"编辑约束"对话框

图7.130　"创建载荷"对话框

图7.131　"编辑载荷"对话框

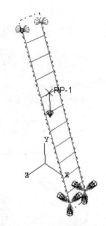

图7.132　施加集中力载荷

7.5.6　划分网格

扫一扫，看视频

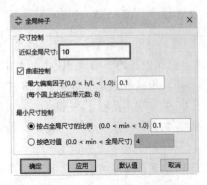

图7.133　"全局种子"对话框

1. 布种

在环境栏中的"模块"下拉列表中选择"网格"，进入"网格"模块，然后设置"对象"为"部件"。单击工具区中的"种子部件"按钮，弹出"全局种子"对话框，设置"近似全局尺寸"为10，其余为默认设置，如图7.133所示。单击"确定"按钮 确定 ，关闭对话框。

2. 为部件划分网格

单击工具区中的"为部件划分网格"按钮，然后单击提示区中的"是"按钮 是 ，完成网格的划分。

7.5.7　提交作业

1. 创建作业

在环境栏中的"模块"下拉列表中选择"作业",进入"作业"模块。单击工具区中的"创建作业"按钮，弹出"创建作业"对话框,在"名称"文本框中输入 Job-qiangti,其余为默认设置,如图 7.134 所示。单击"继续"按钮，弹出"编辑作业"对话框,采用默认设置,如图 7.135 所示。单击"确定"按钮，关闭该对话框。

图 7.134　"创建作业"对话框　　　　图 7.135　"编辑作业"对话框

2. 提交作业

单击工具区中的"作业管理器"按钮，弹出"作业管理器"对话框,如图 7.136 所示。选择创建的 Job-qiangti 作业,单击"提交"按钮，进行作业分析;然后单击"监控"按钮，打开"Job-qiangti 监控器"对话框,可以查看分析过程,如图 7.137 所示。当"日志"选项卡中显示"已完成"时,表示分析完成。单击"关闭"按钮，关闭"Job-qiangti 监控器"对话框,返回"作业管理器"对话框。

图 7.136　"作业管理器"对话框　　　　图 7.137　"Job-qiangti 监控器"对话框

扫一扫，看视频

7.5.8　可视化后处理

1. 进入"可视化"模块

单击"作业管理器"对话框中的"结果"按钮 <u>结果</u> ，系统自动切换到"可视化"模块。

2. 渲染剖面

执行"视图"→"ODB 显示选项"菜单命令，弹出"ODB 显示选项"对话框，在"通用"选项卡中勾选"辅助显示"中的"渲染剖面"复选框，如图 7.138 所示。单击"确定"按钮 <u>确定</u> ，关闭对话框，墙梯模型如图 7.139 所示。

图 7.138　"ODB 显示选项"对话框

图 7.139　墙梯模型

3. 查看变形图

单击工具区中的"绘制变形图"按钮 ，可以查看模型的变形图，单击环境栏后面的"最后一个"按钮 ，查看最后一帧变形图，结果如图 7.140 所示。

4. 查看应力云图

单击工具区中的"在变形图上绘制云图"按钮 ，可以查看模型的变形云图。执行"结果"→"场输出"菜单命令，弹出"场输出"对话框，可以查看不同变量的场输出，如图 7.141 所示。在"输出变量"列表中选择 S 选项，单击"应用"按钮 应用 ，查看等效应力云图，最后一帧等效应力云图如图 7.142 所示。

5. 查看位移云图

在图 7.141 所示的"输出变量"列表中选择 U，单击"确定"按钮 确定 ，查看位移云图，最后一帧位移云图如图 7.143 所示。

图 7.140　最后一帧变形图　　　　图 7.141　最后一帧变形图

6. 查看动画

单击"动画：时间历程"按钮![],查看位移云图的时间历程动画。单击"动画选项"按钮![],弹出"动画选项"对话框,如图 7.144 所示。设置"模式"为"循环",然后拖动"帧频率"滑块到中间位置,单击"确定"按钮 确定 ,减慢动画的播放,可以更好地观察动画的播放。

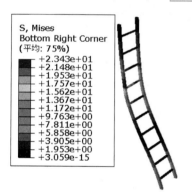

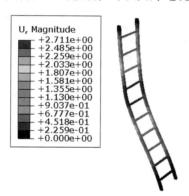

图 7.142　最后一帧等效应力云图　　图 7.143　最后一帧位移云图　　图 7.144　"动画选项"对话框

7.6　动手练一练

图 7.145 所示为一个挂钩,挂钩的材质为结构钢,挂钩宽为 15mm。挂钩左侧面完全固定,U 形槽内表面承受一重物,在内表面产生 1500MPa 的压力,并且挂钩的左侧面承受一个竖直向下的均布剪力,该剪力在侧表面产生 22MPa 的压力。分析此情况下挂钩的变形和产生的应力。其他参数见表 7.4。

表 7.4   挂钩材料参数

材料名称	密度/(t/mm³)	杨氏模量/MPa	泊松比
结构钢	7.85e-9	210000	0.3

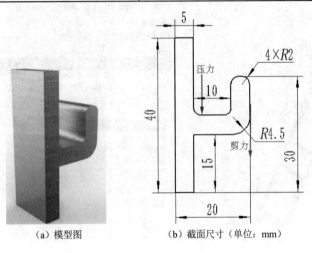

（a）模型图   （b）截面尺寸（单位：mm）

图 7.145   挂钩

思路点拨：

（1）创建一个挂钩模型。

（2）定义属性并指派截面。

（3）创建装配件。

（4）创建两个分析步：分析步 1 在初始分析步之后，分析步 2 在分析步 1 之后。

（5）设置场输出变量为等效应力、平移和转动。

（6）固定左侧面，在 U 形槽的面上施加 1500MPa 压力，在右侧面施加竖直向下的剪应力。

（7）划分网格。

（8）创建并提交作业。

（9）可视化后处理。

第 8 章 非线性力学分析

内容简介

第 7 章介绍的内容属于线性静力学问题，都符合胡克定律，即位移或应力与作用的力是线性的，而在现实生活中，存在许多的结构，其作用力与位移并不是线性关系，称为非线性力学分析，是由于物体本身（接触）状态的非线性、几何结构的非线性和物体材料的非线性决定的。本章主要讲述非线性问题。

内容要点

- ⬎ 非线性力学行为
- ⬎ 非线性力学分类
- ⬎ 实例——订书钉非线性力学分析
- ⬎ 实例——橡胶减震器非线性力学分析
- ⬎ 实例——冷拔钢管非线性力学分析

案例效果

8.1 非线性力学行为

早期人们在研究力与位移之间的关系时，发现一个简单的关系，这就是著名的胡克定律，即

$$F=Ku \tag{8.1}$$

式中：F 为力；K 为一个常数，表示结构刚度；u 为位移。

胡克定律公式遵循线性关系，是基于线性矩阵的代数，非常适宜于线性有限元分析，例如对一个简单的弹簧进行线性分析，如图 8.1 所示。

但是，大多结构是没有力和位移之间的线性关系的，力 F 对位移 u 的图形关系不是直线的，因为此时结构的刚度 K 不再是一个常数，而是变为施加的载荷的函数变量 K^T（切向刚度），这样的结构就是非线性的，如图 8.2 所示。

图 8.1　胡克定律

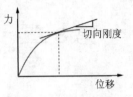

图 8.2　几何非线性

典型的非线性情况如下。

（1）应力超过屈服强度进入塑性变形。

（2）状态的改变（两体间的接触、单元的生/死）。

（3）大变形，如钓鱼竿受力变形。

8.2　非线性力学分类

引起结构非线性的原因有很多，主要分为几何非线性、材料非线性和接触（状态）非线性。

8.2.1　几何非线性

当结构在承受大变形时，变化的几何形状就有可能引起结构的非线性响应。图 8.3 所示为一个细长悬臂杆，随着端点上载荷力的增加，悬杆不断弯曲（产生了大变形），力臂明显变小，从而导致悬杆端部在较高载荷下其刚度不断增大。这是大挠度引起的非线性响应。一般在几何非线性中引起非线性响应的主要有大应变、大挠度和应力刚化。几何非线性较简单，主要是由于结构的大变形引起载荷力的方向不能始终垂直于物体，会产生一个切向力，从而导致位移与力的关系不再是线性关系。

8.2.2　材料非线性

非线性的应力-应变关系是造成结构非线性的常见原因。影响材料应力-应变关系的因素有很多，如图 8.4 所示为一个典型的非线性应力-应变关系，影响的因素有加载历史、环境温度和加载的时间总量等。

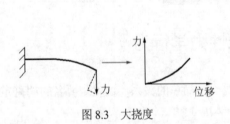

图 8.3　大挠度

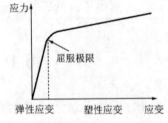

图 8.4　典型非线性的应力-应变关系

材料的非线性除了与外部的环境因素有关外，还与材料本身的性质有关，如材料的塑性、超弹性和黏弹性等。这里对这几类材料的非线性进行简单的理论介绍。

1. 塑性

对物体施加外力，当外力较小时物体发生弹性形变，当外力超过某一数值时，物体就会产生不可恢复的形变，这就叫作塑性形变。因此，塑性是材料在给定的载荷下产生永久性变形的一种材料属性，是物体变形的能力。

大多数金属材料在小应变时都具有良好的线性应力-应变关系，但在较大的应变时会产生屈服特性，这时会使金属材料产生塑性变形，此时材料的响应就变成了非线性和不可逆的。

在 Abaqus 中必须使用真实应力和真实应变定义材料的塑性，而大多数实验数据常常是由名义应力和名义应变给出，因此，需要将塑性材料的名义应力和应变转换为真实值，这就需要知道真实应力与名义应力之间的关系以及真实应变与名义应变之间的关系。

名义应力是利用物体变形前的平面计算得到的单位面积上的力；真实应力是利用物体变形后的平面计算得到的单位面积上的力；名义应变是利用物体变形前的长度计算得到的单位长度的伸长量；真实应变是利用物体变形后的长度计算得到的单位长度的伸长量。

例如，一根长杆，原来长度为 l_0，横截面面积为 A_0，在力 F 的作用下，拉伸发生大变形后长度变为 l，横截面面积变为 A，如图 8.5 所示。

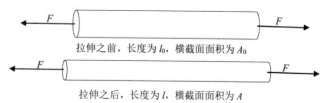

拉伸之前，长度为 l_0，横截面面积为 A_0

拉伸之后，长度为 l，横截面面积为 A

图 8.5 长杆拉伸

名义应力为

$$\sigma_n = \frac{F}{A_0} \tag{8.2}$$

真实应力为

$$\sigma = \frac{F}{A} \tag{8.3}$$

再由拉伸前后体积不变可得

$$l_0 A_0 = lA \tag{8.4}$$

将式（8.4）中的 A 代入式（8.3）中得

$$\sigma = \frac{F}{A} = \frac{F}{A_0}\frac{l}{l_0} = \sigma_n\left(\frac{l}{l_0}\right) \tag{8.5}$$

名义应变为

$$\varepsilon_n = \frac{l-l_0}{l_0} = \frac{l}{l_0} - 1 \ 或 \ \varepsilon_n = \frac{l-l_0}{l_0} = \frac{\Delta l}{l_0} \tag{8.6}$$

真实应变为

$$\varepsilon = \frac{l-l_0}{l} = 1 - \frac{l_0}{l} \ 或 \ \varepsilon = \frac{l-l_0}{l} = \frac{\Delta l}{l} \tag{8.7}$$

由 $\varepsilon_n = \frac{\Delta l}{l_0} = \frac{\int_{l_0}^{l} \mathrm{d}l}{l_0}$ 得 $\mathrm{d}\varepsilon_n = \frac{\mathrm{d}l}{l_0}$，同理得 $\mathrm{d}\varepsilon = \frac{\mathrm{d}l}{l}$

对真实应变进行微积分可得

$$\varepsilon = \int_{l_0}^{l} \frac{\mathrm{d}l}{l} = \ln\frac{l}{l_0} \tag{8.8}$$

再由 $\varepsilon_n = \frac{l-l_0}{l_0} = \frac{l}{l_0} - 1$ 可得 $\frac{l}{l_0} = \varepsilon_n + 1$，将其代入式（8.8）中就能得到真实应变与名义应变之间的

关系，即

$$\varepsilon = \ln \frac{l}{l_0} = \ln \left(\varepsilon_n + 1 \right) \tag{8.9}$$

由式（8.6）中的 $\varepsilon_n = \dfrac{l}{l_0} - 1$ 可得 $\dfrac{l}{l_0} = 1 + \varepsilon_n$，将其代入式（8.5）中就能得到真实应力值与名义应力、应变之间的关系，即

$$\sigma = \sigma_n \left(1 + \varepsilon_n \right) \tag{8.10}$$

Abaqus 是通过屈服应力和塑性应变来定义材料的塑性的，如图 8.6 所示。"数据"列表中的"屈服应力"和"塑性应变"是将材料的真实屈服应力定义为真实塑性应变的函数。因为列表中第一个数据定义的是材料的初始屈服应力，因此对应的塑性应变值为 0。

📢 **注意：**

　　图 8.6 中的第一个"塑性应变"值必须为 0，它表示在屈服点处的塑性应变为 0；如果此处的值不为 0，则会在完成定义后单击"确定"按钮 确定 时弹出提示框，提示"第一次屈服的塑性应变必须为零"如图 8.7 所示。

图 8.6　定义材料塑性　　　　　　　　　　　图 8.7　提示框

　　在定义材料的塑性性能实验中提供的实验数据是材料的总体应变，包括材料的塑性应变和材料的弹性应变。因此，从总体应变中减去弹性应变就可以得到塑性应变，而弹性应变等于真实应力与弹性模量的比值，以此可以得到塑性应变与弹性应变的关系式，即

$$\varepsilon^{pt} = \varepsilon - \varepsilon^{et} = \varepsilon - \frac{\sigma}{E} \tag{8.11}$$

式中：ε^{pt} 为真实的塑性应变，也就是图 8.6 中的塑性应变；ε^{et} 为真实的弹性应变；σ 为总体的真实应力，也就是前面所说的真实应力；E 为弹性模量，在 Abaqus 中对应的是杨氏模量。

　　杨氏模量是描述固体材料抵抗变形能力的物理量，是真实应力与真实应变之比，由英国物理学家托马斯·杨提出的最常见的一种弹性模量。在弹性模量中，除了杨氏模量，还包括体积模量和剪切模量。

假如实验测得一个杨氏模量为 210000MPa 的名义应力与名义应变的数值，如表 8.1 所示，就可以根据式（8.10）将名义应力转换为真实应力；根据式（8.9）将名义应变转换为真实应变，然后再根据式（8.11）计算出材料的塑性应变。

表 8.1　名义应力、应变值与真实应力、应变值及塑性应变的转换

名义应力/MPa	名义应变	真实应力/MPa $\sigma = \sigma_n(1+\varepsilon_n)$	真实应变 $\varepsilon = \ln(\varepsilon_n+1)$	塑性应变 $\varepsilon^{pl} = \varepsilon - \dfrac{\sigma}{E}$
51.155	0.0002439	51.167	0.0002439	0
154.597	0.00410	155.231	0.00409	0.00335
233.344	0.00844	235.313	0.00840	0.00728
257.888	0.04011	268.232	0.03933	0.03805
277.993	0.05764	294.017	0.05604	0.05464
305.017	0.08316	330.382	0.07988	0.07831
330.774	0.12098	370.791	0.11420	0.11243
337.429	0.15342	389.197	0.14273	0.14088

从表 8.1 中可以看到：在小应变时，真实应变和名义应变间的差别很小；但在大应变时，两者间会有较大的差别。因此，在大应变的非线性力学分析时，需要在 Abaqus 中提供准确的屈服应力和塑性应变数据。

2．超弹性

超弹性是指材料存在一个弹性势能函数，该函数是应变张量的标量函数，其对应变分量的导数是对应的应力分量，在卸载时应变可自动恢复的现象。应力和应变不再是线性对应的关系，而是以弹性能函数的形式一一对应。

所谓的超弹性物质，是一种特殊的弹性物质，如橡胶、泡沫和生物组织可以认为是具有非线性的超弹性材料。它们的本构关系可以完全地由其应变能密度函数给出，应用最广泛的是 Neo-Hookean 模型、Mooney-Rivlin 模型和 Ogden 模型等。在实际应用本构模型时，可以从这些经典的应变能密度函数中寻找合适的模型，也可以结合前人的研究成果开发新的本构模型。当应变能函数确定时，材料的本构行为能够被完全给定，从而可以应用到有限元分析中准确地描述材料的力学行为。

3．黏弹性

蠕变是在恒定应力作用下，材料的应变随时间增加而逐渐增大的材料特性。Abaqus 提供了 3 种标准的黏弹性材料模型，即时间硬化模型、应变硬化模型和双曲正弦模型。

时间硬化模型为

$$\dot{\overline{\varepsilon}}_{ct} = A\overline{q}^n t^m \tag{8.12}$$

式中：$\dot{\overline{\varepsilon}}_{ct}$ 为单轴等效蠕变应变速率；$\overline{q}$ 为等效单轴偏应力；t 为总时间；A、n 和 m 为材料常数。

应变硬化模型为

$$\dot{\overline{\varepsilon}}_{ct} = \left(A\overline{q}^n \left[(m+1)\overline{\varepsilon}^{ct} \right]^m \right)^{\frac{1}{m+1}} \tag{8.13}$$

双曲正弦模型为

$$\dot{\overline{\varepsilon_{ct}}} = A\left(\sinh B\overline{q}\right)^n \exp\left(-\frac{\Delta H}{R\left(\theta - \theta^z\right)}\right) \tag{8.14}$$

式中：θ 为温度；θ^z 为用户定义温标的绝对零度；ΔH 为激活能；R 为普适气体常数；A、B 和 n 为材料常数。

8.2.3 接触（状态）非线性

接触（状态）非线性是指在分析过程中物体的接触状态发生改变，导致物体的应力-应变关系为非线性。其特点是边界条件不能在计算的开始就全部给出，而是在计算过程中确定的，接触物体之间的接触面积和压力分布随外载荷变化，另外还可能需要考虑接触面之间的摩擦和传热。

进行接触（状态）非线性分析会涉及接触分析，接触分析中的接触条件是一类不同于其他条件的不连续约束，它允许力从模型的一部分传递到另一部分。因为只有当两个物体表面发生接触时才会产生约束，而当两个接触的面分开时，约束作用也会随之消失，所以这种约束是不连续的。

进行接触分析需要进行以下操作。

1. 定义接触面

有限元分析中的接触面包括实体单元上的接触面，在结构、面和刚体单元上的表面和刚性表面 3 种。

（1）实体单元上的接触面。

对于二维和三维的实体单元，可以通过在视图区中选择部件实体的区域指定部件中接触表面的部分。

（2）在结构、面和刚体单元上的接触面。

定义在结构、面和刚体单元上的接触面有 4 种方法：单侧表面、双侧表面、基于边界的表面和基于结点的表面。仅在 Abaqus/Explicit 中可以用双侧表面。

应用单侧表面时，必须指明是单元的哪个面形成接触面。在正单元法线方向的面称为 SPOS，而在负单元法向方向的面称为 SNEG，单元的结点次序定义了正单元法向。可以在 Abaqus/CAE 中查看正单元法向。

在 Abaqus/Explicit 中的双侧表面是更为常用的，因为它自动地包括了 SPOS 和 SNEG 两个面和所有自由边界。接触既可以发生在构成双侧接触面单元的面上，也可以发生在单元的边界上。例如，在分析的过程中，一个从属结点可以从双侧表面的一侧出发，并经过边界到达另一侧。目前，对于三维的壳、膜、面和刚体单元，仅在 Abaqus/Explicit 中有双侧表面的功能。通用接触算法和在接触对中的自接触算法强化了在所有壳、膜、面和刚体表面的双面接触，即使它们只定义了单侧面。

（3）刚性表面。

刚性表面是刚性体的表面，可以将其定义为一个解析形状，或者是基于与刚体相关的单元的表面。

解析刚性表面有 3 种基本形式。在二维中，一个解析刚性表面是一个二维的分段刚性表面，可以在模型的二维平面上应用直线、圆弧和抛物线弧定义表面的横截面。定义三维刚性表面的横截面，可以在用户指定的平面上应用对于二维问题相同的方式定义。然后由这个横截面绕一个轴扫掠形成一个旋转表面，或沿一个向量拉伸形成一个长的三维表面。

解析刚性表面的优点在于只用少量的几何点便可以定义，并且计算效率很高。但是，在三维情况下，应用解析刚性表面所能够创建的形状范围是有限的。

离散形式的刚性表面是基于构成刚性体的单元面，这样，它们可以创建比解析刚性表面几何上更为复杂的刚性面。定义离散刚性表面的方法与定义可变形体表面的方法完全相同。

目前，在 Abaqus/Explicit 中解析刚性表面还只能应用于接触对算法。

2. 接触面间的相互作用

接触面间的相互作用包含两部分：一部分是接触面间的法向作用；另一部分是接触面间的切向作用。切向作用包括接触面间的相对运动（滑动）和可能存在的摩擦剪应力。每种接触相互作用都可以代表一种接触特性，它定义了在接触面之间相互作用的模型。在 Abaqus 中有几种接触相互作用的模型，默认的模型是没有黏结的无摩擦模型。

（1）接触面的法向行为。

两个表面分开的距离称为间隙。当两个表面之间的间隙变为 0 时，则认为在 Abaqus 中施加了接触约束。在接触问题的公式中：对接触面之间能够传递的接触压力的量值未作任何限制。当接触面之间的接触压力变为 0 或负值时，两个接触面分离，并且约束被移开。这种行为代表了"硬"接触。

当接触条件从"开"（间隙值为正）到"闭"（间隙值等于 0）时，接触压力会发生剧烈的变化，有时可能会使得在 Abaqus/Standard 中的接触模拟难以完成。但是，在 Abaqus/Explicit 中则不是这样，其原因是对于显式算法不需要迭代。

（2）表面的滑动。

除了要确定在某一点是否发生接触外，Abaqus 分析还必须计算两个表面之间的相互滑动。这可能是一个非常复杂的计算。因此，Abaqus 在分析时区分了哪些滑动的量级是小的，哪些滑动的量级可能是有限的问题。对于在接触表面之间是小滑动的模型问题，其计算成本是很小的。对于"小滑动"没有系统的定义，不过可以遵循一个一般的原则：对于一点与一个表面接触的问题，只要该点的滑动量是单元尺寸的一小部分，就可以近似地应用"小滑动"。

（3）摩擦模型。

当表面发生接触时，在接触面之间一般传递切向力和法向力。这样，在分析中就要考虑阻止表面之间相对滑动的摩擦力。库仑摩擦是经常用来描述接触面之间相互作用的摩擦模型，该模型应用摩擦系数 μ 表征在两个表面之间的摩擦行为。

默认的摩擦系数为 0。在表面拉力达到一个临界剪应力值之前，切向运动一直保持为 0。根据以下方程，临界剪应力取决于法向接触压力。

$$T_{crit} = \mu p \tag{8.15}$$

式中：μ 为摩擦系数；p 为两接触面之间的接触压力。

这个方程给了接触表面的临界摩擦剪应力。直到在接触面之间的剪应力等于极限摩擦剪应力 μp 时，接触面之间才会发生相对滑动。对于大多数表面，μ 通常是小于单位 1 的，库仑摩擦可以用 μ 或 T_{crit} 定义。库仑摩擦模型的行为：当它们处于黏结状态时（剪应力小于 μp），表面之间的相对运动（滑动）为 0。如果两个接触表面是基于单元的表面，则也可以指定摩擦应力极限。

在 Abaqus/Standard 的模拟中，黏结和滑动两种状态之间的不连续性可能导致收敛问题。因此，在 Abaqus/Standard 模拟中，只有当摩擦力对模型的响应有显著影响时，才应该在模型中包含摩擦。如果在有摩擦的接触模拟中出现了收敛问题，首先应该尝试的诊断和修改问题的方法之一就是在无摩擦的情况下重新运算。一般情况下，对于 Abaqus/Explicit 引入摩擦并不会引起附加的计算困难。

模拟理想的摩擦行为可能是非常困难的。因此，在默认的大多数情况下，Abaqus 使用一个允许"弹性滑动"的罚摩擦公式。"弹性滑动"是在黏结的接触面之间所发生的小量的相对运动。Abaqus 自动地选择刚度（虚线的斜率），因此这个允许的"弹性滑动"是单元特征长度的很小一部分。罚摩擦公式适用于大多数问题，包括在大部分金属成形问题中的应用。

在那些必须包含理想的黏结/滑动摩擦行为的问题中，可以在 Abaqus/Standard 中使用拉格朗日摩擦公式和在 Abaqus/Explicit 中使用动力学摩擦公式。在计算机资源的消耗上，拉格朗日摩擦公式更加消耗资源，因为对于每个采用摩擦接触的表面结点，Abaqus/Standard 应用附加的变量。另外，求解的收敛速度更慢，一般需要附加的迭代。本书不讨论这种摩擦公式。

在 Abaqus/Explicit 中，摩擦约束的动力学施加方法是基于预测/修正算法。在预测模型中，应用与结点相关的质量、结点滑动的距离和时间增量计算用于保持另一侧表面上结点位置所需要的力。如果在结点上应用这个力计算得到的切应力大于 T，则表面是在滑动，并施加了一个相应于 T 的力。在任何情况下，对于在处于接触中的从属结点与主控表面的结点上，这个力将导致沿表面切向的加速度修正。

通常在从黏结条件下进入初始滑动的摩擦系数不同于已经处于滑动中的摩擦系数，前者代表了静摩擦系数，而后者代表了动摩擦系数。在 Abaqus 中用指数衰减规律模拟静摩擦和动摩擦之间的转换。本书不讨论这种摩擦公式。

在模型中，由于包含了摩擦，所以在 Abaqus/Standard 的求解方程组中增加了非对称项。如果 $\mu<0.2$，那么这些非对称项的量值和影响都非常小，并且正则、对称求解器工作效果是很好的（除非接触面具有很大的曲率）；对于更高的摩擦系数，将自动地采用非对称求解器，因此它将改进收敛的速度。非对称求解器所需的计算机内存和硬盘空间是对称求解器的 2 倍，大的 μ 值通常并不会在 Abaqus/Explicit 中引起任何困难。

（4）基于表面的接触。

在模拟过程中，束缚约束用来将两个面束缚在一起。在从属面上的每个结点被约束为与在主控面上距它最接近的点具有相同的运动。对于结构分析，这意味着约束了所有平移（也可以选择包括转动）自由度。

Abaqus 应用未变形的模型结构以确定哪些从属结点将被束缚到主控表面上。在默认情况下，束缚了位于主控表面上给定距离之内的所有从属结点。这个默认的距离是基于主控表面上的典型单元尺寸。可以通过两种方式之一使这个默认值失效：一种是通过从被约束的主控表面上指定一个距离，并使从属结点位于其中；另一种是指定一个包括所有需要约束结点的结点集合。也可以调整从属结点，使其刚好位于主控表面上。如果必须调整从属结点跨过一定的距离，而它是从属结点所附着的单元侧面上一大段长度，那么单元可能会严重扭曲，所以应尽可能地避免大的调整。对于在不同密度的网格之间的加速网格细化，束缚约束是特别有用的。

3．定义接触

在 Abaqus/Standard 中，在两个结构之间定义接触首先是要创建表面，下一步是创建接触相互作用，使两个可能发生互相接触的表面成对，然后定义控制发生接触表面行为的力学性能模型。

（1）接触相互作用。

在一个 Abaqus/Standard 的模拟中，通过将接触面的名字赋予一个接触的相互作用定义两个表面之间可能发生的接触。如同每个单元都必须具有一种单元属性一样，每个接触相互作用必须赋予一种接触属性。在接触属性中包含了本构关系，如摩擦和接触压力与间隙的关系。

当定义接触相互作用时，必须确定相对滑动的量级是小滑动还是有限滑动，默认的是更为普遍的有限滑动公式。如果两个表面之间的相对运动小于一个单元面上特征长度的一个小的比值，则适合应用小滑动公式。在许可的条件下使用小滑动公式可以提高分析的效率。

（2）从属和主控表面。

Abaqus/Standard 使用单纯主从接触算法，在一个表面（从属面）上的结点不能侵入另一个表面（主控面）的某一部分。该算法并没有对主面做任何限制，它可以在从面的结点之间侵入从面。

这种严格的主从关系导致用户必须非常小心和正确地选择主面和从面，从而获得最佳可能性的接触模拟，一些简单的规则如下。

1）从面应该是网格划分更精细的表面。

2）如果网格密度相近，从面应该采用较软材料的表面。

3）小滑动与有限滑动。

当应用小滑动公式时，Abaqus/Standard 在模拟开始时就建立了从面结点与主控表面之间的关系。Abaqus/Standard 确定了在主控表面上哪一段将与在从面上的每个结点发生相互作用。在整个分析过程都将保持这些关系，绝不会改变主面部分与从面结点的相互作用关系。如果在模型中包括了几何非线性，小滑动算法将考虑主面的任何转动和变形，并更新接触力传递的路径；如果在模型中没有考虑几何非线性，则忽略主面的任何转动或变形，载荷的路径保持不变。

有限滑动接触公式要求 Abaqus/Standard 经常地确定与从面的每个结点发生接触的主面区域。这是一个相当复杂的计算，尤其是当两个接触物体都是变形体时。在这种模拟中的结构可以是二维或三维的。Abaqus/Standard 也可以模拟一个变形体的有限滑动自接触问题。

在变形体与刚性表面之间接触的有限滑动公式不像两个变形体之间接触的有限滑动公式那么复杂，主面是刚性面的有限滑动模拟，可以应用在二维和三维的模型上。

8.3 实例——订书钉非线性力学分析

订书钉是一种常见的办公用品，用于装订纸张文档等。图 8.8（a）所示为订书钉固定前和固定后的状态，订书钉这两种状态的两个固定脚有较大的变形，且变形后不能自主恢复，产生非线性变形，下面就对订书钉进行非线性分析。图 8.8（b）所示为订书钉的尺寸图，假设订书钉上表面固定，在两个固定脚处分别受到一个大小为 40N 的向内的力，分析该状态下订书钉产生的变形和位移订书钉的材料参数如表 8.2 所示。

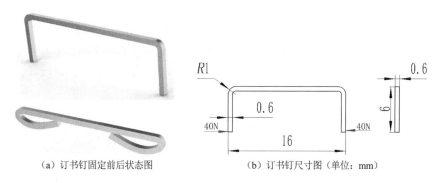

（a）订书钉固定前后状态图　　　　（b）订书钉尺寸图（单位：mm）

图 8.8　订书钉

表 8.2　订书钉材料参数

材料名称	密度/(t/mm³)	杨氏模量/ MPa	泊松比
铁	7.85e-9	210000	0.3

8.3.1 创建模型

1. 设置工作目录

执行"文件"→"设置工作目录"菜单命令，弹出"设置工作目录"对话框，选择 Abaqus/CAE 所有文件的保存目录，如图 8.9 所示。单击"新工作目录"文本框右侧的"选取"按钮，找到文件要保存到的文件夹，然后单击"确定"按钮 确定 ，完成操作。

2. 创建部件

单击"部件"模块工具区中的"创建部件"按钮，弹出"创建部件"对话框，在"名称"文本框中输入 dingshuding，设置"模型空间"为"三维"，再依次选择"可变形""实体"和"拉伸"，设置"大约尺寸"为50，如图 8.10 所示。然后单击"继续"按钮 继续... ，进入草图绘制环境。

图 8.9 "设置工作目录"对话框　　　　图 8.10 "创建部件"对话框

3. 绘制草图

（1）绘制直线。单击"线"按钮，在提示区输入起点坐标（0，0），单击鼠标中键，然后依次输入坐标点（0，6）、（16，6）、（16，0），每输入一个坐标点都需单击鼠标中键，结果如图 8.11 所示。

（2）偏移曲线。单击"偏移曲线"按钮，根据提示在视口区选择绘制的 3 条线，然后单击提示区的"完成"按钮 完成 ，在提示区的"偏移距离"文本框中输入 0.6，单击鼠标中键，再单击"确定"按钮 确定 ，将线向内偏移 0.6，结果如图 8.12 所示。

图 8.11 绘制直线　　　　　　　　图 8.12 偏移曲线

（3）倒圆角。单击"倒圆角"按钮，在提示区输入圆角半径为 1，单击鼠标中键，然后分别选择要倒圆角的两条线段，进行倒圆角。同理，对内部的两个角进行倒圆角，圆角半径为 0.4，结果如图 8.13 所示。

（4）绘制线。单击"线"按钮，封闭绘制的草图，结果如图 8.14 所示。

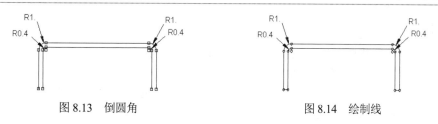

図 8.13　倒圆角　　　　　　　　　　　図 8.14　绘制线

4. 拉伸草图

按 Esc 键退出线段的绘制，然后单击提示区的"完成"按钮 完成 ，弹出"编辑基本拉伸"对话框，设置深度为 0.6，如图 8.15 所示。单击"确定"按钮 确定 ，完成订书钉模型的创建，结果如图 8.16 所示。

图 8.15　"编辑基本拉伸"对话框　　　　图 8.16　订书钉模型

8.3.2　定义属性及指派截面

扫一扫，看视频

1. 创建材料

在环境栏中的"模块"下拉列表中选择"属性"，进入"属性"模块。单击工具区中的"创建材料"按钮 ，弹出"编辑材料"对话框，在"名称"文本框中输入 Material-tie，在"材料行为"选项组中依次选择"通用"→"密度"。此时，在下方出现的数据表中设置"质量密度"为 7.85e-9，如图 8.17 所示。然后在"材料行为"选项组中依次选择"力学"→"弹性"→"弹性"。此时，在下方出现的数据表中依次设置"杨氏模量"为 210000，"泊松比"为 0.3，如图 8.18 所示，其余参数保持不变，单击"确定"按钮 确定 ，完成材料的创建。

图 8.17　设置密度　　　　　　　　　　图 8.18　设置弹性

2. 创建截面

单击工具区中的"创建截面"按钮 ，弹出"创建截面"对话框，在"名称"文本框中输入 Section-tie，设置"类别"为"实体"，"类型"为"均质"，如图 8.19 所示。其余参数保持不变，单击"继续"按钮 继续... ，弹出"编辑截面"对话框，设置"材料"为 Material-tie，其余为默认设置，如图 8.20 所示。单击"确定"按钮 确定 ，完成截面的创建。

图 8.19　"创建截面"对话框

图 8.20　"编辑截面"对话框

3. 指派截面

单击工具区中的"指派截面"按钮 ，在提示区取消"创建集合"复选框的勾选，然后在视口区选择订书钉实体，在提示区单击"完成"按钮 完成 ，弹出"编辑截面指派"对话框，设置截面为 Section-tie，如图 8.21 所示。单击"确定"按钮 确定 ，将创建的 Section-tie 截面指派给订书钉，指派截面的订书钉颜色变为绿色，完成截面的指派。

8.3.3　创建装配件

在环境栏中的"模块"下拉列表中选择"装配"，进入"装配"模块。单击工具区中的"Create Instance"（创建实例）按钮 ，弹出"创建实例"对话框，如图 8.22 所示。采用默认设置，单击"确定"按钮 确定 ，完成装配件的创建。

图 8.21　"编辑截面指派"对话框

图 8.22　"创建实例"对话框

扫一扫，看视频

8.3.4　创建分析步和场输出

1. 创建分析步

在环境栏中的"模块"下拉列表中选择"分析步"，进入"分析步"模块。单击工具区中的"创建分析步"按钮 ，弹出"创建分析步"对话框，在"名称"文本框中输入 Step-1，设置"程序类型"

为"通用"，并在下方的列表中选择"静力，通用"选项，如图 8.23 所示。单击"继续"按钮 继续... ，
弹出"编辑分析步"对话框，在"基本信息"选项卡中设置"时间长度"为 2，设置"几何非线性"
为"开"，如图 8.24 所示；在"增量"选项卡中设置"最大增量步数"为 1000，"初始"增量步为 0.01，
"最小"增量步为 2E-05，"最大"增量步为 0.1，如图 8.25 所示。其余采用默认设置，单击"确定"
按钮 确定 ，完成分析步的创建。

图 8.23　"创建分析步"对话框

图 8.24　设置"基本信息"选项卡

2. 创建场输出

单击工具区中的"场输出管理器"按钮，弹出"场输出请求管理器"对话框，如图 8.26 所示。
这里已经创建了一个默认的场输出，单击"编辑"按钮 编辑... ，弹出"编辑场输出请求"对话框，在
"输出变量"列表中选择"应力"→"MISES,Mises 等效应力"和"位移/速度/加速度"→"U,平移和
转动"，如图 8.27 所示。单击"确定"按钮 确定 ，返回"场输出请求管理器"对话框，单击"关闭"
按钮 关闭 ，关闭该对话框，完成场输出的创建。

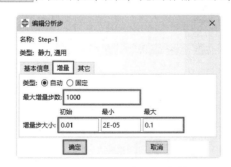

图 8.25　设置"增量"选项卡

图 8.26　"场输出请求管理器"对话框

8.3.5　定义相互作用

1. 创建相互作用属性

在环境栏中的"模块"下拉列表中选择"相互作用"，进入"相互作用"模块。单击工具区中的
"创建相互作用属性"按钮，弹出"创建相互作用属性"对话框，在"名称"文本框中输入 IntProp-1，
设置类型为"接触"，如图 8.28 所示。单击"继续"按钮 继续... ，弹出"编辑接触属性"对话框，
单击"力学"下拉列表中的"切向行为"，设置"摩擦公式"为"无摩擦"，如图 8.29 所示；单击

扫一扫，看视频

"力学"下拉列表中的"法向行为"，设置"压力过盈"为"'硬'接触"，如图 8.30 所示。单击"确定"按钮 确定 ，关闭该对话框。

图 8.27　"编辑场输出请求"对话框

图 8.28　"创建相互作用属性"对话框

图 8.29　设置切向行为

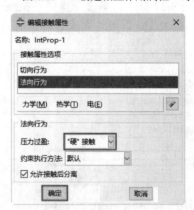

图 8.30　设置法向行为

2. 创建相互作用

单击工具区中的"创建相互作用"按钮 ，弹出"创建相互作用"对话框，在"名称"文本框中输入 Int-zijiechu，设置"分析步"为 Initial（初始步），在"可用于所选分析步的类型"列表中选择"自接触（Standard）"，如图 8.31 所示。单击"继续"按钮 继续... ，根据提示选择订书钉的内表面，如图 8.32 所示。然后单击提示区的"完成"按钮 完成 ，弹出"编辑相互作用"对话框，如图 8.33 所示。采用默认设置，单击确定"按钮" 确定 ，创建相互作用。

图 8.31　"创建相互作用"对话框

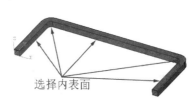

图 8.32　选择内表面

图 8.33　"编辑相互作用"对话框

3. 创建参考点

单击工具区中的"创建参考点"按钮，根据提示在视图区选择订书钉底脚外侧面上的中点，如图 8.34 所示。创建参考点 RP1，同理，在另一侧面创建参考点 RP2。

4. 创建约束

单击工具区中的"创建约束"按钮，弹出"创建约束"对话框，选择"类型"为"耦合的"，如图 8.35 所示。单击"继续"按钮，根据提示选择创建的参考点 RP1，单击提示区的"完成"按钮。再单击"表面"按钮，选择参考点 RP1 所在的底脚底面，如图 8.36 所示。单击提示区的"完成"按钮，弹出"编辑约束"对话框，如图 8.37 所示。采用默认设置，单击"确定"按钮，完成耦合约束的创建；同理，创建另一个底脚处的耦合约束。

图 8.34　选择底脚外
侧面中点

图 8.35　"创建约束"
对话框

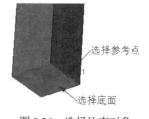

图 8.36　选择约束对象

图 8.37　"编辑约束"对话框

8.3.6　定义载荷和边界条件

1. 创建边界条件

在环境栏中的"模块"下拉列表中选择"载荷"，进入"载荷"模块。单击工具区中的"创建边

扫一扫，看视频

界条件"按钮 ，弹出"创建边界条件"对话框，在"名称"文本框中输入 BC-guding，设置"分析步"为 Initial，"类别"为"力学"，并在右侧的"可用于所选分析步的类型"列表中选择"对称/反对称/完全固定"选项，如图 8.38 所示。单击"继续"按钮 ，根据提示在视口区选择订书钉的上表面，如图 8.39 所示。单击提示区的"完成"按钮 ，弹出"编辑边界条件"对话框，勾选"完全固定(U1=U2=U3=UR1=UR2=UR3=0)"单选按钮，如图 8.40 所示。单击"确定"按钮 ，完成订书钉边界条件的创建，结果如图 8.41 所示。

图 8.38　"创建边界条件"对话框

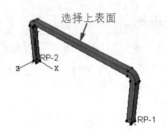

图 8.39　选择上表面

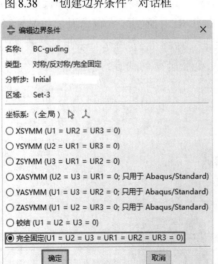

图 8.40　"编辑边界条件"对话框

图 8.41　创建固定边界条件

2. 创建载荷

单击"创建载荷"按钮 ，弹出"创建载荷"对话框，在"名称"文本框中输入 Load-jizhongli1，选择"分析步"为 Step-1，设置"类别"为"力学"，在"可用于所选分析步的类型"列表中选择"集中力"，如图 8.42 所示。单击"继续"按钮 ，根据提示选择创建的参考点 RP1，在提示区单击"完成"按钮 ，弹出"编辑载荷"对话框，设置 CF1 为-40，其余为 0，如图 8.43 所示。单击"确定"按钮 ，完成载荷的施加。采用同样的操作，为参考点 RP2 添加集中力，"名称"为 Load-jizhongli2，"大小"为 40，结果如图 8.44 所示。

图 8.42　"创建载荷"对话框

图 8.43　"编辑载荷"对话框

图 8.44　添加集中力

扫一扫，看视频

8.3.7　划分网格

1. 拆分体

在环境栏中的"模块"下拉列表中选择"网格"，进入"网格"模块，然后设置"对象"为"部件"。单击工具区中的"切割平面拆分体"按钮，在提示区单击"垂直于边"按钮 垂直于边 ，选择 AB 边，再选择 B 点，单击提示区中的"创建分区"按钮 创建分区 ，拆分订书钉。同理，选择 CD 边和 C 点拆分体，再选择 CD 边和 D 点拆分体，结果如图 8.45 所示。

图 8.45　选择垂直边和点拆分体

2. 布种

（1）全局布种。单击工具区中的"种子部件"按钮，弹出"全局种子"对话框，设置"近似全局尺寸"为 0.6，其余为默认设置，如图 8.46 所示。单击"确定"按钮 确定 ，关闭对话框。

（2）边布种。单击"为边布种"按钮，根据提示选择订书钉上表面的 4 个圆角处的边线，如图 8.47 所示。单击提示区的"完成"按钮 完成 ，弹出"局部种子"对话框，设置"方法"为"按个数"，"偏移"为"无"，"单元数"为 20，如图 8.48 所示，单击"确定"按钮 确定 。

图 8.46　"全局种子"对话框

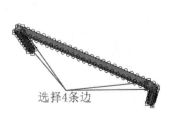

选择4条边

图 8.47　选择 4 条边

图 8.48　"局部种子"对话框

3. 指派网格控制属性

单击工具区中的"指派网格控制属性"按钮 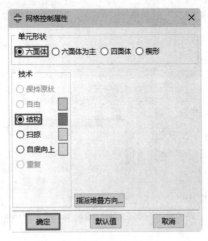，根据提示框选所有实体，单击"完成"按钮 完成，弹出"网格控制属性"对话框，设置"单元形状"为"六面体"，"技术"为"结构"，其余为默认设置，如图 8.49 所示。单击"确定"按钮 确定，关闭对话框。

📢 **注意：**

> 因为订书钉在圆角处变形量较大，因此将此处的网格细化。

4. 为部件划分网格

单击工具区中的"为部件划分网格"按钮，然后单击提示区中的"是"按钮 是，完成网格的划分，结果如图 8.50 所示。

图 8.49 "网格控制属性"对话框

图 8.50 划分网格

8.3.8 提交作业

1. 创建作业

在环境栏中的"模块"下拉列表中选择"作业"，进入"作业"模块。单击工具区中的"创建作业"按钮，弹出"创建作业"对话框，在"名称"文本框中输入 Job-dingshuding，其余为默认设置，如图 8.51 所示。单击"继续"按钮 继续...，弹出"编辑作业"对话框，采用默认设置，如图 8.52 所示。单击"确定"按钮 确定，关闭该对话框。

2. 提交作业

单击工具区中的"作业管理器"按钮，弹出"作业管理器"对话框，如图 8.53 所示。选择创建的 Job-dingshuding 作业，单击"提交"按钮 提交，进行作业分析，然后单击"监控"按钮 监控...，弹出"Job-dingshuding 监控器"对话框，可以查看分析过程，如图 8.54 所示。当"日志"选项卡中显示"已完成"时，表示分析完成。单击"关闭"按钮 关闭，关闭"Job-dingshuding 监控器"对话框，返回"作业管理器"对话框。

图 8.52 "编辑作业"对话框

图 8.54 "Job-dingshuding 监控器"对话框

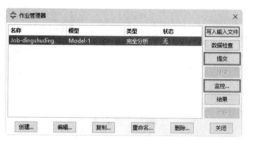

图 8.53 "作业管理器"对话框

8.3.9 可视化后处理

扫一扫，看视频

1. 进入"可视化"模块

单击"作业管理器"对话框中的"结果"按钮 结果 ，系统自动切换到"可视化"模块。

2. 通用设置

单击工具区中的"通用选项"按钮，弹出"通用绘图选项"对话框，设置"渲染风格"为"阴影"，设置"可见边"为"特征边"，如图 8.55 所示。单击"确定"按钮 确定 ，此时模型如图 8.56 所示。

图 8.55 "通用绘图选项"对话框

图 8.56 阴影模式的模型

3. 查看变形图

单击工具区中的"绘制变形图"按钮，可以查看模型的变形图，单击环境栏后面的"最后一个"按钮，最后一帧变形图如图8.57所示。

4. 查看应力云图

单击工具区中的"在变形图上绘制云图"按钮，可以查看模型的变形云图。执行"结果"→"场输出"菜单命令，弹出"场输出"对话框，可以查看不同变量的场输出，如图8.58所示。在"输出变量"列表中选择S，单击"应用"按钮 应用 ，查看等效应力云图。最后一帧等效应力云图如图8.59所示。

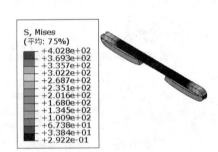

图8.57 最后一帧变形图　　　图8.58 "场输出"对话框　　　图8.59 最后一帧等效应力云图

5. 绘制应力曲线

单击"工具栏"中的"应用前视图"按钮，将视图切换为前视图，如图8.60所示。单击工具区中的"创建XY数据"按钮，弹出"创建XY数据"对话框，设置"源"为"ODB场变量输出"，如图8.61所示。单击"继续"按钮 继续... ，弹出"来自ODB场输出的XY数据"对话框，在"变量"选项卡中设置"位置"为"唯一结点的"，选择"S：应力分量"→Mises，如图8.62所示。然后选择"单元/结点"选项卡，单击"编辑选择集"按钮 编辑选择集 ，如图8.63所示。在视口中选择订书钉上的一点，如图8.64所示。单击提示区中的"完成"按钮 完成 ，再单击"来自ODB场输出的XY数据"对话框中的"绘制"按钮 绘制 ，绘制选择点的应力曲线图，如图8.65所示。

6. 查看位移云图

如图8.58所示，在"输出变量"列表中选择U，单击"确定"按钮 确定 ，查看位移云图。最后一帧位移云图如图8.66所示。

7. 绘制位移曲线

单击工具区中的"创建XY数据"按钮，弹出"创建XY数据"对话框，设置"源"为"ODB场变量输出"，单击"继续"按钮 继续... ，弹出"来自ODB场输出的XY数据"对话框，在"变量"选项卡中设置位置为"唯一结点的"，选择"U：空间位移"→U1，如图8.67所示。然后选择"单元/结点"选项卡，单击"编辑选择集"按钮 编辑选择集，在视口区选择订书钉上的一点，如图8.68所示。单击提示区中的"完成"按钮 完成，再单击"来自ODB场输出的XY数据"对话框中的"绘制"按钮 绘制，绘制选择点的位移曲线图，如图8.69所示。

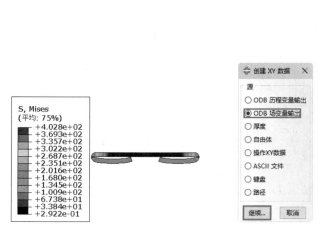

图 8.60 前视图　　　　图 8.61 "创建 XY 数据"对话框　　　　图 8.62 设置"变量"选项卡

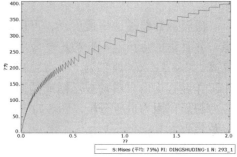

图 8.63 设置"单元/结点"选项卡　　　图 8.64 选择应力点　　　图 8.65 选择点的应力曲线图

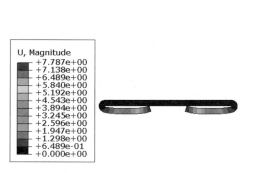

图 8.66 最后一帧位移云图　　　　　　图 8.67 设置"变量"选项卡

8. 查看动画

单击工具区中的"在变形图上绘制云图"按钮![icon]，查看模型的位移变形云图。然后单击"动画：时间历程"按钮![icon]，查看位移云图的时间历程动画。单击"动画选项"按钮![icon]，弹出"动画选项"对话框，如图 8.70 所示。设置"模式"为"循环"，然后拖动"帧频率"滑块到中间位置，然后单击"确定"按钮![icon]，减慢动画的播放，可以更好地观察动画的播放。

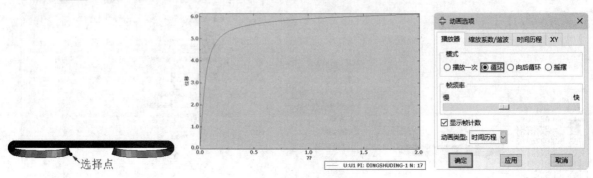

| 图 8.68 选择位移点 | 图 8.69 选择点的位移曲线图 | 图 8.70 "动画选项"对话框 |

8.4 实例——橡胶减震器非线性力学分析

橡胶减震器是应用最广泛、可以最有效地减少震动的减震制品，能够有效地隔离震动与激发源，并且消除噪声，因此被广泛应用于各种机动车辆的动力机械及一些对振动敏感的仪器的震动隔离。图 8.71（a）所示为一个橡胶减震器模型，两端为钢制连接法兰，中间为近似超弹性的橡胶，在工作过程中由于震动被压缩或拉伸。该实例对橡胶减震器的拉伸和压缩，以及这一过程产生的应力和反作用力进行分析。图 8.71（b）所示为橡胶减震器的尺寸图，可按该尺寸进行建模。其他参数见表 8.3。

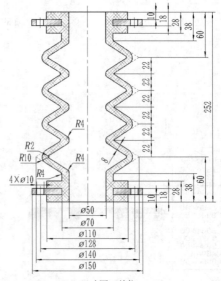

（a）模型图 （b）尺寸图（单位：mm）

图 8.71 橡胶减震器

表 8.3　橡胶减震器材料参数

材料名称	密度/(t/mm³)	杨氏模量/MPa	泊松比	穆尼-里夫林常数
钢材	7.85e-9	210000	0.3	—
橡胶	—	—	—	材料常数：C10 = 0.81MPa 材料常数：C01 = 0.2MPa 不可压缩性参数：D1 = 0.01/MPa

8.4.1　创建模型

首先设置工作目录。执行"文件"→"设置工作目录"菜单命令，弹出"设置工作目录"对话框，选择 Abaqus/CAE 所有文件的保存目录，如图 8.72 所示。单击"新工作目录"文本框右侧的"选取"按钮，找到文件要保存到的文件夹，然后单击"确定"按钮 确定 ，完成操作。

图 8.72　"设置工作目录"对话框

1. 创建橡胶件

（1）创建部件。启动 Abaqus/CAE，进入"部件"模块，单击工具区中的"创建部件"按钮，弹出"创建部件"对话框，在"名称"文本框中输入 xiangjiao，设置"模型空间"为"三维"，再依次选择"可变形""实体"和"旋转"，设置"大约尺寸"为 1000，如图 8.73 所示。然后单击"继续"按钮 继续... ，进入草图绘制环境。

（2）绘制草图。

①绘制线段。单击"线"按钮，输入起点坐标（35，38），单击鼠标中键，然后依次输入终点坐标（70，60）和（35，82），绘制线段，结果如图 8.74 所示。

②阵列线段。单击"线性阵列"按钮，选择绘制的线为要阵列的实体，单击提示区的"完成"按钮 完成 ，弹出"线性阵列"对话框，设置"方向 2"的"个数"为 4，"间距"为 44，如图 8.75 所示。单击"确定"按钮 确定 ，阵列线段，结果如图 8.76 所示。

图 8.73　"创建部件"对话框

图 8.74　绘制线段

图 8.75　"线性阵列"对话框

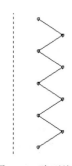

图 8.76　阵列线段

③偏移线段。单击"偏移曲线"按钮，在视口区选择所有线段，单击提示区的"完成"按钮 完成 ，并设置"偏移距离"为8，单击鼠标中键，再单击"翻转"按钮 翻转 ，再单击鼠标中键，将线段向内偏移8，结果如图8.77所示。

④绘制线段和构造线。单击"线"按钮✎，输入起点坐标（25，252），单击鼠标中键，依次输入终点坐标（25，0）、（55，0）、（55，10）、（35，10）、（35，18）、（55，18）、（55，28）、（35，28）、（35，38），绘制线段；然后单击"绘制水平构造线"按钮⋯╋，在提示区输入构造线通过的点的坐标（35，126），单击鼠标中键，绘制水平构造线，结果如图8.78所示。

⑤镜像线段。单击"镜像"按钮，在提示区单击"复制"按钮 复制 ，然后选择绘制的水平构造线为镜像轴，选择步骤④中绘制的除最长竖直线段外的其他线段为镜像实体，单击"完成"按钮 完成 ，完成镜像，结果如图8.79所示。

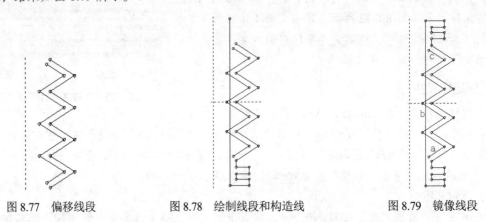

图8.77　偏移线段　　　　图8.78　绘制线段和构造线　　　　图8.79　镜像线段

⑥延长线段。单击"裁剪/延长"按钮⋯╂，选择图8.79中的线段a作为要延长的线，选择线段b作为目标线，延长线段a；同理，延长线段c，结果如图8.80所示。

⑦裁剪线段。单击"自动裁剪"按钮╂╂，修剪多余的线段，结果如图8.81所示。

⑧倒圆角。单击"绘制倒圆角"按钮⌐，在提示区设置"圆角半径"为10，单击鼠标中键，然后选择图8.81中的e、f两条线进行倒圆角；同理，按图8.71（b）的尺寸图，绘制其他倒圆角，结果如图8.82所示。

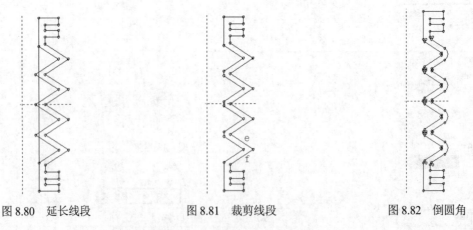

图8.80　延长线段　　　　图8.81　裁剪线段　　　　图8.82　倒圆角

（3）旋转草图。双击鼠标中键，选择竖直构造线为中心线，弹出"编辑旋转"对话框，如图8.83所示。设置"角度"为360，其余为默认设置，单击"确定"按钮 确定 ，完成旋转，结果如图8.84所示。

（4）创建自接触表面。执行"工具"→"表面"→"创建"菜单命令，弹出"创建表面"对话框，在"名称"文本框中输入 zijiechu，如图 8.85 所示。单击"继续"按钮 继续... ，选择除与上下法兰接触的所有表面，如图 8.86 所示。然后单击提示区的"完成"按钮 完成 ，创建自接触表面。

图 8.83　"编辑旋转"对话框

图 8.84　旋转草图

图 8.85　"创建表面"对话框

（5）创建与下法兰接触的次表面。执行"工具"→"表面"→"创建"菜单命令，弹出"创建表面"对话框，在"名称"文本框中输入 xia-cibiaomian，单击"继续"按钮 继续... ，选择与下法兰接触的 3 个表面，如图 8.87 所示。然后单击提示区的"完成"按钮 完成 ，创建与下法兰接触的次表面。

图 8.86　选择表面

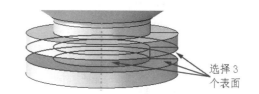

选择 3 个表面

图 8.87　选择 3 个表面

（6）创建与上法兰接触的次表面。执行"工具"→"表面"→"创建"菜单命令，弹出"创建表面"对话框，在"名称"文本框中输入 shang-cibiaomian，单击"继续"按钮 继续... ，选择与上法兰接触的 3 个表面，然后单击提示区的"完成"按钮 完成 ，创建与上法兰接触的次表面。

2. 创建下法兰

扫一扫，看视频

（1）创建部件。单击工具区中的"创建部件"按钮 ，弹出"创建部件"对话框，在"名称"文本框中输入 xiafalan，设置"模型空间"为"三维"，再依次选择"可变形""实体"和"旋转"，设置"大约尺寸"为 1000，然后单击"继续"按钮 继续... ，进入草图绘制环境。

（2）绘制草图。单击"矩形"按钮 ，输入起始角点坐标（35,10），单击鼠标中键，然后输入对角点坐标（75,18），绘制矩形。

（3）旋转草图。双击鼠标中键，弹出"编辑旋转"对话框，设置"角度"为 360，其余为默认设置，单击"确定"按钮 确定 ，生成下法兰主体，结果如图 8.88 所示。

（4）创建连接孔。单击"切削拉伸"按钮 ，根据提示选择下法兰的上表面为草图绘制平面，选择外圆边线为"垂直且在右边"的边线，进入草图绘制环境；单击"圆"按钮①和"添加尺寸"按钮✎，绘制 4 个圆并标注尺寸，结果如图 8.89 所示；双击鼠标中键，弹出"编辑切削拉伸"对话框，设置"类型"为"通过所有"，其余为默认设置，如图 8.90 所示。单击"确定"按钮 确定 ，创建连接孔，结果如图 8.91 所示。

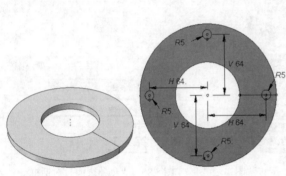

图 8.88　下法兰主体　　　　图 8.89　绘制圆　　　图 8.90　"编辑切削拉伸"对话框　　　图 8.91　创建连接孔

（5）创建参考点。执行"工具"→"参考点"菜单命令，根据提示选择下法兰下圆形表面的中心点，创建参考点 RP，如图 8.92 所示。

（6）创建与橡胶接触的主表面。执行"工具"→"表面"→"创建"菜单命令，弹出"创建表面"对话框，在"名称"文本框中输入 xia-zhubiaomian，单击"继续"按钮 继续... ，选择下法兰的上下两个表面和内圆环表面，如图 8.93 所示。然后单击提示区的"完成"按钮 完成 ，创建与橡胶接触的主表面。

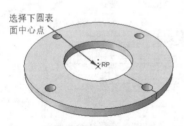
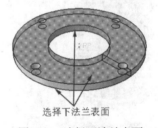

图 8.92　创建参考点　　　　　　　　图 8.93　选择下法兰表面

3．创建上法兰

（1）创建部件。单击工具区中的"创建部件"按钮🔲，弹出"创建部件"对话框，在"名称"文本框中输入 shangfalan，设置"模型空间"为"三维"，再依次选择"可变形""实体"和"旋转"，设置"大约尺寸"为 1000，然后单击"继续"按钮 继续... ，进入草图绘制环境。

（2）绘制草图。单击"矩形"按钮🔲，输入起始角点坐标（35,234），单击鼠标中键，然后输入对角点坐标（75,242），绘制矩形。

（3）旋转草图。双击鼠标中键，弹出"编辑旋转"对话框，设置"角度"为 360，其余为默认设置，单击"确定"按钮 确定 ，生成上法兰主体。

（4）创建连接孔。单击"切削拉伸"按钮🔲，根据提示选择上法兰的上表面为草图绘制平面，选择外圆边线为"垂直且在右边"的边线，进入草图绘制环境；然后单击"圆"按钮①和"添加尺寸"按钮✎，绘制 4 个圆并标注尺寸，与图 8.89 相同；双击鼠标中键，弹出"编辑切削拉伸"对话框，设置"类型"为"通过所有"，其余为默认设置，单击"确定"按钮 确定 ，创建连接孔。

（5）创建参考点。执行"工具"→"参考点"菜单命令，根据提示选择上法兰上圆形表面的中心点，创建参考点"RP"，如图 8.94 所示。

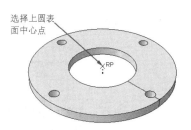

图 8.94　创建参考点

（6）创建与橡胶接触的主表面。执行"工具"→"表面"→"创建"菜单命令，弹出"创建表面"对话框，在"名称"文本框中输入 shang-zhubiaomian，单击"继续"按钮 继续...，选择上法兰的上下两个表面和内圆环表面，与图 8.93 相同，然后单击提示区的"完成"按钮 完成，创建与橡胶接触的主表面。

（1）这里提前建立表面，避免了创建装配后由于部件接触造成选择表面对象不方便的问题。如果没有事先创建表面，在后面建立相互作用时再创建也可以。

（2）建立橡胶的自接触是因为在压缩过程中由于大位移使橡胶表面本身产生相互接触。

（3）这里为上、下法兰创建参考点是为后面对上、下表面进行刚体约束准备，因为上、下法兰变形量相对于橡胶来说可以忽略不计，是为刚体对上、下表面进行刚体约束后可提高计算速度。

（4）将橡胶与法兰接触的面创建为接触的次表面，而将法兰与橡胶接触的面创建为接触的主表面，是因为在创建接触相互作用时，一般将大位移物体或柔性物体定义为次接触表面，将刚性物体定义为主接触表面。

8.4.2　定义属性及指派截面

1. 创建材料

（1）创建橡胶材料。在环境栏中的"模块"下拉列表中选择"属性"，进入"属性"模块。单击工具区中的"创建材料"按钮 ，弹出"编辑材料"对话框，在"名称"文本框中输入 Material-xiangjiao，在"材料行为"选项组中依次选择"力学"→"弹性"→"超弹性"。此时，在下方出现"超弹性"设置框，设置"应变势能"为 Mooney-Rivlin（穆尼-里夫林），"输入源"为"系数"。然后在下方的"数据"表中设置 C10 为 0.81，C01 为 0.2，D1 为 0.01，如图 8.95 所示。其余参数不变，单击"确定"按钮 确定，完成橡胶材料的创建。

（2）创建不锈钢材料。单击工具区中的"创建材料"按钮 ，弹出"编辑材料"对话框，在"名称"文本框中输入 Material-buxiugang，在"材料行为"选项组中依次选择"通用"→"密度"。此时，在下方出现的数据表中设置"质量密度"为 7.85e-9，如图 8.96（a）所示。然后在"材料行为"选项组中依次选择"力学"→"弹性"→"弹性"。此时，在下方出现的数据表中依次设置"杨氏模量"为 210000，"泊松比"为 0.3，如图 8.96（b）所示。其余参数保持不变，单击"确定"按钮 确定，完成不锈钢材料的创建。

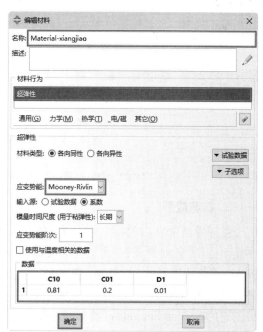

图 8.95　设置橡胶材料参数

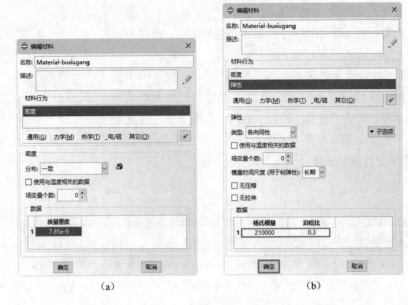

(a)   (b)

图 8.96   设置不锈钢材料参数

2. 创建截面

单击工具区中的"创建截面"按钮 ，弹出"创建截面"对话框，在"名称"文本框中输入 Section-xiangjiao，设置"类别"为"实体"，"类型"为"均质"，如图 8.97 所示。其余参数保持不变，单击"继续"按钮 继续... ，弹出"编辑截面"对话框，设置"材料"为 Material-xiangjiao，其余为默认设置，如图 8.98 所示。单击"确定"按钮 确定 ，完成橡胶材料截面的创建。同理，创建不锈钢材料截面。

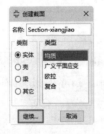

图 8.97   "创建截面"对话框   图 8.98   "编辑截面"对话框

3. 指派截面

在环境栏中的"部件"下拉列表中选择 xiangjiao 选项，然后单击工具区中的"指派截面"按钮 ，在提示区取消"创建集合"复选框的勾选，在视口区选择橡胶实体，然后在提示区单击"完成"按钮 完成 ，弹出"编辑截面指派"对话框，设置截面为 Section-xiangjiao，如图 8.99 所示。单击"确定"按钮 确定 ，将创建的 Section-xiangjiao 截面指派给橡胶，指派截面的橡胶颜色变为绿色，完成截面的指派。同理，将创建的 Section-buxiugang 截面分别指派给上、下法兰。

8.4.3   创建装配件

在环境栏中的"模块"下拉列表中选择"装配"，进入"装配"模块。单击工具区中的 Create Instance

（创建实例）按钮![按钮]，弹出"创建实例"对话框，在"部件"列表中选择所有部件，如图8.100所示。单击"确定"按钮 确定 ，完成装配件的创建，结果如图8.101所示。

图8.99 "编辑截面指派"对话框

图8.100 "创建实例"对话框

图8.101 创建装配件

扫一扫，看视频

8.4.4 创建分析步和场输出

1. 创建分析步

（1）创建压缩分析步。在环境栏中的"模块"下拉列表中选择"分析步"，进入"分析步"模块。单击工具区中的"创建分析步"按钮![按钮]，弹出"创建分析步"对话框，在"名称"文本框中输入Step-yasuo，设置"在选定项目后插入新的分析步"为Initial，"程序类型"为"通用"，并在下方的列表中选择"静力，通用"，如图8.102所示。单击"继续"按钮 继续... ，弹出"编辑分析步"对话框，在"基本信息"选项卡中设置"时间长度"为1，"几何非线性"为开，如图8.103所示；在"增量"选项卡中设置"最大增量步数"为1000，"初始"增量步为0.01，"最小"增量步为1E-5，"最大"增量步为0.1，如图8.104所示。其余采用默认设置，单击"确定"按钮 确定 ，完成压缩分析步的创建。

图8.102 "创建分析步"对话框

图8.103 设置"基本信息"选项卡

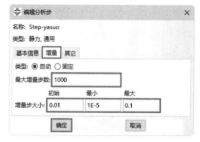

图8.104 设置"增量"选项卡

（2）创建拉伸分析步。单击工具区中的"创建分析步"按钮![按钮]，弹出"创建分析步"对话框，在"名称"文本框中输入Step-lashen，设置"在选定项目后插入新的分析步"为Step-yasuo，设置"程序类型"为"通用"，并在下方的列表中选择"静力，通用"选项。单击"继续"按钮 继续... ，弹出"编辑分析步"对话框，在"基本信息"选项卡中设置"时间长度"为1；在"增量"选项卡中设置"最大增量步数"为1000，"初始"增量步为0.01，"最小"增量步为1E-5，"最大"增量步为0.1，其余采用默认设置，单击"确定"按钮 确定 ，完成拉伸分析步的创建。

图 8.105　"场输出请求管理器"对话框

2. 创建场输出

单击工具区中的"场输出管理器"按钮，弹出"场输出请求管理器"对话框，如图 8.105 所示。这里已经创建了一个默认的场输出，单击"编辑"按钮，弹出"编辑场输出请求"对话框，在"输出变量"列表中选择"应力"→"MISES，Mises 等效应力"，以及"位移/速度/加速度"→"UT，平移"、"VT 平移速度"和"作用力/反作用力"→"RT，反作用力"选项，如图 8.106 所示。单击"确定"按钮 确定，返回"场输出请求管理器"对话框，单击"关闭"按钮 关闭，关闭该对话框，完成场输出的创建。

8.4.5　定义相互作用

1. 创建相互作用属性

在环境栏中的"模块"下拉列表中选择"相互作用"，进入"相互作用"模块。单击工具区中的"创建相互作用属性"按钮，弹出"创建相互作用属性"对话框，在"名称"文本框中输入 IntProp-jiechu，设置"类型"为"接触"，如图 8.107 所示。单击"继续"按钮 继续，弹出"编辑接触属性"对话框，单击"力学"下拉列表中的"切向行为"，设置"摩擦公式"为"罚"，"摩擦系数"为 0.3，如图 8.108 所示。单击"力学"下拉列表中的"法向行为"，设置"压力过盈"为"'硬'接触"，如图 8.109 所示。单击"确定"按钮 确定，关闭该对话框。

图 8.106　"编辑场输出请求"对话框

图 8.107　"创建相互作用属性"对话框

图 8.108　设置切向行为

图 8.109　设置法向行为

2. 创建相互作用

单击工具区中的"创建相互作用"按钮，弹出"创建相互作用"对话框，在"名称"文本框中输入 Int-zijiechu，设置"分析步"为 Initial（初始步），选择"可用于所选分析步的类型"为"自接触（Standard）"，如图 8.110 所示。单击"继续"按钮 继续...，在提示区取消"创建表面"复选框的勾选，单击"表面"按钮 表面...，弹出"区域选择"对话框，选择 xiangjiao-1.zijiechu，如图 8.111 所示。单击"继续"按钮 继续...，弹出"编辑相互作用"对话框，如图 8.112 所示，采用默认设置。单击"确定"按钮 确定，创建相互作用。

图 8.110　"创建相互作用"对话框

图 8.111　"区域选择"对话框

图 8.112　"编辑相互作用"对话框

3. 创建约束

（1）创建上法兰与橡胶的绑定约束。单击工具区中的"创建约束"按钮，弹出"创建约束"对话框，在"名称"文本框中输入 bangding1，选择"类型"为"绑定"，如图 8.113 所示。单击"继续"按钮 继续...，在提示区单击"表面"按钮 表面，弹出"区域选择"对话框，如图 8.111 所示。选择 shangfalan-1.shang-zhubiaomian，单击"继续"按钮 继续...。然后单击提示区的"表面"按钮 表面，再次弹出"区域选择"对话框，选择 xiangjiao-1.shang-cibiaomian，单击"继续"按钮 继续...，弹出"编辑约束"对话框，采用默认设置，如图 8.114 所示。单击"确定"按钮 确定，创建上法兰与橡胶的绑定约束。

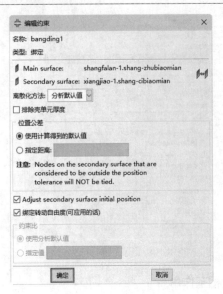

图 8.113　"创建约束"对话框　　　　　　图 8.114　"编辑约束"对话框

（2）创建下法兰与橡胶的绑定约束。单击工具区中的"创建约束"按钮，弹出"创建约束"对话框，在"名称"文本框中输入 bangding2，选择"类型"为"绑定"，单击"继续"按钮 继续...，在提示区单击"表面"按钮 表面，弹出"区域选择"对话框，选择 xiafalan-1.xia-zhubiaomian，单击"继续"按钮 继续...，然后单击提示区的"表面"按钮 表面，再次弹出"区域选择"对话框，选择 xiangjiao-1.xia-cibiaomian，单击"继续"按钮 继续...，弹出"编辑约束"对话框，采用默认设置。单击"确定"按钮 确定，创建下法兰与橡胶的绑定约束。

（3）创建上法兰刚体约束。单击工具区中的"创建约束"按钮，弹出"创建约束"对话框，在"名称"文本框中输入 gangti1，"类型"为"刚体"，如图 8.115 所示。单击"继续"按钮 继续...，弹出"编辑约束"对话框，如图 8.116 所示。选择"区域类型"为"体（单元）"，然后单击右侧的"编辑选择"按钮，在视口区选择上法兰实体，单击提示区的"完成"按钮 完成，返回"编辑约束"对话框，单击"参考点"栏中的"编辑"按钮，选择上法兰的参考点 RP，如图 8.117 所示。然后单击"确定"按钮 确定。

图 8.115　"创建约束"对话框　　　图 8.116　"编辑约束"对话框　　　图 8.117　选择上法兰和参考点

（4）创建下法兰刚体约束。单击工具区中的"创建约束"按钮，弹出"创建约束"对话框，在"名称"文本框中输入 gangti2，"类型"为"刚体"，单击"继续"按钮 继续...，弹出"编辑约束"对话框，选择"区域类型"为"体（单元）"，然后单击右侧的"编辑"按钮 ![pointer]，在视口区选择下法兰实体，单击提示区的"完成"按钮 完成，返回"编辑约束"对话框，单击"参考点"栏中的"编辑"按钮 ![pointer]，选择下法兰的参考点 RP，然后单击"确定"按钮 确定。

8.4.6 定义载荷和边界条件

1. 创建固定边界条件

在环境栏中的"模块"下拉列表中选择"载荷"，进入"载荷"模块。单击工具区中的"创建边界条件"按钮 ![icon]，弹出"创建边界条件"对话框，在"名称"文本框中输入 BC-guding，"分析步"为 Initial，"类别"为"力学"，并在右侧的"可用于所选分析步的类型"列表中选择"对称/反对称/完全固定"选项，如图 8.118 所示。单击"继续"按钮 继续...，根据提示在视口区选择下法兰的底面，如图 8.119 所示。单击提示区的"完成"按钮 完成，弹出"编辑边界条件"对话框，勾选"完全固定(U1=U2=U3=UR1=UR2=UR3=0)"单选按钮，如图 8.120 所示。单击"确定"按钮 确定，完成固定边界条件的创建，结果如图 8.121 所示。

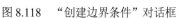

图 8.118 "创建边界条件"对话框

图 8.119 选择下法兰底面

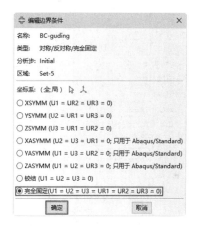

图 8.120 "编辑边界条件"对话框

2. 创建压缩位移边界条件

单击工具区中的"创建边界条件"按钮 ![icon]，弹出"创建边界条件"对话框，在"名称"文本框中输入 BC-yasuo，设置"分析步"为 Step-yasuo，"类别"为"力学"，并在右侧的"可用于所选分析步的类型"列表中选择"位移/转角"，如图 8.122 所示。单击"继续"按钮 继续...，根据提示在视口区选择上法兰的顶面，如图 8.123 所示。单击提示区的"完成"按钮 完成，弹出"编辑边界条件"对话框，勾选 U1～UR3 复选框，并设置 U2 数值为-100，其余均为 0，如图 8.124 所示。单击"确定"按钮 确定，完成压缩位移边界条件的创建，结果如图 8.125 所示。

3. 创建拉伸位移边界条件

单击工具区中的"创建边界条件"按钮 ![icon]，弹出"创建边界条件"对话框，在"名称"文本框中输入 BC-lashen，设置"分析步"为 Step-lashen，"类别"为"力学"，并在右侧的"可用于所选分析步的类型"列表中选择"位移/转角"。单击"继续"按钮 继续...，根据提示在视口区选择上法兰的顶面，单击提示区的"完成"按钮 完成，弹出"编辑边界条件"对话框，勾选 U1～UR3 复选框，并设置 U2 数值为 50，其余均为 0，单击"确定"按钮 确定，完成拉伸位移边界条件的创建，结果如图 8.126 所示。

图 8.121　创建固定边界条件

图 8.122　"创建边界条件"对话框

图 8.123　选择上法兰顶点

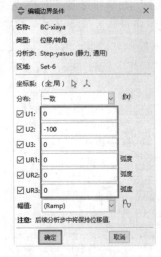
图 8.124　"编辑边界条件"对话框

图 8.125　创建压缩边界条件

图 8.126　创建拉伸边界条件

4. 取消激活压缩边界条件

单击工具区中的"边界条件管理器"按钮 ，弹出"边界条件管理器"对话框，选择 BC-yasuo 行后面的"传递"选项，然后单击"取消激活"按钮，抑制压缩边界条件向拉伸边界条件的传递，结果如图 8.127 所示，然后单击"关闭"按钮 关闭 ，关闭该对话框。

8.4.7　划分网格

扫一扫，看视频

1. 划分上、下法兰

（1）布种。在环境栏中的"模块"下拉列表中选择"网格"，进入"网格"模块，设置对象为"部件"，然后在"部件"下拉菜单中选择 shangfalan。单击工具区中的"种子部件"按钮 ，弹出"全局种子"对话框，设置"近似全局尺寸"为 10，其余为默认设置，如图 8.128 所示。单击"确定"按钮 确定 ，关闭对话框。

（2）指派网格控制属性。单击工具区中的"指派网格控制属性"按钮 ，弹出"网格控制属性"对话框，设置"单元形状"为"四面体"，其余为默认设置，如图 8.129 所示。单击"确定"按钮 确定 ，关闭对话框。

（3）为部件划分网格。单击工具区中的"为部件划分网格"按钮 ，然后单击提示区中的"是"按钮 是 ，划分上法兰，结果如图 8.130 所示。

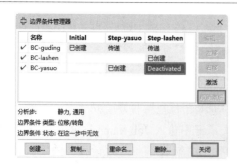

图 8.127 "边界条件管理器"对话框

图 8.128 "全局种子"对话框

图 8.129 "网格控制属性"对话框

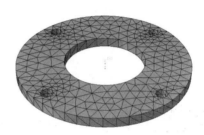

图 8.130 上法兰划分网格

（4）采用同样的操作划分下法兰。

2. 划分橡胶

（1）布种。在"部件"下拉菜单中选择 xiangjiao。单击工具区中的"种子部件"按钮，弹出"全局种子"对话框，设置"近似全局尺寸"为 8，其余为默认设置，如图 8.131 所示。单击"确定"按钮 确定，关闭对话框。

（2）指派网格控制属性。单击工具区中的"指派网格控制属性"按钮，弹出"网格控制属性"对话框，设置"单元形状"为"六面体"，"算法"为"中性轴算法"，其余为默认设置，如图 8.132 所示。单击"确定"按钮 确定，关闭对话框。

（3）为部件划分网格。单击工具区中的"为部件划分网格"按钮，然后单击提示区中的"是"按钮 是，划分橡胶，结果如图 8.133 所示。

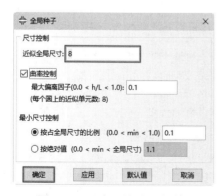

图 8.131 "全局种子"对话框

图 8.132 "网格控制属性"对话框

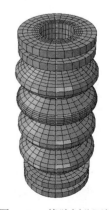

图 8.133 橡胶划分网格

8.4.8 提交作业

1. 创建作业

在环境栏中的"模块"下拉列表中选择"作业"，进入"作业"模块。单击工具区中的"创建作业"按钮，弹出"创建作业"对话框，在"名称"文本框中输入 Job-xiangjiaojianzhenqi，其余为默认设置，如图 8.134 所示。单击"继续"按钮 继续...，弹出"编辑作业"对话框，采用默认设置，如图 8.135 所示。单击"确定"按钮 确定，关闭该对话框。

图 8.134 "创建作业"对话框

图 8.135 "编辑作业"对话框

2. 提交作业

单击工具区中的"作业管理器"按钮，弹出"作业管理器"对话框，如图 8.136 所示。选择创建的 Job-xiangjiaojianzhen 作业，单击"提交"按钮 提交，进行作业分析，然后单击"监控"按钮 监控...，弹出"Job-xiangjiaojianzhenqi 监控器"对话框，可以查看分析过程，如图 8.137 所示。当"日志"选项卡中显示"已完成"时，表示分析完成，单击"关闭"按钮 关闭，关闭"Job-xiangjiaojianzhenqi 监控器"对话框，返回"作业管理器"对话框。

图 8.136 "作业管理器"对话框

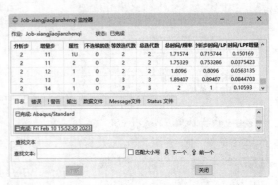

图 8.137 "Job-xiangjiaojianzhenqi 监控器"对话框

8.4.9 可视化后处理

1. 进入"可视化"模块

单击"作业管理器"对话框中的"结果"按钮 结果 ，系统自动切换到"可视化"模块。

2. 通用设置

单击工具区中的"通用选项"按钮，弹出"通用绘图选项"对话框，设置"渲染风格"为"阴影"，设置"可见边"为"特征边"，如图 8.138 所示。单击"确定"按钮 确定 ，此时模型如图 8.139 所示。

3. 查看变形图

单击工具区中的"绘制变形图"按钮，可以查看模型的变形图，单击环境栏后面的"上一个"按钮和"下一个"按钮，调整变形图。图 8.140 所示为最大压缩图，图 8.141 所示为最大拉伸图。

图 8.138 "通用绘图选项"对话框

图 8.139 阴影模式的模型

图 8.140 最大压缩图

图 8.141 最大拉伸图

4. 查看应力云图

单击工具区中的"在变形图上绘制云图"按钮，可以查看模型的变形云图。执行"结果"→"场输出"菜单命令，弹出"场输出"对话框，可以查看不同变量的场输出，如图 8.142 所示。在"输出变量"列表中选择 S 选项，单击"应用"按钮 应用 ，查看等效应力云图，单击环境栏后面的"上一个"按钮和"下一个"按钮，调整应力变形云图。图 8.143 所示为最大压缩应力云图，图 8.144 所示为最大拉伸应力云图。

5. 绘制应力曲线

单击工具区中的"创建 XY 数据"按钮，弹出"创建 XY 数据"对话框，设置"源"为"ODB 场变量输出"，如图 8.145 所示。单击"继续"按钮 继续... ，弹出"来自 ODB 场输出的 XY 数据"对话框，在"变量"选项卡中设置"位置"为"唯一结点的"，选择"S：应力分量"→Mises，如图 8.146 所示。然后选择"单元/结点"选项卡，单击"编辑选择集"按钮 编辑选择集 ，如图 8.147 所示。在视口区选择橡胶减震器上的一点，如图 8.148 所示。单击提示区中的"完成"按钮 完成 ，然后再单击"来自 ODB 场输出的 XY 数据"对话框中的"绘制"按钮 绘制 ，绘制选择点的应力曲线图，如图 8.149 所示。

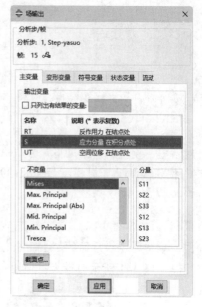

图 8.142　"场输出"对话框

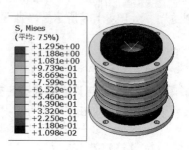

图 8.143　最大压缩应力云图

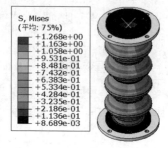

图 8.144　最大拉伸应力云图

图 8.145　"创建 XY 数据"对话框

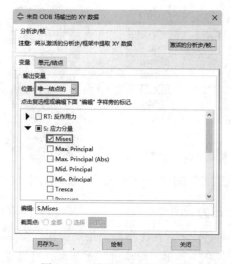

图 8.146　设置"变量"选项卡

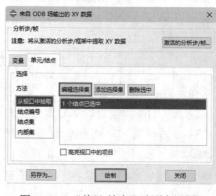

图 8.147　"单元/结点"选项卡设置

图 8.148　选择橡胶减
震器上一点 1

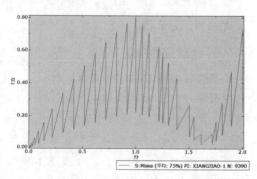

图 8.149　选择点的应力曲线图

6. 查看位移云图

如图 8.142 所示，在"输出变量"列表中选择 UT，单击"确定"按钮 确定 ，查看位移云图。单击环境栏后面的"上一个"按钮 和"下一个"按钮 ，调整位移变形云图。图 8.150 所示为最大压缩位移云图，图 8.151 所示为最大拉伸位移云图。

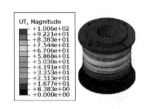
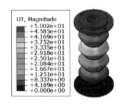

图 8.150　最大压缩位移云图　　　　　　图 8.151　最大拉伸位移云图

7. 绘制位移曲线

单击工具区中的"创建 XY 数据"按钮 ，弹出"创建 XY 数据"对话框，设置"源"为"ODB 场变量输出"。单击"继续"按钮 继续... ，弹出"来自 ODB 场输出的 XY 数据"对话框，在"变量"选项卡中设置"位置"为"唯一结点的"，选择"UT：空间位移"→UT2，如图 8.152 所示。然后选择"单元/结点"选项卡，单击"编辑选择集"按钮 编辑选择集 ，在视口区选择橡胶减震器上的一点，如图 8.153 所示。单击提示区中的"完成"按钮 完成 ，然后再单击"来自 ODB 场输出的 XY 数据"对话框中的"绘制"按钮 绘制 ，绘制选择点的位移曲线图，如图 8.154 所示。

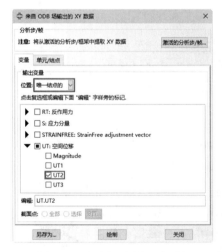

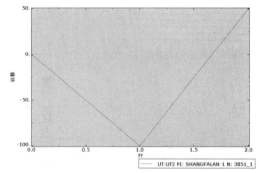

图 8.152　设置"变量"选项卡　　　图 8.153　选择橡胶减　　　图 8.154　选择点的位移曲线图
　　　　　　　　　　　　　　　　　震器上一点 2

8. 绘制反作用曲线

单击工具区中的"创建 XY 数据"按钮 ，弹出"创建 XY 数据"对话框，设置"源"为"ODB 场变量输出"。单击"继续"按钮 继续... ，弹出"来自 ODB 场输出的 XY 数据"对话框，在"变量"选项卡中设置"位置"为"唯一结点的"，选择"RT：反作用力"→RT2，如图 8.155 所示。然后选择"单元/结点"选项卡，单击"编辑选择集"按钮 编辑选择集 ，在视口区选择橡胶减震器上的一点，与图 8.153 相同，单击提示区中的"完成"按钮 完成 ，然后再单击"来自 ODB 场输出的 XY 数据"对话框中的"绘制"按钮 绘制 ，绘制选择点的反作用力曲线图，如图 8.156 所示。

图 8.155 "变量"选项卡设置

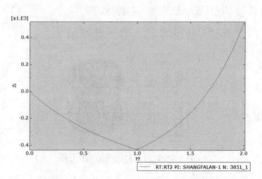

图 8.156 选择点的反作用力曲线图

9. 查看动画

单击工具区中的"在变形图上绘制云图"按钮 📦，在"输出变量"列表中选择 UT，单击"确定"按钮 确定，查看位移云图。然后单击"动画：时间历程"按钮 📽，查看位移云图的时间历程动画。单击"动画选项"按钮 ⠿，弹出"动画选项"对话框，如图 8.157 所示。设置"模式"为"循环"，然后拖动"帧频率"滑块到中间位置，单击"确定"按钮 确定，减慢动画的播放，可以更好地观察动画的播放。

10. 查看切面图

单击工具区中的"激活/取消视图切面"按钮 📦，然后单击"工具区"中的"应用右视图"按钮 ⬆，查看切面后模型的变形图，可查看内部情况，单击环境栏后面的"上一个"按钮 ◀和"下一个"按钮 ▶，调整位移变形云图。图 8.158 所示为切片后最大压缩位移云图，图 8.159 所示为切片后最大拉伸位移云图。

图 8.157 "动画选项"对话框

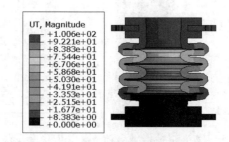

图 8.158 切片后最大压缩位移云图

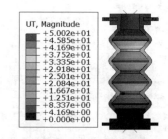

图 8.159 切片后最大拉伸位移云图

8.5 实例——冷拔钢管非线性力学分析

图 8.160（a）所示为缩径冷拔钢管的模型图，钢管在拉头的带动下进入外模，在外模中通过拉伸挤压变形使管径变小。由于冷拔钢管在拔制过程中晶粒被拉长和破碎，晶格产生了"位移"，呈现出强度和硬度增高、晶粒密度变细的效果，而且可通过合理的工艺保证冷拔钢管塑性变形保持在一定的范围内，经过冷拔加工的钢管，其综合机械性能都高于热轧状态。图 8.160（b）所示为模型的尺寸图，可按该尺寸进行建模，钢材的材料参数见表 8.4，钢管的真实屈服应力和塑性应变见表 8.5。

（a）模型图

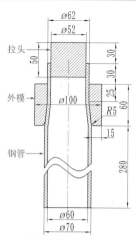

（b）尺寸图（单位：mm）

图 8.160　冷拔钢管

表 8.4　冷拔钢管材料参数

材料名称	密度/(t/mm³)	杨氏模量/MPa	泊松比
拉拔设备材料	7.85e-9	210000	0.3

表 8.5　钢管真实屈服应力与塑性应变

屈服应力/MPa	属性应变
330	0
335	0.037
357	0.041
403	0.052
454	0.073
511	0.104
577	0.145
660	0.207
679	0.226
703	0.253
727	0.280
781	0.346

8.5.1　创建模型

首先设置工作目录。执行"文件"→"设置工作目录"菜单命令，弹出"设置工作目录"对话框，选择 Abaqus/CAE 所有文件的保存目录，如图 8.161 所示。单击"新工作目录"文本框右侧的"选取"按钮，找到文件要保存到的文件夹，然后单击"确定"按钮，完成操作。

扫一扫，看视频

图 8.161　"设置工作目录"对话框

1. 创建外模壳特征

（1）创建部件。启动 Abaqus/CAE，进入"部件"模块，单击工具区中的"创建部件"按钮，弹出"创建部件"对话框，在"名称"文本框中输入 waimo，设置"模型空间"选择"轴对称"，"类型"为"可变形"，"基本特征"为"壳"，设置"大约尺寸"为 600，如图 8.162 所示。然后单击"继续"按钮 继续... ，进入草图绘制环境。

由于圆管的拉伸是一个轴对称模型，这里只取模型的 1/4 作为建模对象，且采用壳特征，简化模型，可大大提高计算速度。

（2）绘制草图。

①绘制线段。单击"线"按钮，输入起点坐标（31,60），单击鼠标中键，然后依次输入终点坐标（31,35）、（35,0）、（50,0）、（50,60）和（31,60），绘制线段，结果如图 8.163 所示。

②倒圆角。单击"绘制倒圆角"按钮，在提示区设置"圆角半径"为 5，单击鼠标中键，然后选择图 8.163 中的 a、b 两条线段进行倒圆角，结果如图 8.164 所示。

（3）完成绘制。双击鼠标中键，退出草图绘制环境，完成外模壳特征，结果如图 8.165 所示。

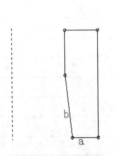
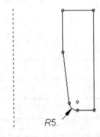
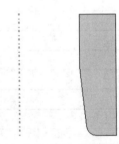

图 8.162 "创建部件"对话框　　图 8.163 绘制线段　　图 8.164 倒圆角　　图 8.165 创建外模壳特征

（4）绘制参考点。执行"工具"→"参考点"菜单命令，根据提示选择外模上边线的中点，如图 8.166 所示，创建参考点 RP，结果如图 8.167 所示。

（5）创建与钢管接触的主表面 1。执行"工具"→"表面"→"创建"菜单命令，弹出"创建表面"对话框，在"名称"文本框中输入 zhujiechumian1，如图 8.168 所示。单击"继续"按钮 继续... ，选择与钢管接触的 3 个表面，如图 8.169 所示。然后单击提示区的"完成"按钮 完成 ，创建与钢管接触的主表面 1。

2. 创建钢管

（1）创建部件。单击工具区中的"创建部件"按钮，弹出"创建部件"对话框，在"名称"文本框中输入 gangguan，设置"模型空间"为"轴对称"，"类型"为"可变形"，"基本特征"为"壳"，设置"大约尺寸"为 600，然后单击"继续"按钮 继续... ，进入草图绘制环境。

（2）绘制草图。

①绘制线段。单击"线"按钮 ✒，输入起点坐标（31,90），单击鼠标中键，然后依次输入终点坐标（31,35）、（35,0）和（35,−280），绘制线段，结果如图 8.170 所示。

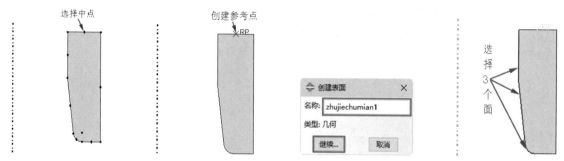

图 8.166　选择中点　　　图 8.167　创建参考点　　图 8.168　"创建表面"对话框　　图 8.169　选择 3 个表面

②偏移线段。单击"偏移曲线"按钮 ⚲，在视口区选择所有线段，单击提示区的"完成"按钮 完成，并设置"偏移距离"为 5，单击鼠标中键，再单击提示区的"确定"按钮 确定，将线段向内偏移 5，结果如图 8.171 所示。

③闭合图形。单击"线"按钮 ✒，绘制线段，闭合草图。

（3）完成绘制。双击鼠标中键，退出草图绘制环境，完成钢管壳特征，结果如图 8.172 所示。

（4）创建与外模接触的次表面 1。执行"工具"→"表面"→"创建"菜单命令，弹出"创建表面"对话框，在"名称"文本框中输入 cibiaomian1，单击"继续"按钮 继续...，选择钢管外表面，如图 8.173 所示。然后单击提示区的"完成"按钮 完成，创建与外模接触的次表面 1。

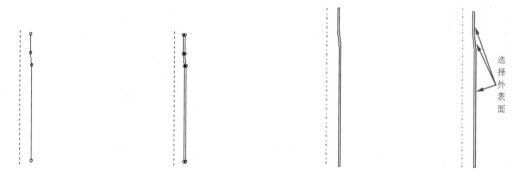

图 8.170　绘制钢管线段　　　图 8.171　偏移线段　　　图 8.172　创建钢管壳特征　　　图 8.173　选择外表面

（5）创建与拉头接触的次表面 2。执行"工具"→"表面"→"创建"菜单命令，弹出"创建表面"对话框，在"名称"文本框中输入 cibiaomian2，单击"继续"按钮 继续...，选择钢管上部内表面，如图 8.174 所示。然后单击提示区的"完成"按钮 完成，创建与拉头接触的次表面 2。

3. 创建拉头

（1）创建部件。单击工具区中的"创建部件"按钮 ⌐，弹出"创建部件"对话框，在"名称"文本框中输入 latou，设置"模型空间"选择"轴对称"，"类型"为"可变形"，"基本特征"为"壳"，设置"大约尺寸"为 600，然后单击"继续"按钮 继续...，进入草图绘制环境。

（2）绘制草图。单击"矩形"按钮 ▭，输入起始角点坐标（0,70），单击鼠标中键，然后输入对角点坐标（26,120），绘制矩形。

（3）完成绘制。双击鼠标中键，退出草图绘制环境，完成拉头壳特征，结果如图 8.175 所示。

（4）创建参考点。执行"工具"→"参考点"菜单命令，根据提示选择拉头上边线中点，创建参考点 RP，结果如图 8.176 所示。

（5）创建与钢管接触的主表面 2。执行"工具"→"表面"→"创建"菜单命令，弹出"创建表面"对话框，在"名称"文本框中输入 zhujiechumian2，单击"继续"按钮 继续…，选择拉头的外表面，与图 8.177 相同，然后单击提示区的"完成"按钮 完成，创建与钢管接触的主表面 2。

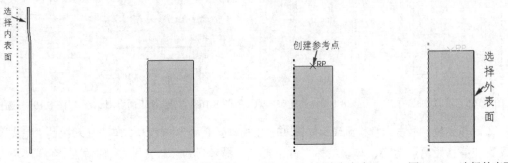

| 图 8.174 选择内表面 | 图 8.175 创建拉头壳特征 | 图 8.176 创建参考点 | 图 8.177 选择外表面 |

8.5.2 定义属性及指派截面

1. 创建材料

（1）创建设备材料。在环境栏中的"模块"下拉列表中选择"属性"，进入"属性"模块。单击工具区中的"创建材料"按钮，弹出"编辑材料"对话框，在"名称"文本框中输入 Material-shebei，在"材料行为"选项组中依次选择"通用"→"密度"。此时，在下方出现的数据表中设置"质量密度"为 7.85e-9，如图 8.178 所示。然后在"材料行为"选项组中依次选择"力学"→"弹性"→"弹性"。此时，在下方出现的数据表中依次设置"杨氏模量"为 210000，"泊松比"为 0.3，如图 8.179 所示。其余参数保持不变，单击"确定"按钮 确定，完成材料的创建。

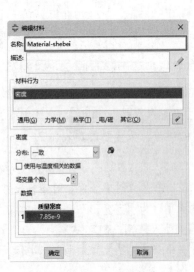

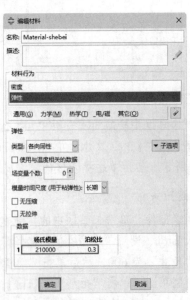

| 图 8.178 设置密度 | 图 8.179 设置弹性 |

（2）创建钢管材料。单击工具区中的"创建材料"按钮，弹出"编辑材料"对话框，在"名称"文本框中输入Material-gangguan，在"材料行为"选项组中依次选择"通用"→"密度"。此时，在下方出现的数据表中设置"质量密度"为7.85e-9。然后在"材料行为"选项组中依次选择"力学"→"弹性"→"弹性"。此时，在下方出现的数据表中依次设置"杨氏模量"为210000，"泊松比"为0.3。再在"材料行为"选项组中依次选择"力学"→"塑性"→"塑性"。在下方出现的数据表中依次设置"屈服应力"和"塑性应变"，如图8.180所示。单击"确定"按钮 确定 ，完成钢管材料的创建。

2. 创建截面

单击工具区中的"创建截面"按钮 ，弹出"创建截面"对话框，在"名称"文本框中输入Section-gangguan，设置"类别"为"实体"，"类型"为"均质"，如图8.181所示。其余参数保持不变，单击"继续"按钮 继续... ，弹出"编辑截面"对话框，设置"材料"为Material-gangguan，其余为默认设置，如图8.182所示。单击"确定"按钮 确定 ，完成钢管材料截面的创建。同理，创建设备材料截面。

图 8.180　设置钢管材料参数

3. 指派截面

在环境栏中的"部件"下拉列表中选择gangguan，然后单击工具区中的"指派截面"按钮 ，在提示区取消"创建集合"复选框的勾选，然后在视口区选择钢管壳特征，并单击"完成"按钮 完成 ，弹出"编辑截面指派"对话框，设置截面为Section-gangguan，如图8.183所示。单击"确定"按钮 确定 ，将创建的Section-gangguan截面指派给钢管，指派截面的钢管颜色变为绿色，完成截面的指派。同理，将创建的Section-shebei截面分别指派给外模和拉头。

图 8.181　"创建截面"对话框

图 8.182　"编辑截面"对话框

图 8.183　"编辑截面指派"对话框

8.5.3　创建装配件

在环境栏中的"模块"下拉列表中选择"装配"，进入"装配"模块。单击工具区中的Create Instance（创建实例）按钮 ，弹出"创建实例"对话框，在"部件"列表中选择所有部件，如图8.184所示。单击"确定"按钮 确定 ，完成装配件的创建，结果如图8.185所示。

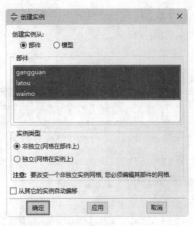

图 8.184　"创建实例"对话框　　　　　　　　　　　　　图 8.185　创建装配件

8.5.4　创建分析步和场输出

扫一扫，看视频

1. 创建分析步

在环境栏中的"模块"下拉列表中选择"分析步"，进入"分析步"模块。单击工具区中的"创建分析步"按钮 ●➜◼，弹出"创建分析步"对话框，在"名称"文本框中输入 Step-laba，设置"在选定项目后插入新的分析步"为 Initial，"程序类型"为"通用"，并在下方的列表中选择"静力，通用"，如图 8.186 所示。单击"继续"按钮 继续...，弹出"编辑分析步"对话框，在"基本信息"选项卡中设置"时间长度"为 1，"几何非线性"为开，如图 8.187 所示；在"增量"选项卡中设置"最大增量步数"为 10000，"初始"增量步为 0.001，"最小"增量步为 1E-10，"最大"增量步为 1，如图 8.188 所示。其余采用默认设置，单击"确定"按钮 确定，完成拉拔分析步的创建。

 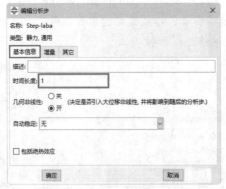 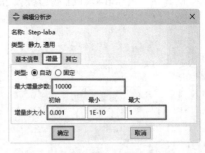

图 8.186　"创建分析步"对话框　　图 8.187　设置"基本信息"选项卡　　图 8.188　设置"增量"选项卡

2. 创建场输出

单击工具区中的"场输出管理器"按钮 ▦，弹出"场输出请求管理器"对话框，如图 8.189 所示。这里已经创建了一个默认的场输出，单击"编辑"按钮，弹出"编辑场输出请求"对话框，在"输出变量"列表中选择"应力"→"MISES，Mises 等效应力"，以及"应变"→"PEEQ，等效塑性应变"和"位移/速度/加速度"→"UT，平移"，如图 8.190 所示。单击"确定"按钮 确定，返回"场输出请求管理器"对话框，单击"关闭"按钮，关闭该对话框 关闭，完成场输出的创建。

图 8.189 "场输出请求管理器"对话框

图 8.190 "编辑场输出请求"对话框

扫一扫，看视频

8.5.5 定义相互作用

1. 创建相互作用属性

在环境栏中的"模块"下拉列表中选择"相互作用"，进入"相互作用"模块。单击工具区中的"创建相互作用属性"按钮，弹出"创建相互作用属性"对话框，在"名称"文本框中输入 IntProp-jiechu，"类型"为"接触"，如图 8.191 所示。单击"继续"按钮 继续... ，弹出"编辑接触属性"对话框，单击"力学"下拉列表中的"切向行为"，设置"摩擦公式"为"无摩擦"，如图 8.192 所示；单击"力学"下拉列表中的"法向行为"，设置"压力过盈"为"'硬'接触"，如图 8.193 所示；单击"确定"按钮 确定 ，关闭该对话框。

图 8.191 "创建相互作用属性"
对话框

图 8.192 设置切向行为

图 8.193 设置法向行为

2. 创建相互作用

单击工具区中的"创建相互作用"按钮，弹出"创建相互作用"对话框，在"名称"文本框中输入 Int-jiechu，设置"分析步"为 Initial（初始步），选择"可用于所选分析步的类型"为"表面与表面接触（Standard）"，如图 8.194 所示。单击"继续"按钮，在提示区取消"创建表面"复选框的勾选，再单击"表面"按钮，弹出"区域选择"对话框，选择 waimo-1.zhujiechumian1，如图 8.195 所示。单击"继续"按钮，然后单击提示区的"表面"按钮，再次弹出"区域选择"对话框，选择 gangguan-1.cibiaomian1，弹出"编辑相互作用"对话框，如图 8.196 所示，采用默认设置。单击"确定"按钮，创建相互作用。

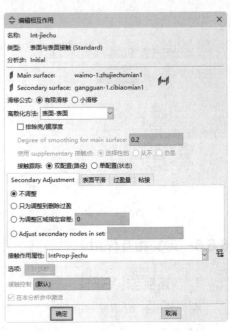

图 8.194 "创建相互作用"对话框　　图 8.195　"区域选择"对话框　　图 8.196　"编辑相互作用"对话框

3. 创建约束

（1）创建钢管与拉头的绑定约束。单击工具区中的"创建约束"按钮，弹出"创建约束"对话框，在"名称"文本框中输入 bangding，选择"类型"为"绑定"，如图 8.197 所示。单击"继续"按钮，在提示区单击"表面"按钮，弹出"区域选择"对话框，如图 8.195 所示。选择 latou-1.zhujiechumian2，单击"继续"按钮，然后单击提示区的"表面"按钮，再次弹出"区域选择"对话框，选择 gangguan-1.cibiaomian2，单击"继续"按钮，弹出"编辑约束"对话框，采用默认设置，如图 8.198 所示。单击"确定"按钮，创建上法兰与橡胶的绑定约束。

（2）创建外模刚体约束。单击工具区中的"创建约束"按钮，弹出"创建约束"对话框，在"名称"文本框中输入 gangti1，"类型"为"刚体"，如图 8.199 所示。单击"继续"按钮，弹出"编辑约束"对话框，如图 8.200 所示。选择"区域类型"为"体（单元）"，然后单击右侧的"编辑选择"按钮，在视口区选择外模特征，单击提示区的"完成"按钮，返回"编辑约束"对话框，单击"参考点"栏中的"编辑"按钮，选择外模壳特征的参考点 RP，如图 8.201 所示，然后单击"确定"按钮。

图 8.197 "创建约束"对话框   图 8.198 "编辑约束"对话框

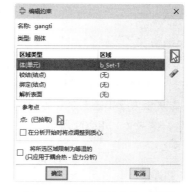

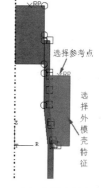

图 8.199 "创建约束"对话框   图 8.200 "编辑约束"对话框   图 8.201 选择外模壳特征和参考点

（3）创建拉头刚体约束。单击工具区中的"创建约束"按钮，弹出"创建约束"对话框，在"名称"文本框中输入 gangti2，"类型"为"刚体"，单击"继续"按钮，弹出"编辑约束"对话框。选择"区域类型"为"体（单元）"，然后单击右侧的"编辑选择"按钮，在视口区选择拉头壳特征，单击提示区的"完成"按钮，返回"编辑约束"对话框，单击"参考点"栏中的"编辑"按钮，选择拉头壳特征的参考点 RP，然后单击"确定"按钮。

8.5.6 定义载荷和边界条件

1. 创建固定边界条件

在环境栏中的"模块"下拉列表中选择"载荷"，进入"载荷"模块。单击工具区中的"创建边界条件"按钮，弹出"创建边界条件"对话框，在"名称"文本框中输入 BC-guding，设置"分析步"为 Initial，"类别"为"力学"，并在右侧的"可用于所选分析步的类型"列表中选择"对称/反对称/完全固定"，如图 8.202 所示。单击"继续"按钮，根据提示在视口区选择外模壳特征，如图 8.203 所示。单击提示区的"完成"按钮，弹出"编辑边界条件"对话框，勾选"完全固定(U1=U2=U3=UR1=UR2=UR3=0)"单选按钮，如图 8.204 所示。单击"确定"按钮，完成固定边界条件的创建，结果如图 8.205 所示。

扫一扫，看视频

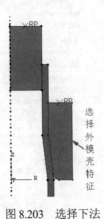
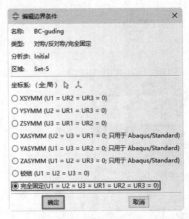
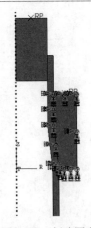

图 8.202　"创建边界条件"
对话框　　　图 8.203　选择下法
兰底面　　　图 8.204　"编辑边界条件"对话框　　图 8.205　创建固定
边界条件

2. 创建拉拔位移边界条件

单击工具区中的"创建边界条件"按钮 ，弹出"创建边界条件"对话框，在"名称"文本框中输入 BC-laba，设置"分析步"为 Step-laba，"类别"为"力学"，并在右侧的"可用于所选分析步的类型"列表中选择"位移/转角"选项，如图 8.206 所示。单击"继续"按钮 继续... ，根据提示在视口区选择拉头壳特征，如图 8.207 所示。单击提示区的"完成"按钮 完成，弹出"编辑边界条件"对话框，勾选 U1～UR3 复选框，并设置 U2 数值为 240，其余均为 0，如图 8.208 所示。单击"确定"按钮 确定 ，完成拉拔位移边界条件的创建，结果如图 8.209 所示。

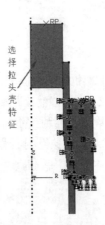

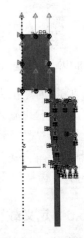

图 8.206　"创建边界条件"对话框　　图 8.207　选择拉头
壳特征　　　图 8.208　"编辑边界条件"
对话框　　　图 8.209　创建拉拔
位移边界条件

扫一扫，看视频

8.5.7　划分网格

1. 划分外模壳特征

（1）布种。在环境栏中的"模块"下拉列表中选择"网格"，进入"网格"模块，设置"对象"为"部件"，然后在"部件"下拉菜单中选择 waimo。单击工具区中的"种子部件"按钮 ，弹出"全局种子"对话框，设置"近似全局尺寸"为 5，其余为默认设置，如图 8.210 所示。单击"确定"按

钮 确定 ，关闭对话框。

（2）指派网格控制属性。单击工具区中的"指派网格控制属性"按钮 ，弹出"网格控制属性"对话框，设置"单元形状"为"四边形"，"算法"为"中性轴算法"，其余为默认设置，如图 8.211 所示。单击"确定"按钮 确定 ，关闭对话框。

（3）为部件划分网格。单击工具区中的"为部件划分网格"按钮 ，然后单击提示区中的"是"按钮 是 ，划分外模壳特征，结果如图 8.212 所示。

图 8.210　"边界条件管理器"对话框

图 8.211　"全局种子"对话框

图 8.212　外模壳特征划分网格

2. 划分拉头壳特征

（1）布种。在环境栏中的"模块"下拉列表中选择"网格"，进入"网格"模块，设置"对象"为"部件"，然后在"部件"下拉菜单中选择 latou。单击工具区中的"种子部件"按钮 ，弹出"全局种子"对话框，设置"近似全局尺寸"为 4，其余为默认设置，单击"确定"按钮 确定 ，关闭对话框。

（2）指派网格控制属性。单击工具区中的"指派网格控制属性"按钮 ，弹出"网格控制属性"对话框，设置"单元形状"为"四边形"，"算法"为"中性轴算法"，其余为默认设置，单击"确定"按钮 确定 ，关闭对话框。

（3）为部件划分网格。单击工具区中的"为部件划分网格"按钮 ，然后单击提示区中的"是"按钮 是 ，划分外模壳特征，结果如图 8.213 所示。

3. 划分钢管

（1）布种。

①全局布种。在"部件"下拉菜单中选择 gangguan。单击工具区中的"种子部件"按钮 ，弹出"全局种子"对话框，设置"近似全局尺寸"为 8，其余为默认设置，如图 8.214 所示。单击"确定"按钮 确定 ，关闭对话框。

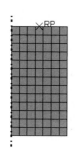

图 8.213　拉头壳特征划分网格

图 8.214　"全局种子"对话框

②边布种。单击工具区中的"为边布种"按钮，根据提示在视口区选择钢管的上、下两条边线，单击提示区的"完成"按钮 完成，弹出"局部种子"对话框，设置"方法"为"按个数"，"偏移"为"无"，"单元数"为10，如图8.215所示。单击"确定"按钮 确定 。

（2）指派网格控制属性。单击工具区中的"指派网格控制属性"按钮，弹出"网格控制属性"对话框，设置"单元形状"为"四边形"，"算法"为"中性轴算法"，其余为默认设置，如图8.211所示。单击"确定"按钮 确定 ，关闭对话框。

（3）为部件划分网格。单击工具区中的"为部件划分网格"按钮，然后单击提示区中的"是"按钮 是，划分橡胶，结果如图8.216所示。

图8.215　"局部种子"对话框

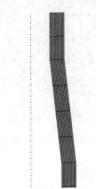

图8.216　钢管划分网格

8.5.8　提交作业

1. 创建作业

在环境栏中的"模块"下拉列表中选择"作业"，进入"作业"模块。单击工具区中的"创建作业"按钮，弹出"创建作业"对话框，在"名称"文本框中输入 Job-lengbagangguan，其余为默认设置，如图8.217所示。单击"继续"按钮 继续...，弹出"编辑作业"对话框，采用默认设置，如图8.218所示。单击"确定"按钮 确定 ，关闭该对话框。

图8.217　"创建作业"对话框

图8.218　"编辑作业"对话框

2. 提交作业

单击工具区中的"作业管理器"按钮，弹出"作业管理器"对话框，如图 8.219 所示，选择创建的 Job-lengbagangguan 作业，单击"提交"按钮 提交 ，进行作业分析，然后单击"监控"按钮 监控... ，弹出"Job-lengbagangguan 监控器"对话框，可以查看分析过程，如图 8.220 所示。当"日志"选项卡中显示"已完成"时，表示分析完成，单击"关闭"按钮 关闭 ，关闭"Job-lengbagangguan 监控器"对话框，返回"作业管理器"对话框。

图 8.219 "作业管理器"对话框

图 8.220 "Job-lengbagangguan 监控器"对话框

8.5.9 可视化后处理

1. 进入"可视化"模块

单击"作业管理器"对话框中的"结果"按钮 结果 ，系统自动切换到"可视化"模块。

2. 通用设置

单击工具区中的"通用选项"按钮，弹出"通用绘图选项"对话框，设置"渲染风格"为"阴影"，"可见边"为"特征边"，如图 8.221 所示。单击"确定"按钮 确定 ，此时模型如图 8.222 所示。

图 8.221 "通用绘图选项"对话框

图 8.222 阴影模式的模型

3. 查看应力云图

单击工具区中的"在变形图上绘制云图"按钮，可以查看模型的变形云图。执行"结果"→"场输出"菜单命令，弹出"场输出"对话框，可以查看不同变量的场输出，如图 8.223 所示。在"输出变量"列表中选择 S，单击"应用"按钮 应用，查看等效应力云图，单击环境栏后面的"上一个"按钮◀和"下一个"按钮▶，调整应力变形云图，如图 8.224 所示。

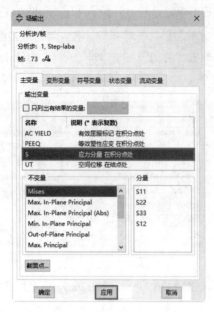

图 8.223　"场输出"对话框

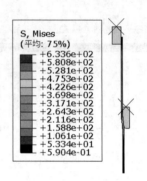

图 8.224　应力云图

4. 绘制应力曲线

单击工具区中的"创建 XY 数据"按钮，弹出"创建 XY 数据"对话框，设置"源"为"ODB 场变量输出"选项，如图 8.225 所示。单击"继续"按钮 继续...，弹出"来自 ODB 场输出的 XY 数据"对话框，在"变量"选项卡中设置"位置"为"唯一结点的"选项，选择"S: 应力分量"→Mises，如图 8.226 所示。然后选择"单元/结点"选项卡，单击"编辑选择集"按钮 编辑选择集，如图 8.227 所示。在视口区选择钢管上的一点，如图 8.228 所示。单击提示区中的"完成"按钮 完成，然后再单击"来自 ODB 场输出的 XY 数据"对话框中的"绘制"按钮 绘制，绘制选择点的应力曲线图，如图 8.229 所示。

图 8.225　"创建 XY 数据"对话框

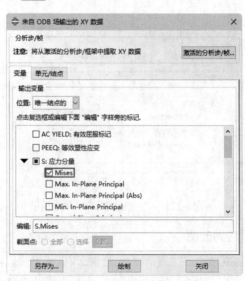

图 8.226　"变量"选项卡设置

图 8.227 "单元/结点"选项卡设置

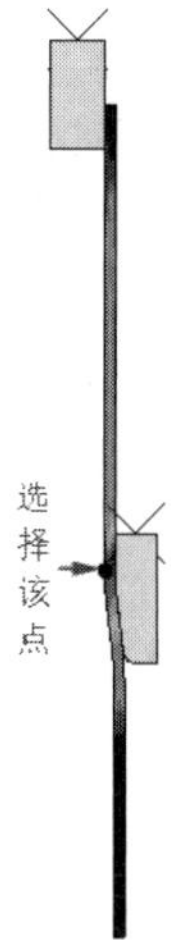

图 8.228 选择
钢管上一点 1

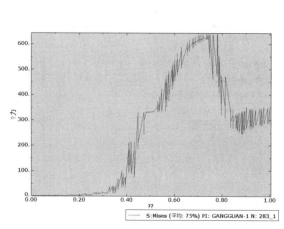

图 8.229 选择点的应力曲线图

5. 查看位移云图

如图 8.223 所示，在"输出变量"列表中选择 UT，单击"确定"按钮 确定 ，查看位移云图，单击环境栏后面的"上一个"按钮◀和"下一个"按钮▶，调整位移变形云图，如图 8.230 所示。

6. 查看应变云图

如图 8.223 所示，在"输出变量"列表中选择 PEEQ，单击"确定"按钮 确定 ，查看等效塑性应变云图，单击环境栏后面的"上一个"按钮◀和"下一个"按钮▶，调整等效塑性应变云图，如图 8.231 所示。

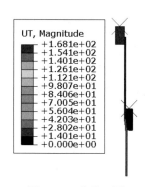

图 8.230 位移云图

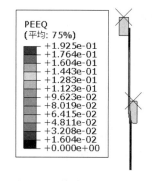

图 8.231 等效塑性应变云图

7. 绘制等效塑性应变曲线

单击工具区中的"创建 XY 数据"按钮 ，弹出"创建 XY 数据"对话框，设置"源"为"ODB 场变量输出"选项，单击"继续"按钮 继续... ，弹出"来自 ODB 场输出的 XY 数据"对话框，在"变量"选项卡中设置"位置"为"唯一结点的"选项，选择 PEEQ 选项，如图 8.232 所示。然后选择"单元/结点"选项卡，单击"编辑选择集"按钮 编辑选择集 ，然后在视口区选择钢管上的一点，如图 8.233 所示。单击提示区中的"完成"按钮 完成 ，然后再单击"来自 ODB 场输出的 XY 数据"对话框中的"绘制"按钮 绘制 ，绘制选择点的等效塑性应变曲线图，如图 8.234 所示。

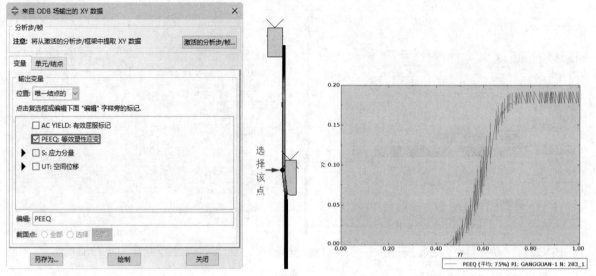

图 8.232　"变量"选项卡设置　　图 8.233　选择　　图 8.234　选择点的等效塑性应变曲线图
钢管上一点 2

8. 扩展应力云图

单击工具区中的"在变形图上绘制云图"按钮 🛒，然后调整云图，查看模型的等效应力云图。然后执行"视图"→"ODB 显示选项"菜单命令，弹出"ODB 显示选项"对话框，选择"扫掠/拉伸"选项卡，勾选"扫掠单元"复选框，其余为默认选项，如图 8.235 所示。单击"确定"按钮 确定 ，扩展应力云图，结果如图 8.236 所示。

9. 查看动画

单击工具区中的"在变形图上绘制云图"按钮 🛒，在"输出变量"列表中选择 S，单击"确定"按钮 确定 ，查看应力云图。单击工具区的"动画：时间历程"按钮 📆，查看应力云图的时间历程动画。单击"动画选项"按钮 ⚙，弹出"动画选项"对话框，如图 8.237 所示，设置"模式"为"循环"，然后拖动"帧频率"滑块到中间位置，再单击"确定"按钮 确定 ，减慢动画的播放，可以更好地观察动画的播放。

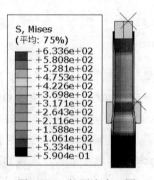

图 8.235　"ODB 显示选项"对话框　　图 8.236　扩展应力云图　　图 8.237　"动画选项"对话框

8.6　动手练一练

图 8.238 所示为一个食物夹，在夹取东西时会产生较大变形，并在夹头接触时产生非线性应变。假设夹取时食物夹底面被固定并在 A 点施加 100N 的集中力，分析此情况下食物夹的应力、应变和位移情况。食物夹的材料参数见表 8.6。

表 8.6　食物夹材料参数

材料名称	密度/(t/mm³)	杨氏模量/MPa	泊松比
不锈钢	7.85e-9	210000	0.3

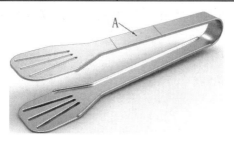

图 8.238　食物夹

思路点拨：

（1）打开 yuanwenjian→ch8→lianyilian 文本中的 shiwujia 模型。

（2）定义属性并指派截面。

（3）创建装配件。

（4）创建分析步：打开大变形、设置增量步数和初始增量步大小。

（5）设置场输出变量为等效应力、等效塑性应变、平移和转动。

（6）添加相互作用：添加内表面的相互作用为自接触。

（7）固定底面、A 点处施加 100N 的集中力。

（8）划分网格：单元形状为四面体，全局尺寸为 5。

（9）创建并提交作业。

（10）可视化后处理。

第9章　模　态　分　析

内容简介

　　模态分析主要用于确定结构和机器零部件的振动特性（固有频率和振型）。模态分析也是其他动力学分析（如谐响应分析、瞬态动方学分析和谱分析等）的基础。通过本章的学习，使读者掌握 Abaqus 进行模态分析的步骤和方法，为应用 Abaqus 进行更深入的动力学分析打下基础。本章主要介绍如何应用 Abaqus 进行模态分析。

内容要点

- ➤ 模态分析概述
- ➤ 模态分析的步骤
- ➤ 实例——量杯自由状态的模态分析
- ➤ 实例——排气筒的模态分析
- ➤ 实例——圆钢不同预应力的模态分析

案例效果

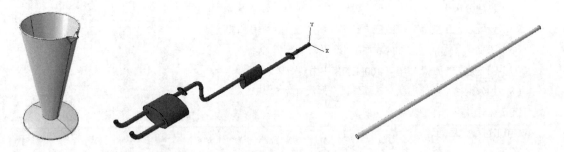

9.1　模态分析概述

9.1.1　模态分析简介

　　模态分析用于确定所设计物体或零部件的振动特性，即所设计物体或零部件的固有频率和振型，它是承受动态载荷结构设计中的重要参数。同时，模态分析也可以作为其他动力学分析问题的开始，如瞬态动力学分析、谐响应分析和谱分析。并且，进行谱分析、模态叠加法谐响应分析或瞬态动力学分析之前必须先进行模态分析。

　　在模态分析中，固有频率和模态振型是常用的分析参数，这两者存在于所要研究的结构上。一方面，模态分析要计算或测试出这些频率和相应的振型；另一方面，模态分析要找出影响结构动力响应的外在激励，从而对所设计的物体或零部件进行优化设计。

对于模态分析，振动频率 ω_i 和模态 ϕ_i 是根据以下方程计算出的，即

$$([K] - \omega_i^2[M])\{\phi_i\} = 0 \tag{9.1}$$

式中：假设刚度矩阵[K]、质量矩阵[M]是定值，这就要求材料是线弹性的。任何非线性特性，如塑性、接触单元等，即使被定义了也将被忽略。

模态分析的最终目标是识别出系统的模态参数，为结构系统的振动特性分析、振动故障诊断和预报、结构动力特征的优化设计提供依据。模态分析应用可归结为以下几方面。

（1）评价现有结构系统的动态特性。

（2）在新产品设计中进行结构动态特性的预估和优化设计。

（3）诊断及预报结构系统的故障。

（4）控制结构的辐射噪声。

（5）识别结构系统的载荷。

9.1.2 有预应力的模态分析

受不变载荷作用产生应力作用下的结构可能会影响固有频率，尤其是对于那些在某一个或两个尺度上很薄的结构。因此，在某些情况下执行模态分析时可能需要考虑预应力影响。进行预应力分析时首先需要进行静力结构分析，计算公式为

$$[K]\{x\} = \{F\} \tag{9.2}$$

得出的应力刚度矩阵用于计算结构分析（[σ0]--[S]），这样原来的模态方程即可修改为

$$([K + S] - \phi_i^2[M])\{\phi_i\} = 0 \tag{9.3}$$

式（9.3）即为存在预应力的模态分析公式。

9.1.3 模态分析的作用

使用模态分析有以下作用。

（1）可以使结构设计避免共振或按照特定的频率进行振动。

（2）可以认识到对于不同类型的动力载荷，结构是如何响应的。

（3）有助于在其他动力学分析中估算求解控制参数（如时间步长）。

9.2 模态分析的步骤

Abaqus 进行模态分析主要有以下 4 个步骤。

1. 建模

（1）建模后，定义材料属性时必须定义密度。

（2）定义的材料属性必须使用线性单元和线性材料，非线性性质将被忽略。

2. 定义分析步类型并设置相应选项

（1）定义一个线性摄动步的频率提取分析步。

（2）模态提取选项和其他选项。

3．施加边界条件、载荷并求解

（1）施加边界条件。

（2）施加外部载荷。因为振动被假定为自由振动，所以忽略外部载荷。然而，程序形成的载荷向量可以在随后的模态叠加分析中使用位移约束。不允许有非零位移约束；对称边界条件只产生对称的振型，所以将会丢失一些振型；施加必需的约束来模拟实际的固定情况；在没有施加约束的方向上将计算刚体振型。

（3）求解。通常采用一个载荷步。为了研究不同位移约束的效果，可以采用多载荷步。例如，对称边界条件采用一个载荷步，反对称边界条件采用另一个载荷步。

4．可视化结果处理

提取所需要的分析结果，并且对结果进行相关的评价，指导工程、科研中的实际应用。

9.3 实例——量杯自由状态的模态分析

量杯是实验室常用的量出式量具，多由玻璃制成，本实例对如图 9.1 所示的量杯在自由状态下进行模态分析，以查看该量杯的固有频率和各阶模态下的位移。量杯的参数见表 9.1。

图 9.1 量杯

表 9.1 量杯材料参数

材料名称	密度/(t/mm³)	杨氏模量/MPa	泊松比
玻璃	2.47e-9	69900	0.215

9.3.1 创建模型

扫一扫，看视频

1. 设置工作目录

执行"文件"→"设置工作目录"菜单命令，弹出"设置工作目录"对话框，选择 Abaqus/CAE 所有文件的保存目录，如图 9.2 所示。单击"新工作目录"文本框右侧的"选取"按钮，找到文件要保存到的文件夹，然后单击"确定"按钮 确定 ，完成操作。

2. 打开模型

单击工具栏中的"打开"按钮 ，弹出"打开数据库"对话框，打开 yuanwenjian→ch9→liangbei 中的模型，如图 9.3 所示。单击"确定"按钮 确定(Q)，打开量杯模型，如图 9.4 所示。

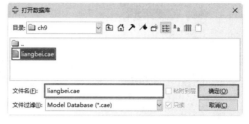

| 图 9.2　"设置工作目录"对话框 | 图 9.3　"打开数据库"对话框 | 图 9.4　量杯模型 |

9.3.2　定义属性及指派截面

1. 创建材料

在环境栏中的"模块"下拉列表中选择"属性"，进入"属性"模块。单击工具区中的"创建材料"按钮 ，弹出"编辑材料"对话框，在"名称"文本框中输入 Material-boli，在"材料行为"选项组中依次选择"通用"→"密度"选项。此时，在下方出现的数据表中设置"质量密度"为 2.47e-9，如图 9.5 所示。然后在"材料行为"选项组中依次选择"力学"→"弹性"→"弹性"选项。此时，在下方出现的数据表中依次设置"杨氏模量"为 69900，"泊松比"为 0.215，如图 9.6 所示。其余参数保持不变，单击"确定"按钮 确定，完成材料的创建。

| 图 9.5　设置密度 | 图 9.6　设置弹性 |

2. 创建截面

单击工具区中的"创建截面"按钮 ，弹出"创建截面"对话框，在"名称"文本框中输入 Section-boli，设置"类别"为"实体"，"类型"为"均质"，如图 9.7 所示。其余参数保持不变，单击"继续"

按钮 继续... ，弹出"编辑截面"对话框，设置"材料"为 Material-boli，其余为默认设置，如图 9.8 所示。单击"确定"按钮 确定 ，完成截面的创建。

图 9.7　"创建截面"对话框　　　　　图 9.8　"编辑截面"对话框

3. 指派截面

单击工具区中的"指派截面"按钮 ，在提示区取消"创建集合"复选框的勾选，在视口区选择量杯实体，然后在提示区单击"完成"按钮 完成 ，弹出"编辑截面指派"对话框，设置截面为 Section-boli，如图 9.9 所示。单击"确定"按钮 确定 ，将创建的 Section-boli 截面指派给量杯，指派截面的量杯颜色变为绿色，完成截面的指派。

9.3.3　创建装配件

在环境栏中的"模块"下拉列表中选择"装配"，进入"装配"模块。单击工具区中的"Create Instance"（创建实例）按钮 ，弹出"创建实例"对话框，如图 9.10 所示。采用默认设置，单击"确定"按钮 确定 ，完成装配件的创建。

图 9.9　"编辑截面指派"对话框　　　　　图 9.10　"创建实例"对话框

9.3.4　创建分析步和场输出

1. 创建分析步

在环境栏中的"模块"下拉列表中选择"分析步"，进入"分析步"模块。单击工具区中的"创建分析步"按钮 ，弹出"创建分析步"对话框，在"名称"文本框中输入 Step-1，设置"程序类型"为"线性摄动"，并在下方的列表中选择"频率"选项，如图 9.11 所示。单击"继续"按钮 继续... ，弹出"编辑分析步"对话框，在"基本信息"选项卡中设置"请求的特征值个数"为"数值"，并将数值设置为 20，如图 9.12 所示。其余采用默认设置，单击"确定"按钮 确定 ，完成分析步的创建。

图 9.11　"创建分析步"对话框

图 9.12　"编辑分析步"对话框

2. 创建场输出

　　单击工具区中的"场输出管理器"按钮，弹出"场输出请求管理器"对话框，如图 9.13 所示。这里已经创建了一个默认的场输出，单击"编辑"按钮，弹出"编辑场输出请求"对话框，在"输出变量"列表中选择"位移/速度/加速度"→"U,平移和转动"选项，如图 9.14 所示。单击"确定"按钮，返回"场输出请求管理器"对话框，单击"关闭"按钮，关闭该对话框，完成场输出的创建。

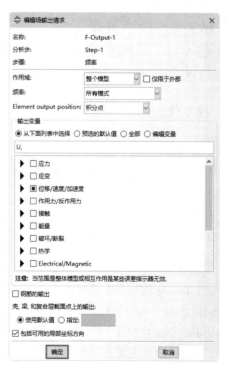

图 9.13　"场输出请求管理器"对话框

图 9.14　"编辑场输出请求"对话框

9.3.5 划分网格

1. 布种

在环境栏中的"模块"下拉列表中选择"网格"，进入"网格"模块，然后设置"对象"为"部件"。单击工具区中的"种子部件"按钮，弹出"全局种子"对话框，设置"近似全局尺寸"为4，其余为默认设置，如图9.15所示。单击"确定"按钮，关闭对话框。

2. 指派网格控制属性

单击工具区中的"指派网格控制属性"按钮，根据提示框选所有实体，单击"完成"按钮，弹出"网格控制属性"对话框，设置"单元形状"为"四面体"，其余为默认设置，如图9.16所示。单击"确定"按钮，关闭对话框。

3. 为部件划分网格

单击工具区中的"为部件划分网格"按钮，然后单击提示区中的"是"按钮，完成网格的划分，结果如图9.17所示。

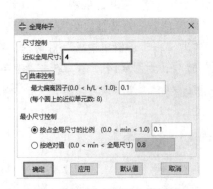

图9.15　"全局种子"对话框

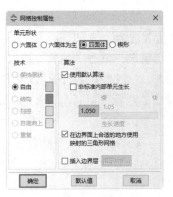

图9.16　"网格控制属性"对话框

图9.17　划分网格

9.3.6 提交作业

1. 创建作业

在环境栏中的"模块"下拉列表中选择"作业"，进入"作业"模块。单击工具区中的"创建作业"按钮，弹出"创建作业"对话框，在"名称"文本框中输入Job-liangbei，其余为默认设置，如图9.18所示。单击"继续"按钮，弹出"编辑作业"对话框，采用默认设置，如图9.19所示。单击"确定"按钮，关闭该对话框。

2. 提交作业

单击工具区中的"作业管理器"按钮，弹出"作业管理器"对话框，如图9.20所示。选择创建的Job-liangbei作业，单击"提交"按钮，进行作业分析，然后单击"监控"按钮，弹出"Job-liangbei监控器"对话框，可以查看分析过程，如图9.21所示。当"日志"选项卡中显示"已完成"时，表示分析完成，单击"关闭"按钮，关闭"Job-liangbei监控器"对话框，返回"作业管理器"对话框。

图 9.18　"创建作业"对话框

图 9.19　"编辑作业"对话框

图 9.20　"作业管理器"对话框

图 9.21　"Job-liangbei 监控器"对话框

扫一扫，看视频

9.3.7　可视化后处理

1. 进入"可视化"模块

单击"作业管理器"对话框中的"结果"按钮 结果 ，系统自动切换到"可视化"模块。

2. 通用设置

单击工具区中的"通用选项"按钮，弹出"通用绘图选项"对话框，设置"渲染风格"为"阴影"，"可见边"为"特征边"，如图 9.22 所示。单击"确定"按钮 确定 ，此时模型如图 9.23 所示。

图 9.22　"通用绘图选项"对话框

图 9.23　阴影模式的模型

3. 查看位移云图

单击工具区中的"在变形图上绘制云图"按钮，可以查看模型的位移云图，如图 9.24 所示。执行"结果"→"场输出"菜单命令，弹出"场输出"对话框，单击对话框中的"帧"按钮，弹出"分析步/帧"对话框，可以查看分析步中不同阶的模态图，如图 9.25 所示。例如，选择第 7 帧，单击应用按钮，可以查看第 7 阶模态图，如图 9.26（a）所示；同理，可以查看其他各阶模态图，如图 9.26（b）~（f）所示。

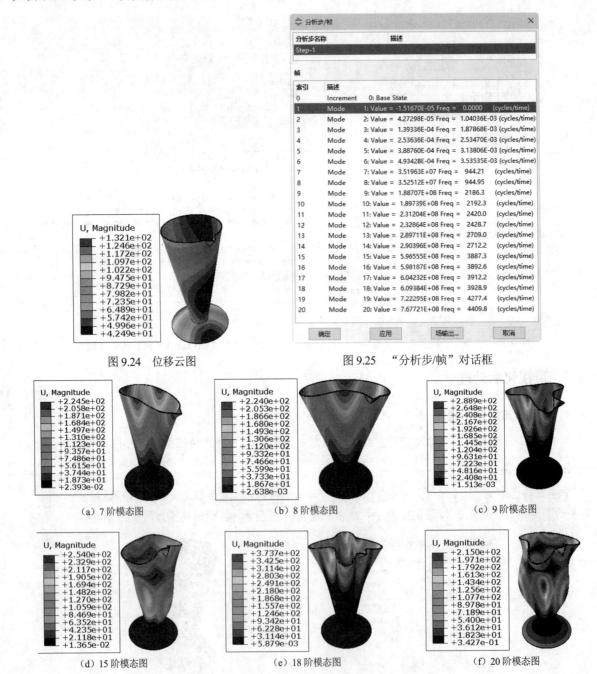

图 9.24　位移云图　　　　　　　　图 9.25　"分析步/帧"对话框

（a）7 阶模态图　　　　　（b）8 阶模态图　　　　　（c）9 阶模态图

（d）15 阶模态图　　　　　（e）18 阶模态图　　　　　（f）20 阶模态图

图 9.26　各阶模态图

知识拓展

在如图 9.25 所示的"分析步/帧"对话框中可以看到量杯的前 6 阶的频率很小，这是由于该量杯没有被添加任何约束，可将前 6 阶认为是量杯的刚体模态。

4. 绘制位移曲线

（1）单击工具区中的"通用选项"按钮![按钮]，弹出"通用绘图选项"对话框，单击"标签"选项卡，勾选"显示结点编号"复选框，如图 9.27 所示。单击"确定"按钮![确定]，显示结点编号。

（2）单击工具区中的"创建 XY 数据"按钮![按钮]，弹出"创建 XY 数据"对话框，设置"源"为"ODB 场变量输出"，如图 9.28 所示。单击"继续"按钮![继续]，弹出"来自 ODB 场输出的 XY 数据"对话框，在"变量"选项卡中设置"位置"为"唯一结点的"，选择"U：空间位移"→Magnitude，如图 9.29 所示。然后选择"单元/结点"选项卡，设置"方法"为"结点编号"，然后在右侧的"结点编号"栏中输入 577，如图 9.30 所示。再单击"来自 ODB 场输出的 XY 数据"对话框中的"绘制"按钮![绘制]，绘制选择点的位移曲线图，结果如图 9.31 所示。

图 9.27　"通用绘图选项"对话框　　图 9.28　"创建 XY 数据"对话框　　图 9.29　设置"变量"选项卡

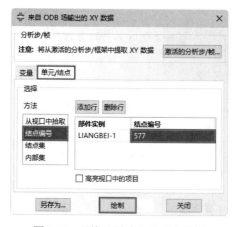
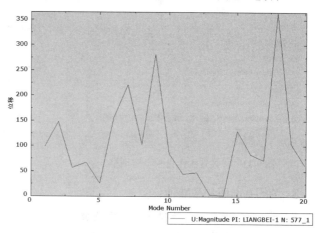

图 9.30　"单元/结点"选项卡设置　　　　　图 9.31　选择点的位移曲线图

9.4 实例——排气筒的模态分析

图 9.32 所示为汽车的一个排气筒，对排气筒进行模态分析，确定排气筒的固有频率，从而可以在设计时避免与发动机和排出尾气的频率相一致，消除过度振动并更大地消除噪声。排气筒的材料参数见表 9.2。

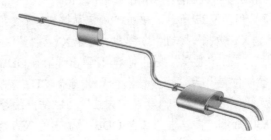

图 9.32 排气筒

表 9.2 排气筒材料参数

材料名称	密度/(t/mm³)	杨氏模量/MPa	泊松比
不锈钢	7.85e-9	210000	0.3

扫一扫，看视频

9.4.1 创建模型

1. 设置工作目录

执行"文件"→"设置工作目录"菜单命令，弹出"设置工作目录"对话框，选择 Abaqus/CAE 所有文件的保存目录，如图 9.33 所示。单击"新工作目录"右侧的"选取"按钮，找到文件要保存到的文件夹，然后单击"确定"按钮 确定 ，完成操作。

2. 打开模型

单击工具栏中的"打开"按钮，弹出"打开数据库"对话框，打开 yuanwenjian→ch9→paiqitong 中的模型，如图 9.34 所示。单击"确定"按钮 确定(O) ，打开模型，如图 9.35 所示。

图 9.33 "设置工作目录"对话框

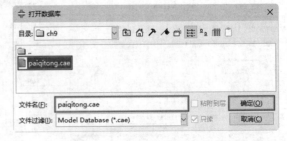

图 9.34 "打开数据库"对话框

3. 关闭基准面和基准轴

执行"视图"→"部件显示选项"菜单命令，弹出"部件显示选项"对话框，在"基准"选项卡中取消勾选"显示基准面"复选框，如图 9.36 所示。单击"确定"按钮 确定 ，关闭基准面的显示。

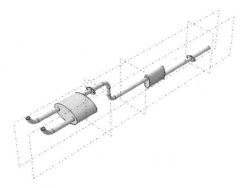

图 9.35　排气筒模型　　　　　　图 9.36　"部件显示选项"对话框

扫一扫，看视频

9.4.2　定义属性及指派截面

1. 创建材料

在环境栏中的"模块"下拉列表中选择"属性"，进入"属性"模块。单击工具区中的"创建材料"按钮，弹出"编辑材料"对话框，在"名称"文本框中输入 Material-buxiugang，在"材料行为"选项组中依次选择"通用"→"密度"。此时，在下方出现的数据表中设置"质量密度"为 7.85e-9，如图 9.37 所示。然后在"材料行为"选项组中依次选择"力学"→"弹性"→"弹性"。此时，在下方出现的数据表中依次设置"杨氏模量"为 210000，"泊松比"为 0.3，如图 9.38 所示。其余参数保持不变，单击"确定"按钮，完成材料的创建。

图 9.37　设置密度　　　　　　图 9.38　设置弹性

2. 创建截面

单击工具区中的"创建截面"按钮，弹出"创建截面"对话框，在"名称"文本框中输入 Section-buxiugang，设置"类别"为"实体"，"类型"为"均质"，如图 9.39 所示。其余参数保持不变，单击"继续"按钮，弹出"编辑截面"对话框，设置"材料"为 Material-buxiugang，其余为默认设置，如图 9.40 所示。单击"确定"按钮，完成截面的创建。

3. 指派截面

单击工具区中的"指派截面"按钮 ，在提示区取消勾选"创建集合"复选框，在视口区选择排气筒实体，然后在提示区单击"完成"按钮 完成，弹出"编辑截面指派"对话框，设置截面为Section-buxiugang，如图 9.41 所示。单击"确定"按钮 确定，将创建的 Section-buxiugang 截面指派给排气筒，指派截面的排气筒颜色变为绿色，完成截面的指派。

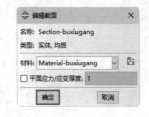

图 9.39　"创建截面"对话框　　　图 9.40　"编辑截面"对话框　　　图 9.41　"编辑截面指派"对话框

9.4.3　创建装配件

1. 创建装配件

在环境栏中的"模块"下拉列表中选择"装配"，进入"装配"模块。单击工具区中的 Create Instance（创建实例）按钮 ，弹出"创建实例"对话框，如图 9.42 所示。采用默认设置，单击"确定"按钮 确定，完成装配件的创建。

2. 关闭基准面

执行"视图"→"装配件显示选项"菜单命令，弹出"装配件显示选项"对话框，在"基准"选项卡中取消勾选"显示基准面"复选框，单击"确定"按钮 确定，关闭基准面的显示，创建的装配件如图 9.43 所示。

图 9.42　"创建实例"对话框　　　　　　　　图 9.43　创建装配件

扫一扫，看视频

9.4.4　创建分析步和场输出

1. 创建分析步

在环境栏中的"模块"下拉列表中选择"分析步"，进入"分析步"模块。单击工具区中的"创建分析步"按钮●→▇,弹出"创建分析步"对话框,在"名称"文本框中输入 Step-1,设置"程序类型"为"线性摄动",并在下方的列表中选择"频率"选项,如图 9.44 所示。单击"继续"按钮 继续...,弹出"编辑分析步"对话框,在"基本信息"选项卡中设置"请求的特征值个数"为"数值",并将"数值"设置为 20,如图 9.45 所示。其余采用默认设置,单击"确定"按钮 确定,完成分析步的创建。

图 9.44 "创建分析步"对话框　　　　　图 9.45 "编辑分析步"对话框

2. 创建场输出

单击工具区中的"场输出管理器"按钮▤,弹出"场输出请求管理器"对话框,如图 9.46 所示。这里已经创建了一个默认的场输出,单击"编辑"按钮 编辑...,弹出"编辑场输出请求"对话框,在"输出变量"列表中选择"位移/速度/加速度"→"U,平移和转动",如图 9.47 所示。单击"确定"按钮 确定,返回"场输出请求管理器"对话框,单击"关闭"按钮 关闭,关闭该对话框,完成场输出的创建。

图 9.46 "场输出请求管理器"对话框　　　　　图 9.47 "编辑场输出请求"对话框

扫一扫，看视频

9.4.5　定义相互作用

1. 创建相互作用属性

在环境栏中的"模块"下拉列表中选择"相互作用"，进入"相互作用"模块。单击工具区中的"创建相互作用属性"按钮，弹出"创建相互作用属性"对话框，在"名称"文本框中输入 IntProp-jiechu，设置"类型"为"接触"，如图 9.48 所示。单击"继续"按钮，弹出"编辑接触属性"对话框，单击"力学"下拉列表中的"切向行为"，设置"摩擦公式"为"无摩擦"，如图 9.49 所示；单击"力学"下拉列表中的"法向行为"，设置"压力过盈"为"'硬'接触"，如图 9.50 所示。单击"确定"按钮，关闭该对话框。

图 9.48　"创建相互作用属性"对话框

图 9.49　设置切向行为

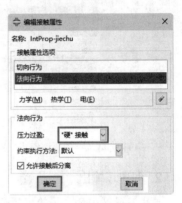

图 9.50　设置法向行为

2. 创建相互作用

单击工具区中的"创建相互作用"按钮，弹出"创建相互作用"对话框，在"名称"文本框中输入 Int-zijiechu，设置"分析步"为 Initial（初始步），选择"可用于所选分析步的类型"为"自接触（Standard）"，如图 9.51 所示。单击"继续"按钮，在视口区选择整个模型的表面，如图 9.52 所示。单击提示区的"完成"按钮，弹出"编辑相互作用"对话框，如图 9.53 所示。采用默认设置，单击"确定"按钮，创建相互作用。

图 9.51　"创建相互作用"
对话框

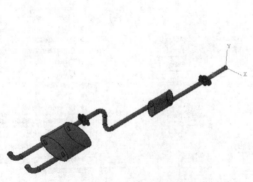

图 9.52　选择所有表面

图 9.53　"编辑相互作用"对话框

9.4.6　定义边界条件

创建固定边界条件

在环境栏中的"模块"下拉列表中选择"载荷"，进入"载荷"模块。单击工具区中的"创建边界条件"按钮，弹出"创建边界条件"对话框，在"名称"文本框中输入 BC-guding，设置"分析步"为 Initial，"类别"为"力学"，并在右侧的"可用于所选分析步的类型"列表中选择"对称/反对称/完全固定"选项，如图 9.54 所示。单击"继续"按钮 继续...，根据提示在视口区选择固定法兰的螺栓孔，如图 9.55 所示。单击提示区的"完成"按钮 完成，弹出"编辑边界条件"对话框，勾选"完全固定(U1=U2=U3=UR1=UR2=UR3=0)"单选按钮，如图 9.56 所示。单击"确定"按钮 确定，完成固定边界条件的创建，结果如图 9.57 所示。

图 9.54　"创建边界条件"对话框

图 9.55　选择固定法兰螺栓孔

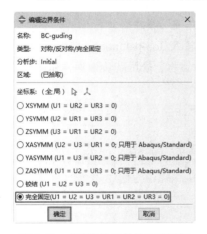

图 9.56　"编辑边界条件"对话框

图 9.57　定义固定边界条件

9.4.7　划分网格

1. 布种

在环境栏中的"模块"下拉列表中选择"网格"，进入"网格"模块，然后设置"对象"为"部件"。单击工具区中的"种子部件"按钮，弹出"全局种子"对话框，设置"近似全局尺寸"为 20，其余为默认设置，如图 9.58 所示。单击"确定"按钮 确定，关闭对话框。

扫一扫，看视频

2. 指派网格控制属性

单击工具区中的"指派网格控制属性"按钮，根据提示框选排气筒实体，单击"完成"按钮 完成，弹出"网格控制属性"对话框，设置"单元形状"为"四面体"，其余为默认设置，如图 9.59 所示。单击"确定"按钮 确定，关闭对话框。

3. 为部件划分网格

单击工具区中的"为部件划分网格"按钮，然后单击提示区中的"是"按钮 是，完成网格的划分，结果如图 9.60 所示。

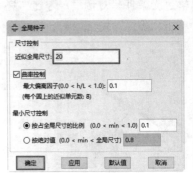
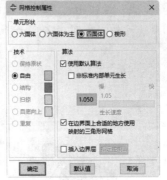

图 9.58 "全局种子"对话框　　图 9.59 "网格控制属性"对话框　　　　图 9.60 划分网格

9.4.8 提交作业

1. 创建作业

在环境栏中的"模块"下拉列表中选择"作业"，进入"作业"模块。单击工具区中的"创建作业"按钮，弹出"创建作业"对话框，在"名称"文本框中输入 Job-paiqitong，其余为默认设置，如图 9.61 所示。单击"继续"按钮 继续...，弹出"编辑作业"对话框，采用默认设置，如图 9.62 所示。单击"确定"按钮 确定，关闭该对话框。

图 9.61 "创建作业"对话框　　　　　　图 9.62 "编辑作业"对话框

2. 提交作业

单击工具区中的"作业管理器"按钮　，弹出"作业管理器"对话框，如图 9.63 所示。选择创建的 Job-paiqitong 作业，单击"提交"按钮　提交　，进行作业分析，然后单击"监控"按钮　监控...　，弹出"Job-paiqitong 监控器"对话框，可以查看分析过程，如图 9.64 所示。当"日志"选项卡中显示"已完成"时，表示分析完成，单击"关闭"按钮　关闭　，关闭"Job-paiqitong 监控器"对话框，返回"作业管理器"对话框。

图 9.63　"作业管理器"对话框

图 9.64　"Job-paiqitong 监控器"对话框

扫一扫，看视频

9.4.9　可视化后处理

1. 进入"可视化"模块

单击"作业管理器"对话框中的"结果"按钮　结果　，系统自动切换到"可视化"模块。

2. 通用设置

单击工具区中的"通用选项"按钮　，弹出"通用绘图选项"对话框，设置"渲染风格"为"阴影"，"可见边"为"特征边"，如图 9.65 所示。单击"确定"按钮　确定　，此时模型如图 9.66 所示。

图 9.65　"通用绘图选项"对话框

图 9.66　阴影模式的模型

3. 查看位移云图

单击工具区中的"在变形图上绘制云图"按钮　，可以查看模型的位移云图，如图 9.67 所示。执行"结果"→"场输出"菜单命令，弹出"场输出"对话框，单击对话框中的"帧"按钮　，弹出"分析步/帧"对话框，可以查看分析步中不同阶的模态图，如图 9.68 所示。例如，选择第 5 帧，单击应用按钮　应用　，查看第 5 阶模态图，如图 9.69（a）所示；同理，可查看其他各阶模态图，如图 9.69（b）~（f）所示。

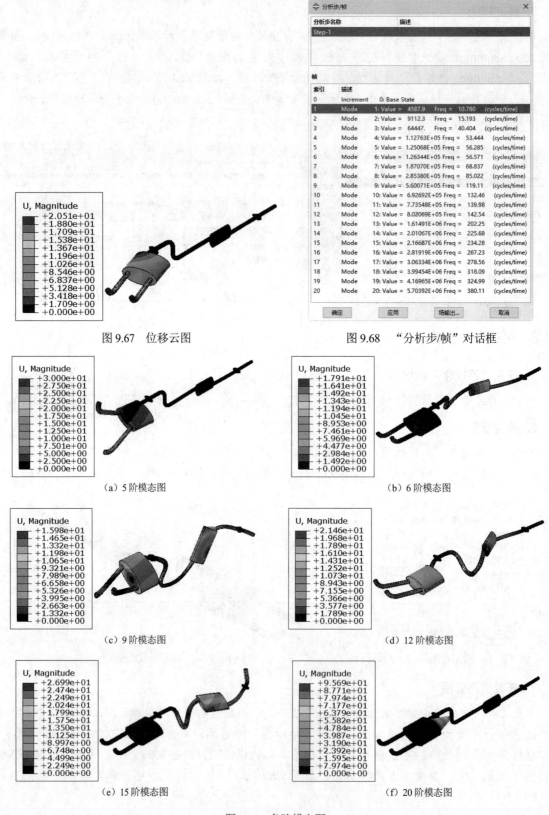

图 9.67　位移云图　　　　　　　　　　图 9.68　"分析步/帧"对话框

（a）5 阶模态图　　　　　　　　　　　　（b）6 阶模态图

（c）9 阶模态图　　　　　　　　　　　　（d）12 阶模态图

（e）15 阶模态图　　　　　　　　　　　　（f）20 阶模态图

图 9.69　各阶模态图

4. 绘制位移曲线

（1）单击工具区中的"通用选项"按钮 ，弹出"通用绘图选项"对话框，单击"标签"选项卡，勾选"显示结点编号"复选框，如图9.70所示。单击"确定"按钮 ，显示结点编号。

（2）单击工具区中的"创建 XY 数据"按钮 ，弹出"创建 XY 数据"对话框，设置"源"为"ODB 场变量输出"，如图9.71所示。单击"继续"按钮 ，弹出"来自 ODB 场输出的 XY 数据"对话框，在"变量"选项卡中设置"位置"为"唯一结点的"，选择"U：空间位移"→Magnitude，如图9.72所示。然后选择"单元/结点"选项卡，设置"方法"为"结点编号"，然后在右侧的"结点编号"栏中输入 37370，如图9.73所示。然后再单击"来自 ODB 场输出的 XY 数据"对话框中的"绘制"按钮 ，绘制选择点的位移曲线图，如图9.74所示。

图9.70 "通用绘图选项"对话框　　图9.71 "创建 XY 数据"对话框　　图9.72 "变量"选项卡设置

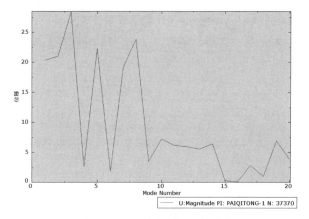

图9.73 "单元/结点"选项卡设置　　　　图9.74 选择点的位移曲线图

9.5 实例——圆钢不同预应力的模态分析

图9.75所示为一段圆钢，直径为 8mm，材质为不锈钢。下面对以下 3 种状态的圆钢进行模态分析，了解不同预应力对圆钢模态的影响。圆钢的材料参数见表9.3。

（1）两端固定。

（2）一端固定，另一端施加大小为 5000N 的拉力。

（3）一端固定，另一端施加大小为 500N 的压力。

图 9.75　圆钢

表 9.3　圆钢材料参数

材料名称	密度/(t/mm³)	杨氏模量/MPa	泊松比
不锈钢	7.85e-9	210000	0.3

扫一扫，看视频

9.5.1　创建模型

1. 设置工作目录

执行"文件"→"设置工作目录"菜单命令，弹出"设置工作目录"对话框，选择 Abaqus/CAE 所有文件的保存目录，如图 9.76 所示。单击"新工作目录"文本框右侧的"选取"按钮 📂，找到文件要保存到的文件夹，然后单击"确定"按钮 确定 ，完成操作。

2. 创建部件

在"部件"模块，单击工具区中的"创建部件"按钮 🔳，弹出"创建部件"对话框，在"名称"文本框中输入 yuangang，设置"模型空间"为"三维"，再依次选择"可变形""实体"和"拉伸"，如图 9.77 所示。然后单击"继续"按钮 继续... ，进入草图绘制环境。

图 9.76　"设置工作目录"对话框

图 9.77　"创建部件"对话框

3. 绘制草图

单击"圆"按钮①，在提示区输入圆心坐标（0,0），单击鼠标中键，输入圆上一点坐标（4,0），单击鼠标中键，绘制直径为 8mm 的圆。

4. 拉伸草图

按 Esc 键退出线段的绘制，然后单击提示区的"完成"按钮 完成 ，弹出"编辑基本拉伸"对话框，设置"深度"为 500，如图 9.78 所示。单击"确定"按钮 确定 ，完成圆钢模型的创建，结果如图 9.79 所示。

图 9.78　"编辑基本拉伸"对话框

图 9.79　圆钢模型

5. 创建参考点

执行"工具"→"参考点"菜单命令，根据提示选择圆钢左端面圆形表面的中心点，如图 9.80 所示。创建参考点 RP，结果如图 9.81 所示。

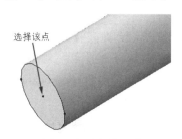

图 9.80　选择中心点

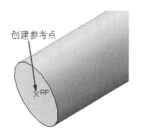

图 9.81　创建参考点

9.5.2　定义属性及指派截面

1. 创建材料

在环境栏中的"模块"下拉列表中选择"属性"，进入"属性"模块。单击工具区中的"创建材料"按钮，弹出"编辑材料"对话框，在"名称"文本框中输入 Material-buxiugang，在"材料行为"选项组中依次选择"通用"→"密度"。此时，在下方出现的数据表中设置"质量密度"为 7.85e-9，如图 9.82 所示；然后在"材料行为"选项组中依次选择"力学"→"弹性"→"弹性"。此时，在下方出现的数据表中依次设置"杨氏模量"为 210000，"泊松比"为 0.3，如图 9.83 所示。其余参数保持不变，单击"确定"按钮 确定 ，完成材料的创建。

2. 创建截面

单击工具区中的"创建截面"按钮，弹出"创建截面"对话框，在"名称"文本框中输入

Section-buxiugang，设置"类别"为"实体"，类型为"均质"，如图9.84所示。其余参数保持不变，单击"继续"按钮 继续... ，弹出"编辑截面"对话框，设置"材料"为 Material-buxiugang，其余为默认设置，如图9.85所示。单击"确定"按钮 确定 ，完成截面的创建。

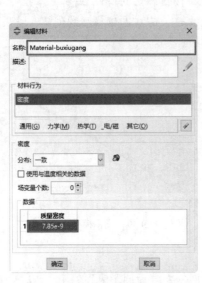

图9.82 设置密度

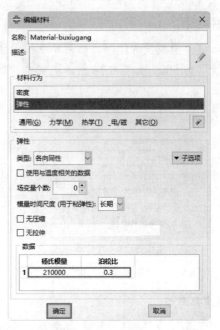

图9.83 设置弹性

3. 指派截面

单击工具区中的"指派截面"按钮，在提示区取消勾选"创建集合"复选框；然后在视口区选择圆钢实体，在提示区单击"完成"按钮 完成 ，弹出"编辑截面指派"对话框，设置截面为 Section-buxiugang，如图9.86所示。单击"确定"按钮 确定 ，将创建的 Section-buxiugang 截面指派给圆钢，指派截面的圆钢颜色变为绿色，完成截面的指派。

图9.84 "创建截面"对话框

图9.85 "编辑截面"对话框

图9.86 "编辑截面指派"对话框

9.5.3 创建装配件

在环境栏中的"模块"下拉列表中选择"装配"，进入"装配"模块。单击工具区中的 Create Instance（创建实例）按钮，弹出"创建实例"对话框，如图9.87所示。采用默认设置，单击"确定"按钮 确定 ，完成装配件的创建，结果如图9.88所示。

图 9.87 "创建实例"对话框

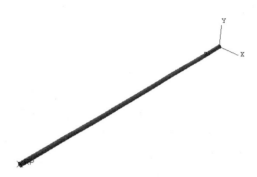

图 9.88 创建装配件

扫一扫，看视频

9.5.4 创建分析步和场输出

创建分析步

（1）创建静力分析步。在环境栏中的"模块"下拉列表中选择"分析步"，进入"分析步"模块。单击工具区中的"创建分析步"按钮 ●→█，弹出"创建分析步"对话框，在"名称"文本框中输入 Step-jingli，设置"程序类型"为"通用"，并在下方的列表中选择"静力,通用"选项，如图 9.89 所示。单击"继续"按钮 继续... ，弹出"编辑分析步"对话框，在"基本信息"选项卡中设置"时间长度"为1，"几何非线性"为开，如图 9.90 所示。其余采用默认设置，单击"确定"按钮 确定 ，完成静力分析步的创建。

（2）创建模态分析步。单击工具区中的"创建分析步"按钮 ●→█，弹出"创建分析步"对话框，在"名称"文本框中输入 Step-motai，设置"程序类型"为"线性摄动"，并在下方的列表中选择"频率"选项。单击"继续"按钮 继续... ，弹出"编辑分析步"对话框，在"基本信息"选项卡中设置"请求的特征值个数"为"数值"，并将"数值"设置为 20，如图 9.91 所示。其余采用默认设置，单击"确定"按钮 确定 ，完成模态分析步的创建。

图 9.89 "创建分析步"对话框

图 9.90 设置静力分析步

图 9.91 设置模态分析步

9.5.5 定义相互作用

创建约束

在环境栏中的"模块"下拉列表中选择"相互作用"，进入"相互作用"模块。单击工具区中的"创建约束"按钮，弹出"创建约束"对话框，在"名称"文本框中输入ouhe，选择"类型"为"耦合的"，如图9.92所示。单击"继续"按钮 继续... ，根据提示选择创建的参考点RP，单击提示区中的"完成"按钮 完成 ，再单击提示区中的"表面"按钮 表面 ，根据提示选择圆钢的左表面，单击提示区中的"完成"按钮 完成 ，弹出"编辑约束"对话框，勾选所有"被约束的自由度"复选框，如图9.93所示。最后单击"确定"按钮 确定 。

图9.92 "创建约束"对话框　　　　图9.93 "编辑约束"对话框

9.5.6 定义边界条件

创建固定边界条件

在环境栏中的"模块"下拉列表中选择"载荷"，进入"载荷"模块。单击工具区中的"创建边界条件"按钮，弹出"创建边界条件"对话框，在"名称"文本框中输入BC-guding，设置"分析步"为Step-jingli，"类别"为"力学"，并在右侧的"可用于所选分析步的类型"列表中选择"对称/反对称/完全固定"，如图9.94所示。单击"继续"按钮 继续... ，根据提示在视口区选择圆钢的右端面，单击提示区的"完成"按钮 完成 ，弹出"编辑边界条件"对话框，勾选"完全固定(U1=U2=U3=UR1=UR2=UR3=0)"单选按钮，如图9.95所示。单击"确定"按钮 确定 ；同理，创建左端面的固定约束，结果如图9.96所示。

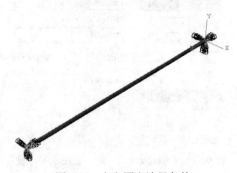

图9.94 "创建边界条件"对话框　图9.95 "编辑边界条件"对话框　　　图9.96 定义固定边界条件

9.5.7 划分网格

1. 布种

在环境栏中的"模块"下拉列表中选择"网格",进入"网格"模块,然后设置"对象"为"部件"。单击工具区中的"种子部件"按钮,弹出"全局种子"对话框,设置"近似全局尺寸"为2,其余为默认设置,如图9.97所示。单击"确定"按钮 确定,关闭对话框。

2. 指派网格控制属性

单击工具区中的"指派网格控制属性"按钮,根据提示框选圆钢实体,单击"完成"按钮 完成,弹出"网格控制属性"对话框,设置"单元形状"为"六面体","算法"为"中性轴算法",其余为默认设置,如图9.98所示。单击"确定"按钮 确定,关闭对话框。

3. 为部件划分网格

单击工具区中的"为部件划分网格"按钮,然后单击提示区中的"是"按钮 是,完成网格划分,结果如图9.99所示。

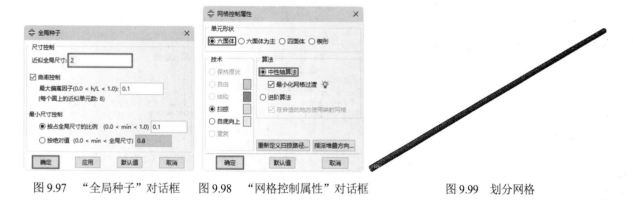

图9.97 "全局种子"对话框　　图9.98 "网格控制属性"对话框　　图9.99 划分网格

9.5.8 提交作业

1. 创建作业

在环境栏中的"模块"下拉列表中选择"作业",进入"作业"模块。单击工具区中的"创建作业"按钮,弹出"创建作业"对话框,在"名称"文本框中输入 Job-guding,其余为默认设置,如图9.100所示。单击"继续"按钮 继续...,弹出"编辑作业"对话框,采用默认设置,如图9.101所示。单击"确定"按钮 确定,关闭该对话框。

2. 提交作业

单击工具区中的"作业管理器"按钮,弹出"作业管理器"对话框,如图9.102所示。选择创建的 Job-guding 作业,单击"提交"按钮 提交,进行作业分析,然后单击"监控"按钮 监控...,弹出"Job-guding 监控器"对话框,可以查看分析过程,如图9.103所示。当"日志"选项卡中显示"已完成"时,表示分析完成。单击"关闭"按钮 关闭,关闭"Job-guding 监控器"对话框,返回"作业管理器"对话框。

图 9.100　"创建作业"对话框

图 9.101　"编辑作业"对话框

图 9.102　"作业管理器"对话框

图 9.103　"Job-guding 监控器"对话框

扫一扫，看视频

9.5.9　可视化后处理

1. 进入"可视化"模块

单击"作业管理器"对话框中的"结果"按钮 结果，系统自动切换到"可视化"模块。

2. 通用设置

单击工具区中的"通用选项"按钮，弹出"通用绘图选项"对话框，设置"渲染风格"为"阴影"，"可见边"为"特征边"，如图 9.104 所示。单击"确定"按钮 确定，此时模型如图 9.105 所示。

图 9.104　"通用绘图选项"对话框

图 9.105　阴影模式的模型

3. 查看位移云图

单击工具区中的"在变形图上绘制云图"按钮，可以查看模型的位移云图，如图 9.106 所示。执行"结果"→"场输出"菜单命令，弹出"场输出"对话框，单击对话框中的"帧"按钮，弹出"分析步/帧"对话框，可以查看分析步中不同阶的模态图，如图 9.107 所示。例如，选择第 7 帧，单击应用按钮，可以查看第 7 阶模态图，如图 9.108（a）所示；同理，可查看其他各阶模态图，如图 9.108（b）～（f）所示。

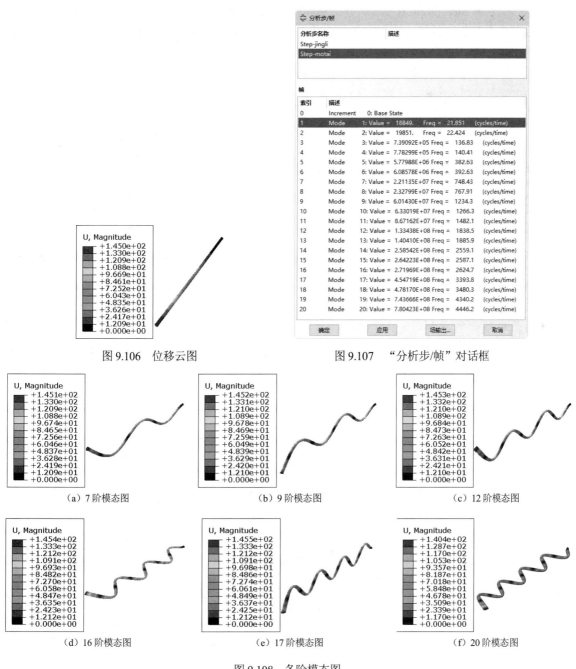

图 9.106　位移云图　　　　图 9.107　"分析步/帧"对话框

(a) 7 阶模态图　　　(b) 9 阶模态图　　　(c) 12 阶模态图

(d) 16 阶模态图　　　(e) 17 阶模态图　　　(f) 20 阶模态图

图 9.108　各阶模态图

4. 绘制位移曲线

（1）单击工具区中的"通用选项"按钮，弹出"通用绘图选项"对话框，单击"标签"选项卡，勾选"显示结点编号"复选框，如图 9.109 所示。单击"确定"按钮 确定 ，显示结点编号。

（2）单击工具区中的"创建 XY 数据"按钮，弹出"创建 XY 数据"对话框，设置"源"为"ODB 场变量输出"选项，如图 9.110 所示。单击"继续"按钮 继续... ，弹出"来自 ODB 场输出的 XY 数据"对话框，单击"激活的分析步/帧"按钮 激活的分析步/帧... ，弹出"激活的分析步/帧"对话框，在下方的"分析步名称"中取消 Step-jingli 的勾选，如图 9.111 所示。单击"确定"按钮 确定 ，返回到"来自 ODB 场输出的 XY 数据"对话框，在"变量"选项卡中设置"位置"为"唯一结点的"，选择"U：空间位移"→Magnitude，如图 9.112 所示；然后选择"单元/结点"选项卡，设置"方法"为"结点编号"，在右侧的"结点编号"栏中输入 6660，如图 9.113 所示。再单击"来自 ODB 场输出的 XY 数据"对话框中的"绘制"按钮 绘制 ，绘制选择点的位移曲线图，结果如图 9.114 所示。

图 9.109　"通用绘图选项"对话框

图 9.110　"创建 XY 数据"对话框

图 9.111　"激活的分析步/帧"对话框

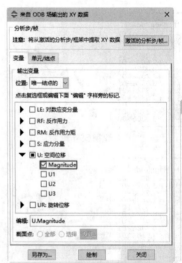

图 9.112　设置变量选项卡

图 9.113　设置单元/结点选项卡

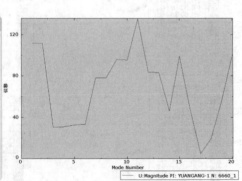
图 9.114　选择点的位移曲线图

9.5.10 修改边界条件和创建载荷

1. 修改边界条件

在环境栏中的"模块"下拉列表中选择"载荷",进入"载荷"模块。单击工具区中的"边界条件管理器"按钮 ▦,弹出"边界条件管理器"对话框,如图 9.115 所示。选择创建的 BC-guding2 边界条件,然后单击对话框中的"删除"按钮 删除...,在弹出的提示框中单击"是"按钮 是,删除 BC-guding2边界条件。

2. 创建载荷

单击"创建载荷"按钮 ↳,弹出"创建载荷"对话框,在"名称"文本框中输入 Load-lali,设置"分析步"为 Step-jingli,"类别"为"力学",在"可用于所选分析步的类型"列表中选择"集中力",如图 9.116 所示。单击"继续"按钮 继续...,根据提示选择创建的参考点 RP,在提示区单击"完成"按钮 完成,弹出"编辑载荷"对话框,设置 CF3 为 500,其余为 0,如图 9.117 所示。单击"确定"按钮 确定,完成载荷的施加,结果如图 9.118 所示。

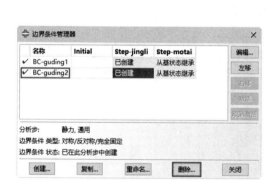

图 9.115 "边界条件管理器"对话框

图 9.116 "创建载荷"对话框

图 9.117 "编辑载荷"对话框

图 9.118 添加拉力载荷

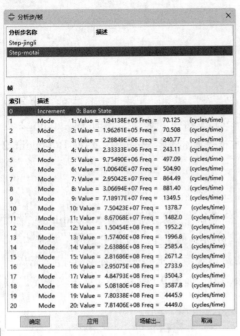

图 9.119　添加拉力的"分析步/帧"对话框

扫一扫，看视频

9.5.11　提交拉力载荷作业并后处理

1. 提交作业

单击工具区中的"作业管理器"按钮▤▤，弹出"作业管理器"对话框，选择创建的 Job-guding 作业，单击"提交"按钮 提交 ，进行作业分析。分析完成后，单击"作业管理器"对话框中的"结果"按钮 结果 ，系统自动切换到"可视化"模块。

2. 查看分析步/帧

执行"结果"→"场输出"菜单命令，弹出"场输出"对话框，单击对话框中的"帧"按钮◻⬚，弹出"分析步/帧"对话框，查看添加拉力后圆钢的频率，如图 9.119 所示。

9.5.12　修改载荷

修改载荷

在环境栏中的"模块"下拉列表中选择"载荷"，进入"载荷"模块。单击"载荷管理器"按钮▤▤，弹出"载荷管理器"对话框，选择创建的 Load-lali，单击"编辑"按钮 编辑… ，弹出"编辑载荷"对话框，设置 CF3 为 -500，其余为 0，如图 9.120 所示。单击"确定"按钮 确定 ，完成载荷的修改，结果如图 9.121 所示。

图 9.120　"编辑载荷"对话框

图 9.121　修改拉力载荷

9.5.13　提交压力作业并后处理

1. 提交作业

单击工具区中的"作业管理器"按钮▤▤，弹出"作业管理器"对话框，选择创建的 Job-guding

作业，单击"提交"按钮 提交 ，进行作业分析。分析完成后，单击"作业管理器"对话框中的"结果"按钮 结果 ，系统自动切换到"可视化"模块。

2. 查看分析步/帧

执行"结果"→"场输出"菜单命令，弹出"场输出"对话框，单击对话框中的"帧"按钮，弹出"分析步/帧"对话框，查看添加压力后圆钢的频率，如图 9.122 所示。

9.5.14 不同预应力的模态分析

通过 3 种状态下"分析步/帧"对话框的对比可以看出，相比于无预应力工况，拉预应力工况的频率有所提高，这是因为拉力载荷使圆钢的横向刚度提高了；而压预应力工况的频率有所降低，这是因为压力载荷使圆钢的刚度降低了。

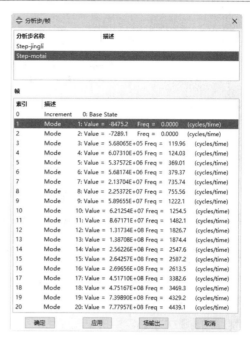

图 9.122 添加压力的"分析步/帧"对话框

9.6 动手练一练

图 9.123 所示为一个扬声器的鼓纸，它是扬声器的主要零件之一。扬声器就是靠鼓纸的振动来发声的，因此鼓纸对扬声器的性能和音质有决定性的影响。该鼓纸为全纸材料冲压而成，工作时边缘底部固定，对此情况下的鼓纸进行模态分析。鼓纸的材料参数见表 9.4。

图 9.123 鼓纸

表 9.4 鼓纸材料参数

材料名称	密度/(t/mm³)	杨氏模量/MPa	泊松比
木浆纸	3.8e-10	5000	0.33

思路点拨：

（1）打开 yuanwenjian→ch9→lianyilian 文本中的 guzhi 模型。

（2）定义属性并指派截面。

（3）创建装配件。

（4）创建分析步：创建线性摄动→频率分析步。

（5）定义边界条件：固定边缘底面。

（6）划分网格：单元形状为四面体，全局尺寸为 1。

（7）创建并提交作业。

（8）可视化后处理。

第 10 章　显式动力学分析

内容简介

在现实生活中有许多高速碰撞的情况产生，如工业生产中的冲压成型、汽车碰撞试验、物体的跌落等，如果采用常规的分析 ——隐式算法进行有限元分析，因为每个时间步都有许多平衡迭代，需要的分析时间较长，关键对于高度非线性问题无法保证其收敛性，那么就会出现分析错误。因此，对于此类问题多采用显式动力学分析。这是对隐式求解器（如 Abaqus/Standard）的一个补充。

从用户的角度来看，显式与隐式方法的区别在于：显式方法需要很小的时间增量步，它仅取决于模型的最高固有频率，而与载荷的类型和持续的时间无关；而隐式方法对时间增量步的大小没有内在限制，增量的大小通常取决于精度和收敛情况。

内容要点

- ➥ 显式动力学适用的问题
- ➥ 显式动力学分析中的求解方法
- ➥ 自动时间增量和稳定性
- ➥ 实例 ——冰壶碰撞显式动力学分析
- ➥ 实例 ——高脚杯跌落破碎显式动力学分析
- ➥ 实例 ——牛顿摆显式动力学分析

案例效果

10.1　显式动力学适用的问题

Abaqus 中的显式动力学集中在 Explicit 模型中，适用于解决以下几类问题。

1．复杂的后屈曲问题

Abaqus/Explicit 能够比较容易地解决不稳定的后屈曲问题。在这类问题中，随着载荷的施加，结构的刚度会发生剧烈的变化。在后屈曲响应中常常涉及接触相互作用的影响。

2．高度非线性的准静态问题

由于各种不同的原因，Abaqus/Explicit 往往能够有效地解决某些在本质上是静态的问题。准静态过程模拟问题（包括复杂的接触，如锻造、滚压和薄板成形等过程）一般属于这一类型的问题。薄板成形问题通常包含非常大的膜变形、褶皱和复杂的摩擦接触条件；块体成形问题的特征包括大扭曲、瞬间变形，以及与模具之间的相互接触。

3．材料退化和失效

在隐式分析程序中，材料的退化和失效常常会导致严重的收敛困难，但是 Abaqus/Explicit 能够很好地模拟这类材料。材料退化中的一个例子是混凝土开裂的模型，其拉伸裂缝导致了材料的刚度变为负值。金属的延性断裂失效模型是一个材料失效的例子，其材料刚度能够退化并且一直降低到零，在这段时间中，单元从模型中被完全除掉。

这些类型分析的每个问题都有可能包含温度和热传导的影响。

10.2　显式动力学分析中的求解方法

10.2.1　隐式算法和显式算法的区别

1．隐式算法

在隐式算法中，每一增量步内都需要对静态平衡方程进行迭代求解，并且每次迭代都需要求解大型的线性方程组，这一过程需要占用相当数量的计算资源、磁盘空间和内存。该算法中的增量步可以比较大，至少可以比显式算法大得多，但是实际运算中还要受到迭代次数及非线性程度的限制，所以需要取一个合理值。

2．显式算法

动态显式算法是采用动力学方程的一些差分格式，该算法不用直接求解切线刚度，也不需要进行平衡迭代，计算速度较快；当时间步长足够小时，一般不存在收敛性问题。

动态显式算法需要的内存也要比隐式算法少，同时数值计算过程可以很容易地进行并行计算，程序编制也相对简单。

显式算法要求质量矩阵为对角矩阵，而且只有在单元级计算尽可能少时，速度优势才能发挥，因而往往采用减缩积分方法，但容易激发沙漏模式，从而影响应力和应变的计算精度。

10.2.2 显式时间积分

Abaqus 进行显式动力学分析应用中心差分法对运动方程进行显式的时间积分，应用一个增量步的动力学条件计算下一个增量步的动力学条件。在增量步开始时，程序求解动力学平衡方程表示为用结点质量矩阵 $\boldsymbol{M}$ 乘以结点加速度 $\ddot{u}$ 等于结点的合力（所施加的外力 P 与单元内力 I 的差值），即

$$\boldsymbol{M}\ddot{u} = P - I \tag{10.1}$$

在当前增量步开始时（t 时刻），计算加速度为

$$\ddot{u}_{(t)} = (\boldsymbol{M})^{-1}(P_{(t)} - I_{(t)}) \tag{10.2}$$

由于显式算法总是采用一个对角的或集中的质量矩阵，所以求解加速度并不复杂，不必同时求解联立方程。任何结点的加速度完全取决于结点质量和作用在结点上的合力，使结点计算的成本非常低。

对加速度在时间上进行积分采用中心差分方法，在计算速度的变化时假定加速度为常数。应用这个速度的变化值加上前一个增量步中点的速度确定当前增量步中点的速度，即

$$\dot{u}_{\left(t+\frac{\Delta t}{2}\right)} = \dot{u}_{\left(t-\frac{\Delta t}{2}\right)} + \frac{\Delta t_{(t+\Delta t)} + \Delta t_{(t)}}{2}\ddot{u}_t \tag{10.3}$$

速度对时间的积分加上在增量步开始时的位移以确定增量步结束时的位移，即

$$u_{(t+\Delta t)} = u_{(t)} + \Delta t_{(t+\Delta t)}\dot{u}_{\left(t+\frac{\Delta t}{2}\right)} \tag{10.4}$$

这样，在增量步开始时提供了满足动力学平衡条件的加速度。得到了加速度，在时间上显式地前推速度和位移。所谓显式，是指在增量步结束时的状态仅依赖于该增量步开始时的位移、速度和加速度。这种方法精确地积分常值的加速度，为了使该方法产生精确的结果，时间增量必须相当小，这样在增量步中加速度几乎为常数。由于时间增量步必须很小，所以一个典型的分析需要成千上万个增量步。幸运的是，因为不必同时求解联立方程组，所以每个增量步的计算成本很低，大部分的计算成本消耗在单元的计算上，以此确定作用在结点上的单元内力。单元的计算包括确定单元应变和应用材料本构关系（单元刚度）确定单元应力，从而进一步计算内力。

下面给出显式动力学方法的总结。

1. 结点计算

动力学平衡方程为

$$\ddot{u}_{(t)} = (\boldsymbol{M})^{-1}(P_{(t)} - I_{(t)}) \tag{10.5}$$

对时间显式积分，即

$$\dot{u}_{\left(t+\frac{\Delta t}{2}\right)} = \dot{u}_{\left(t-\frac{\Delta t}{2}\right)} + \frac{\Delta t_{(t+\Delta t)} + \Delta t_{(t)}}{2}\ddot{u}_t \tag{10.6}$$

$$u_{(t+\Delta t)} = u_{(t)} + \Delta t_{(t+\Delta t)}\dot{u}_{\left(t+\frac{\Delta t}{2}\right)} \tag{10.7}$$

2. 单元计算

根据应变率 $\dot{\varepsilon}$ 计算单元应变增量 $\mathrm{d}\varepsilon$。

根据本构关系计算应力 σ 为

$$\sigma_{(t+\Delta t)} = f(\sigma_{(t)}, \mathrm{d}\varepsilon) \tag{10.8}$$

3. 设置时间 t 为 $t+\Delta t$，返回到"结点计算"步骤

10.2.3　隐式和显式时间积分的比较

对于隐式和显式时间积分程序，都是以所施加的外力 P、单元内力 I 和结点加速度的形式定义平衡，即

$$M\ddot{u} = P - I \tag{10.9}$$

式中：M 为质量矩阵。两个程序求解结点加速度，并应用同样的单元计算以获得单元内力，两个程序之间最大的不同在于求解结点加速度的方式上。在隐式程序中，通过直接求解的方法求解一组线性方程组，与应用显式方法结点计算的成本相比，求解这组方程组的计算成本要高得多。

在完全牛顿迭代求解方法的基础上，Abaqus/Standard 使用自动增量步。在 $t+\Delta t$ 时刻增量步结束时，牛顿法寻求满足动力学平衡方程，并计算出同一时刻的位移。由于隐式算法是无条件稳定的，所以时间增量 Δt 比应用于显式方法的时间增量相对大一些。对于非线性问题，每个典型的增量步需要经过几次迭代才能获得满足给定容许误差的解答。每次牛顿迭代都会得到对应位移增量 Δu_j 的修正值 c_j。每次迭代需要求解的一组瞬时方程为

$$\hat{K}_j c_j = p_j - I_j - M_j \ddot{u}_j \tag{10.10}$$

对于较大的模型，这是一个高成本的计算过程。有效刚度矩阵 $\hat{K}_j$ 是关于本次迭代的切向刚度矩阵和质量矩阵的线性组合，直到这些量（如力残差、位移修正值等）满足了给定的容许误差才结束迭代。对于一个光滑的非线性响应，牛顿方法以二次速率收敛，迭代相对误差的描述见表 10.1。

表 10.1　迭代相对误差

迭代	相对误差
1	1
2	0.1
3	0.001
…	…

然而，如果模型包含高度的非连续过程，如接触和滑动摩擦，则有可能失去二次收敛，并需要大量的迭代过程。为了满足平衡条件，需要减小时间增量的值。在极端情况下，在隐式分析中的求解时间增量值可能与在显式分析中的典型稳定时间增量值在同一量级上，但是仍然承担着隐式迭代的高成本求解成本。在某些情况下，应用隐式方法甚至可能不会收敛。

在隐式分析中，每次迭代都需要求解大型的线性方程组，这一过程需要占用大量的计算资源、磁盘空间和内存。对于大型问题，对这些方程求解器的需求优于对单元和材料的计算的需求，这同样适用于 Abaqus/Explicit 分析。随着问题尺度的增加，对方程求解器的需求迅速增加，因此在实践中，隐式分析的最大尺度常常取决于给定计算机中的磁盘空间和可用内存的大小，而不是取决于需要的计算时间。

10.3　自动时间增量和稳定性

稳定性限制了 Abaqus/Explicit 求解器所能采用的最大时间步长，这是应用 Abaqus/Explicit 进行计算的一个重要因素。因此，需要知道显式方法稳定性的条件和确定稳定的时间极限。

10.3.1 显式方法稳定性的条件

应用显式方法，基于在增量步开始时刻 t 的模型状态，通过时间增量Δt 前推到当前时刻的模型状态，使状态能够前推并仍能够保持对问题的精确描述的时间是非常短的，如果时间增量大于这个最大的时间步长，则此时间增量已经超出稳定性限制。超过稳定性限制的一个可能后果就是数值不稳定，它可能导致解答不收敛。由于一般不可能精确地确定稳定性限制，因而通常采用保守的估计值。因为稳定性限制对可靠性和精确性有很大的影响，所以必须一致并保守地确定这个值。为了提高计算效率，Abaqus/Explicit 选择时间增量，使其尽可能地接近而且又不超过稳定性限制。

10.3.2 确定稳定时间极限

当时间增量步大于最大允许时间时会导致数值不稳定和求解无限大现象，因此分析之前需要精确地估算出稳定时间极限Δt_{stable}。

稳定时间极限是由模型最高阶频率 $\omega_{\max}$ 决定的。

当在无阻尼状态下时，计算公式如下：

$$\Delta t_{\text{stable}} = \frac{2}{\omega_{\max}} \tag{10.11}$$

当在有阻尼状态下时，计算公式如下：

$$\Delta t_{\text{stable}} = \frac{2}{\omega_{\max}} \left(\sqrt{1 + \xi^2} - \xi \right) \tag{10.12}$$

式中：ξ 是最高阶频率对应的临界阻尼系数。

> 临界阻尼定义了在自由的和有阻尼的振动关系中有振荡运动与无振荡运动之间的限制。为了控制高频振荡，Abaqus/Explicit 总是以体积黏性的形式引入一个小量的阻尼，这与工程上的直觉相反，阻尼通常是减小稳定性限制的。

系统的最高阶频率与单元的最高阶频率息息相关，而单元的最高阶频率稍微高于整体的最高阶频率，因此可通过线性摄动分析提取多阶模态值后确定系统的最高频率，从而计算出每个单元的最高阶频率对应的稳定时间极限，公式如下：

$$\Delta t_{\text{stable}} = \frac{L^e}{C_d} \tag{10.13}$$

式中：L^e 为单元在各个尺寸方向上的最小值；C_d 为模型材料的波速。

波速是材料的一个特性，对于泊松比为 0 的线弹性材料，波速的计算公式如下：

$$c_d = \sqrt{\frac{E}{\rho}} \tag{10.14}$$

式中：E 为材料的弹性模量；ρ 为材料的密度。

通过式（10.13）可知，稳定时间极限与单元的最小尺寸成正比，网格划分越密，需要的稳定时间极限越小，与材料的波速成反比。

通过式（10.14）可知，弹性模量越大，则波速越大，从而导致稳定时间极限越小；材料密度越大，则波速越小，从而稳定时间极限越大。

　　增大稳定时间极限有利于计算数值稳定，但计算结果的准确性会有所下降。在实际运算过程中可以先估算稳定时间极限，以较大的时间增量步进行初算，然后再进行网格细化，进行精算。

10.3.3　稳定时间极限的影响因素

　　10.3.2 小节讲述了如何确定稳定时间极限，可以看出通过网格细化和缩放质量控制材料的波速可以控制稳定时间极限的大小，这也是影响稳定时间极限的两个主要因素。

1．网格对稳定时间极限的影响

　　因为稳定极限大致与最短的单元尺寸成比例，所以应该优先使单元的尺寸尽可能大。遗憾的是，对于精确的分析，采用一个细化的网格常常是必要的。为了在满足网格精度水平要求的前提下尽可能地获得最高的稳定极限，最好的方法是采用一个尽可能均匀的网格。由于稳定极限基于模型中最小的单元尺寸，所以一个单独的微小单元或形状极差的单元都能够迅速地降低稳定极限。为了便于用户发现问题，Abaqus/Explicit 在状态文件（.sta）中提供了网格中具有最低稳定极限的 10 个单元的清单。如果模型中包含了一些稳定极限比网格中其他单元小得多的单元，有必要重新划分模型网格，以使其更加均匀。

2．缩放质量对稳定时间极限的影响

　　由于质量密度影响稳定极限，所以在某些情况下，缩放质量密度能够潜在地提高分析的效率。例如，许多模型需要复杂的离散，因此有些区域常常包含控制稳定极限的非常小或形状极差的单元。这些控制单元常常数量很少并且可能只存在于局部区域，通过仅增加这些控制单元的质量，就可以显著地增加稳定极限，而对模型的整体动力学行为的影响是可以忽略的。

　　Abaqus/Explicit 的自动质量缩放功能可以阻止这些有缺陷的单元对稳定极限的影响。质量缩放可以采用两种基本方法：一种是直接定义一个缩放因子；另一种是对质量有缺陷的单元逐个定义所需要的稳定时间增量。这两种方法都允许对稳定极限附加用户控制。然而，采用质量缩放时也要小心，因为模型质量的显著变化可能会改变问题的物理模型。

10.4　实例——冰壶碰撞显式动力学分析

　　图 10.1（a）所示为冰壶运动的图片。冰壶是一种冰上运动，是以队为单位的在冰上进行的一种投掷性竞赛项目，又被称为冰上的"国际象棋"。具体玩法为由投掷员将冰壶掷出，使冰壶能准确到达营垒的中心，同时使对方的冰壶远离圆心，最接近营垒中心的队伍得分。在冰壶比赛过程中，不免出现碰撞，本例通过模拟冰壶的碰撞，研究此过程中两个冰壶的位移、应力和加速度的变化。图 10.1（b）所示为创建的冰壶模型，其中冰壶材质为花岗岩，把手材质为 PPS 材质塑料，其他参数见表 10.2。

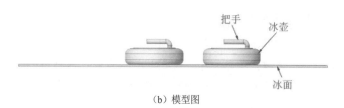

（a）实物图　　　　　　　　　　　　　　　　　　（b）模型图

图 10.1　冰壶

表 10.2　冰壶材料参数

材料名称	密度/(t/mm³)	杨氏模量/MPa	泊松比
冰面	9.0e-10	1200	0.33
花岗岩	3.0e-9	50000	0.28
PPS 塑料	1.05e-9	1720	0.41

扫一扫，看视频

10.4.1　创建模型

1. 设置工作目录

执行"文件"→"设置工作目录"菜单命令，弹出"设置工作目录"对话框，选择 Abaqus/CAE 所有文件的保存目录，如图 10.2 所示。单击"新工作目录"文本框右侧的"选取"按钮，找到文件要保存到的文件夹，然后单击"确定"按钮 确定(O)，完成操作。

2. 打开模型

单击工具栏中的"打开"按钮，弹出"打开数据库"对话框，打开 yuanwenjian→ch10→binghu 中的模型，如图 10.3 所示。单击"确定"按钮 确定(O)，打开模型，该模型由冰面、冰壶和把手 3 部分组成，如图 10.4 所示。

图 10.2　"设置工作目录"对话框

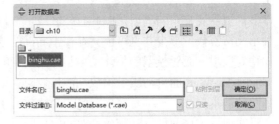

图 10.3　"打开数据库"对话框

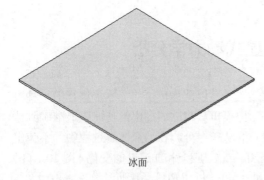

冰面

冰壶

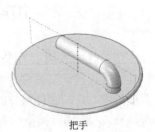

把手

图 10.4　冰壶模型

3. 创建表面

（1）创建冰面上表面。在环境栏中的"部件"下拉菜单中选择 bingmian。执行"工具"→"表面"→"创建"菜单命令，弹出"创建表面"对话框，在"名称"文本框中输入 bingmian，如图 10.5 所示。单击"继续"按钮 继续...，选择冰面的上表面，如图 10.6 所示。单击提示区的"完成"按钮 完成，创建冰面上表面。

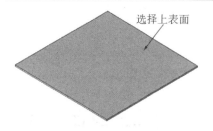

选择上表面

图 10.5 "创建表面"对话框   图 10.6 选择上表面

（2）创建冰壶底面。在环境栏中的"部件"下拉菜单中选择 binghu。执行"工具"→"表面"→"创建"菜单命令，弹出"创建表面"对话框，在"名称"文本框中输入 dimian，单击"继续"按钮 继续... ，选择冰壶的底面，然后单击提示区的"完成"按钮 完成 ，创建冰壶底面。

（3）创建冰壶侧面。继续执行"工具"→"表面"→"创建"菜单命令，弹出"创建表面"对话框，在"名称"文本框中输入 cemian，单击"继续"按钮 继续... ，选择冰壶的 3 个侧面，然后单击提示区的"完成"按钮 完成 ，创建冰壶侧面。

（4）创建冰壶顶面。继续执行"工具"→"表面"→"创建"命令，弹出"创建表面"对话框，在"名称"文本框中输入 dingmian，单击"继续"按钮 继续... ，选择冰壶的顶面，然后单击提示区的"完成"按钮 完成 ，创建冰壶顶面。

（5）创建把手底面。在环境栏中的"部件"下拉菜单中选择 bashou。执行"工具"→"表面"→"创建"菜单命令，弹出"创建表面"对话框，在"名称"文本框中输入 dimian，单击"继续"按钮 继续... ，选择手底的底面，然后单击提示区的"完成"按钮 完成 ，创建把手底面。

10.4.2 定义属性及指派截面

1. 创建材料

在环境栏中的"模块"下拉列表中选择"属性"，进入"属性"模块。

（1）创建冰面材料。单击工具区中的"创建材料"按钮$\mathcal{9}_\varepsilon$，弹出"编辑材料"对话框，在"名称"文本框中输入 Material-bingmian，在"材料行为"选项组中依次选择"通用"→"密度"。此时，在下方出现的数据表中设置"质量密度"为 9.0e-10，如图 10.7 所示。在"材料行为"选项组中依次选择"力学"→"弹性"→"弹性"。此时，在下方出现的数据表中依次设置"杨氏模量"为 1200，"泊松比"为 0.33，如图 10.8 所示。其余参数保持不变，单击"确定"按钮 确定 ，完成材料的创建。

（2）创建冰壶材料。单击工具区中的"创建材料"按钮$\mathcal{9}_\varepsilon$，弹出"编辑材料"对话框，在"名称"文本框中输入 Material-binghu，在"材料行为"选项组中依次选择"通用"→"密度"。此时，在下方出现的数据表中设置"质量密度"为 3.0e-9。在"材料行为"选项组中依次选择"力学"→"弹性"→"弹性"。此时，在下方出现的数据表中依次设置"杨氏模量"为 50000，"泊松比"为 0.28。其余参数保持不变，单击"确定"按钮 确定 ，完成材料的创建。

（3）创建把手材料。单击工具区中的"创建材料"按钮$\mathcal{9}_\varepsilon$，弹出"编辑材料"对话框，在"名称"文本框中输入 Material-bashou，在"材料行为"选项组中依次选择"通用"→"密度"。此时，在下方出现的数据表中设置"质量密度"为 1.05e-9。在"材料行为"选项组中依次选择"力学"→"弹性"→"弹性"。此时，在下方出现的数据表中依次设置"杨氏模量"为 1720，"泊松比"为 0.41。其余参数保持不变，单击"确定"按钮 确定 ，完成材料的创建。

图 10.7　设置密度　　　　　　　　　　　图 10.8　设置弹性

2. 创建截面

单击工具区中的"创建截面"按钮 ⚎，弹出"创建截面"对话框，在"名称"文本框中输入 Section-bingmian，设置"类别"为"实体"，"类型"为"均质"，如图 10.9 所示。其余参数保持不变，单击"继续"按钮 继续... ，弹出"编辑截面"对话框，设置"材料"为 Material-bingmian，其余为默认设置，如图 10.10 所示。单击"确定"按钮 确定 ，完成截面的创建；同理，创建冰壶截面和把手截面。

图 10.9　"创建截面"对话框　　　　　　图 10.10　"编辑截面"对话框

3. 指派截面

（1）指派冰面截面。在环境栏中的"部件"下拉菜单中选择 bingmian。单击工具区中的"指派截面"按钮 ⚎L，在提示区取消勾选"创建集合"复选框，在视口区选择冰面实体，然后在提示区单击"完成"按钮 完成 ，弹出"编辑截面指派"对话框，设置"截面"为 Section-bingmian，如图 10.11 所示。单击"确定"按钮 确定 ，将创建的 Section-bingmian 截面指派给冰面，指派截面的冰面颜色变为绿色，完成截面的指派。

（2）指派冰壶截面。在环境栏中的"部件"下拉菜单中选择 binghu。单击工具区中的"指派截面"按钮 ⚎L，根据提示在视口区选择冰壶实体，然后在提示区单击"完成"按钮 完成 ，弹出"编辑截面指派"对话框，设置截面为 Section-binghu，单击"确定"按钮 确定 ，将创建的 Section-binghu 截面指派给冰壶，指派截面的冰壶颜色变为绿色，完成截面的指派。

（3）指派把手截面。在环境栏中的"部件"下拉菜单中选择 bashou。单击工具区中的"指派截面"按钮 ，根据提示在视口区选择把手实体，然后在提示区单击"完成"按钮 ，弹出"编辑截面指派"对话框，设置截面为 Section-bashou，单击"确定"按钮 ，将创建的 Section-bashou 截面指派给把手，指派截面的把手颜色变为绿色，完成截面的指派。

10.4.3　创建装配件

1. 装配部件

在环境栏中的"模块"下拉列表中选择"装配"，进入"装配"模块。单击工具区中的 Create Instance（创建实例）按钮 ，弹出"创建实例"对话框，如图 10.12 所示。在"部件"列表框中选择所有部件，单击"确定"按钮 ，将冰面、冰壶和把手装配在一起，结果如图 10.13 所示。

图 10.11　"编辑截面指派"对话框

图 10.12　"创建实例"对话框

2. 移动冰壶

单击工具区中的"平移实例"按钮 ，根据提示在视口区选择冰壶和把手两个部件，单击提示区的"完成"按钮 ，输入起始坐标为（0,0,0），单击鼠标中键；输入终点坐标为（0,0,500），单击鼠标中键，移动冰壶，结果如图 10.14 所示。同理，再次在模型中装入一个冰壶和把手，然后将后装入的冰壶和把手移动到（-400,0,500）处，完成装配，结果如图 10.15 所示。

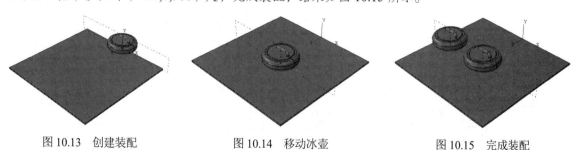

图 10.13　创建装配　　　　　图 10.14　移动冰壶　　　　　图 10.15　完成装配

10.4.4　创建分析步和场输出

1. 创建分析步

在环境栏中的"模块"下拉列表中选择"分析步"，进入"分析步"模块。单击工具区中的"创建分析步"按钮 ，弹出"创建分析步"对话框，在"名称"文本框中输入 Step-1，设置"程序类型"

扫一扫，看视频

为"通用"，并在下方的列表中选择"动力，显式"，如图10.16所示。单击"继续"按钮 继续...，弹出"编辑分析步"对话框，在"基本信息"选项卡中设置"时间长度"为0.1，如图10.17所示。其余采用默认设置，单击"确定"按钮 确定，完成分析步的创建。

图10.16 "创建分析步"对话框　　　　　　　图10.17 "编辑分析步"对话框

2. 创建场输出

单击工具区中的"场输出管理器"按钮 ，弹出"场输出请求管理器"对话框，如图10.18所示。这里已经创建了一个默认的场输出，单击"编辑"按钮 编辑...，弹出"编辑场输出请求"对话框，在"输出变量"列表中选择"应力"→"MISES，Mises等效应力"、"位移/速度/加速度"→"U，平移和转动"/"V，平移和转动速度"/"A，平移和转动加速度"和"作用力/反作用力"→"RT,反作用力"选项，如图10.19所示。单击"确定"按钮 确定，返回"场输出请求管理器"对话框，单击"关闭"按钮 关闭，关闭该对话框，完成场输出的创建。

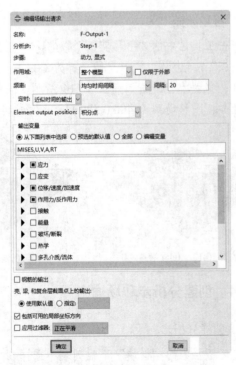

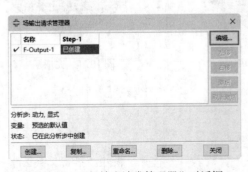

图10.18 "场输出请求管理器"对话框　　　　图10.19 "编辑场输出请求"对话框

扫一扫，看视频

10.4.5　定义相互作用

1. 创建相互作用属性

在环境栏中的"模块"下拉列表中选择"相互作用"，进入"相互作用"模块。

（1）创建摩擦相互作用属性。单击工具区中的"创建相互作用属性"按钮，弹出"创建相互作用属性"对话框，在"名称"文本框中输入 IntProp-mocajiechu，设置"类型"为"接触"，如图 10.20 所示。单击"继续"按钮，弹出"编辑接触属性"对话框，单击"力学"下拉列表中的"切向行为"，设置"摩擦公式"为"罚"，"摩擦系数"为 0.03，如图 10.21 所示；单击"力学"下拉列表中的"法向行为"，设置"压力过盈"为"'硬'接触"，如图 10.22 所示。单击"确定"按钮，关闭该对话框。

（2）创建无摩擦相互作用属性。单击工具区中的"创建相互作用属性"按钮，弹出"创建相互作用属性"对话框，在"名称"文本框中输入 IntProp-wumocajiechu，设置"类型"为"接触"。单击"继续"按钮，弹出"编辑接触属性"对话框，单击"力学"下拉列表中的"切向行为"，设置"摩擦公式"为"无摩擦"；单击"力学"下拉列表中的"法向行为"，设置"压力过盈"为"'硬'接触"，单击"确定"按钮，关闭该对话框。

图 10.20　"创建相互作用属性"对话框

图 10.21　设置切向行为

图 10.22　设置法向行为

2. 创建相互作用

（1）创建冰面与冰壶底面的接触。单击工具区中的"创建相互作用"按钮，弹出"创建相互作用"对话框，在"名称"文本框中输入 Int-mian-hu1，设置"分析步"为 Initial（初始步），选择"可用于所选分析步的类型"为"表面与表面接触（Explicit）"，如图 10.23 所示。单击"继续"按钮，在提示区单击"表面"按钮，弹出"区域选择"对话框，在列表中选择 bingmian-1.bingmian，如图 10.24 所示。单击"继续"按钮，然后继续在提示区单击"表面"按钮，再次弹出"区域选择"对话框，在列表中选择 binghu-1.dimian，单击"继续"按钮，弹出"编辑相互作用"对话框，设置"接触作用属性"为 InProp-mocajiechu，其余为默认设置，如图 10.25 所示。单击确定按钮，创建冰面与冰壶底面的接触。同理，添加冰面与另一个冰壶底面的接触。

图 10.23 "创建相互作用"对话框　图 10.24 "区域选择"对话框　图 10.25 "编辑相互作用"对话框

（2）创建两个冰壶的接触。单击工具区中的"创建相互作用"按钮，弹出"创建相互作用"对话框，在"名称"文本框中输入 Int-hu-hu，设置"分析步"为 Initial（初始步），选择"可用于所选分析步的类型"为"表面与表面接触（Explicit）"，单击"继续"按钮，在提示区单击"表面"按钮，弹出"区域选择"对话框，在列表中选择 binghu-1.cemian。单击"继续"按钮，然后继续在提示区单击"表面"按钮，再次弹出"区域选择"对话框，在列表中选择 binghu-2.cemian，单击"继续"按钮，弹出"编辑相互作用"对话框，设置"接触作用属性"为 InProp-wumocajiechu。其余为默认设置，单击确定按钮，创建两个冰壶侧面的接触。

3. 创建约束

创建冰壶与把手的绑定约束。单击工具区中的"创建约束"按钮，弹出"创建约束"对话框，在"名称"文本框中输入 Constraint-bangding1，设置"类型"为"绑定"，如图 10.26 所示。单击"继续"按钮，在提示区单击"表面"按钮，弹出"区域选择"对话框，在列表中选择 binghu-1.dingmian。单击"继续"按钮，然后继续在提示区单击"表面"按钮，再次弹出"区域选择"对话框，在列表中选择 bashou-1.dimian。单击"继续"按钮，弹出"编辑约束"对话框，采用默认设置，如图 10.27 所示。单击确定按钮，创建冰壶与把手的绑定约束。同理，创建另一个冰壶与把手的绑定约束。

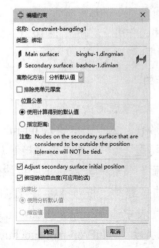

图 10.26 "创建约束"对话框　　　　图 10.27 "编辑约束"对话框

10.4.6　定义载荷和边界条件

1. 创建预定义场

在环境栏中的"模块"下拉列表中选择"载荷"，进入"载荷"模块。单击工具区中的"创建预定义场"按钮![按钮]，弹出"创建预定义场"对话框，在"名称"文本框中输入 Predefined Field-chusudu，设置"分析步"为 Initial，"类别"为"力学"，并在右侧的"可用于所选分析步的类型"列表中选择"速度"，如图 10.28 所示。单击"继续"按钮![继续...]，然后在工具栏中设置选择对象为"几何元素"，根据提示在视口区选择后面的冰壶和把手，如图 10.29 所示。单击提示区的"完成"按钮![完成]，弹出"编辑预定义场"对话框，设置 V1 为 5000，如图 10.30 所示。单击"确定"按钮![确定]，完成预定义场的创建，结果如图 10.31 所示。

图 10.28　"创建预定义场"对话框

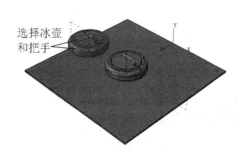

图 10.29　选择冰壶和把手

图 10.30　"编辑预定义场"对话框

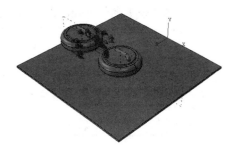

图 10.31　创建预定义场

2. 创建重力载荷

单击工具区中的"创建载荷"按钮![按钮]，弹出"创建载荷"对话框，在"名称"文本框中输入 Load-zhongli，设置"分析步"为 Step-1，"类别"为"力学"，并在右侧的"可用于所选分析步的类型"列表中选择"重力"，如图 10.32 所示。单击"继续"按钮![继续...]，弹出"编辑载荷"对话框，然后单击"区域"旁边的"编辑区域"按钮![按钮]，根据提示在视口区选择两个冰壶和把手，如图 10.33 所示。单击提示区的"完成"按钮![完成]，返回"编辑载荷"对话框，设置"分量 2"为-10，如图 10.34 所示。单击"确定"按钮![确定]，完成重力载荷的创建，结果如图 10.35 所示。

图 10.32　"创建载荷"对话框

图 10.33　选择冰壶和把手

图 10.34　"编辑载荷"对话框

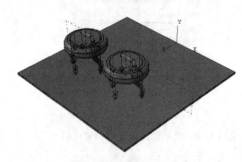

图 10.35　添加重力载荷

3. 创建固定边界条件

单击工具区中的"创建边界条件"按钮，弹出"创建边界条件"对话框，在"名称"文本框中输入 BC-guding，设置"分析步"为 Initial，"类别"为"力学"，并在右侧的"可用于所选分析步的类型"列表中选择"对称/反对称/完全固定"，如图 10.36 所示。单击"继续"按钮，根据提示在视口区选择冰面的实体，如图 10.37 所示。单击提示区的"完成"按钮，弹出"编辑边界条件"对话框，勾选"完全固定(U1=U2=U3=UR1=UR2=UR3=0)"单选按钮，如图 10.38 所示。单击"确定"按钮，完成固定边界条件的创建，结果如图 10.39 所示。

图 10.36　"创建边界条件"对话框

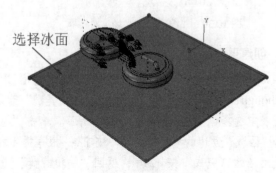

图 10.37　选择冰面

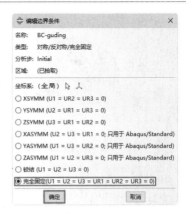

图 10.38　"编辑边界条件"对话框

图 10.39　固定冰面

4. 创建位移边界条件

单击工具区中的"创建边界条件"按钮，弹出"创建边界条件"对话框，在"名称"文本框中输入 BC-weiyi1，设置"分析步"为 Step-1，"类别"为"力学"，并在右侧的"可用于所选分析步的类型"列表中选择"位移/转角"，如图 10.40 所示。单击"继续"按钮，根据提示在视口区选择冰壶和把手，单击提示区的"完成"按钮，弹出"编辑边界条件"对话框，勾选 U2~UR3 复选框，并设置值均为 0，如图 10.41 所示。单击"确定"按钮，完成位移边界条件的创建，结果如图 10.42 所示。同理，创建另一个冰壶和把手的位移边界条件。

图 10.40　创建位移边界条件

图 10.41　"编辑边界条件"对话框

图 10.42　创建位移

10.4.7　划分网格

1. 划分把手网格

在环境栏中的"模块"下拉列表中选择"网格"，进入"网格"模块，然后设置"对象"为"部件"。在"部件"下拉列表中选择 bashou。

（1）创建基准面。单击工具区中的"从已有平面偏移"按钮，在视口区选择把手上表面，如图 10.43 所示。在提示区单击"输入大小"按钮，确定偏移方向为向上，单击"确定"按钮，然后设置偏移距离为 10，单击鼠标中键，创建基准平面。同理，将如图 10.44 所示的把手侧面偏移 100，创建另一个基准平面，结果如图 10.45 所示。

扫一扫，看视频

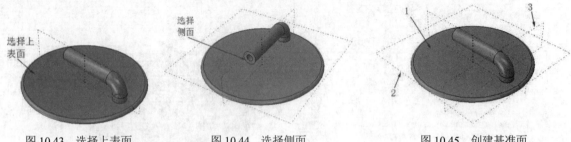

图 10.43 选择上表面　　　　图 10.44 选择侧面　　　　图 10.45 创建基准面

（2）拆分把手。单击工具区中的"延伸面拆分几何元素"按钮 ，根据提示选择图 10.45 中的平面 1，单击提示区的"创建分区"按钮 创建分区 ，拆分把手。单击工具区中的"使用基准平面拆分几何元素"按钮 ，根据提示选择把手上半部分模型，单击提示区的"完成"按钮 完成 ，再根据提示选择图 10.45 中的基准平面 2，然后单击提示区的"创建分区"按钮 创建分区 ，再次拆分把手。继续根据提示选择把手上半部分模型，单击提示区的"完成"按钮 完成 ，再根据提示选择图 10.45 中的基准平面 3，然后单击提示区的"创建分区"按钮 创建分区 ，第三次拆分把手。

（3）指派网格控制属性。单击工具区中的"指派网格控制属性"按钮 ，根据提示框选所有的实体，单击"完成"按钮 完成 ，弹出"网格控制属性"对话框，设置"单元形状"为"六面体"，"算法"为"中性轴算法"，其余为默认设置，如图 10.46 所示。单击"确定"按钮 确定 ，关闭对话框。

（4）布种。单击工具区中的"种子部件"按钮 ，弹出"全局种子"对话框，如图 10.47 所示。设置"近似全局尺寸"为 10，单击"确定"按钮 确定 ，关闭对话框。

图 10.46 "网格控制属性"对话框　　　图 10.47 "全局种子"对话框

（5）划分网格。单击工具区中的"为部件划分网格"按钮 ，然后单击提示区中的"是"按钮 是 ，完成把手网格的划分，结果如图 10.48 所示。

2. 划分冰壶网格

在环境栏中在"部件"下拉列表中选择 binghu。

（1）指派网格控制属性。单击工具区中的"指派网格控制属性"按钮 ，弹出"网格控制属性"对话框，设置"单元形状"为"六面体"，"算法"为"中性轴算法"，其余为默认设置，单击"确定"按钮 确定 ，关闭对话框。

（2）单击工具区中的"种子部件"按钮 ，弹出"全局种子"对话框，设置"近似全局尺寸"为 15，单击"确定"按钮 确定 ，关闭对话框。

（3）划分网格。单击工具区中的"为部件划分网格"按钮![icon]，然后单击提示区中的"是"按钮![是]，完成冰壶网格的划分，结果如图 10.49 所示。

3. 划分冰面网格

在环境栏中的"部件"下拉列表中选择 bingmian。

（1）指派网格控制属性。单击工具区中的"指派网格控制属性"按钮![icon]，弹出"网格控制属性"对话框，设置"单元形状"为"六面体"，其余为默认设置，单击"确定"按钮![确定]，关闭对话框。

（2）单击工具区中的"种子部件"按钮![icon]，弹出"全局种子"对话框，设置"近似全局尺寸"为 50，单击"确定"按钮![确定]，关闭对话框。

（3）划分网格。单击工具区中的"为部件划分网格"按钮![icon]，然后单击提示区中的"是"按钮![是]，完成冰壶网格的划分，结果如图 10.50 所示。

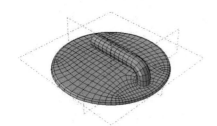
图 10.48　划分把手网格

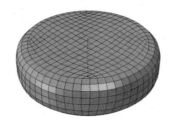
图 10.49　划分冰壶网格

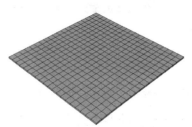
图 10.50　划分冰面网格

10.4.8　提交作业

1. 创建作业

在环境栏中的"模块"下拉列表中选择"作业"，进入"作业"模块。单击工具区中的"创建作业"按钮![icon]，弹出"创建作业"对话框，在"名称"文本框中输入 Job-binghu，其余为默认设置，如图 10.51 所示。单击"继续"按钮![继续...]，弹出"编辑作业"对话框，采用默认设置，如图 10.52 所示。单击"确定"按钮![确定]，关闭该对话框。

图 10.51　"创建作业"对话框

图 10.52　"编辑作业"对话框

2. 提交作业

单击工具区中的"作业管理器"按钮 ，弹出"作业管理器"对话框，如图 10.53 所示。选择创建的 Job-binghu 作业，单击"提交"按钮 提交 ，进行作业分析。单击"监控"按钮 监控... ，弹出"Job-binghu 监控器"对话框，可以查看分析过程，如图 10.54 所示。当"日志"选项卡中显式"已完成"时，表示分析完成。单击"关闭"按钮 关闭 ，关闭"Job-binghu 监控器"对话框，返回"作业管理器"对话框。

图 10.53　"作业管理器"对话框

图 10.54　"Job-binghu 监控器"对话框

扫一扫，看视频

10.4.9　可视化后处理

1. 进入"可视化"模块

单击"作业管理器"对话框中的"结果"按钮 结果 ，系统自动切换到"可视化"模块。

2. 通用设置

单击工具区中的"通用选项"按钮 ，弹出"通用绘图选项"对话框，设置"渲染风格"为"阴影"，"可见边"为"特征边"，如图 10.55 所示。单击"确定"按钮 确定 ，此时模型如图 10.56 所示。

图 10.55　"通用绘图选项"对话框

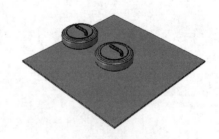

图 10.56　阴影模式的模型

3. 查看变形图

单击工具区中的"绘制变形图"按钮 ，可以查看模型的变形图，单击环境栏后面的"最后一个"按钮 ，查看最后一帧的变形图，如图 10.57 所示。

4. 查看应力云图

单击工具区中的"在变形图上绘制云图"按钮 ，可以查看模型的变形云图。执行"结果"→"场输出"菜单命令，弹出"场输出"对话框，可以查看不同变量的场输出，如图 10.58 所示。在"输出变量"列表中选择 S，单击"应用"按钮 应用 ，查看等效应力云图，最后一帧等效应力云图如图 10.59 所示。

图 10.57　最后一帧变形图

图 10.58　"分析步/帧"对话框

5. 查看位移云图

在"场输出"对话框中的"输出变量"列表中选择 U，单击"确定"按钮 确定 ，查看位移云图。最后一帧位移云图如图 10.60 所示。

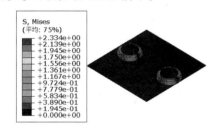

图 10.59　最后一帧等效应力云图

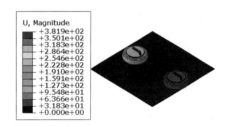

图 10.60　最后一帧位移云图

6. 绘制位移曲线

（1）单击工具区中的"通用选项"按钮，弹出"通用绘图选项"对话框，单击"标签"选项卡，勾选"显式结点编号"复选框，如图 10.61 所示。单击"确定"按钮 确定 ，显式结点编号。

（2）单击工具区中的"创建 XY 数据"按钮，弹出"创建 XY 数据"对话框，设置"源"为"ODB 场变量输出"选项，如图 10.62 所示。单击"继续"按钮 继续... ，弹出"来自 ODB 场输出的 XY 数据"对话框，在"变量"选项卡中设置"位置"为"唯一结点的"，选择"U：空间位移"→Magnitude，如图 10.63 所示。选择"单元/结点"选项卡，设置"方法"为"结点编号"，然后在右侧单击"添加行"按钮 添加行 ，在第一行的"部件实例"中选择 BINGHU-1，在"结点编号"中输入 1496，再在第二行的"部件实例"中选择 BINGHU-2，在"结点编号"中输入 1196，如图 10.64 所示。然后单击"来自 ODB 场输出的 XY 数据"对话框中的"绘制"按钮 绘制 ，绘制选择点的位移曲线图，如图 10.65 所示。

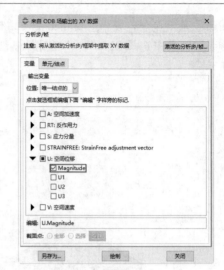

图 10.61　"通用绘图选项"　　图 10.62　"创建 XY 数据"对话框　　图 10.63　"变量"选项卡设置
对话框

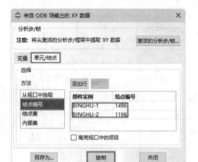

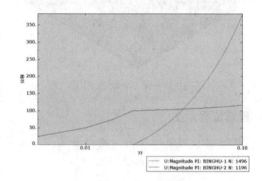

图 10.64　"单元/结点"选项卡设置　　　　　图 10.65　选择点的位移曲线图

7. 绘制速度曲线

在"来自 ODB 场输出的 XY 数据"对话框中选择"变量"选项卡，选择"V：空间速度"→Magnitude，单击对话框中的"绘制"按钮 绘制 ，绘制选择点的速度曲线图，如图 10.66 所示。

8. 绘制反作用力曲线

在"来自 ODB 场输出的 XY 数据"对话框中选择"变量"选项卡，选择"RT：反作用力"→Magnitude，单击对话框中的"绘制"按钮 绘制 ，绘制选择点的反作用力曲线图，如图 10.67 所示。

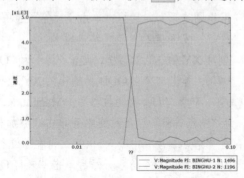

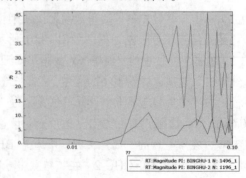

图 10.66　选择点的速度曲线图　　　　　　图 10.67　选择点的反作用力曲线图

9. 绘制加速度曲线

在"来自 ODB 场输出的 XY 数据"对话框中选择"变量"选项卡，选择"A：空间加速度"→ Magnitude，然后单击对话框中的"绘制"按钮 绘制，绘制选择点的加速度曲线图，如图 10.68 所示。

10. 查看动画

单击工具区中的"在变形图上绘制云图"按钮 ，在"输出变量"列表中选择 U 选项，单击"确定"按钮 确定，查看位移云图。单击"动画：时间历程"按钮 ，查看位移云图的时间历程动画。单击"动画选项"按钮 ，弹出"动画选项"对话框，如图 10.69 所示。设置"模式"为"循环"，然后拖动"帧频率"滑块到中间位置，然后单击"确定"按钮 确定，减慢动画的播放，可以更好地观察动画的播放。

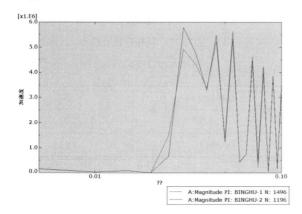

图 10.68　选择点的加速度曲线图

图 10.69　"动画选项"对话框

10.5　实例——高脚杯跌落破碎显式动力学分析

图 10.70 所示为一个高脚杯掉落摔碎的图片，而 Abaqus 的显式动力学可以很好地分析物体的跌落问题，本实例就对一个高脚杯进行跌落分析。假设跌落时杯口与地面成 45°，对此状态的高脚杯的跌落进行分析。本实例采用材料的脆性裂纹定义玻璃参数，玻璃的抗拉强度曲线图如图 10.71 所示。剪切方向的材料软化曲线图如图 10.72 所示。玻璃断裂失效时的断裂应变为 5e-6MPa。其他参数见表 10.3。

图 10.70　高脚杯

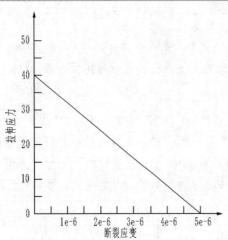

图 10.71　抗拉强度曲线

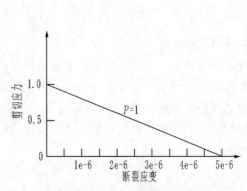

图 10.72　材料软化曲线

表 10.3　地面及玻璃材料参数

材料名称	密度/(t/mm^3)	杨氏模量/MPa	泊松比
地面	2.3e-9	30000	0.18
玻璃	2.47e-9	69900	0.215

扫一扫，看视频

10.5.1　创建模型

1. 设置工作目录

执行"文件"→"设置工作目录"菜单命令，弹出"设置工作目录"对话框，选择 Abaqus/CAE 所有文件的保存目录，如图 10.73 所示。单击"新工作目录"文本框右侧的"选取"按钮，找到文件要保存到的文件夹，然后单击"确定"按钮 确定 ，完成操作。

2. 打开模型

单击工具栏中的"打开"按钮，弹出"打开数据库"对话框，打开 yuanwenjian→ch10→gaojiaobei 中的模型，如图 10.74 所示。单击"确定"按钮 确定(O) ，打开模型，该模型由地面和高脚杯两部分组成，如图 10.75 所示。

图 10.73　"设置工作目录"对话框

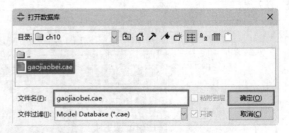

图 10.74　"打开数据库"对话框

图 10.75　高脚杯模型

10.5.2　定义属性及指派截面

1. 创建材料

在环境栏中的"模块"下拉列表中选择"属性",进入"属性"模块。

（1）创建地面材料。单击工具区中的"创建材料"按钮 ,弹出"编辑材料"对话框,在"名称"文本框中输入 Material-dimian,在"材料行为"选项组中依次选择"通用"→"密度"。此时,在下方出现的数据表中设置"质量密度"为 2.3e-9,如图 10.76 所示。在"材料行为"选项组中依次选择"力学"→"弹性"→"弹性"。此时,在下方出现的数据表中依次设置"杨氏模量"为 30000,"泊松比"为 0.18,如图 10.77 所示。其余参数保持不变,单击"确定"按钮 确定 ,完成地面材料的创建。

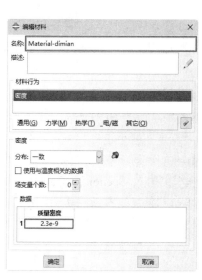

图 10.76　设置密度

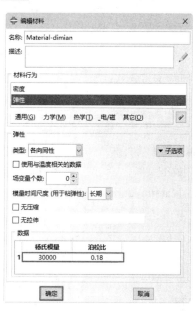

图 10.77　设置弹性

（2）创建玻璃材料。单击工具区中的"创建材料"按钮 ,弹出"编辑材料"对话框,在"名称"文本框中输入 Material-boli,在"材料行为"选项组中依次选择"通用"→"密度"。此时,在下方出现的数据表中设置"质量密度"为 2.47e-9。在"材料行为"选项组中依次选择"力学"→"弹性"→"弹性"。此时,在下方出现的数据表中依次设置"杨氏模量"为 69900,"泊松比"为 0.215,其余参数保持不变。继续在"材料行为"选项组中依次选择"力学"→"脆性裂纹"。此时,在下方出现的数据表中依次设置"开裂之后的直接应力"为 40,"直接开裂应变"为 0,按 Enter 键。然后在第二行中设置"开裂之后的直接应力"为0，"直接开裂应变"为5e-6，如图10.78所示。接着在对话框中选择"子选项"下拉列表中的"脆性剪切"命令，弹出"子选项编辑器"对话框，设置"脆性剪切"数据。其中设置"类型"为"幂法则"，然后在下方的数据表中依次设置e值为5e-6、p值为1，如图10.79所示。单击"确定"按钮 确定 ，返回"编辑材料"对话框，继续在对话中选择"子选项"下拉列表中的"脆性破坏"命令，弹出"子选项编辑器"对话框，设置"脆性破坏"数据。其中设置"直接开裂破坏应变或者位移"为5e-6，如图10.80所示。单击"确定"按钮 确定 ，返回"编辑材料"对话框，单击"确定"按钮 确定 ，完成材料的创建。

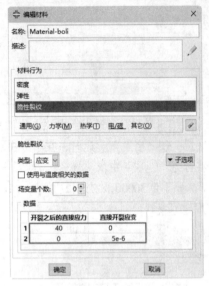

图10.78　设置脆性裂纹　　　图10.79　设置脆性剪切　　　图10.80　设置脆性破坏

2. 创建截面

单击工具区中的"创建截面"按钮，弹出"创建截面"对话框，在"名称"文本框中输入Section-dimian，设置"类别"为"壳"，"类型"为"均质"，如图10.81所示。其余参数保持不变，单击"继续"按钮 继续... ，弹出"编辑截面"对话框，在"厚度"栏中设置"壳的厚度"数值为5；设置"材料"为Material-dimian，其余为默认设置，如图10.82所示。单击"确定"按钮 确定 ，完成地面截面的创建。同理，创建高脚杯截面，在"名称"文本框中输入Section-gaojiaobei，设置"类别"为"壳"，"类型"为"均质"。其余参数保持不变，单击"继续"按钮 继续... ，弹出"编辑截面"对话框，设置"类型"为"均质"，在"厚度"栏中设置"壳的厚度"数值为1，"材料"为Material-boli，单击"确定"按钮 确定 ，完成高脚杯截面的创建。

3. 指派截面

（1）指派地面截面。在环境栏中的"部件"下拉菜单中选择dimian。单击工具区中的"指派截面"按钮，在提示区取消勾选"创建集合"复选框，在视口区选择地面壳体，然后在提示区单击"完成"按钮 完成 ，弹出"编辑截面指派"对话框，设置截面为Section-dimian，如图10.83所示。单击"确定"按钮 确定 ，将创建的Section-dimian截面指派给地面，指派截面的地面颜色变为绿色，完成截面的指派。

（2）指派高脚杯截面。在环境栏中的"部件"下拉菜单中选择gaojiaobei。单击工具区中的"指派截面"按钮，根据提示在视口区选择高脚杯所有壳体，然后在提示区单击"完成"按钮 完成 ，弹出"编辑截面指派"对话框，设置截面为 Section-gaojiaobei，单击"确定"按钮 确定 ，将创建的 Section-gaojiaobei 截面指派给高脚杯，指派截面的高脚杯颜色变为绿色，完成截面的指派。

图 10.81　"创建截面"对话框

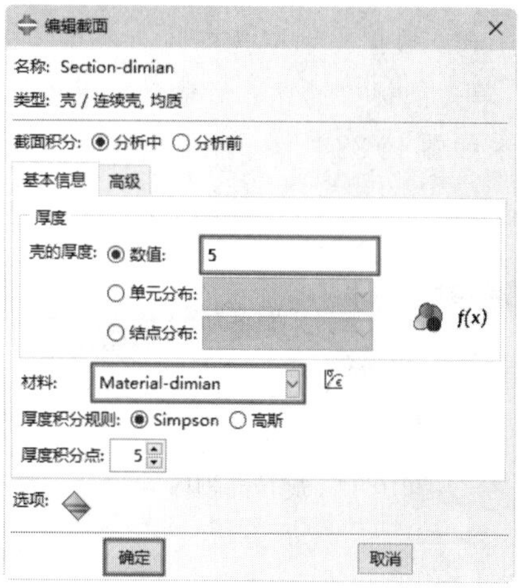

图 10.82　"编辑截面"对话框

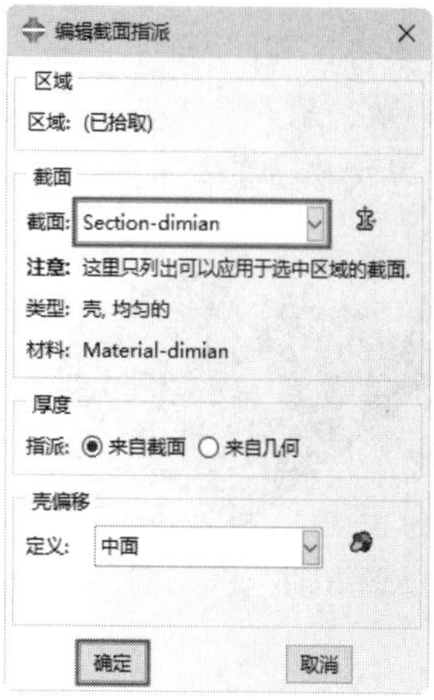

图 10.83　"编辑截面指派"对话框

10.5.3　创建装配件

1. 装配地面和高脚杯

在环境栏中的"模块"下拉列表中选择"装配"，进入"装配"模块。单击工具区中的"Create Instance"（创建实例）按钮，弹出"创建实例"对话框，如图 10.84 所示。在"部件"列表框中选择所有部件，其余采用默认设置，单击"确定"按钮 确定 ，将地面和高脚杯装配在一起，结果如图 10.85 所示。

图 10.84　"创建实例"对话框

图 10.85　装配地面和高脚杯

2. 移动高脚杯 1

单击工具区中的"平移实例"按钮，根据提示在视口区选择高脚杯部件，单击提示区的"完成"按钮 完成 ，输入起始坐标为（0,0,0），单击鼠标中键；然后输入终点坐标为（0,0,250），单击鼠标中键，移动高脚杯，结果如图 10.86 所示。

3. 旋转高脚杯

单击工具区中的"旋转实例"按钮，根据提示在视口区选择高脚杯部件，单击提示区的"完成"按钮 完成 ，输入起始坐标为（0,0,0），单击鼠标中键；然后输入终点坐标为（0,0,1），单击鼠标中键；

在提示区设置"转动角度"为135，再次单击鼠标中键，旋转高脚杯，结果如图10.87所示。

4. 移动高脚杯2

单击工具区中的"平移实例"按钮，根据提示在视口区选择高脚杯部件，单击提示区的"完成"按钮，输入起始坐标为（0,0,0），单击鼠标中键；然后输入终点坐标为（60,180,0），单击鼠标中键，再次移动高脚杯，完成装配，结果如图10.88所示。

| 图10.86 移动高脚杯 | 图10.87 旋转高脚杯 | 图10.88 完成装配 |

10.5.4 创建分析步和场输出

1. 创建分析步

在环境栏中的"模块"下拉列表中选择"分析步"，进入"分析步"模块。单击工具区中的"创建分析步"按钮，弹出"创建分析步"对话框，在"名称"文本框中输入Step-1，设置"程序类型"为"通用"，并在下方的列表中选择"动力，显式"，如图10.89所示。单击"继续"按钮，弹出"编辑分析步"对话框，在"基本信息"选项卡中设置"时间长度"为0.2，如图10.90所示。其余采用默认设置，单击"确定"按钮，完成分析步的创建。

| 图10.89 "创建分析步"对话框 | 图10.90 "基本信息"设置 |

2. 创建场输出

单击工具区中的"场输出管理器"按钮，弹出"场输出请求管理器"对话框，如图10.91所示。这里已经创建了一个默认的场输出，单击"编辑"按钮，弹出"编辑场输出请求"对话框，在"输出变量"列表中选择"应力"→"MISES,Mises等效应力"，以及"位移/速度/加速度"→"U,平移和转动"/"V,平移和转动速度"/"A,平移和转动加速度"和"状态/场/用户/时间"→"STATUS,状态（某些失效和塑性模型;VUMAT）"选项，如图10.92所示。单击"确定"按钮，返回"场输出请求管理器"对话框，单击"关闭"按钮，关闭该对话框，完成场输出的创建。

图 10.91 "场输出请求管理器"对话框　　　　　　图 10.92 "编辑场输出请求"对话框

扫一扫，看视频

10.5.5 定义相互作用

1. 创建相互作用属性

在环境栏中的"模块"下拉列表中选择"相互作用"，进入"相互作用"模块。单击工具区中的"创建相互作用属性"按钮，弹出"创建相互作用属性"对话框，在"名称"文本框中输入 IntProp-jiechu，设置"类型"为"接触"，如图 10.93 所示。单击"继续"按钮 继续...，弹出"编辑接触属性"对话框，单击"力学"下拉列表中的"切向行为"，设置"摩擦公式"为"无摩擦"，如图 10.94 所示；单击"力学"下拉列表中的"法向行为"，设置"压力过盈"为"'硬'接触"，如图 10.95 所示。单击"确定"按钮 确定，关闭该对话框。

2. 创建相互作用

单击工具区中的"创建相互作用"按钮，弹出"创建相互作用"对话框，在"名称"文本框中输入 Int-jiechu，设置"分析步"为 Initial，选择"可用于所选分析步的类型"为"表面与表面接触（Explicit）"，如图 10.96 所示。单击"继续"按钮 继续...，在视口区选择地面壳体，单击提示区的"完成"按钮 完成，继续单击提示区的"紫色"按钮 紫色，接着单击提示区的"表面"按钮 表面；然后再在视口区选择高脚杯壳体的所有表面，单击提示区的"完成"按钮 完成，然后继续单击提示区的"棕色"按钮 棕色，弹出"编辑相互作用"对话框，如图 10.97 所示。采用默认设置，单击"确定"按钮 确定，创建相互作用。

图 10.93　"创建相互作用　　　图 10.94　设置切向行为　　　图 10.95　设置法向行为
属性"对话框

3. 创建约束

创建地面的刚体约束。单击工具区中的"创建约束"按钮，弹出"创建约束"对话框，在"名称"文本框中输入 gangti，设置"类型"为"刚体"，如图 10.98 所示。单击"继续"按钮 继续... ，弹出"编辑约束"对话框，如图 10.99 所示。选择"区域类型"为"体（单元）"，然后单击右侧的"编辑选择"按钮，在视口区选择地面壳体，单击提示区的"完成"按钮 完成 ，返回"编辑约束"对话框，单击"参考点"栏中的"编辑"按钮，选择地面壳体的参考点 RP，如图 10.100 所示，最后单击"确定"按钮 确定 。

图 10.96　"创建相互作用"对话框　　　　　图 10.97　"编辑相互作用"对话框

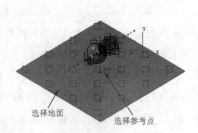

图 10.98　"创建约束"对话框　　　图 10.99　"编辑约束"对话框　　　图 10.100　选择上法兰和参考点

10.5.6　定义边界条件

1. 创建预定义场

在环境栏中的"模块"下拉列表中选择"载荷"，进入"载荷"模块。单击工具区中的"创建预定义场"按钮　，弹出"创建预定义场"对话框，在"名称"文本框中输入 Predefined Field-chusudu，设置"分析步"为 Initial，"类别"为"力学"，并在右侧的"可用于所选分析步的类型"列表中选择"速度"选项，如图 10.101 所示。单击"继续"按钮 继续... ，然后根据提示在视口区域框选高脚杯壳体，如图 10.102 所示。单击提示区的"完成"按钮 完成 ，弹出"编辑预定义场"对话框，设置 V2 为-5000，如图 10.103 所示。单击"确定"按钮 确定 ，完成预定义场的创建，结果如图 10.104 所示。

图 10.101　"创建预定义场"对话框

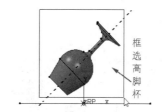

图 10.102　框选高脚杯

图 10.103　"编辑预定义场"对话框

图 10.104　创建预定义场

2. 创建固定边界条件

单击工具区中的"创建边界条件"按钮　，弹出"创建边界条件"对话框，在"名称"文本框中输入 BC-guding，设置"分析步"为 Initial，"类别"为"力学"，并在右侧的"可用于所选分析步的类型"列表中选择"对称/反对称/完全固定"，如图 10.105 所示。单击"继续"按钮 继续... ，根据提示在视口区选择地面壳体，如图 10.106 所示。单击提示区的"完成"按钮 完成 ，弹出"编辑边界条件"对话框，勾选"完全固定(U1=U2=U3=UR1=UR2=UR3=0)"单选按钮，如图 10.107 所示。单击"确定"按钮 确定 ，完成固定边界条件的创建，结果如图 10.108 所示。

图 10.105 "创建边界条件"对话框

图 10.106 选择地面

图 10.107 "编辑边界条件"对话框

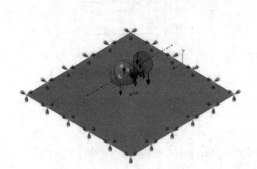

图 10.108 固定地面

扫一扫，看视频

10.5.7 划分网格

1. 划分地面网格

在环境栏中的"模块"下拉列表中选择"网格"，进入"网格"模块。设置"对象"为"部件"并在"部件"下拉列表中选择 dimian。

（1）指派网格控制属性。单击工具区中的"指派网格控制属性"按钮，弹出"网格控制属性"对话框，设置"单元形状"为"四边形"，其余为默认设置，如图 10.109 所示。单击"确定"按钮，关闭对话框。

（2）布种。单击工具区中的"种子部件"按钮，弹出"全局种子"对话框，如图 10.110 所示。设置"近似全局尺寸"为 50，单击"确定"按钮，关闭对话框。

（3）划分网格。单击工具区中的"为部件划分网格"按钮，然后单击提示区中的"是"按钮，完成地面网格的划分，结果如图 10.111 所示。

2. 划分高脚杯网格

在环境栏中在"部件"下拉列表中选择 gaojiaobei。

（1）指派网格控制属性。单击工具区中的"指派网格控制属性"按钮，在视口区框选高脚杯壳体，然后单击提示区的"完成"按钮，弹出"网格控制属性"对话框，设置"单元形状"为"三角形"，如图 10.112 所示。其余为默认设置，单击"确定"按钮，关闭对话框。

图 10.109　"网格控制属性"对话框

图 10.110　"全局种子"对话框

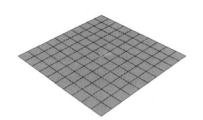

图 10.111　划分地面网格

图 10.112　"网格控制属性"对话框

（2）单击工具区中的"种子部件"按钮 ，弹出"全局种子"对话框，设置"近似全局尺寸"为 5，单击"确定"按钮 确定 ，关闭对话框。

（3）指派单元类型。单击工具区中的"指派单元类型"按钮 ，在视口区框选高脚杯壳体，然后单击提示区的"完成"按钮 完成 ，弹出"单元类型"对话框，设置"单元库"为 Explicit，然后选择"三角形"选项卡，设置"单元删除"为"是"，如图 10.113 所示。其余为默认设置，单击"确定"按钮 确定 ，关闭对话框。

（4）划分网格。单击工具区中的"为部件划分网格"按钮 ，然后单击提示区中的"是"按钮 是 ，完成高脚杯网格的划分，结果如图 10.114 所示。

图 10.113　划分高脚杯网格

图 10.114　划分高脚杯网格

10.5.8 提交作业

1. 创建作业

在环境栏中的"模块"下拉列表中选择"作业"，进入"作业"模块。单击工具区中的"创建作业"按钮![按钮图标]，弹出"创建作业"对话框，在"名称"文本框中输入 Job-gaojiaobei，其余为默认设置，如图 10.115 所示。单击"继续"按钮 继续... ，弹出"编辑作业"对话框，采用默认设置，如图 10.116 所示。单击"确定"按钮 确定 ，关闭该对话框。

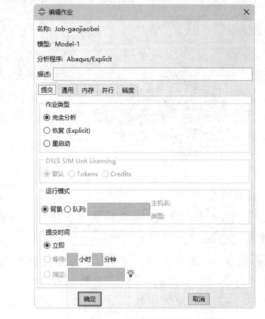

图 10.115　"创建作业"对话框　　　　图 10.116　"编辑作业"对话框

2. 提交作业

单击工具区中的"作业管理器"按钮![按钮图标]，弹出"作业管理器"对话框，如图 10.117 所示。选择创建的 Job-gaojiaobei 作业，单击"提交"按钮 提交 ，进行作业分析。然后单击"监控"按钮 监控... ，弹出"Job-gaojiaobei 监控器"对话框，可以查看分析过程，如图 10.118 所示。当"日志"选项卡中显式"已完成"时，表示分析完成。单击"关闭"按钮 关闭 ，关闭"Job-gaojiaobei 监控器"对话框，返回"作业管理器"对话框。

图 10.117　"作业管理器"对话框

图 10.118　"Job-gaojiaobei 监控器"对话框

10.5.9　可视化后处理

1. 进入"可视化"模块

单击"作业管理器"对话框中的"结果"按钮　结果　，系统自动切换到"可视化"模块。

2. 通用设置

单击工具区中的"通用选项"按钮，弹出"通用绘图选项"对话框，设置"渲染风格"为"阴影"，"可见边"为"特征边"，如图 10.119 所示。单击"确定"按钮　确定　，此时模型如图 10.120 所示。

图 10.119　"通用绘图选项"对话框

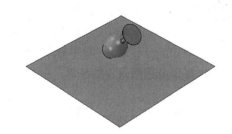

图 10.120　阴影模式的模型

3. 查看变形图

单击工具区中的"绘制变形图"按钮，可以查看模型的变形图，单击环境栏后面的"最后一个"按钮，查看最后一帧的变形图，结果如图 10.121 所示。

4. 查看应力云图

单击工具区中的"在变形图上绘制云图"按钮，可以查看模型的变形云图。执行"结果"→"场输出"菜单命令，弹出"场输出"对话框，可以查看不同变量的场输出，如图 10.122 所示。在"输出变量"列表中选择 S，单击"应用"按钮　应用　，查看等效应力云图，最后一帧等效应力云图如图 10.123 所示。

5. 查看旋转位移云图

在"场输出"对话框中的"输出变量"列表中选择 UR，单击"确定"按钮　确定　，查看旋转位移云图，最后一帧旋转位移云图如图 10.124 所示。

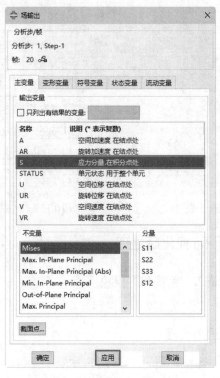

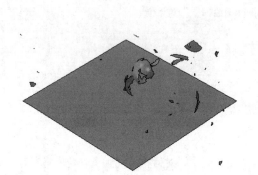

图 10.121　最后一帧变形图 　　　　　　图 10.122　"分析步/帧"对话框

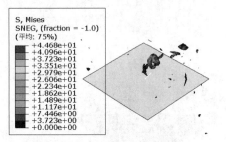

图 10.123　最后一帧等效应力云图

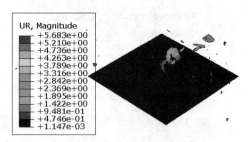

图 10.124　最后一帧旋转位移云图

6. 绘制空间加速度曲线

（1）单击工具区中的"通用选项"按钮，弹出"通用绘图选项"对话框，单击"标签"选项卡，勾选"显式结点编号"复选框，如图 10.125 所示。单击"确定"按钮，显式结点编号。

（2）单击工具区中的"创建 XY 数据"按钮，弹出"创建 XY 数据"对话框，设置"源"为"ODB 场变量输出"选项，如图 10.126 所示。单击"继续"按钮，弹出"来自 ODB 场输出的 XY 数据"对话框，在"变量"选项卡中设置"位置"为"唯一结点的"，选择"A：空间加速度"→Magnitude，如图 10.127 所示。然后选择"单元/结点"选项卡，设置"方法"为"结点编号"，在"部件实例"中选择 GAOJIAOBEI-1，在"结点编号"中输入 595，如图 10.128 所示。单击"来自 ODB 场输出的 XY 数据"对话框中的"绘制"按钮，绘制选择点的空间加速度曲线图，结果如图 10.129 所示。

7. 绘制应力曲线

在"来自 ODB 场输出的 XY 数据"对话框中选择"S：应力分量"→Mises，然后单击对话框中的"绘制"按钮，绘制选择点的应力曲线图，结果如图 10.130 所示。

图 10.125　"通用绘图选项"对话框

图 10.126　"创建 XY 数据"对话框

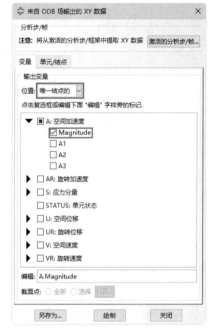

图 10.127　设置"变量"选项卡

图 10.128　设置"单元/结点"选项卡

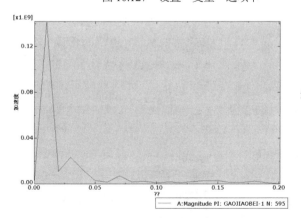

图 10.129　选择点的空间加速度曲线图

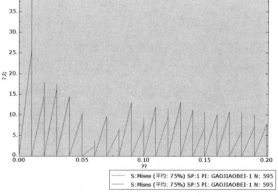

图 10.130　选择点的应力曲线图

8. 绘制状态曲线

在"来自 ODB 场输出的 XY 数据"对话框中选择"STATUS：单元状态"，然后单击对话框中的"绘制"按钮 绘制 ，绘制选择点的状态曲线图，结果如图 10.131 所示。

9. 绘制空间位移曲线

在"来自 ODB 场输出的 XY 数据"对话框中选择"U：空间位移"为 Magnitude，然后单击对话框中的"绘制"按钮 绘制 ，绘制空间位移曲线图，结果如图 10.132 所示。

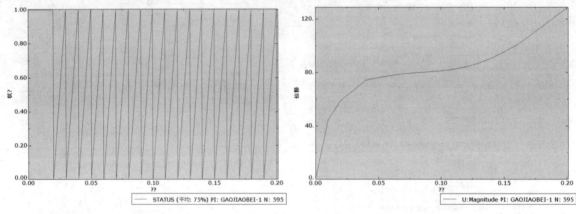

图 10.131 选择点的状态曲线图　　　　图 10.132 选择点的空间位移曲线图

10. 绘制空间速度曲线

在"来自 ODB 场输出的 XY 数据"对话框中选择"V：空间速度"为 Magnitude，然后单击对话框中的"绘制"按钮 绘制 ，绘制空间速度曲线图，结果如图 10.133 所示。

11. 查看动画

单击工具区中的"在变形图上绘制云图"按钮 ，在"输出变量"列表中选择 S 选项，单击"确定"按钮 确定 ，查看应力云图。单击"动画：时间历程"按钮 ，查看应力云图的时间历程动画。单击"动画选项"按钮 ，弹出"动画选项"对话框，如图 10.134 所示。设置"模式"为"循环"，然后拖动"帧频率"滑块到中间位置，再单击"确定"按钮 确定 ，减慢动画的播放，可以更好地观察动画的播放。

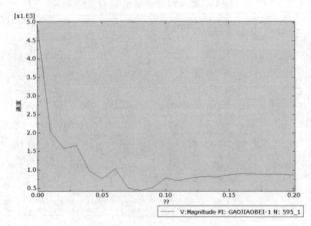

图 10.133 选择点的空间速度曲线图

图 10.134 "动画选项"对话框

10.6　实例——牛顿摆显式动力学分析

图 10.135（a）所示为一个牛顿摆，它不仅是一个解压的玩具，还可以诠释能量守恒和动量守恒定律。将最左侧的球抬高至一定的高度，让其自由回落，回落时碰撞紧密排列的另外 4 个球，最右侧的球将被弹起，并仅有最右侧的球被弹起，当最右侧的小球回落时又会将最左侧的小球弹起，如此往复碰撞运动。接下来就对这个牛顿摆进行仿真分析。图 10.135（b）所示为简化后的模型，利用该模型进行分析，研究此过程中两端摆球的位移、应力和速度等的变化。牛顿摆的材料参数见表 10.4。

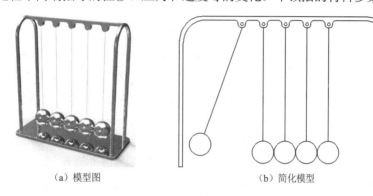

（a）模型图　　　　　　　　（b）简化模型

图 10.135　牛顿摆

表 10.4　牛顿摆材料参数

材料名称	密度/(t/mm³)	杨氏模量/MPa	泊松比
自定义	7.85e-6	150000	0.3

10.6.1　创建模型

扫一扫，看视频

1. 设置工作目录

执行"文件"→"设置工作目录"菜单命令，弹出"设置工作目录"对话框，选择 Abaqus/CAE 所有文件的保存目录，如图 10.136 所示。单击"新工作目录"文本框右侧的"选取"按钮，找到文件要保存到的文件夹，然后单击"确定"按钮 确定 ，完成操作。

2. 打开模型

单击工具栏中的"打开"按钮，弹出"打开数据库"对话框，打开 yuanwenjian→ch10→niudunbai 中的模型，如图 10.137 所示。单击"确定"按钮 确定(O) ，打开模型，该模型由支架、绳和小球 3 部分组成，如图 10.138 所示。

图 10.136　"设置工作目录"对话框

图 10.137　"打开数据库"对话框

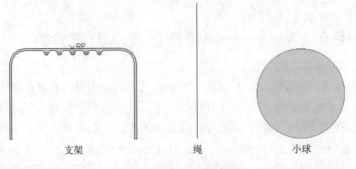

图 10.138　牛顿摆模型

3. 创建表面

（1）创建支架吊环表面。在环境栏中的"部件"下拉菜单中选择 zhijia。执行"工具"→"表面"→"创建"菜单命令，弹出"创建表面"对话框，在"名称"文本框中输入 diaohuanmian1，单击"继续"按钮，选择支架最左侧吊环的下边线，如图 10.139 所示。然后单击提示区的"完成"按钮，创建吊环面 1（diaohuanmian1）；同理，依次创建 diaohuanmian2～diaohuanmian5。

（2）创建小球表面。在环境栏中的"部件"下拉菜单中选择 xiaoqiu。执行"工具"→"表面"→"创建"菜单命令，弹出"创建表面"对话框，在"名称"文本框中输入 qiumian，单击"继续"按钮，选择小球外边线，如图 10.140 所示。然后单击提示区的"完成"按钮，创建球面。

4. 创建结点集

在环境栏中的"部件"下拉菜单中选择 sheng。执行"工具"→"集"→"创建"菜单命令，弹出"创建集"对话框，在"名称"文本框中输入 shangduandian，选择"类型"为"结点"，单击"继续"按钮，选择绳的上端点，如图 10.141 所示。然后单击提示区的"完成"按钮，创建上端点结点集。同理，创建 xiaduandian 结点集。

图 10.139　选择下边线

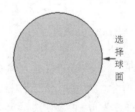

图 10.140　选择球面

图 10.141　选择上端点

扫一扫，看视频

10.6.2　定义属性及指派截面

1. 创建材料

在环境栏中的"模块"下拉列表中选择"属性"，进入"属性"模块。单击工具区中的"创建材料"按钮，弹出"编辑材料"对话框，在"名称"文本框中输入 Material-zidingyi，在"材料行为"选项组中依次选择"通用"→"密度"。此时，在下方出现的数据表中设置"质量密度"为 7.85e-06，如图 10.142 所示。在"材料行为"选项组中依次选择"力学"→"弹性"→"弹性"。此时，在下方出现的数据表中依次设置"杨氏模量"为 150000，"泊松比"为 0.3，如图 10.143 所示。其余参数保持不变，单击"确定"按钮，完成材料的创建。

图 10.142　设置密度

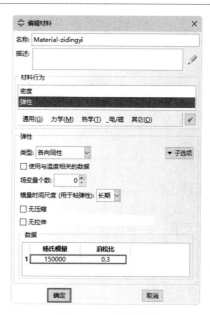

图 10.143　设置弹性

2. 创建截面

（1）创建支架截面。单击工具区中的"创建截面"按钮，弹出"创建截面"对话框，在"名称"文本框中输入 Section-zhijia，设置"类别"为"实体"，"类型"为"均质"，如图 10.144 所示。其余参数保持不变，单击"继续"按钮 继续... ，弹出"编辑截面"对话框，设置"材料"为 Material-zidingyi，其余为默认设置，如图 10.145 所示。单击"确定"按钮 确定 ，完成截面的创建。同理，创建小球截面。

图 10.144　支架的"创建截面"对话框

图 10.145　支架的"编辑截面"对话框

（2）创建绳截面。单击工具区中的"创建截面"按钮，弹出"创建截面"对话框，在"名称"文本框中输入 Section-sheng，设置"类别"为"梁"，"类型"为"桁架"，如图 10.146 所示。其余参数保持不变，单击"继续"按钮 继续... ，弹出"编辑截面"对话框，设置"材料"为 Material-zidingyi、"横截面面积"为 0.2，其余为默认设置，如图 10.147 所示。单击"确定"按钮 确定 ，完成截面的创建。

3. 指派截面

指派支架截面。在环境栏中的"部件"下拉菜单中选择 zhijia。单击工具区中的"指派截面"按钮，在提示区取消勾选"创建集合"复选框，在视口区选择支架，然后在提示区单击"完成"按钮 完成 ，弹出"编辑截面指派"对话框，设置截面为 Section-zhijia，如图 10.148 所示。单击"确定"按钮 确定 ，将创建的 Section-zhijia 截面指派给支架，指派截面的支架颜色变为绿色，完成支架截面的指派。同理，分别指派小球和绳的截面指派。

图 10.146　绳的"创建截面"对话框

图 10.147　绳的"编辑截面"对话框

10.6.3　创建装配件

1. 装配支架、小球和绳

在环境栏中的"模块"下拉列表中选择"装配"，进入"装配"模块。单击工具区中的 Create Instance（创建实例）按钮，弹出"创建实例"对话框，如图 10.149 所示。在部件列表框中选择所有部件，其余采用默认设置，单击"确定"按钮 确定 ，将支架、小球和绳装配在一起，结果如图 10.150 所示。

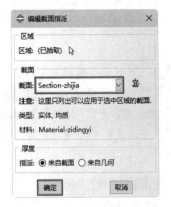

图 10.148　"编辑截面指派"对话框

图 10.149　"创建实例"对话框

2. 阵列小球和绳

单击工具区中的"线性阵列"按钮，根据提示在视口区框选小球和绳，然后单击提示区的"完成"按钮 完成 ，弹出"线性阵列"对话框，设置"方向 1"中"个数"的值为 5，"偏移"为 30；设置方向 2 中的"个数"的值为 1，如图 10.151 所示。其余为默认设置，单击"确定"按钮 确定 ，完成阵列，结果如图 10.152 所示。

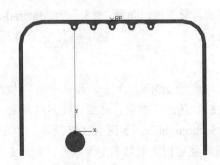

图 10.150　创建装配件

图 10.151　"线性阵列"对话框

3. 旋转最左侧小球和线

通过旋转最左侧的小球，模拟小球被拉起的状态。单击工具区中的"旋转实例"按钮 ，根据提示在视口区框选最左侧的小球和绳，然后单击提示区的"完成"按钮 完成 ，再根据提示选择最左侧绳的上端点为旋转中心，在提示区设置"转动角度"为-20，单击鼠标中键，完成旋转。结果如图 10.153 所示。

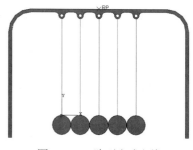

图 10.152　阵列小球和线

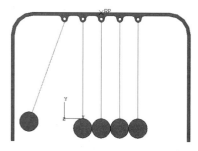

图 10.153　旋转小球和线

10.6.4　创建分析步和场输出

1. 创建分析步

创建分析步。在环境栏中的"模块"下拉列表中选择"分析步"，进入"分析步"模块。单击工具区中的"创建分析步"按钮 ，弹出"创建分析步"对话框，在"名称"文本框中输入 Step-1，设置"程序类型"为"通用"，并在下方的列表中选择"动力，显式"，如图 10.154 所示。单击"继续"按钮 继续... ，弹出"编辑分析步"对话框，在"基本信息"选项卡中设置"时间长度"为 50，如图 10.155 所示。其余采用默认设置，单击"确定"按钮 确定 ，完成分析步的创建。

2. 创建场输出

单击工具区中的"场输出管理器"按钮 ，弹出"场输出请求管理器"对话框，如图 10.156 所示。这里已经创建了一个默认的场输出，单击"编辑"按钮 编辑... ，弹出"编辑场输出请求"对话框，在"输出变量"列表中选择"应力"→"MISES, Mises 等效应力"和"位移/速度/加速度"→"U,平移和转动"/"V,平移和转动速度"/"A,平移和转动加速度"，设置"间隔"为 50，如图 10.157 所示。单击"确定"按钮 确定 ，返回"场输出请求管理器"对话框，单击"关闭"按钮 关闭 ，关闭该对话框，完成场输出的创建。

图 10.154　"创建分析步"对话框

图 10.155　"编辑分析步"对话框

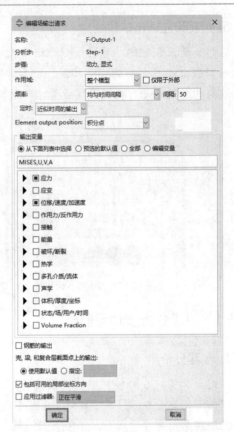

图 10.156　"场输出请求管理器"对话框　　　　　图 10.157　"编辑场输出请求"对话框

扫一扫，看视频

扫一扫，看视频

10.6.5　定义相互作用

1. 创建约束

在环境栏中的"模块"下拉列表中选择"相互作用"，进入"相互作用"模块。

（1）创建绳与小球的绑定约束。单击工具区中的"创建约束"按钮 ，弹出"创建约束"对话框，在"名称"文本框中输入 Constraint-1，选择"类型"为"绑定"，如图 10.158 所示。单击"继续"按钮 继续... ，在提示区单击"结点区域"按钮 结点区域 ，再在提示区单击"集"按钮 集 ，弹出"区域选择"对话框，选择 sheng-1.xiaduandian，如图 10.159 所示。单击"继续"按钮 继续... ，再单击提示区中的"表面"按钮 表面 ，再次弹出"区域选择"对话框，选择 xiaoqiu-1.qiumian，然后单击"继续"按钮 继续... ，弹出"编辑约束"对话框，采用默认设置，如图 10.160 所示。单击"确定"按钮 确定 ，创建绳与小球的约束。同理，创建其他绳与小球的绑定约束。

（2）创建绳与支架吊环 1 的绑定约束。单击工具区中的"创建约束"按钮 ，弹出"创建约束"对话框，在"名称"文本框中输入 Constraint-6，选择"类型"为"绑定"。单击"继续"按钮 继续... ，在提示区单击"结点区域"按钮 结点区域 ，再在提示区单击"集"按钮 集... ，弹出"区域选择"对话框，选择 sheng-1.shangduandian。单击"继续"按钮 继续... ，再单击提示区中的"表面"按钮 表面 ，再次弹出"区域选择"对话框，选择 zhijia-1.diaohuanmian1，然后单击"继续"按钮 继续... ，弹出"编辑约束"对话框，采用默认设置，单击"确定"按钮 确定 ，创建绳与支架吊环 1 的约束。同理，创建其他绳与支架吊环的绑定约束。

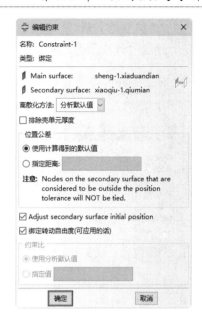

图 10.158　"创建约束"对话框　　　图 10.159　"区域选择"对话框　　　图 10.160　绑定的"编辑约束"对话框

（3）创建支架的刚体约束。单击工具区中的"创建约束"按钮，弹出"创建约束"对话框，在"名称"文本框中输入 Constraint-11，选择"类型"为"刚体"。单击"继续"按钮，选择"类型"为"刚体"，单击"继续"按钮，弹出"编辑约束"对话框，如图 10.161 所示。选择"区域类型"为"体（单元）"，然后单击右侧的"编辑选择"按钮，在视口区选择支架，单击提示区的"完成"按钮，返回"编辑约束"对话框，单击"参考点"栏中的"编辑"按钮，选择支架上的参考点 RP，如图 10.162 所示。然后单击"确定"按钮，完成创建支架的刚体约束。

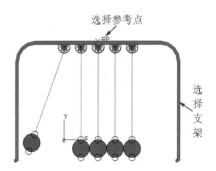

图 10.161　刚体的"编辑约束"对话框　　　　图 10.162　选择支架和参考点

2. 创建相互作用

（1）创建相互作用属性。单击工具区中的"创建相互作用属性"按钮，弹出"创建相互作用属性"对话框，在"名称"文本框中输入 IntProp-jiechu，设置"类型"为"接触"，如图 10.163 所示。单击"继续"按钮，弹出"编辑接触属性"对话框，单击"力学"下拉列表中的"切向行为"，设置"摩擦公式"为"无摩擦"，如图 10.164 所示；单击"力学"下拉列表中的"法向行为"，设置"压力过盈"为"'硬'接触"，如图 10.165 所示。单击"确定"按钮 <u>确定</u>，关闭该对话框。

图 10.163 "创建相互作用属性"对话框

图 10.164 设置切向行为

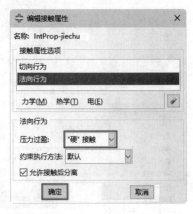

图 10.165 设置法向行为

（2）创建相互作用。单击工具区中的"创建相互作用"按钮 ，弹出"创建相互作用"对话框，在"名称"文本框中输入 Int-jiechu1，设置"分析步"为 Initial，选择"可用于所选分析步的类型"为"表面与表面接触（Explicit）"，如图 10.166 所示。单击"继续"按钮 <u>继续...</u>，在视口区选择最左侧小球的外边线，单击提示区的"完成"按钮 <u>完成</u>，接着单击提示区的"表面"按钮 <u>表面</u>，然后再在视口区选择最左侧第二个小球的外边线，单击提示区的"完成"按钮 <u>完成</u>，弹出"编辑相互作用"对话框，如图 10.167 所示。采用默认设置，单击"确定"按钮 <u>确定</u>，创建两个小球的相互作用。采用同样的操作创建 Int-jiechu2～Int-jiechu4 的其他相邻小球的接触相互作用。

图 10.166 "创建相互作用"对话框

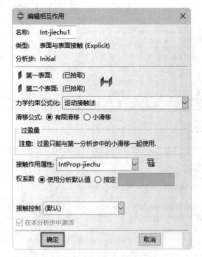

图 10.167 "编辑相互作用"对话框

10.6.6 定义边界条件

扫一扫，看视频

1. 创建固定边界条件

在环境栏中的"模块"下拉列表中选择"载荷"，进入"载荷"模块。单击工具区中的"创建边界条件"按钮 ，弹出"创建边界条件"对话框，在"名称"文本框中输入 BC-guding，设置"分析步"为 Initial，"类别"为"力学"，并在右侧的"可用于所选分析步的类型"列表中选择"对称/反对称/完全固定"，如图 10.168 所示。单击"继续"按钮 继续...，根据提示在视口区选择支架的参考点 RP，单击提示区的"完成"按钮 完成，弹出"编辑边界条件"对话框，勾选"完全固定(U1=U2=U3=UR1=UR2=UR3=0)"单选按钮，如图 10.169 所示。单击"确定"按钮 确定，结果如图 10.170 所示。

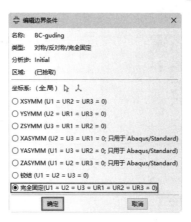

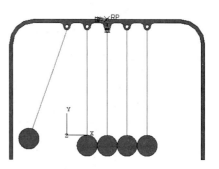

图 10.168　"创建边界条件"
对话框

图 10.169　"编辑边界条件"对话框

图 10.170　定义固定边界条件

2. 创建重力载荷

单击工具区中的"创建载荷"按钮 ，弹出"创建载荷"对话框，在"名称"文本框中输入 Load-zhongli，设置"分析步"为 Step-1，"类别"为"力学"，并在右侧的"可用于所选分析步的类型"列表中选择"重力"，如图 10.171 所示。单击"继续"按钮 继续...，弹出"编辑载荷"对话框，设置"分量 1"的值为 0，"分量 2"的值为−10，如图 10.172 所示。单击"确定"按钮 确定，创建重力载荷，结果如图 10.173 所示。

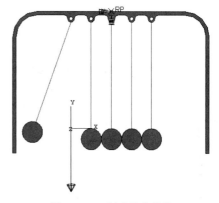

图 10.171　"创建载荷"对话框

图 10.172　"编辑载荷"对话框

图 10.173　创建重力载荷

10.6.7　划分网格

1. 划分支架网格

在环境栏中的"模块"下拉列表中选择"网格"，进入"网格"模块。设置"对象"为"部件"，

扫一扫，看视频

并在"部件"下拉列表中选择 zhijia。

（1）布种。单击工具区中的"种子部件"按钮，弹出"全局种子"对话框，如图 10.174 所示。设置"近似全局尺寸"为 4，单击"确定"按钮 确定 ，关闭对话框。

（2）指派网格控制属性。单击工具区中的"指派网格控制属性"按钮，弹出"网格控制属性"对话框，设置"单元形状"为"四边形"，"算法"为"中性轴算法"，其余为默认设置，如图 10.175 所示。单击"确定"按钮 确定 ，关闭对话框。

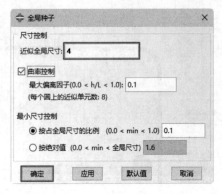

图 10.174 "全局种子"对话框

图 10.175 "网格控制属性"对话框

（3）划分网格。单击工具区中的"为部件划分网格"按钮，然后单击提示区中的"是"按钮是，完成支架网格的划分，结果如图 10.176 所示。

（4）指派单元类型。单击工具区中的"指派单元类型"按钮，弹出"单元类型"对话框，设置单元库为 Explicit，在"族"列表中选择"平面应力"选项，其余为默认设置，如图 10.177 所示。单击"确定"按钮 确定 ，关闭对话框。

图 10.176 划分支架网格

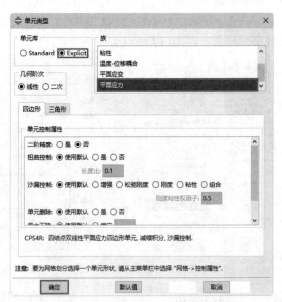

图 10.177 支架"单元类型"对话框

2. 划分小球网格

在"部件"下拉列表中选择 xiaoqiu。

（1）布种。单击工具区中的"种子部件"按钮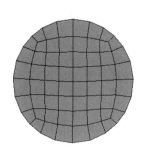，弹出"全局种子"对话框，设置"近似全局尺寸"为 4，单击"确定"按钮 确定 ，关闭对话框。

（2）指派网格控制属性。单击工具区中的"指派网格控制属性"按钮，弹出"网格控制属性"对话框，设置"单元形状"为"四边形"，"算法"为"中性轴算法"，其余为默认设置，单击"确定"按钮 确定 ，关闭对话框。

（3）划分网格。单击工具区中的"为部件划分网格"按钮，然后单击提示区中的"是"按钮 是 ，完成小球网格的划分，结果如图 10.178 所示。

（4）指派单元类型。单击工具区中的"指派单元类型"按钮，弹出"单元类型"对话框，设置单元库为 Explicit，在"族"列表中选择"平面应力"，其余为默认设置，单击"确定"按钮 确定 ，关闭对话框。

3. 划分绳网格

在"部件"下拉列表中选择 sheng。

（1）布种。单击工具区中的"种子部件"按钮，弹出"全局种子"对话框，设置"近似全局尺寸"为 150，单击"确定"按钮 确定 ，关闭对话框。

（2）划分网格。单击工具区中的"为部件划分网格"按钮，然后单击提示区中的"是"按钮 是 ，完成绳网格的划分。

（3）指派单元类型。单击工具区中的"指派单元类型"按钮，弹出"单元类型"对话框，设置单元库为 Explicit，在"族"列表中选择"桁架"，其余为默认设置，如图 10.179 所示，单击"确定"按钮 确定 ，关闭对话框。

图 10.178　划分小球网格

图 10.179　绳"单元类型"对话框

10.6.8　提交作业

1. 创建作业

在环境栏中的"模块"下拉列表中选择"作业"，进入"作业"模块。单击工具区中的"创建作业"按钮，弹出"创建作业"对话框，在"名称"文本框中输入 Job-niudunbai，其余为默认设置，如图 10.180 所示。单击"继续"按钮 继续... ，弹出"编辑作业"对话框，单击"精度"选项卡，设置

"Abaqus/Explicit 精度"为"两者-只分析"，结点变量输出精度为"完全"，其余采用默认设置，如图 10.181 所示。单击"确定"按钮 确定 ，关闭该对话框。

图 10.180 "创建作业"对话框

图 10.181 "编辑作业"对话框

2. 提交作业

单击工具区中的"作业管理器"按钮 ，弹出"作业管理器"对话框，如图 10.182 所示。选择创建的"Job-niudunbai"作业，单击"提交"按钮 提交 ，进行作业分析。单击"监控"按钮 监控... ，弹出"Job-niudunbai 监控器"对话框，可以查看分析过程，如图 10.183 所示。当"日志"选项卡中显式"已完成"时，表示分析完成。单击"关闭"按钮 关闭 ，关闭"Job-niudunbai 监控器"对话框，返回"作业管理器"对话框。

图 10.182 "作业管理器"对话框

图 10.183 "Job-niudunbai 监控器"对话框

10.6.9 可视化后处理

1. 进入"可视化"模块

单击"作业管理器"对话框中的"结果"按钮 结果 ，系统自动切换到"可视化"模块。

2. 通用设置

单击工具区中的"通用选项"按钮 ，弹出"通用绘图选项"对话框，设置"渲染风格"为"阴影"，"可见边"为"特征边"，如图 10.184 所示。单击"确定"按钮 确定 ，此时模型如图 10.185 所示。

3. 查看变形图

单击工具区中的"绘制变形图"按钮 ，可以查看模型的变形图，单击环境栏后面的"最后一个"按钮 ，查看最后一帧变形图，结果如图 10.186 所示。

图 10.184　"通用绘图选项"对话框

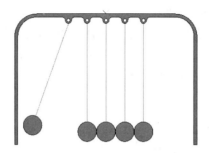

图 10.185　阴影模式的模型

4. 查看应力云图

单击工具区中的"在变形图上绘制云图"按钮 ，可以查看模型的变形云图。执行"结果"→"场输出"菜单命令，弹出"场输出"对话框，可以查看不同变量的场输出，如图 10.187 所示。在"输出变量"列表中选择 S，单击"应用"按钮 应用 ，查看等效应力云图，最后一帧等效应力云图如图 10.188 所示。

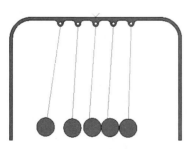

图 10.186　最后一帧变形图

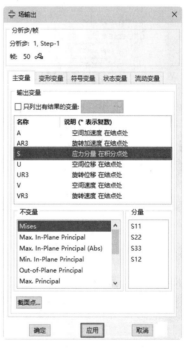

图 10.187　"分析步/帧"对话框

5. 查看位移云图

在"场输出"对话框中的"输出变量"列表中选择 U，单击"确定"按钮 确定 ，查看位移云图，最后一帧位移云图如图 10.189 所示。

6. 绘制空间加速度曲线

单击工具区中的"创建 XY 数据"按钮 ，弹出"创建 XY 数据"对话框，设置"源"为"ODB场变量输出"选项，如图 10.190 所示。单击"继续"按钮 继续... ，弹出"来自 ODB 场输出的 XY 数据"对话框，在"变量"选项卡中设置"位置"为"唯一结点的"，选择"A：空间加速度"→A1，如

图 10.191 所示。选择"单元/结点"选项卡，单击"编辑选择集"按钮 编辑选择集 ，如图 10.192 所示。然后在视口区选择最左侧小球和最右侧小球的圆心点，如图 10.193 所示。单击提示区中的"完成"按钮 完成 ，然后再单击"来自 ODB 场输出的 XY 数据"对话框中的"绘制"按钮 绘制 ，绘制选择点的空间加速度曲线图，结果如图 10.194 所示。

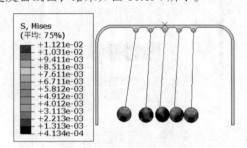

图 10.188　最后一帧等效应力云图

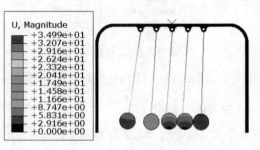

图 10.189　最后一帧位移云图

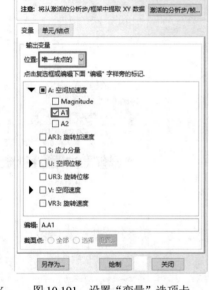

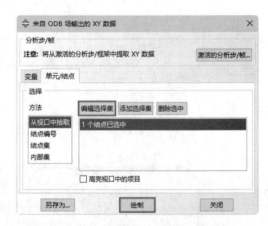

图 10.190　"创建 XY　图 10.191　设置"变量"选项卡
数据"对话框

图 10.192　设置"单元/结点"选项卡

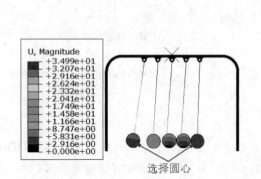

图 10.193　选择圆心

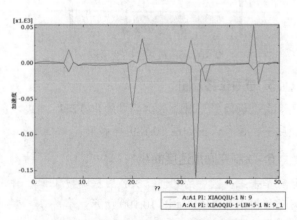

图 10.194　选择点的空间加速度曲线图

7. 绘制应力曲线

在"来自 ODB 场输出的 XY 数据"对话框中选择"S：应力分量"→Mises，然后单击对话框中的"绘制"按钮 绘制 ，绘制选择点的应力曲线图，结果如图 10.195 所示。

8. 绘制空间位移曲线

在"来自 ODB 场输出的 XY 数据"对话框中选择"U：空间位移"→Magnitude，然后单击对话框中的"绘制"按钮 绘制 ，绘制选择点的空间位移曲线图，结果如图 10.196 所示。

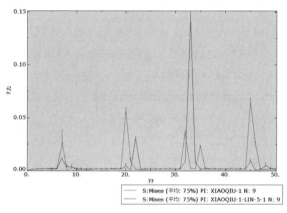

图 10.195　选择点的应力曲线图　　　　图 10.196　选择点的空间位移曲线图

9. 绘制空间速度曲线

在"来自 ODB 场输出的 XY 数据"对话框中选择"V：空间速度"→Magnitude，然后单击对话框中的"绘制"按钮 绘制 ，绘制空间速度曲线图，结果如图 10.197 所示。

10. 查看动画

单击工具区中的"在变形图上绘制云图"按钮 ，在"输出变量"列表中选择 S，单击"确定"按钮 确定 ，查看应力云图。单击"动画：时间历程"按钮 ，查看应力云图的时间历程动画。单击"动画选项"按钮 ，弹出"动画选项"对话框，如图 10.198 所示。设置"模式"为"循环"，然后拖动"帧频率"滑块到中间位置，然后单击"确定"按钮 确定 ，减慢动画的播放，可以更好地观察动画的播放。

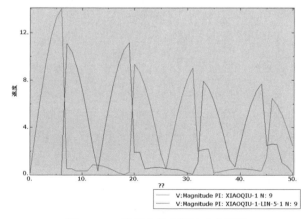

图 10.197　选择点的空间速度曲线图

图 10.198　"动画选项"对话框

10.7　动手练一练

图 10.199（a）所示为一个直径为 20mm 的钢珠，以 10m/s 的速度自由下落，撞向厚度为 2mm 的铜板，分析撞击过程中铜板的变形、应力变化和等效应力。图 10.199（b）为建模尺寸图，模型的材料参数见表 10.5。

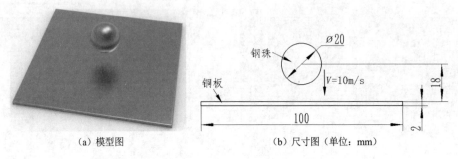

（a）模型图　　　　　　　　　　　　（b）尺寸图（单位：mm）

图 10.199　钢珠

表 10.5　钢珠下落材料参数

材料名称	密度/(t/mm³)	杨氏模量/MPa	泊松比
不锈钢	7.85e-9	200000	0.3
铜	8.3e-9	110000	0.34

 思路点拨：

（1）打开 yuanwenjian→ch10→lianyilian 文本中的 dieluoxiaoqiu 模型。

（2）定义属性并指派截面。

（3）创建装配件。

（4）创建分析步：创建"通用"→"显式,动力"分析步。

（5）创建相互作用：创建球面与铜板的无摩擦、"硬"接触。

（6）定义边界条件和载荷：固定铜板侧面、添加重力、创建初始速度预定义场。

（7）划分网格：铜板全局尺寸为 4，六面体网格；小球全局尺寸为 3，六面体网格。

（8）创建并提交作业。

（9）可视化后处理。

第11章 热力学分析

内容简介

热力学分析在许多工程应用中扮演着重要角色，如内燃机、涡轮机、换热器、管路系统、电子元件、锻压和铸造行业等。本章主要讲解利用 Abaqus 进行热力学分析。

内容要点

- ❯ 传热的基本方式
- ❯ Abaqus 热应力分析解决的问题
- ❯ Abaqus 热应力分析的主要步骤
- ❯ 实例 ——温控开关热应力分析
- ❯ 实例 ——散热器热传递分析
- ❯ 实例 ——两物体相对滑动的摩擦生热

案例效果

11.1 传热的基本方式

Abaqus 的热力学分析是基于能量守恒原理的热平衡方程，通过有限元分析计算各结点的温度分布，并由此导出其他热物理参数。热传递有 3 种基本传热方式，分别为热传导、热对流和热辐射。

1. 热传导

热传导可以定义为完全接触的两个物体之间或一个物体的不同部分之间由于温度梯度而引起的内能的交换。热传导遵循傅里叶定律，即

$$q^* = -K_{nn}\frac{\mathrm{d}T}{\mathrm{d}n} \tag{11.1}$$

式中：q^* 为热流密度（单位为 W/m²）；K_{nn} 为热导率[单位为 W/（m·℃）]；$\dfrac{\mathrm{d}T}{\mathrm{d}n}$ 为方向 n 的温度梯度；负号表示热量流向温度降低的方向。

2. 热对流

热对流是指固体的表面与它周围接触的流体之间由于温差的存在引起的热量的交换。热对流可以分为两类：自然对流和强制对流。对流一般作为面边界条件施加。热对流用牛顿冷却方程来描述，即

$$q^* = \alpha(T_S - T_B) \tag{11.2}$$

式中：α 为对流换热系数（或称为膜传热系数、给热系数、膜系数等）；T_S 为固体表面的温度；T_B 为周围流体的温度。

3. 热辐射

热辐射是指物体发射电磁能并被其他物体吸收转换为热的热量交换过程。物体温度越高，单位时间辐射的热量越多。热传导和热对流都需要有传热介质，而热辐射无须任何介质。实质上，在真空中的热辐射效率最高。

在工程中通常考虑两个或两个以上物体之间的辐射，系统中每个物体同时辐射并吸收热量。它们之间的净热量传递可以用斯蒂芬-波尔兹曼方程计算，即

$$Q = \varepsilon \sigma A_1 F_{12}(T_1^4 - T_2^4) \tag{11.3}$$

式中：Q 为热流率；ε 为吸射率，也叫作黑度；σ 为斯蒂芬-波尔兹曼常数，约为 5.67×10^{-8} W/（m²·K⁴），0.119×10^{-10} Btu/（in²·h·K⁴），ANSYS 默认为 0.119×10^{-10} Btu/（in²·h·K⁴）；A_1 为辐射面 1 的面积；F_{12} 为由辐射面 1 到辐射面 2 的形状系数；T_1 为辐射面 1 的绝对温度；T_2 为辐射面 2 的绝对温度。由式（11.3）可以看出，包含热辐射的热分析是高度非线性的。

11.2 Abaqus 热应力分析解决的问题

Abaqus 可以解决以下传热分析问题。

1. 非耦合传热分析

在此类分析中，模型的温度场不受应力应变场或电场的影响。在 Abaqus/Standard 中可以分析热传导、强制对流、边界辐射等传热问题，其分析类型可以是瞬态或稳态、线性或非线性分析。

2. 顺序耦合热应力分析

此类分析中的应力应变场取决于温度场，但温度场不受应力应变场的影响。此类问题使用 Abaqus/Standard 求解，具体方法是要首先分析传热问题，然后将得到的温度场作为已知条件进行热应力分析，得到应力应变场。分析传热问题所使用的网格和热应力分析的网格可以不同，Abaqus 会自动进行插值处理。

3. 完全耦合热应力分析

此类分析中的应力应变场和温度场之间有着强烈的相互作用，需要同时求解。可以使用 Abaqus/Standard 或 Abaqus/Explicit 求解此类问题。

4. 绝热分析

在此类分析中，力学变形产生热，而且整个过程的时间极短暂，不发生热扩散。可以使用 Abaqus/Standard 或 Abaqus/Explicit 求解。

5. 热电耦合分析

此类分析使用 Abaqus/Standard 求解电流产生的温度场。

6. 空腔辐射

使用 Abaqus/Standard 求解非耦合传热问题时，除了边界辐射外，还可以模拟空腔辐射。

11.3　Abaqus 热应力分析的主要步骤

当模型的温度场发生变化时，模型会产生形变，从而产生应力。用 Abaqus 进行热应力分析时需要设置的主要步骤如下。

（1）设置材料的热膨胀系数。在"属性"模块下单击"创建材料"按钮$\overset{\mathscr{L}}{\varepsilon}$，弹出"编辑材料"对话框，选择"力学"下拉列表中的"膨胀"选项，设置 Expansion Coeff（膨胀系数）为 2e-4，如图 11.1 所示。

（2）设定模型的初始温度。在"载荷"模块下单击"创建预定义场"按钮，弹出"创建预定义场"对话框，设置"类别"为"其他"，选择"可用于所选分析步的类型"为"温度"，如图 11.2 所示。根据提示在视口区选择设置初始温度的区域，弹出"编辑预定义场"对话框，在"大小"文本框中设置初始温度，如图 11.3 所示。可选择"分布"为"直接说明"，直接输入初始温度，也可选择"分布"为"来自结果或输出数据库文件"，读入传热分析的结果文件作为初始温度。

图 11.1　"编辑材料"对话框

图 11.2　"创建预定义场"对话框

图 11.3　"编辑预定义场"对话框

（3）修改在分析中的温度。在"载荷"模块下单击"预定义场管理器"按钮，弹出"预定义场管理器"对话框，如图 11.4 所示。选择创建的分析步中的"传递"选项，单击"编辑"按钮，弹出"编辑预定义场"对话框，设置"状态"为"已修改"，在"大小"文本框中设置分析中的温度，如图 11.5 所示。

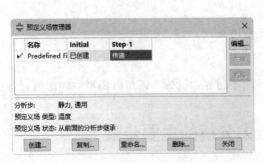

图 11.4　"预定义场管理器"对话框

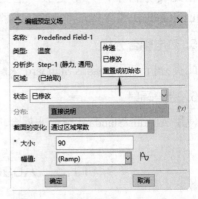

图 11.5　"编辑预定义场"对话框

11.4　实例——温控开关热应力分析

图 11.6（a）所示为温控开关模型。温控开关由 3 部分组成，外部为一种热敏导体，内部下端为一个绝缘子，上部为铜导体。初始铜导体与外部热敏导体接触，电路处于接通状态；当电流过大时，热敏导体受热体积增大。与铜导体分开，电路断开，起到过载保护的作用。本实例将对这个温控开关进行热应力分析，图 11.6（b）所示为尺寸图，其他参数见表 11.1。

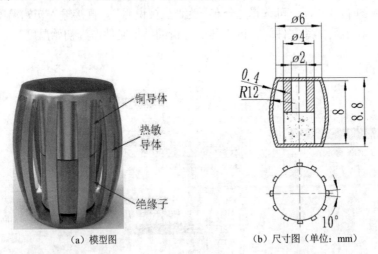

（a）模型图　　　　　　　　（b）尺寸图（单位：mm）

图 11.6　温控开关

表 11.1　温控开关材料参数

材料名称	密度/(t/mm³)	杨氏模量/MPa	泊松比	热膨胀系数	温度/℃
铜导体	8.3e-9	110000	0.34	1.7e-5	—
绝缘子	3.25e-9	300000	0.26	3.0e-5	—
热敏导体	5.6e-9	150000	0.37	2.0e-5	0
				6.5e-5	380

11.4.1　创建模型

1. 设置工作目录

执行"文件"→"设置工作目录"菜单命令，弹出"设置工作目录"对话框，选择 Abaqus/CAE 所有文件的保存目录，如图 11.7 所示。单击"新工作目录"文本框右侧的"选取"按钮，找到文件要保存到的文件夹，然后单击"确定"按钮 确定 ，完成操作。

2. 打开模型

单击工具栏中的"打开"按钮，弹出"打开数据库"对话框，打开 yuanwenjian→ch11→wenkongkaiguan 中的模型，如图 11.8 所示。单击"确定"按钮 确定(O) ，打开模型，该模型由绝缘子、铜导体和热敏导体 3 部分组成，如图 11.9 所示。

图 11.7　"设置工作目录"对话框

图 11.8　"打开数据库"对话框

绝缘子

铜导体

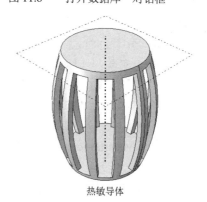

热敏导体

图 11.9　温控开关模型

3. 创建表面

（1）创建绝缘子下表面。在环境栏中的"部件"下拉菜单中选择 jueyuanzi。执行"工具"→"表面"→"创建"菜单命令，弹出"创建表面"对话框，在"名称"文本框中输入 jue-xiabiaomian，如图 11.10 所示。单击"继续"按钮 继续... ，选择绝缘子的下表面，如图 11.11 所示。然后单击提示区的"完成"按钮 完成 ，创建绝缘子下表面；同理，创建绝缘子的上表面，设置名称为 jue-shangbiaomian。

（2）创建铜导体下表面。在环境栏中的"部件"下拉菜单中选择 tongdaoti。执行"工具"→"表面"→"创建"菜单命令，弹出"创建表面"对话框，在"名称"文本框中输入 tong-xiabiaomian。单击"继续"按钮 继续... ，选择铜导体的底面，然后单击提示区的"完成"按钮 完成 ，创建铜导体下表面；同理，创建铜导体的上表面，设置名称为 tong-shangbiaomian。

（3）创建热敏导体底部上表面。在环境栏中的"部件"下拉菜单中选择 remindaoti。执行"工具"→"表面"→"创建"菜单命令，弹出"创建表面"对话框，在"名称"文本框中输入 re-shangbiaomian。单击"继续"按钮 继续... ，选择热敏导体底部上表面，如图 11.12 所示。然后单击提示区的"完成"按钮 完成 ，创建热敏导体底部上表面；同理，创建热敏导体的顶部下表面，设置名称为 re-xiabiaomian。

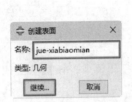

选择下表面

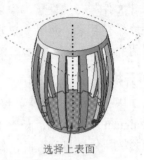

选择上表面

图 11.10　"创建表面"对话框　　图 11.11　选择下表面　　图 11.12　选择上表面

扫一扫，看视频

11.4.2　定义属性及指派截面

1. 创建材料

在环境栏中的"模块"下拉列表中选择"属性"，进入"属性"模块。

（1）创建绝缘子材料。单击工具区中的"创建材料"按钮 σ_ε，弹出"编辑材料"对话框，在"名称"文本框中输入 Material-jueyuanzi，在"材料行为"选项组中依次选择"通用"→"密度"。此时，在下方出现的数据表中设置"质量密度"为 3.25e-9，如图 11.13 所示。在"材料行为"选项组中依次选择"力学"→"弹性"→"弹性"。此时，在下方出现的数据表中依次设置"杨氏模量"为 300000，"泊松比"为 0.26，如图 11.14 所示。其余参数保持不变，继续在"材料行为"选项组中依次选择"力学"→"膨胀"。此时，在下方出现的数据表中设置 Expansion Coeff（膨胀系数）为 2e-05，如图 11.15 所示。其余参数保持不变，单击"确定"按钮 确定 ，完成绝缘子材料的创建。

（2）创建铜导体材料。单击工具区中的"创建材料"按钮 σ_ε，弹出"编辑材料"对话框，在"名称"文本框中输入 Material-tongdaoti，在"材料行为"选项组中依次选择"通用"→"密度"。此时，在下方出现的数据表中设置"质量密度"为 8.3e-9。在"材料行为"选项组中依次选择"力学"→"弹性"→"弹性"。此时，在下方出现的数据表中依次设置"杨氏模量"为 110000，"泊松比"为 0.34，其余参数保持不变，继续在"材料行为"选项组中依次选择"力学"→"膨胀"。此时，在下方出现的数据表中设置 Expansion Coeff（膨胀系数）为 1.7e-5，其余参数保持不变，单击"确定"按钮 确定 ，完成铜导体材料的创建。

（3）创建热敏导体材料。单击工具区中的"创建材料"按钮 σ_ε，弹出"编辑材料"对话框，在"名称"文本框中输入 Material-remindaoti，在"材料行为"选项组中依次选择"通用"→"密度"。此时，在下方出现的数据表中设置"质量密度"为 5.6e-9。在"材料行为"选项组中依次选择"力学"→"弹性"→"弹性"。此时，在下方出现的数据表中依次设置"杨氏模量"为 150000，"泊松比"为 0.37。其余参数保持不变，继续在"材料行为"选项组中依次选择"力学"→"膨胀"。此时，在"膨胀"栏中勾选"使用与温度相关的数据"复选框，在下方出现的数据表的第一行设置 Expansion Coeff（膨胀系数）为 2e-05，"温度"为 0；在第二行设置 Expansion Coeff（膨胀系数）为 6.5e-05，"温度"为 380，其余参数保持不变，单击"确定"按钮 确定 ，完成热敏导体材料的创建。

图 11.13 设置密度

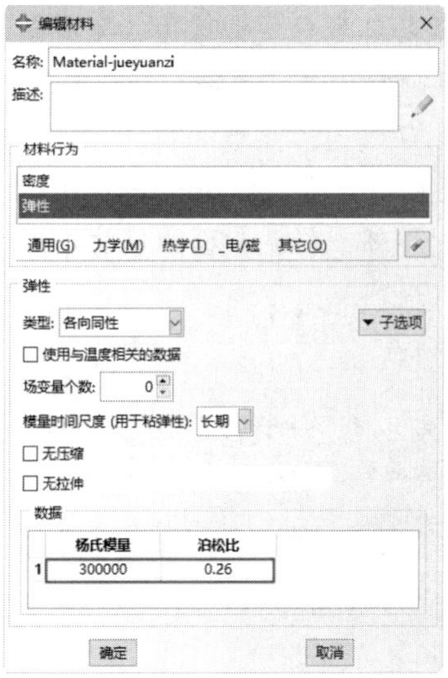

图 11.14 设置弹性

图 11.15 设置膨胀

2. 创建截面

单击工具区中的"创建截面"按钮 ，弹出"创建截面"对话框，在"名称"文本框中输入 Section-jueyuanzi，设置"类别"为"实体"，"类型"为"均质"，如图 11.16 所示。其余参数保持不变，单击"继续"按钮 继续... ，弹出"编辑截面"对话框，设置"材料"为 Material-jueyuanzi，其余为默认设置，如图 11.17 所示。单击"确定"按钮 确定 ，完成截面的创建。同理，创建铜导体截面和热敏导体截面。

3. 指派截面

（1）指派绝缘子截面。在环境栏中的"部件"下拉菜单中选择 jueyuanzi。单击工具区中的"指派截面"按钮 ，在提示区取消勾选"创建集合"复选框，在视口区选择绝缘子实体，然后在提示区单击"完成"按钮 完成 ，弹出"编辑截面指派"对话框，设置截面为 Section-jueyuanzi，如图 11.18 所示。单击"确定"按钮 确定 ，将创建的 Section-jueyuanzi 截面指派给绝缘子，指派截面的绝缘子颜色变为绿色，完成截面的指派。

图 11.16 "创建截面"对话框

图 11.17 "编辑截面"对话框

图 11.18 "编辑截面指派"对话框

（2）指派铜导体截面。在环境栏中的"部件"下拉菜单中选择 tongdaoti。单击工具区中的"指派截面"按钮 ，根据提示在视口区选择铜导体实体，然后在提示区单击"完成"按钮 完成 ，弹出"编辑截面指派"对话框，设置截面为 Section-tongdaoti，单击"确定"按钮 确定 ，将创建的 Section-tongdaoti 截面指派给铜导体，指派截面的铜导体颜色变为绿色，完成截面的指派。

（3）指派热敏导体截面。在环境栏中的"部件"下拉菜单中选择 remindaoti。单击工具区中的"指派截面"按钮 ，根据提示在视口区选择热敏导体实体，然后在提示区单击"完成"按钮 完成 ，弹出"编辑截面指派"对话框，设置截面为 Section-remindaoti，单击"确定"按钮 确定 ，将创建的 Section-remindaoti 截面指派给热敏导体，指派截面的热敏导体颜色变为绿色，完成截面的指派。

11.4.3　创建装配件

在环境栏中的"模块"下拉列表中选择"装配"，进入"装配"模块。单击工具区中的 Create Instance（创建实例）按钮 ，弹出"创建实例"对话框，如图 11.19 所示。在"部件"列表框中选择所有部件，单击"确定"按钮 确定 ，将绝缘子、铜导体和热敏导体装配在一起，结果如图 11.20 所示。

图 11.19　"创建实例"对话框

图 11.20　创建装配件

扫一扫，看视频

11.4.4　创建分析步和场输出

1. 创建分析步

在环境栏中的"模块"下拉列表中选择"分析步"，进入"分析步"模块。单击工具区中的"创建分析步"按钮 ，弹出"创建分析步"对话框，在"名称"文本框中输入 Step-1，设置"程序类型"为"通用"，并在下方的列表中选择"静力，通用"，如图 11.21 所示。单击"继续"按钮 继续... ，弹出"编辑分析步"对话框，在"基本信息"选项卡中设置"时间长度"为 5，如图 11.22 所示。单击"增量"选项卡，设置"最大增量步数"为 1000，"初始"增量步为 0.01，"最小"增量步为 5E-05，"最大"增量步为 0.1，如图 11.23 所示。其余采用默认设置，单击"确定"按钮 确定 ，完成分析步的创建。

2. 创建场输出

单击工具区中的"场输出管理器"按钮 ，弹出"场输出请求管理器"对话框，如图 11.24 所示。这里已经创建了一个默认的场输出，单击"编辑"按钮 编辑... ，弹出"编辑场输出请求"对话框，在"输出变量"列表中选择"应力"→"MISES，Mises 等效应力"，"位移/速度/加速度"→"U，平移和转动"和"热学"→"NT，结点温度"选项，如图 11.25 所示。单击"确定"按钮 确定 ，返回"场输出请求管理器"对话框，单击"关闭"按钮 关闭 ，关闭该对话框，完成场输出的创建。

图 11.21　"创建分析步"对话框

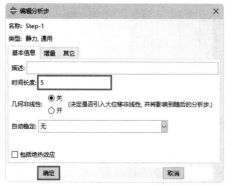

图 11.22　"基本信息"选项卡设置

图 11.23　"增量"选项卡设置

图 11.24　"场输出请求管理器"对话框

图 11.25　"编辑场输出请求"对话框

11.4.5　定义相互作用

1. 创建约束

在环境栏中的"模块"下拉列表中选择"相互作用",进入"相互作用"模块,创建热敏导体与绝缘子的绑定约束。单击工具区中的"创建约束"按钮,弹出"创建约束"对话框,在"名称"文本框中 Constraint-bangding1,设置"类型"为"绑定",如图 11.26 所示。单击"继续"按钮 继续…,在提示区单击"表面"按钮 表面,弹出"区域选择"对话框,在列表中选择 jueyuanzi-1.jue-xiabiaomian,如图 11.27 所示。单击"继续"按钮 继续…,然后在提示区单击"表面"按钮 表面,再次弹出"区域选择"对话框,在列表中选择 remindaoti-1.re-shangbiaomian,单击"继续"按钮 继续…,弹出"编辑约束"

对话框，采用默认设置，如图11.28所示。单击"确定"按钮 确定 ，创建热敏导体与绝缘子的绑定约束。同理，创建铜导体与绝缘子的绑定约束。

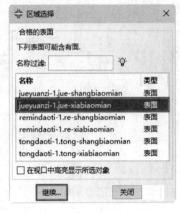

图11.26　"创建约束"对话框　　　图11.27　"区域选择"对话框　　　图11.28　"编辑约束"对话框

2. 创建相互作用属性

单击工具区中的"创建相互作用属性"按钮，弹出"创建相互作用属性"对话框，在"名称"文本框中输入 IntProp-jiechu，设置"类型"为"接触"，如图11.29所示。单击"继续"按钮 继续... ，弹出"编辑接触属性"对话框，单击"力学"下拉列表中的"切向行为"，设置"摩擦公式"为"无摩擦"，如图11.30所示；单击"力学"下拉列表中的"法向行为"，设置"压力过盈"为"'硬'接触"，如图11.31所示。单击"确定"按钮 确定 ，关闭该对话框。

图11.29　"创建相互作用属　　　图11.30　设置切向行为　　　图11.31　设置法向行为
性"对话框

3. 创建相互作用

单击工具区中的"创建相互作用"按钮，弹出"创建相互作用"对话框，在"名称"文本框中输入 Int-jiechu，设置"分析步"为 Initial，选择"可用于所选分析步的类型"为"表面与表面接触（Standard）"，如图11.32所示。单击"继续"按钮 继续... ，弹出"区域选择"对话框，在列表中选择 tongdaoti-1.tong-shangbiaomian。单击"继续"按钮 继续... ，然后继续在提示区单击"表面"按钮 表面 ，再次弹出"区域选择"对话框,在列表中选择 remindaoti-1.re-xiabiaomian,单击"继续"按钮 继续... ,弹出"编辑相互作用"对话框,在"接触作用属性"列表中选择 InProp-jiechu,其余采用默认设置,如图 11.33 所示。单击"确定"按钮 确定 ,创建相互作用。

图 11.32　"创建相互作用"对话框

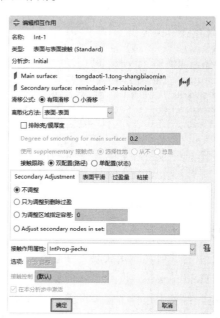

图 11.33　"编辑相互作用"对话框

扫一扫,看视频

11.4.6　定义载荷和边界条件

1. 创建固定边界条件

在环境栏中的"模块"下拉列表中选择"载荷",进入"载荷"模块。单击工具区中的"创建边界条件"按钮 ,弹出"创建边界条件"对话框,在"名称"文本框中输入 BC-guding,设置"分析步"为 Initial,"类别"为"力学",并在右侧的"可用于所选分析步的类型"列表中选择"对称/反对称/完全固定",如图 11.34 所示。单击"继续"按钮 继续... ,根据提示在视口区选择热敏导体的底面,如图 11.35 所示。单击提示区的"完成"按钮 完成 ,弹出"编辑边界条件"对话框,勾选"完全固定 (U1=U2=U3=UR1=UR2=UR3=0)"单选按钮,如图 11.36 所示。单击"确定"按钮 确定 ,完成固定边界条件的创建,结果如图 11.37 所示。

图 11.34　"创建边界条件"对话框

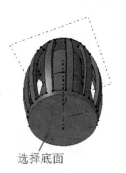

选择底面

图 11.35　选择底面

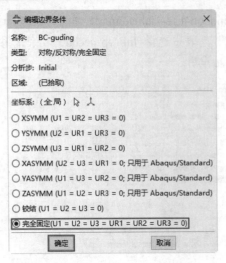

图 11.36 "编辑边界条件"对话框

图 11.37 固定底面

2. 创建预定义场

单击工具区中的"创建预定义场"按钮，弹出"创建预定义场"对话框，在"名称"文本框中输入 Predefined Field-wendu，设置"分析步"为 Initial，"类别"为"其他"，并在右侧的"可用于所选分析步的类型"列表中选择"温度"选项，如图 11.38 所示。单击"继续"按钮 继续...，根据提示在视口区选择所有实体模型，如图 11.39 所示。单击提示区的"完成"按钮 完成，弹出"编辑预定义场"对话框，设置"分布"为"直接说明"，"大小"为 20，如图 11.40 所示。单击"确定"按钮 确定，完成预定义场的创建。

图 11.38 "创建预定义场"对话框

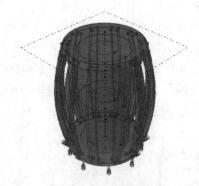

图 11.39 选择所有实体

图 11.40 "编辑预定义场"对话框

3. 编辑温度载荷

单击工具区中的"预定义场管理器"按钮，弹出"预定义场管理器"对话框，如图 11.41 所示。单击 Step-1 中的"传递"选项，单击"编辑"按钮 编辑...，再次弹出"编辑预定义场"对话框，设置"状态"为"已修改"，"大小"为 280，如图 11.42 所示。单击"确定"按钮 确定，编辑温度载荷，返回"预定义场管理器"对话框，此时 Step-1 下面的选项改为"已修改"。单击"关闭"按钮 关闭，关闭对话框。

图 11.41 "预定义场管理器"对话框

图 11.42 "编辑预定义场"对话框

11.4.7 划分网格

1. 划分绝缘子网格

在环境栏中的"模块"下拉列表中选择"网格",进入"网格"模块,设置"对象"为"部件"并在"部件"下拉列表中选择 jueyuanzi。

(1)指派网格控制属性。单击工具区中的"指派网格控制属性"按钮,弹出"网格控制属性"对话框,设置"单元形状"为"六面体","算法"为"中性轴算法",其余为默认设置,如图 11.43 所示。单击"确定"按钮 确定 ,关闭对话框。

(2)布种。单击工具区中的"种子部件"按钮,弹出"全局种子"对话框,设置"近似全局尺寸"为 0.5,如图 11.44 所示。单击"确定"按钮 确定 ,关闭对话框。

(3)划分网格。单击工具区中的"指为部件划分网格"按钮,然后单击提示区中的"是"按钮,完成绝缘子网格的划分,结果如图 11.45 所示。

图 11.43 "网格控制属性"对话框

图 11.44 "全局种子"对话框

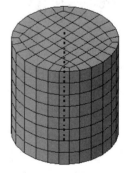

图 11.45 划分绝缘子网格

2. 划分铜导体网格

在环境栏中在"部件"下拉列表中选择 tongdaoti。

(1)指派网格控制属性。单击工具区中的"指派网格控制属性"按钮,弹出"网格控制属性"对话框,设置"单元形状"为"六面体","算法"为"中性轴算法",其余为默认设置。单击"确定"按钮 确定 ,关闭对话框。

（2）单击工具区中的"种子部件"按钮 ，弹出"全局种子"对话框，设置"近似全局尺寸"为0.5。单击"确定"按钮 确定 ，关闭对话框。

（3）划分网格。单击工具区中的"为部件划分网格"按钮 ，然后单击提示区中的"是"按钮 是 ，完成铜导体网格的划分，结果如图 11.46 所示。

3. 划分热敏导体网格

在环境栏中在"部件"下拉列表中选择 remindaoti。

（1）拆分热敏导体。单击工具区中的"延伸面拆分几何元素"按钮 ，根据提示选择图 11.47 中的面 1，单击提示区的"创建分区"按钮 创建分区 ，拆分热敏导体；然后选择热敏导体上部模型，单击提示区的"完成"按钮 完成 ，再根据提示选择图 11.48 所示的面 2，单击提示区的"创建分区"按钮 创建分区 ，再次拆分热敏导体。单击提示区的"完成"按钮 完成 ，再次拆分热敏导体。

（2）指派网格控制属性。单击工具区中的"指派网格控制属性"按钮 ，根据提示在视口区框选所有热敏导体模型，单击提示区的"完成"按钮 完成 ，弹出"网格控制属性"对话框，设置"单元形状"为"六面体"，其余为默认设置。单击"确定"按钮 确定 ，关闭对话框。

（3）单击工具区中的"种子部件"按钮 ，弹出"全局种子"对话框，设置"近似全局尺寸"为0.5。单击"确定"按钮 确定 ，关闭对话框。

（4）划分网格。单击工具区中的"为部件划分网格"按钮 ，然后单击提示区中的"是"按钮 是 ，完成热敏导体网格的划分，结果如图 11.49 所示。

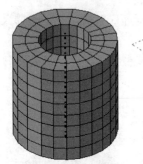  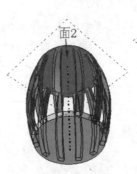 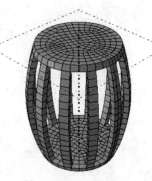

图 11.46　划分铜导体网格　　图 11.47　选择面 1　　图 11.48　选择面 2　　图 11.49　划分热敏导体网格

11.4.8　提交作业

1. 创建作业

在环境栏中的"模块"下拉列表中选择"作业"，进入"作业"模块。单击工具区中的"创建作业"按钮 ，弹出"创建作业"对话框，在"名称"文本框中输入 Job-wenkongkaiguan，其余为默认设置，如图 11.50 所示。单击"继续"按钮 继续... ，弹出"编辑作业"对话框，采用默认设置，如图 11.51 所示。单击"确定"按钮 确定 ，关闭该对话框。

2. 提交作业

单击工具区中的"作业管理器"按钮 ，弹出"作业管理器"对话框，如图 11.52 所示。选择创建的 Job-wenkongkaiguan 作业，单击"提交"按钮 提交 ，进行作业分析。单击"监控"按钮 监控... ，弹出"Job-wenkongkaiguan 监控器"对话框，可以查看分析过程，如图 11.53 所示。当"日志"选项卡中显示"已完成"时，表示分析完成。单击"关闭"按钮 关闭 ，关闭"Job-wenkongkaiguan 监控器"对话框，返回"作业管理器"对话框。

图 11.50　"创建作业"对话框　　　　　　　　图 11.51　"编辑作业"对话框

图 11.52　"作业管理器"对话框　　　　　　图 11.53　"Job-wenkongkaiguan 监控器"对话框

11.4.9　可视化后处理

1. 进入"可视化"模块

单击"作业管理器"对话框中的"结果"按钮 结果 ，系统自动切换到"可视化"模块。

2. 通用设置

单击工具区中的"通用选项"按钮，弹出"通用绘图选项"对话框，设置"渲染风格"为"阴影"，"可见边"为"特征边"，如图 11.54 所示。单击"确定"按钮 确定 ，此时模型如图 11.55 所示。

扫一扫，看视频

图 11.54　"通用绘图选项"对话框

图 11.55　阴影模式的模型

3. 查看变形图

单击工具区中的"绘制变形图"按钮，可以查看模型的变形图，单击环境栏后面的"最后一个"按钮，查看最后一帧的变形图，如图 11.56 所示，可以看出此时温控开关断开。

4. 查看应力云图

单击工具区中的"在变形图上绘制云图"按钮，可以查看模型的变形云图。执行"结果"→"场输出"菜单命令，弹出"场输出"对话框，可以查看不同变量的场输出，如图 11.57 所示。在"输出变量"列表中选择 S，单击"应用"按钮，查看等效应力云图，最后一帧等效应力云图如图 11.58 所示。

图 11.56　最后一帧变形图

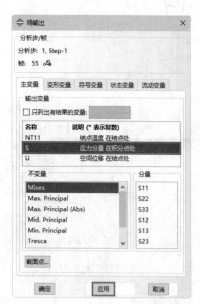

图 11.57　"分析步/帧"对话框

5. 查看位移云图

在"场输出"对话框中的"输出变量"列表中选择 U，单击"确定"按钮，查看位移云图，最后一帧位移云图如图 11.59 所示。

6. 查看温度云图

如图 11.57 所示，在"输出变量"列表中选择 NT11 选项，单击"应用"按钮，查看温度云图；

然后单击环境栏后面的"第一个"按钮▶▶▶，查看第一帧变形图，单击"下一个"按钮▶，查看不同帧下的温度云图，在 20 帧时可以看到此时热敏导体与铜导体分离，此时温度为 2.013e+02℃，如图 11.60 所示，此时可以看出温控开关断开。

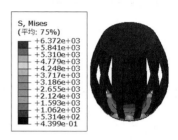

图 11.58 最后一帧等效应力云图

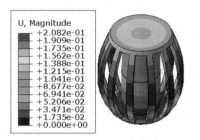

图 11.59 最后一帧位移云图

7. 查看动画

单击工具区中的"在变形图上绘制云图"按钮，在"输出变量"列表中选择 U，单击"确定"按钮 确定，查看位移云图。单击"动画：时间历程"按钮，查看位移云图的时间历程动画。单击"动画选项"按钮，弹出"动画选项"对话框，如图 11.61 所示。设置"模式"为"循环"，然后拖动"帧频率"滑块到中间位置，单击"确定"按钮 确定，减慢动画的播放，可以更好地观察动画的播放。

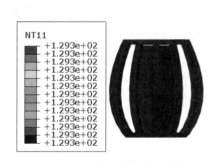

图 11.60 第 20 帧温度云图

图 11.61 "动画选项"对话框

11.5 实例——散热器热传递分析

图 11.62 所示为一个计算机散热器模型，主要给计算机的 CPU 进行散热，本实例利用该模型进行瞬态热传递的分析。散热器的材料参数见表 11.2。

图 11.62 散热器

表 11.2　散热器材料参数

材料名称	密度/(t/mm³)	杨氏模量/MPa	泊松比	传导率/(W/mm.℃)
铝	2.77e-9	71000	0.33	0.24

扫一扫，看视频

11.5.1　创建模型

1. 设置工作目录

执行"文件"→"设置工作目录"菜单命令，弹出"设置工作目录"对话框，选择 Abaqus/CAE 所有文件的保存目录，如图 11.63 所示。单击"新工作目录"文本框右侧的"选取"按钮 ，找到文件要保存到的文件夹，然后单击"确定"按钮 确定 ，完成操作。

2. 打开模型

单击工具栏中的"打开"按钮 ，弹出"打开数据库"对话框，打开 yuanwenjian→ch11→sanreqi.cae 中的模型，如图 11.64 所示。单击"确定"按钮 确定(O) ，打开模型，如图 11.65 所示。

图 11.63　"设置工作目录"对话框　　图 11.64　"打开数据库"对话框

图 11.65　散热器模型

扫一扫，看视频

11.5.2　定义属性及指派截面

1. 创建材料

在环境栏中的"模块"下拉列表中选择"属性"，进入"属性"模块。单击工具区中的"创建材料"按钮 ，弹出"编辑材料"对话框，在"名称"文本框中输入 Material-lv，在"材料行为"选项组中依次选择"通用"→"密度"。此时，在下方出现的数据表中设置"质量密度"为 2.77E-09，如图 11.66 所示。在"材料行为"选项组中依次选择"力学"→"弹性"→"弹性"。此时，在下方出现的数据表中依次设置"杨氏模量"为 71000，"泊松比"为 0.33，如图 11.67 所示。其余参数保持不变，继续在"材料行为"选项组中依次选择"热学"→"传导率"。此时，在下方出现的数据表中依次设置"传导率"为 0.24，如图 11.68 所示。再次在"材料行为"选项组中依次选择"热学"→"比热"，在下方出现的数据表中依次设置"比热"为 880000，如图 11.69 所示。其余参数保持不变，单击"确定"按钮 确定 ，完成材料的创建。

2. 创建截面

单击工具区中的"创建截面"按钮 ，弹出"创建截面"对话框，在"名称"文本框中输入 Section-lv，设置"类别"为"实体"，"类型"为"均质"，如图 11.70 所示。其余参数保持不变，单击"继续"按钮 继续... ，弹出"编辑截面"对话框，采用默认设置，如图 11.71 所示。单击"确定"按钮 确定 ，完成铝材料截面的创建。

图 11.66　设置密度

图 11.67　设置弹性　　　　　图 11.68　设置传导率

图 11.69　设置比热

图 11.70　"创建截面"对话框

图 11.71　"编辑截面"对话框

3. 指派截面

单击工具区中的"指派截面"按钮 ，在提示区取消勾选"创建集合"复选框，然后在视口区选择散热器实体，然后在提示区单击"完成"按钮 完成，弹出"编辑截面指派"对话框，设置截面为 Section-lv，如图 11.72 所示。单击"确定"按钮 确定，将创建的 Section-lv 截面指派给散热器，指派截面的散热器颜色变为绿色，完成截面的指派。

11.5.3　创建装配件

在环境栏中的"模块"下拉列表中选择"装配"，进入"装配"模块。单击工具区中的 Create Instance（创建实例）按钮 ，弹出"创建实例"对

图 11.72　"编辑截面指派"对
话框

话框，如图 11.73 所示。采用默认设置，单击"确定"按钮 确定 ，创建装配件，结果如图 11.74 所示。

图 11.73　"创建实例"对话框　　　　　　　图 11.74　创建装配件

扫一扫，看视频

11.5.4　创建分析步

在环境栏中的"模块"下拉列表中选择"分析步"，进入"分析步"模块。单击工具区中的"创建分析步"按钮 ，弹出"创建分析步"对话框，在"名称"文本框中输入 Step-1，设置"程序类型"为"通用"，并在下方的列表中选择"热传递"，如图 11.75 所示。单击"继续"按钮 继续... ，弹出"编辑分析步"对话框，在"基本信息"选项卡中设置"时间长度"为 15，如图 11.76 所示。单击"增量"选项卡，设置"最大增量步数"为 1000，"初始"增量步为 0.01，"最小"增量步为 1e-5，"最大"增量步为 0.1，设置"每载荷步允许的最大温度改变值"为 10，如图 11.77 所示。其余采用默认设置，单击"确定"按钮 确定 ，完成分析步的创建。

图 11.75　"创建分析步"对话框　　图 11.76　设置"基本信息"选项卡　　图 11.77　设置"增量"选项卡

11.5.5　定义边界条件

1. 创建预定义场

在环境栏中的"模块"下拉列表中选择"载荷"，进入"载荷"模块。单击工具区中的"创建预定义场"按钮 ，弹出"创建预定义场"对话框，在"名称"文本框中输入 Predefined Field-chushiwendu，设置"分析步"为 Initial，"类别"为"其他"，并在右侧的"可用于所选分析步的类型"列表中选择"温度"选项，如图 11.78 所示。单击"继续"按钮 继续... ，然后根据提示在视口区选择所有实体模型，如图 11.79 所示。单击提示区的"完成"按钮 完成，弹出"编辑预定义场"对话框，设置"分布"为"直接说明"，"大小"为 20，如图 11.80 所示。单击"确定"按钮 确定，完成预定义场的创建。

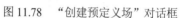

图 11.78　"创建预定义场"对话框

图 11.79　选择所有实体模型

图 11.80　"编辑预定义场"对话框

2. 创建温度边界条件

单击工具区中的"创建边界条件"按钮 ，弹出"创建边界条件"对话框，在"名称"文本框中输入 BC-gongzuowendu，设置"分析步"为 Step-1，"类别"为"其他"，并在右侧的"可用于所选分析步的类型"列表中选择"温度"，如图 11.81 所示。单击"继续"按钮 继续...，根据提示在视口区选择散热器的内圆环面，如图 11.82 所示。单击提示区的"完成"按钮 完成，弹出"编辑边界条件"对话框，在"分布"下拉列表中选择"一致"，在"大小"文本框中输入 90，如图 11.83 所示。单击"确定"按钮 确定，完成温度边界条件的创建。

图 11.81　"创建边界条件"对话框

图 11.82　选择内圆环面

图 11.83　"编辑边界条件"

11.5.6　划分网格

在环境栏中的"模块"下拉列表中选择"网格"，进入"网格"模块，然后设置"对象"为"部件"。

（1）指派网格控制属性。单击工具区中的"指派网格控制属性"按钮 ，弹出"网格控制属性"对话框，设置"单元形状"为"六面体"，"算法"为"中性轴算法"，其余为默认设置，如图 11.84 所示。单击"确定"按钮 确定，关闭对话框。

（2）布种。单击工具区中的"种子部件"按钮 ，弹出"全局种子"对话框，如图 11.85 所示。设置"近似全局尺寸"为 2，单击"确定"按钮 确定，关闭对话框。

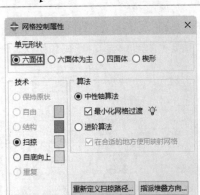

图11.84 "网格控制属性"对话框

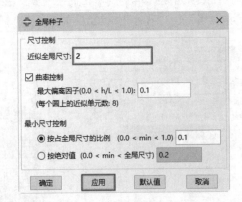

图11.85 "全局种子"对话框

（3）指派单元类型。单击工具区中的"指派单元类型"按钮，弹出"单元类型"对话框，设置"单元库"为Standard，"族"为"热传递"，如图11.86所示。单击"确定"按钮，关闭对话框。

（4）划分网格。单击工具区中的"为部件划分网格"按钮，然后单击提示区中的"是"按钮，完成散热器网格的划分，结果如图11.87所示。

图11.86 "单元类型"对话框

图11.87 划分散热器网格

11.5.7 提交作业

1. 创建作业

在环境栏中的"模块"下拉列表中选择"作业"，进入"作业"模块。单击工具区中的"创建作业"按钮，弹出"创建作业"对话框，在"名称"文本框中输入Job-sanreqi，其余为默认设置，如图11.88所示。单击"继续"按钮，弹出"编辑作业"对话框，采用默认设置，如图11.89所示。单击"确定"按钮，关闭该对话框。

2. 提交作业

单击工具区中的"作业管理器"按钮，弹出"作业管理器"对话框，如图11.90所示。选择创建的 Job-sanreqi 作业，单击"提交"按钮 <u>提交</u>，系统弹出一个提示对话框，显示"以下分析步中未要求历程输出：Step-1"，如图 11.91 所示。由于该分析中主要查看传热过程，对历程输出不作要求，因此可忽略该提示。单击"是"按钮 <u>是</u>，继续提交作业，进行作业分析，然后单击"监控"按钮 <u>监控...</u>，弹出"Job-sanreqi 监控器"对话框，可以查看分析过程，如图 11.92 所示。当"日志"选项卡中显示"已完成"时，表示分析完成。单击"关闭"按钮 <u>关闭</u>，关闭"Job-gaojiaobei 监控器"对话框，返回"作业管理器"对话框。

图 11.88 "创建作业"
对话框

图 11.89 "编辑作业"对话框

图 11.90 "作业管理器"对话框

图 11.91 Abaqus/CAE 提示对话框

图 11.92 "Job-sanreqi 监控器"对话框

11.5.8 可视化后处理

1. 进入"可视化"模块

单击"作业管理器"对话框中的"结果"按钮 <u>结果</u>，系统自动切换到"可视化"模块。

扫一扫，看视频

2. 通用设置

单击工具区中的"通用选项"按钮，弹出"通用绘图选项"对话框，设置"渲染风格"为"阴影"，"可见边"为"特征边"，如图 11.93 所示。单击"确定"按钮 确定，此时模型如图 11.94 所示。

图 11.93 "通用绘图选项"对话框

图 11.94 阴影模式的模型

3. 查看温度云图

单击工具区中的"在变形图上绘制云图"按钮，可以查看模型的云图。执行"结果"→"场输出"菜单命令，弹出"场输出"对话框，可以查看不同变量的场输出，如图 11.95 所示。在"输出变量"列表中选择 NT11，单击"应用"按钮 应用，查看结点温度云图，单击环境栏后面的"最后一个"按钮，查看最后一帧的结点温度云图。最后一帧结点温度云图如图 11.96 所示。

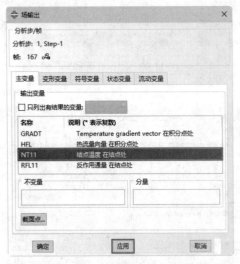

图 11.95 "场输出"对话框

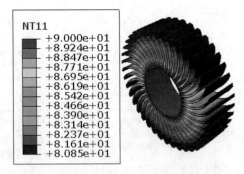

图 11.96 最后一帧结点温度云图

4. 查看热流量向量云图

在"场输出"对话框中选择 HFL，单击"应用"按钮 应用，查看热流量向量云图，最后一帧热流量向量云图如图 11.97 所示。

5. 查看热流量向量云符号图

单击工具区中的"在变形图上绘制符号"按钮，可以查看模型的热流量符号云图，最后一帧热流量向量符号图如图 11.98 所示。

6. 查看动画

单击工具区中的"在变形图上绘制云图"按钮，在"输出变量"列表中选择 NT11，单击"确定"按钮，查看应力云图。单击"动画：时间历程"按钮，查看结点温度云图的时间历程动画。单击"动画选项"按钮，弹出"动画选项"对话框，如图 11.99 所示。设置"模式"为"循环"，然后拖动"帧频率"滑块到中间位置，然后单击"确定"按钮，减慢动画的播放，可以更好地观察动画的播放。

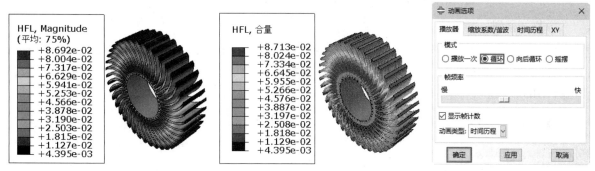

图 11.97　最后一帧热流量向量云图　　图 11.98　最后一帧热流量向量符号图　　图 11.99　"动画选项"对话框

11.6　实例——两物体相对滑动的摩擦生热

如图 11.100 所示，一个铜块在钢块上滑动，钢块固定，铜块上表面受到 1e8Pa 的压力，钢块和铜块间的摩擦系数为 0.3，滑动速度为 100m/s，计算时间为 0.0475s，计算钢块和铜块由于摩擦产生的温度场，以及钢块和铜块的应力分布。初始温度为 30℃，其他参数见表 11.3。

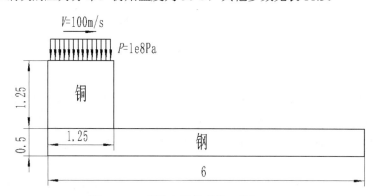

图 11.100　铜块和钢块摩擦（单位：m）

表 11.3　铜和钢材料参数

材料名称	密度/(kg/m³)	杨氏模量/MPa	泊松比	热膨胀系数	导热率/[W/(m·℃)]	比热容/[J/(kg·℃)]	温度/℃
铜	8900	1.03e11	0.3	1.75e-5	383	390	30
钢	7800	2.06e11	0.3	1.06e-5	66.6	460	30

注意：

此处采用国际米制单位。

11.6.1 创建模型

1. 设置工作目录

执行"文件"→"设置工作目录"菜单命令，弹出"设置工作目录"对话框，选择 Abaqus/CAE 所有文件的保存目录，如图 11.101 所示。单击"新工作目录"文本框右侧的"选取"按钮，找到文件要保存到的文件夹，然后单击"确定"按钮 确定，完成操作。

2. 打开模型

单击工具栏中的"打开"按钮，弹出"打开数据库"对话框，打开 yuanwenjian→ch11→moca 中的模型，如图 11.102 所示。单击"确定"按钮 确定(O)，打开模型，该模型由铜块和钢块两部分组成，如图 11.103 所示。

图 11.101　"设置工作目录"对话框

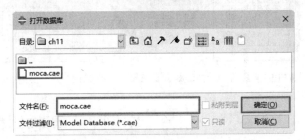
图 11.102　"打开数据库"对话框

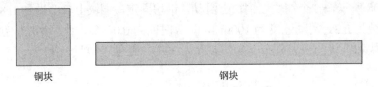
铜块　　　　　　　　　　钢块

图 11.103　铜块和钢块模型

3. 创建表面

（1）创建铜块下表面。在环境栏中的"部件"下拉菜单中选择 tongkuai。执行"工具"→"表面"→"创建"菜单命令，弹出"创建表面"对话框，在"名称"文本框中输入 Surf-xia，如图 11.104 所示。单击"继续"按钮 继续...，选择铜块的下表面，如图 11.105 所示，然后单击提示区的"完成"按钮 完成，创建铜块下表面。

（2）创建钢块上表面。在环境栏中的"部件"下拉菜单中选择 gangkuai。执行"工具"→"表面"→"创建"菜单命令，弹出"创建表面"对话框，在"名称"文本框中输入 Surf-shang。单击"继续"按钮 继续...，选择钢块的上表面，如图 11.106 所示。然后单击提示区的"完成"按钮 完成，创建钢块上表面。

图 11.104　"创建表面"对话框

选择下表面
图 11.105　选择铜块下表面

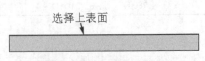
选择上表面
图 11.106　选择铜块上表面

11.6.2 定义属性及指派截面

1. 创建铜材料

在环境栏中的"模块"下拉列表中选择"属性"，进入"属性"模块，单击工具区中的"创建材料"按钮 $\mathcal{E}$，弹出"编辑材料"对话框，在"名称"文本框中输入 Material-tong。

（1）设置密度参数。在"材料行为"选项组中依次选择"通用"→"密度"选项。此时，在下方出现的数据表中设置"质量密度"为 8900，如图 11.107 所示。

（2）设置杨氏模量和泊松比。在"材料行为"选项组中依次选择"力学"→"弹性"→"弹性"。在下方出现的数据表中依次设置"杨氏模量"为 1.03e11，"泊松比"为 0.3，如图 11.108 所示，其余参数保持不变，如图 11.108 所示。

（3）设置热膨胀系数。在"材料行为"选项组中依次选择"力学"→"膨胀"。在下方出现的数据表中设置 Expansion Coeff（热膨胀系数）为 1.75e-5，如图 11.109 所示，其余参数保持不变。

图 11.107 设置密度　　图 11.108 设置弹性　　图 11.109 设置膨胀

（4）设置热传导率。在"材料行为"选项组中依次选择"热学"→"传导率"。在下方出现的数据表中设置"传导率"为 383，如图 11.110 所示，其余参数保持不变。

（5）设置比热。在"材料行为"选项组中依次选择"热学"→"比热"。在下方出现的数据表中设置"比热"为 390，如图 11.111 所示，其余参数保持不变。单击"确定"按钮，完成铜材料的定义。

2. 创建钢材料

按照上述方法创建钢材料。

3. 创建截面

单击工具区中的"创建截面"按钮，弹出"创建截面"对话框，在"名称"文本框中输入 Section-tong，设置"类别"为"实体"，"类型"为"均质"，如图 11.112 所示。其余参数保持不变，单击"继续"

按钮 继续... ，弹出"编辑截面"对话框，设置"材料"为 Material-tong，其余为默认设置，如图 11.113 所示。单击"确定"按钮 确定 ，完成截面的创建。同理，创建钢截面。

图 11.110　设置传导率

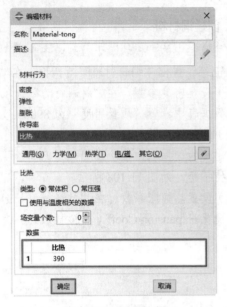

图 11.111　设置比热

图 11.112　"创建截面"对话框

图 11.113　"编辑截面"对话框

4. 指派截面

（1）指派铜块截面。在环境栏中的"部件"下拉菜单中选择 tongkuai。单击工具区中的"指派截面"按钮，在提示区取消勾选"创建集合"复选框，在视口区选择铜块实体，然后在提示区单击"完成"按钮 完成 ，弹出"编辑截面指派"对话框，设置截面为 Section-tong，如图 11.114 所示。单击"确定"按钮 确定 ，将创建的 Section-tong 截面并指派给铜块，指派截面的铜块颜色变为绿色，完成截面的指派。

（2）指派钢块截面。在环境栏中的"部件"下拉菜单中选择 gangkuai。单击工具区中的"指派截面"按钮，根据提示在视口区选择钢块实体，然后在提示区单击"完成"按钮 完成 ，弹出"编辑截面指派"对话框。设置截面为 Section-gang，单击"确定"按钮 确定 ，将创建的 Section-gang 截面指派给钢块，指派截面的钢块颜色变为绿色，完成截面的指派。

11.6.3　创建装配件

在环境栏中的"模块"下拉列表中选择"装配"，进入"装配"模块。单击工具区中的 Create Instance

（创建实例）按钮 ，弹出"创建实例"对话框，如图 11.115 所示。在"部件"列表框中选择所有部件，单击"确定"按钮 确定，将铜块和钢块装配在一起，结果如图 11.116 所示。

图 11.114　"编辑截面指派"对话框　　图 11.115　"创建实例"对话框　　　图 11.116　创建装配件

扫一扫，看视频

11.6.4　创建分析步

在环境栏中的"模块"下拉列表中选择"分析步"，进入"分析步"模块。单击工具区中的"创建分析步"按钮 ，弹出"创建分析步"对话框，在"名称"文本框中输入 Step-1，设置"程序类型"为"通用"，并在下方的列表中选择"动力，温度-位移，显式"，如图 11.117 所示。单击"继续"按钮 继续...，弹出"编辑分析步"对话框，在"基本信息"选项卡中设置"时间长度"为 0.0475，如图 11.118 所示。其余采用默认设置，单击"确定"按钮 确定，完成分析步的创建。

图 11.117　"创建分析步"对话框　　　　图 11.118　"编辑分析步"对话框

11.6.5　定义相互作用

1. 创建相互作用属性

在环境栏中的"模块"下拉列表中选择"相互作用"，进入"相互作用"模块。单击工具区中的"创建相互作用属性"按钮 ，弹出"创建相互作用属性"对话框，在"名称"文本框中输入 IntProp-jiechu，设置"类型"为"接触"，如图 11.119 所示。单击"继续"按钮 继续...，弹出"编辑接触属性"对话框，单击"力学"下拉列表中的"切向行为"，设置"摩擦公式"为"罚"，"摩擦系数"为0.3，如图 11.120 所示；单击"力学"下拉列表中的"法向行为"，设置"压力过盈"为"'硬'接触"，如图 11.121 所示；单击"热学"下拉列表中的"生热"，采用默认设置，如图 11.122 所示。单击"确定"按钮 确定 ，关闭该对话框。

图 11.119　"创建相互作用属性"对话框

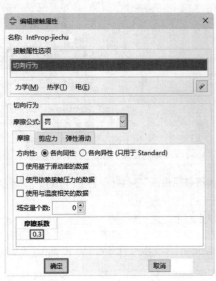

图 11.120　设置切向行为

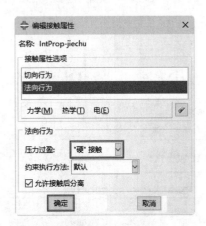

图 11.121　设置法向行为

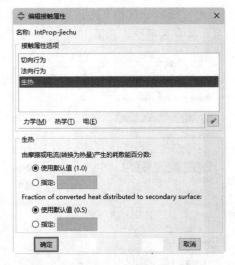

图 11.122　设置生热

2. 创建相互作用

单击工具区中的"创建相互作用"按钮 ，弹出"创建相互作用"对话框，在"名称"文本框中输入 Int-biaomianjiechu，设置"分析步"为 Initial，选择可用于所选分析步的类型为"表面与表面接触（Explicit）"，如图 11.123 所示。单击"继续"按钮 继续... ，在提示区取消勾选"创建表面"复选框，单击"表面"按钮 表面 ，弹出"区域选择"对话框，选择 tongkuai-1.Surf-xia，如图 11.124 所示。单击"继续"按钮 继续... ，在提示区单击"表面"按钮 表面 ，再次弹出"区域选择"对话框，选择 gangkuai-1.Surf-shang，单击"继续"按钮 继续... ，弹出"编辑相互作用"对话框，如图 11.125 所示。采用默认设置，单击"确定"按钮 确定 ，创建相互作用。

图 11.123　"创建相互作用"　　　图 11.124　"区域选择"对话框　　　图 11.125　"编辑相互作用"对话框
　　　　　对话框

11.6.6　定义载荷和边界条件

1. 创建固定边界条件

在环境栏中的"模块"下拉列表中选择"载荷"，进入"载荷"模块。单击工具区中的"创建边界条件"按钮，弹出"创建边界条件"对话框，在"名称"文本框中输入 BC-guding，设置"分析步"为 Initial，"类别"为"力学"，并在右侧的"可用于所选分析步的类型"列表中选择"对称/反对称/完全固定"，如图 11.126 所示。单击"继续"按钮，根据提示在视口区选择钢块的底面，如图 11.127 所示。单击提示区的"完成"按钮，弹出"编辑边界条件"对话框，勾选"完全固定(U1=U2=U3=UR1=UR2=UR3=0)"单选按钮，如图 11.128 所示。单击"确定"按钮，完成固定边界条件的创建。

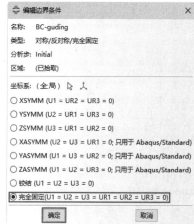

图 11.126　"创建边界条件"　　　图 11.127　选择底面　　　图 11.128　"编辑边界条件"完全固定
　　　　　对话框　　　　　　　　　　　　　　　　　　　　　　　　　对话框

2. 创建速度边界条件

单击工具区中的"创建边界条件"按钮，弹出"创建边界条件"对话框，在"名称"对话框中输入 BC-sudu，设置"分析步"为 Step-1，"类别"为"力学"，并在右侧的"可用于所选分析步的类型"列表中选择"速度/角速度"，如图 11.129 所示。单击"继续"按钮 继续...，根据提示在视口区选择铜块实体，如图 11.130 所示。单击提示区的"完成"按钮 完成，弹出"编辑边界条件"对话框，勾选 V1 复选框，并设置其值为 100，如图 11.131 所示。单击"确定"按钮 确定，完成速度边界条件的创建，结果如图 11.132 所示。

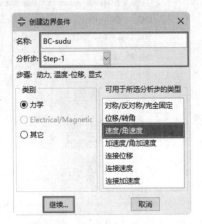

图 11.129 "创建边界条件"对话框

图 11.130 选择铜块实体

图 11.131 "编辑边界条件"速度对话框

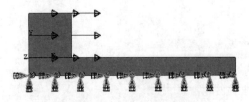

图 11.132 设置速度边界条件

3. 定义压力载荷

单击工具区中的"创建载荷"按钮，弹出"创建载荷"对话框，在"名称"文本框中输入 Load-yaqiang，设置"分析步"为 Step-1，"类别"为"力学"，并在右侧的"可用于所选分析步的类型"列表中选择"压强"，如图 11.133 所示。单击"继续"按钮 继续...，然后根据提示在视口区选择铜块上表面，如图 11.134 所示。单击提示区的"完成"按钮 完成，弹出"编辑载荷"对话框，设置"分布"为"一致"，"大小"为 1e8，如图 11.135 所示。单击"确定"按钮 确定，完成压力载荷的创建。

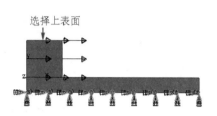
选择上表面

图 11.133　"创建载荷"对话框　　　图 11.134　选择铜块上表面　　　图 11.135　"编辑载荷"对话框

4. 定义初始温度

单击工具区中的"创建预定义场"按钮 ，弹出"创建预定义场"对话框，在"名称"文本框中输入 Predefined Field-chushiwendu，设置"分析步"为 Initial，"类别"为"其他"，并在右侧的"可用于所选分析步的类型"列表中选择"温度"，如图 11.136 所示。单击"继续"按钮 继续...，然后根据提示在视口区选择所有实体模型，单击提示区的"完成"按钮 完成，弹出"编辑预定义场"对话框，设置"分布"为"直接说明"，"大小"为 30，如图 11.137 所示。单击"确定"按钮 确定，完成初始温度的创建。

图 11.136　"创建预定义场"对话框　　　图 11.137　"编辑预定义场"对话框

11.6.7　划分网格

1. 划分铜块网格

在环境栏中的"模块"下拉列表中选择"网格"，进入"网格"模块。设置"对象"为"部件"，并在"部件"下拉列表中选择 tongkuai。

（1）布种。单击工具区中的"种子部件"按钮 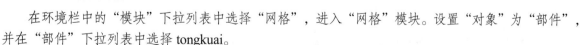，弹出"全局种子"对话框，如图 11.138 所示。设置"近似全局尺寸"为 0.1，单击"确定"按钮 确定，关闭对话框。

（2）划分网格。单击工具区中的"为部件划分网格"按钮 ，然后单击提示区中的"是"按钮 是，完成铜块网格的划分，结果如图11.139所示。

（3）指派单元类型。单击工具区中的"指派单元类型"按钮，弹出"单元类型"对话框，设置"单元库"为Explicit，"族"为"温度-位移耦合"，其余为默认设置，如图11.140所示。单击"确定"按钮 确定 ，关闭对话框。

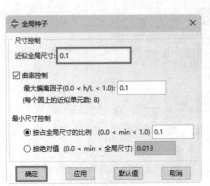

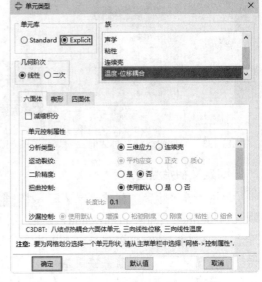

图11.138　"全局种子"对话框　　图11.139　划分铜块网格　　图11.140　"单元类型"对话框

2. 划分钢块网格

在环境栏的"部件"下拉列表中选择gangkuai。

（1）布种。单击工具区中的"种子部件"按钮 ，弹出"全局种子"对话框，设置"近似全局尺寸"为0.2。单击"确定"按钮 确定 ，关闭对话框。

（2）划分网格。单击工具区中的"为部件划分网格"按钮 ，然后单击提示区中的"是"按钮 是 ，完成钢块网格的划分，结果如图11.141所示。

图11.141　划分钢块网格

（3）指派单元类型。单击工具区中的"指派单元类型"按钮 ，弹出"单元类型"对话框，设置"单元库"为Explicit，"族"为"温度-位移耦合"，其余为默认设置。单击"确定"按钮 确定 ，关闭对话框。

11.6.8　提交作业

1. 创建作业

在环境栏中的"模块"下拉列表中选择"作业"，进入"作业"模块。单击工具区中的"创建作业"按钮 ，弹出"创建作业"对话框，在"名称"文本框中输入Job-mocashengre，其余为默认设置，如图11.142所示。单击"继续"按钮 继续… ，弹出"编辑作业"对话框，采用默认设置，如图11.143所示。单击"确定"按钮 确定 ，关闭该对话框。

图 11.143 "编辑作业"对话框

图 11.142 "创建作业"对话框

2. 提交作业

单击工具区中的"作业管理器"按钮 ，弹出"作业管理器"对话框，如图 11.144 所示。选择创建的 Job-mocashengre 作业，单击"提交"按钮 提交 ，进行作业分析。单击"监控"按钮 监控... ，弹出"Job-mocashengre 监控器"对话框，可以查看分析过程，如图 11.145 所示。当"日志"选项卡中显示"已完成"时，表示分析完成。单击"关闭"按钮 关闭 ，关闭"Job-mocashengre 监控器"对话框，返回"作业管理器"对话框。

图 11.144 "作业管理器"对话框

图 11.145 "Job-mocashengre 监控器"对话框

11.6.9 可视化后处理

1. 进入"可视化"模块

单击"作业管理器"对话框中的"结果"按钮 结果 ，系统自动切换到"可视化"模块。

2. 通用设置

单击工具区中的"通用选项"按钮，弹出"通用绘图选项"对话框，设置"渲染风格"为"阴影"，"可见边"为"特征边"，如图 11.146 所示。单击"确定"按钮 确定 ，此时模型如图 11.147 所示。

图 11.146　"通用绘图选项"对话框

图 11.147　阴影模式的模型

3. 查看应力云图

单击工具区中的"在变形图上绘制云图"按钮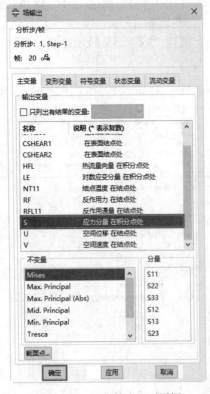，可以查看模型的各种云图。执行"结果"→"场输出"菜单命令，弹出"场输出"对话框，可以查看不同变量的场输出，如图 11.148 所示。在"输出变量"列表中选择 S，单击"应用"按钮 应用 ，查看等效应力云图，最后一帧等效应力云图如图 11.149 所示。

图 11.148　"场输出"对话框

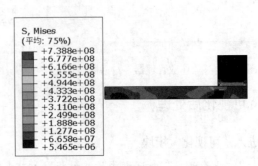

图 11.149　最后一帧等效应力云图

4. 查看结点温度云图

在"场输出"对话框中的"输出变量"列表中选择 NT11，单击"确定"按钮 确定，然后再单击"云图选项"按钮，弹出"云图绘制选项"对话框，选择"边界"选项卡，设置"最大"为"指定"，并设置值为 300，如图 11.150 所示。单击"确定"按钮 确定，查看结点温度云图。最后一帧结点温度云图如图 11.151 所示。

5. 查看动画

单击"动画：时间历程"按钮，查看位移云图的时间历程动画。单击"动画选项"按钮，弹出"动画选项"对话框，如图 11.152 所示。设置"模式"为"循环"，然后拖动"帧频率"滑块到中间位置，然后单击"确定"按钮 确定，减慢动画的播放，可以更好地观察动画的播放。

图 11.150　"云图绘制选项"对话框

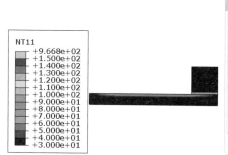

图 11.151　最后一帧结点温度云图

图 11.152　"动画选项"对话框

11.7　动手练一练

铁轨模型如图 11.153（a）所示。在夏天，铁轨很容易受环境温度的影响而发生变形。一般，当铁轨温度超过 45℃时，铁轨就可能发生形变，下面将对这一实例进行分析。假设铁轨的初始温度为 15℃，分析当温度升至 45℃时铁轨的受力状态，铁轨的膨胀系数为 1.18e-5。图 11.153（b）所示为建模尺寸图，铁轨长度为 130mm。其他参数见表 11.4。

（a）模型图

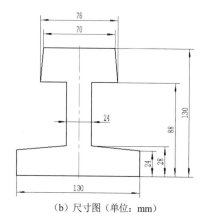

（b）尺寸图（单位：mm）

图 11.153　铁轨

表 11.4　铁轨材料参数

材料名称	密度/(t/mm³)	杨氏模量/MPa	泊松比	热膨胀系数
钢	7.85e-9	210000	0.3	1.18e-5

思路点拨：

（1）打开 yuanwenjian→ch11→lianyilian 文本中的 tiegui 模型。

（2）定义属性并指派截面。

（3）创建装配件。

（4）创建分析步：创建"通用"→"静力，通用"分析步。

（5）定义边界条件和载荷：固定铁轨底面，定义初始温度为15℃，修改分析步所在的温度值为45℃。

（6）划分网格：铁轨全局尺寸为8，六面体网格，指派单元类型为"二次"。

（7）创建并提交作业。

（8）可视化后处理。

第 12 章　用户子程序

内容简介

工程问题一般具有多样性的特点，而用户也通常具有不同的专业背景和学科方向，通用有限元分析软件难免在具体的专业领域有所欠缺。针对这些不足，Abaqus 提供了二次开发功能，即用户子程序接口（User Subroutines）和应用程序接口（Utility Routines），这使得用户解决一些问题时有很大的灵活性，同时大大地扩充了 Abaqus 的功能。

内容要点

- ➘ 用户子程序简介
- ➘ 使用用户子程序
- ➘ 用户子程序 VUMAT 接口详解
- ➘ Abaqus 用户子程序
- ➘ 实例——用户子程序 DLOAD 模拟压路机压路
- ➘ 实例——用户子程序 DFLUX 模拟双椭球热源焊接铝板
- ➘ 实例——用户子程序 VUMAT 模拟铜棒撞击

案例效果

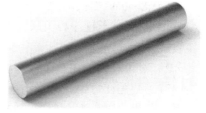

12.1　用户子程序简介

Abaqus 功能虽然强大，但 Abaqus 材料库中所提供的本构模型种类有限，依然无法满足实际工程中的应用。Abaqus 给用户提供了若干用户子程序接口，与命令行形式的程序格式相比，用户子程序的限制少得多，功能非常强大，更加灵活方便。用户可以定义材料特性、接触条件、边界条件和载荷条件等，以及利用用户子程序和其他应用软件进行数据的交换，这在很大程度上扩充了 Abaqus 的功能。例如，若要定义一个载荷条件是时间的函数，直接在 Abaqus/CAE 中是很难实现的，但利用 DLOAD 用户子程序就非常方便。

用户子程序具有以下功能和特点：Abaqus 的一些固有选项模型功能有限，用户子程序可以加强 Abaqus 中这些选项的功能；用户子程序可以以几种不同的方式包含在模型中；由于用户子程序没有存储在重启动文件中，可以在重新开始运行时修改它；在某些情况下可以利用 Abaqus 允许的已有程序；通常用户子程序是用 Fortran 语言编写的。

> 由于 Abaqus 用户子程序有自己的接口，通过编写 C、C++或 Fortran 代码，并且在进行分析时必须包含这些代码，因此单独的 Abaqus/CAE 软件不能调用 Abaqus 用户子程序，对于 Abaqus 2022，需要在计算机中预先安装 Microsoft Visual Studio 2019 和 Intel_Fortran_2020_update4 编译器，将 Abaqus 和这两个软件关联起来，否则在调用 Abaqus 用户子程序时会显示编译失败的错误信息。

12.2　使用用户子程序

Abaqus 的用户子程序是根据 Abaqus 自己提供的相关的接口，首先将这些接口复制到 Fortran 编译器中，在这些接口下按照 Fortran 语法定义所需要的参数变量，参照自己的模型，达到计算仿真的目的。这些编译好的 Fortran 代码不可以放在以 .FOR 为扩展名的文件中，在提交作业前读入这个 .FOR 文件，然后再提交作业，即可运行。

对于不同的定义，如定义材料特性、接触条件或边界条件等，都有自己独立的子程序接口，这些子程序之间不能够相互调用，因此在调用或编写用户子程序时，需要注意以下几点。

（1）用户子程序不能相互嵌套，任何子程序都不能调用其他用户子程序，但自己编写的 Fortran 子程序和 Abaqus 应用程序除外。

（2）用户编写的 Fortran 子程序，最好以 K 开头命名，以免和 Abaqus 内部的程序相冲突。

（3）Abaqus 应用程序必须由用户子程序调用。

（4）当在用户子程序中利用 OPEN 命令打开外部文件时，需要注意以下两点。

1）Abaqus 提供的用户子程序的接口参数，有些是 Abaqus 传到用户子程序中的，相当于将 Abaqus 和用户子程序相关联，不需要用户自定义；有些则需要用户自定义，如 F、V、S 等变量参数。

2）对于不同的用户子程序，Abaqus 调用的时间是不同的，有的是在每个分析步开始时调用的，有的则是在每个分析步结束时调用的，还有的是在每个增量步开始时调用。当 Abaqus 在调用用户子程序时，都会把当前的分析步和增量步利用用户子程序的两个实参 KSTEP 和 KINC 传给用户子程序。

12.3　用户子程序 VUMAT 接口详解

下面以用户子程序 VUMAT 为例对用户子程序进行详解。

12.3.1　用户子程序 VUMAT 接口界面

在 Abaqus/Explicit 中提供了开放型接口 VUMAT，供用户定义所需的材料本构模型。其接口界面如下所示。

```
subroutine vumat(
C Read only (unmodifiable) variables -
    1 nblock, ndir, nshr, nstatev, nfieldv, nprops, lanneal,
    2 stepTime, totalTime, dt, cmname, coordMp, charLength,
    3 props, density, strainInc, relSpinInc,
    4 tempOld, stretchOld, defgradOld, fieldOld,
    5 stressOld, stateOld, enerInternOld, enerInelasOld,
    6 tempNew, stretchNew, defgradNew, fieldNew,
C Write only (modifiable) variables -
    7 stressNew, stateNew, enerInternNew, enerInelasNew )
C
      include 'vaba_param.inc'
C
      dimension props(nprops), density(nblock), coordMp(nblock,*),
    1 charLength(nblock), strainInc(nblock,ndir+nshr),
    2 relSpinInc(nblock,nshr), tempOld(nblock),
    3 stretchOld(nblock,ndir+nshr),
    4 defgradOld(nblock,ndir+nshr+nshr),
    5 fieldOld(nblock,nfieldv), stressOld(nblock,ndir+nshr),
    6 stateOld(nblock,nstatev), enerInternOld(nblock),
    7 enerInelasOld(nblock), tempNew(nblock),
    8 stretchNew(nblock,ndir+nshr),
    8 defgradNew(nblock,ndir+nshr+nshr),
    9 fieldNew(nblock,nfieldv),
    1 stressNew(nblock,ndir+nshr), stateNew(nblock,nstatev),
    2 enerInternNew(nblock), enerInelasNew(nblock),
C
      character*80 cmname
C
      do 100 km = 1,nblock
        user coding
  100 continue
      return
      end
```

12.3.2　用户子程序 VUMAT 的主要参数

1. 主程序向子程序传递数据的一维变量

（1）nblock：调用 VUMAT 的材料点个数。

（2）ndir：对称张量（如应力、应变张量）中直接分量的个数。

（3）nshr：对称张量（如应力、应变张量）中剪切分量的个数。

（4）nstatev：用户定义的状态变量的个数。

（5）nprops：用户定义的材料常数的个数。

（6）cmname：存储关键字*MATERIAL 中定义的材料名（需大写）。

（7）stepTime：单个分析步所用的时间。

（8）totalTime：所有分析步总共用的时间。

（9）dt：时间增量步长。

2. 主程序向子程序传递数据的变量数组

（1）props：用于存放用户定义的材料属性的数组，数组的长度为 nprops。

（2）density：用于存放关键字*DENSITY 中定义的材料点当前密度，数组的长度为 nblock。

（3）strainInc：用于存放材料点处单个增量步的应变增量张量。其中，元素的存放顺序为 $\Delta\varepsilon_{11}$、$\Delta\varepsilon_{22}$、$\Delta\varepsilon_{33}$、$\Delta\varepsilon_{12}$、$\Delta\varepsilon_{23}$、$\Delta\varepsilon_{31}$。

（4）defgradOld/defgradNew：用于存放增量步开始/结束时材料点处的变形梯度。其中，元素的存放顺序为 F_{11}、F_{22}、F_{33}、F_{12}、F_{23}、F_{31}、F_{21}、F_{32}、F_{13}。

（5）stretchNew/stretchOld：用于存放增量步开始/结束时材料点处的拉伸张量。其中，元素的存放顺序为 U_{11}、U_{22}、U_{33}、U_{12}、U_{23}、U_{31}。

（6）stressOld：用于存放增量步开始时材料点处的应力值。其中，元素的存放顺序为 σ_{11}、σ_{22}、σ_{33}、σ_{12}、σ_{23}、σ_{31}。

（7）stateOld：用于存放用户定义的状态变量在增量步开始时的初始值。

3. 子程序计算向主程序传递数据的变量数组

（1）stressNew：用于存放增量步结束时材料点处的应力值，传给主程序中并将其赋给 stressOld 作为下一个增量步开始时的初始值。

（2）stateNew：用于存放用户定义的状态变量在增量步结束时的更新值，传给主程序并将其赋给 stateOld 作为下一个增量步开始时的初始值。

12.3.3 用户子程序 VUMAT 的调试与提交方法

在子程序的调试过程中，通常利用单个单元模型进行检验，因为它计算量小，输出信息少，便于检查和发现问题，节省调试计算时间。为了提高子程序调试的效率，可以人为给定子程序中需要主程序传递的数据，注释 include 'vaba.param.inc'语句，直接在 Fortran 软件中调试，可以方便地找出明显的语法和计算错误。调试完成后将子程序嵌入 Abaqus 单个单元模型中进行测试计算，为了发现计算过程中子程序的错误，可以用简单地打开文件和写入语句输出分析过程中的一些变量的值，如下所示。

```
open(unit=101, file='D:\D0.dat', status='new',acess='sequential', form=
'formatted')
write(101,100)((bbb(m,n),n=1,3), m=1,3)
100 format(1x,d15.6)
```

这样就可以将变量 bbb 的值输出到 D0.dat 文件中，注意打开的设备号（unit 值）最好大于 100，因为前 100 个设备号往往被 Abaqus 占用。另外，unit=6 指向 Abaqus 输出的 STA 文件，因此，也可以不打开新的文件直接将变量值输出到 STA 文件中。

子程序的调用方法有以下几种，但必须在 Abaqus 的输入文件（INP 文件）的**MATERIAL 模块中使用*USER MATERIAL 选项。

（1）在 Abaqus/Command 中提交任务。若用户子程序以 subroutine.for 文件存放，模型输入文件为 model.inp，则可在 Abaqus/Command 中使用 user 选项，如下所示。

```
abaqus job=model user=subroutine
```

在使用此方法时，subroutine.for 与 model.inp 必须存放在同一目录下，在 Abaqus/Command 进入该目录后使用上述命令。

（2）在 Abaqus/CAE 中执行 Job→Job Manager→Edit job→General→Select 菜单命令选择子程序提交任务。

（3）直接在 model.inp 文件中写入子程序。

12.4　Abaqus 用户子程序

用户子程序包括隐式子程序和显示子程序，Abaqus 2022 中提供了 71 个隐式子程序和 33 个显式子程序，总计 104 个，下面对这些子程序进行简单讲解。

12.4.1　隐式子程序

（1）CREEP：定义和时间相关的黏塑性的运动（蠕变和膨胀）。

（2）DFLOW：在整合分析中用于定义非均匀孔隙流速度。

（3）DFLUX：在传热和质量扩散分析中定义非均匀的分布流量。

（4）DISP：用于定义规定的边界条件或连接器运动的幅度。

（5）DLOAD：用于将非均匀地载荷定义为位置、时间、单元数量等的函数。

（6）FILM：对热传递分析指定非均匀的膜层散热系数和相关的潜热温度。

（7）FLOW：在整合分析中定义非均匀的渗流系数和渗入孔隙压力。

（8）FRIC：用于定义接触面的摩擦行为。

（9）FRIC_COEF：用于定义接触表面之间的各向同性和各向异性的摩擦系数。

（10）GAPCON：在一个完全耦合的温度-交换分析或纯热传导分析中，定义接触面或结点之间的导热系数。

（11）GAPELECTR：在耦合热点分析中定义表面间的导电系数。

（12）HARDINI：用于定义初始等效应变和初始反应力张量。

（13）HETVAL：用于定义由于材料内部生热而产生的热通量。

（14）MPC：当无法用 Abaqus/Standard 提供的 MPC 类型定义多点约束时，使用该子程序可以定义多点约束。

（15）ORIENT：为定义局部材料方向、运动学耦合约束的局部方向、惯性释放的局面刚体方向提供定位。

（16）RSURFU：用于定义接触对中的刚体表面。

（17）SDVINI：用于定义与初始和结果相关的场变量。

（18）SIGINI：用于定义特定材料点的初始应力场。

（19）UAMP：将振幅的初始值定义为与时间相关的函数。

（20）UANISOHYPER_INV：将各向异性超弹性材料的应变势能定义为标量不变量的函数。

（21）UANISOHYPER_STRAIN：将各向异性超弹性材料的应变势能定义为格林应变张量分量的函数。

（22）UCORR：为随机响应分析定义与交互相关的矩阵系数。

（23）UCREEPNETWORK：为使用平行流变框架定义的模型提供非线性黏弹性网格的蠕变。

（24）UDAMAGEMF：用于定义整体损伤变量。

（25）UDECURRENT：用于将体积电流密度向量定义为位置、时间、单元数量等的函数。

（26）UDEMPOTENTIAL：用于将磁矢势的变化定义为位置、时间、单元数量等的函数。

（27）UDMGINI：用于指定用户定义的损伤开始标准。

（28）UDSECURRENT：用于将表面电流密度向量的变化定义为位置、时间、单元数量等的函数。

（29）UEL：用于定义单元类型。

（30）UELEMDRESP：用于定义取决于应力或塑性应变张量的单元设计的响应。

（31）UELMAT：用于定义单元类型，适用于应力/位移分析中的平面应力和三维单元类型。

（32）UEPACTIVATIONFACET：用于指定单元的小平面区域，以便在单元渐进激活期间应用薄膜或辐射，只用于传热过程。

（33）UEPACTIVATIONSETUP：用于在增量开始时标识潜在和活动单元，只用于热传递和静态分析。

（34）UEPACTIVATIONVOL：用于在单元激活期间向单元添加材料的体积分数，只用于热传递和静态分析。

（35）UEXPAN：用于将增加的热应变定义为温度、预定义场变量和状态变量的函数。

（36）UEXTERNALDB：用于 Abaqus/Standard 内其他软件和用户子程序之间信息的传递。

（37）UFIELD：用于在模型的结点上定义预定义场的变量。

（38）UFLUID：用于定义静水力学流体单元的流体密度和流体柔量（压力柔量和温度柔量）。

（39）UFLUIDCONNECTORLOSS：用于定义流体管道单元内流体流动时连接器件的损伤系数。

（40）UFLUIDCONNECTORVALVE：用于定义流体管道连接单元控制阀的开度，以开启或关闭流体流动。

（41）UFLUIDLEAKOFF：用于孔隙压力黏性单元的流体滤失系数。

（42）UFLUIDPIPEFRICTION：用于定义流体管道单元内流体流动时的摩擦损伤系数，以确定管道损失。

（43）UGENS：直接使用薄膜应变和曲率变化定义壳截面的力学性能。

（44）UHARD：用于定义材料的各向同性硬化或金属塑性的循环硬化；定义材料的各向同性屈服特性和定义混合硬化模型中屈服面的大小。

（45）UHYPEL：定义一个次弹性的应力应变关系。

（46）UHYPER：定义各向同性超弹性材料行为的应变势能。

（47）UHYPER_STRETCH：定义各向同性超弹性材料行为的应变势能，要求应变能密度具有 Valanis-Lander（瓦兰尼斯-兰德尔）形式。

（48）UINTER：为接触面定义表面相互作用。

（49）UMASFL：在对流或扩散热传递分析中，定义规定的质量流动比条件。

（50）UMAT：用于定义材料的力学特性。

（51）UMATHT：用于定义材料的热学特性以及热传递过程中的内部生热。

（52）UMDFLUX：用于将多个移动或静止的热通量定义为位置、时间和温度变量的函数。

（53）UMDFLUXSETUP：在增材制造中用于在步骤开始时与刀具路径-网格橡胶模块传递信息。

（54）UMESHMOTION：在热辐射传递分析或稳态传输分析中，指定运动。

（55）UMIXMODEFATIGUE：用于指定用户定义的疲劳裂纹扩展标准。

（56）UMOTION：用于在热辐射传递分析中指定预定义场的自由度平移幅度或在稳态传输分

析中定义旋转速度的幅度。

（57）UMULLINS：用于定义具有 Mullins（马林斯）效应的材料模型的损伤变量，包括使用 Mullins（马林斯）效应方法模拟弹性泡沫中的能量损耗。

（58）UPOREP：用于定义多孔介质的初始孔隙压力值。

（59）UPRESS：用于指定模型结点处的等效压力应力值。

（60）UPSD：用于为随机载荷的功率谱密度矩阵定义复杂的频率。

（61）URDFIL：用于在分析过程中读取结果文件。

（62）USDFLD：用于再一次定义材料场变量。

（63）USUPERELASHARDMOD：用场变量或状态变量对用户定义的材料的单元进行硬化修正。

（64）UTEMP：用于指定模型的结点温度。

（65）UTRACLOAD：用于将分布式牵引载荷的变化为位置、时间、单元数量和负载整合点数量的函数。

（66）UTRS：用于依赖时间变化的黏弹性分析，定义温度-时间关系。

（67）UTRSNETWORK：为使用平行流变框架定义的模型定义非线性黏弹性网格的时间-温度转换函数。

（68）UVARM：用于定义单元的输出变量。

（69）UWAVE：用于在 Abaqus/Aqua 分析中定义重力波的载荷。

（70）UXFEMNONLOCALWEIGHT：用于指定用户定义的加权函数。

（71）VOIDRI：将初始孔隙率定义为材料点坐标或单元编号的函数。

12.4.2　显式子程序

（1）VDFLUX：用于定义分布式的通量，可以是位置、温度、时间、速度等的函数。

（2）VDISP：用于定义边界条件。

（3）VDLOAD：用于将非均匀的载荷定义为位置、时间、速度等的函数。

（4）VEXTERNALDB：用于 Abaqus/Explicit 内其他软件和用户子程序之间信息的传递。

（5）VFABRIC：用于定义织物材料在织物平面内的机械基本特性。

（6）VFRIC：用于定义接触面的摩擦行为。

（7）VFRIC_COEF：用于定义接触表面之间的各向同性和各向异性的摩擦系数。

（8）VFRICTION：用于定义接触面之间的各向同性摩擦系数。

（9）VHETVAL：用于定义由于材料内部生热而产生的热通量。

（10）VSDVINI：用于定义与初始和结果相关的场变量。

（11）VUAMP：将振幅的初始值定义为与时间相关的函数。

（12）VUANISOHYPER_INV：将各向异性超弹性材料的应变势能定义为标量不变量的函数。

（13）VUANISOHYPER_STRAIN：将各向异性超弹性材料的应变势能定义为格林应变张量分量的函数。

（14）VUCHARLENGTH：将材料点处的特征单元长度定义为单元拓扑、结点和材料点坐标以及材料方向的函数。

（15）VUCREEPNETWORK：为使用平行流变框架定义的模型提供非线性黏弹性网格的蠕变。

（16）VUEL：用于定义单元类型。

（17）VUEOS：用于定义流体力学的材料模型。

（18）VUEXPAN：用于将增加的热应变定义为温度、预定义场变量和状态变量的函数。

（19）VUFIELD：用于在模型的结点上定义预定义场的变量。

（20）VUFLUIDEXCH：用于定义流体交换的质量流率或热能流率。

（21）VUFLUIDEXCHEFFAREA：用于定义流体交换的有效面积。

（22）VUGENS：直接使用薄膜应变和曲率变化定义壳截面的力学性能。

（23）VUHARD：用于定义材料的各向同性硬化或金属塑性的循环硬化；定义材料的各向同性屈服特性和定义混合硬化模型中屈服面的大小。

（24）VUINTER：为接触面定义表面相互作用。

（25）VUINTERACTION：定义接触面之间的力学和热学的相互作用。

（26）VUMAT：定义材料的力学特性。

（27）VUMATHT：定义材料的热学特性以及热传递过程中的内部生热。

（28）VUMULLINS：用于定义具有 Mullins（马林斯）效应的材料模型的损伤变量，包括使用 Mullins（马林斯）效应方法模拟弹性泡沫中的能量损耗。

（29）VUSDFLD：重新定义材料结点上的场变量（时间或其他变量的函数）

（30）VUSUPERELASHARDMOD：用场变量或状态变量对用户定义的材料的单元进行硬化修正。

（31）VUTRS：用于依赖时间变化的黏弹性分析，定义温度-时间关系。

（32）VUVISCOSITY：用于用户自定义的黏弹性剪切行为的定义。

（33）VWAVE：在 Abaqus/Aqua 分析中定义重力波的载荷。

12.5　实例——用户子程序 DLOAD 模拟压路机压路

图 12.1（a）所示为压路机工作压路施工图。假设压路机在一段宽为 4m，长为 50m，铺设厚度为 0.4m 的路面上施工，移动速度为 0.5m/s，对地面产生的压强为 2e6Pa，压路机轮宽 2m，与地面接触宽度为 0.3m，压路机轮间距为 4m。模拟此状态下路面因受压产生的应力和变形。沥青路面的材料参数见表 12.1。

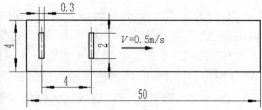

| （a）施工图 | （b）尺寸图（单位：m） |

图 12.1　压路机压路

表 12.1　压路机压路材料参数

材料名称	密度/(kg/m³)	杨氏模量/MPa	泊松比
沥青混凝土	2450	5e8	0.25

📢 **注意：**

此处采用国际米制单位。

12.5.1　创建模型

1. 设置工作目录

执行"文件"→"设置工作目录"菜单命令，弹出"设置工作目录"对话框，选择 Abaqus/CAE 所有文件的保存目录，如图 12.2 所示。单击"新工作目录"文本框右侧的"选取"按钮📇，找到文件要保存到的文件夹，然后单击"确定"按钮 确定 ，完成操作。

2. 打开模型

单击工具栏中的"打开"按钮📂，弹出"打开数据库"对话框，打开 yuanwenjian→ch12→yaluji 中的模型，如图 12.3 所示。单击"确定"按钮 确定(Q) ，打开模型，如图 12.4 所示。

图 12.2　"设置工作目录"对话框　　　　图 12.3　"打开数据库"对话框

图 12.4　路面模型

12.5.2　定义属性及指派截面

1. 创建材料

在环境栏中的"模块"下拉列表中选择"属性"，进入"属性"模块。单击工具区中的"创建材料"按钮✏️ε，弹出"编辑材料"对话框，在"名称"文本框中输入 Material-liqinglumian，在"材料行为"选项组中依次选择"通用"→"密度"。此时，在下方出现的数据表中设置"质量密度"为 2450，如图 12.5 所示。在"材料行为"选项组中依次选择"力学"→"弹性"→"弹性"。此时，在下方出现的数据表中依次设置"杨氏模量"为 5e8，"泊松比"为 0.4，如图 12.6 所示。其余参数保持不变，单击"确定"按钮 确定 ，完成沥青路面材料的创建。

2. 创建截面

单击工具区中的"创建截面"按钮🏛️，弹出"创建截面"对话框，在"名称"文本框中输入 Section-liqinglumian，设置"类别"为"实体"，"类型"为"均质"，如图 12.7 所示。其余参

403

数保持不变，单击"继续"按钮 继续... ，弹出"编辑截面"对话框，设置"材料"为 Material-liqinglumian，其余为默认设置，如图 12.8 所示。单击"确定"按钮 确定 ，完成截面的创建。

图 12.5　设置密度　　　图 12.6　设置弹性　　　图 12.7　"创建截　　图 12.8　"编辑截
　　　　　　　　　　　　　　　　　　　　　　　　　面"对话框　　　　面"对话框

3. 指派截面

单击工具区中的"指派截面"按钮 ，在提示区取消勾选"创建集合"复选框，在视口区选择沥青路面，然后在提示区单击"完成"按钮 完成 ，弹出"编辑截面指派"对话框，设置截面为 Section-liqinglumian，如图 12.9 所示。单击"确定"按钮 确定 ，将创建的 Section-liqinglumian 截面指派给沥青路面，指派截面的沥青路面颜色变为绿色，完成截面的指派。

12.5.3　创建装配件

在环境栏中的"模块"下拉列表中选择"装配"，进入"装配"模块。单击工具区中的 Create Instance（创建实例）按钮 ，弹出"创建实例"对话框，如图 12.10 所示。在"部件"列表框中选择所有部件，单击"确定"按钮 确定 ，创建装配件，结果如图 12.11 所示。

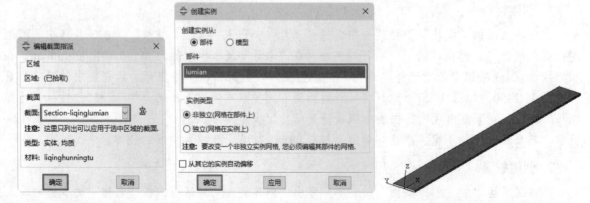

图 12.9　"编辑截面指派"对话框　　图 12.10　"创建实例"对话框　　　图 12.11　创建装配件

◀》注意：

> 如图 12.11 所示，基准坐标系在沥青路面左端面中间位置，注意基准坐标系的位置对后续在 Fortran 中编辑边界条件和参数变量有很大帮助。

12.5.4　创建分析步和场输出

1. 创建分析步

在环境栏中的"模块"下拉列表中选择"分析步"，进入"分析步"模块。单击工具区中的"创建分析步"按钮➡■，弹出"创建分析步"对话框，在"名称"文本框中输入 Step-1，设置"程序类型"为"通用"，并在下方的列表中选择"静力，通用"选项，如图 12.12 所示。单击"继续"按钮 继续… ，弹出"编辑分析步"对话框，在"基本信息"选项卡中设置"时间长度"为 100，"几何非线性"为"开"，如图 12.13 所示。单击"增量"选项卡，设置"最大增量步数"为 100，"初始"增量步为 1，"最小"增量步为 0.01，"最大"增量步为 1，如图 12.14 所示。其余采用默认设置，单击"确定"按钮 确定 ，完成分析步的创建。

图 12.12　"创建分析步"对话框

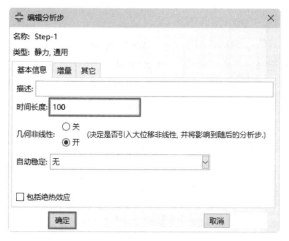

图 12.13　"基本信息"选项卡设置

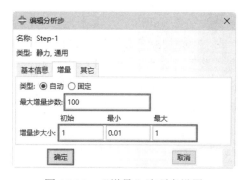

图 12.14　"增量"选项卡设置

2. 创建场输出

单击工具区中的"场输出管理器"按钮▦，弹出"场输出请求管理器"对话框，如图 12.15 所示。这里已经创建了一个默认的场输出，单击"编辑"按钮 编辑… ，弹出"编辑场输出请求"对话框，在"输出变量"列表中选择"应力"→"MISES，Mises 等效应力"和"位移/速度/加速度"→"U，平移和转动"/"V，平移和转动速度"，如图 12.16 所示。单击"确定"按钮 确定 ，返回"场输出请求管理器"对话框，单击"关闭"按钮 关闭 ，关闭该对话框，完成场输出的创建。

图 12.16　"编辑场输出请求"对话框

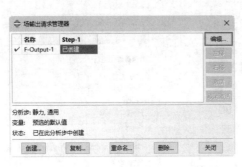

图 12.15　"场输出请求管理器"对话框

扫一扫，看视频

12.5.5　定义载荷和边界条件

1. 创建固定边界条件

在环境栏中的"模块"下拉列表中选择"载荷"，进入"载荷"模块。单击工具区中的"创建边界条件"按钮 ，弹出"创建边界条件"对话框，在"名称"文本框中输入 BC-guding，设置"分析步"为 Initial，"类别"为"力学"，并在右侧的"可用于所选分析步的类型"列表中选择"对称/反对称/完全固定"，如图 12.17 所示。单击"继续"按钮 继续...，根据提示在视口区选择沥青路面的底面，如图 12.18 所示。单击提示区的"完成"按钮 完成，弹出"编辑边界条件"对话框，勾选"完全固定(U1=U2=U3=UR1=UR2=UR3=0)"单选按钮，如图 12.19 所示。单击"确定"按钮 确定，完成固定边界条件的创建，结果如图 12.20 所示。

图 12.17　"创建边界条件"
对话框

图 12.18　选择底面

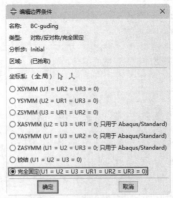

图 12.19　"编辑边界条件"
对话框

图 12.20　固定底面

2. 创建载荷

单击工具区中的"创建载荷"按钮 ![icon]，弹出"创建载荷"对话框，在"名称"文本框中输入 Load-yaqiang，设置"分析步"为 Step-1，"类别"为"力学"，并在右侧的"可用于所选分析步的类型"列表中选择"压强"，如图 12.21 所示。单击"继续"按钮 继续...，然后根据提示在视口区选择模型上表面，如图 12.22 所示。单击提示区的"完成"按钮 完成，弹出"编辑载荷"对话框，设置"分布"为"用户定义"，"大小"为 2e6，此时对话框中出现"用户子程序 DLOAD 必须附加到作业上"注意事项，如图 12.23 所示。单击"确定"按钮 确定，完成载荷的创建。

图 12.21　"创建载荷"对话框

图 12.22　选择上表面

图 12.23　"编辑预定义场"对话框

12.5.6　划分网格

划分路面网格

在环境栏中的"模块"下拉列表中选择"网格"，进入"网格"模块，然后设置对象为"部件"。

（1）布种。单击工具区中的"种子部件"按钮 ![icon]，弹出"全局种子"对话框，如图 12.24 所示。设置近似全局尺寸为 0.2，单击"确定"按钮 确定，关闭对话框。

（2）划分网格。单击工具区中的"为部件划分网格"按钮 ![icon]，然后单击提示区中的"是"按钮 是，完成网格的划分，结果如图 12.25 所示。

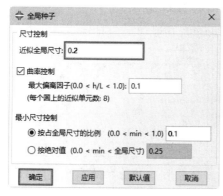

图 12.24　"全局种子"对话框

图 12.25　划分网格

12.5.7 编写 DLOAD 的用户子程序文件

1. 启动 Visual Studio

在 Windows 系统中单击"开始"菜单，在程序列表中单击 Visual Studio 2019，如图 12.26 所示。启动 Visual Studio 2019 开始界面，如图 12.27 所示。

2. 创建新项目

在启动界面单击"创建新项目"选项，弹出"创建新项目"对话框，如图 12.28 所示。在第一个下拉列表中选择 Fortran，然后选择 Empty Project，再单击"下一步"按钮 下一步(N)，打开"配置新项目"对话框，如图 12.29 所示。在"项目名称"文本框中输入 Kyidong，单击"位置"文本框右侧的"浏览"按钮 ，设置项目保存的路径和位置，勾选"将解决方案和项目放在同一目录中"复选框，单击"创建"按钮 创建(C)，打开 Visual Studio 2019 工作界面，如图 12.30 所示。

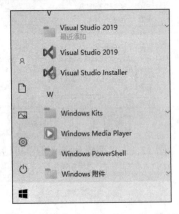

图 12.26　启动 Visual Studio 2019

图 12.27　Visual Studio 2019 开始界面

图 12.28　"创建新项目"对话框

图 12.29　"配置新项目"对话框

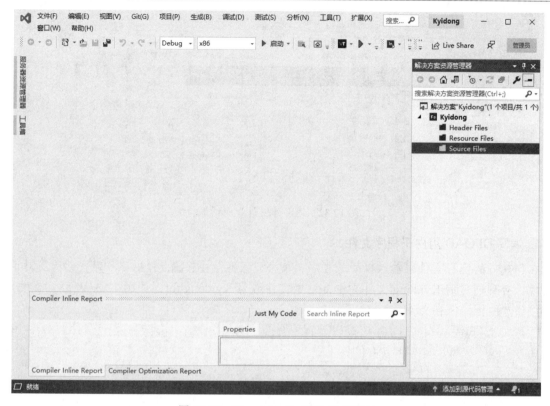

图 12.30　Visual Studio 2019 工作界面

3. 新建文件

执行"文件"→"新建"→"文件"菜单命令，如图 12.31 所示。弹出"新建文件"对话框，在"已安装"列表中选择 Intel（R）Visual Fortran，然后在"排序依据"下方选择 Fortran Fixed-form File（.for），如图 12.32 所示。单击"打开"按钮，创建一个新的空白文件。

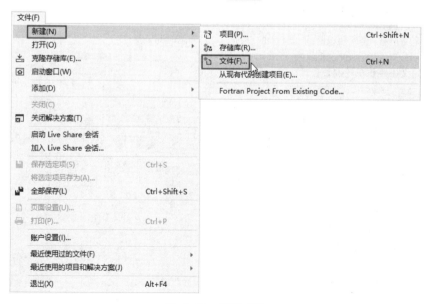

图 12.31　新建文件

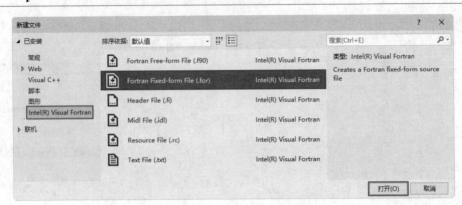

图 12.32　"新建文件"对话框

4. 编写 DLOAD 用户子程序文件

在创建好的空白文件中输入以下子程序，单击"保存"按钮，弹出"另存文件为"对话框，将文件保存到创建的 Kyidong 文件夹中，设置文件名为 Kyidong.for，如图 12.33 所示。单击"保存"按钮，保存文件。

```fortran
      SUBROUTINE DLOAD(F,KSTEP,KINC,TIME,NOEL,NPT,LAYER,KSPT,
     1 COORDS,JLTYP,SNAME)
C
      INCLUDE 'ABA_PARAM.INC'
C
      DIMENSION TIME(2), COORDS (3)
      CHARACTER*80 SNAME
C     首先定义 x、y 坐标，速度和位移几个变量
      real x,y,speed,disp
C     定义速度为 0.5
        speed=0.5
C     定义 x、y 坐标
        x=COORDS(1)
        y=COORDS(2)
C     定义位移=速度乘以时间，这里的 time（2）为总时间
        disp=speed*time(2)
C     定义压路机车轮的位置
      if ((y<=1 .AND. y>=-1)) then
          if ((x<=disp+4+0.15) .AND. (x>=disp+4-0.15)) then
            F=2000000
          else if ((x<=disp-4+0.15) .AND. (x>=disp-4-0.15)) then
            F=2000000
          else
            F=0
          end if
        else
          f=0
        end if
      RETURN
      END
```

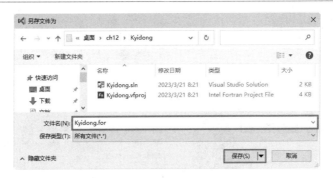

图 12.33 "另存文件为"对话框

扫一扫，看视频

12.5.8 提交作业

1. 创建作业

在环境栏中的"模块"下拉列表中选择"作业"，进入"作业"模块。单击工具区中的"创建作业"按钮 ，弹出"创建作业"对话框，在"名称"文本框中输入 Job-yaluji，其余为默认设置，如图 12.34 所示。单击"继续"按钮 继续... ，弹出"编辑作业"对话框，选择"通用"选项卡，如图 12.35 所示。单击"用户子程序文件"文本框旁边的"选取"按钮 ，弹出"选择用户子程序文件"对话框，如图 12.36 所示。在 Kyidong 文件夹中找到已经编写好的 Kyidong.for 文件，单击"确定"按钮 确定(O) ，返回"编辑作业"对话框，单击"确定"按钮 确定 ，关闭该对话框。

图 12.34 "创建作业" 图 12.35 "编辑作业"对话框 图 12.36 "选择用户子程序文件"对话框
　　　　对话框

2. 提交作业

单击工具区中的"作业管理器"按钮 ，弹出"作业管理器"对话框，如图 12.37 所示。选择创建的 Job-yaluji 作业，单击"提交"按钮 提交 ，进行作业分析。单击"监控"按钮 监控... ，弹出"Job-yaluji 监控器"对话框，可以查看分析过程，如图 12.38 所示。当"日志"选项卡中显示"已完成"时，表示分析完成。单击"关闭"按钮 关闭 ，关闭"Job-yaluji 监控器"对话框，返回"作业管理器"对话框。

图 12.37　"作业管理器"对话框

图 12.38　"Job-yaluji 监控器"对话框

12.5.9　可视化后处理

1. 进入"可视化"模块

单击"作业管理器"对话框中的"结果"按钮 结果 ，系统自动切换到"可视化"模块。

2. 通用设置

单击工具区中的"通用选项"按钮，弹出"通用绘图选项"对话框，设置"渲染风格"为"阴影"，"可见边"为"特征边"，如图 12.39 所示。单击"确定"按钮 确定 。

3. 查看应力云图

单击工具区中的"在变形图上绘制云图"按钮，可以查看模型的变形云图。执行"结果"→"场输出"菜单命令，弹出"场输出"对话框，可以查看不同变量的场输出，如图 12.40 所示。在"输出变量"列表中选择 S，单击"应用"按钮 应用 ，查看等效应力云图。第 87 帧等效应力云图如图 12.41 所示。

图 12.39　"通用绘图选项"对话框

图 12.40　"分析步/帧"对话框

4. 查看位移云图

在"场输出"对话框中的"输出变量"列表中选择 U，单击"确定"按钮 确定 ，查看位移云图。第 88 帧位移云图如图 12.42 所示。

5. 查看动画

单击"动画：时间历程"按钮 ，查看位移云图的时间历程动画。单击"动画选项"按钮 ，弹出"动画选项"对话框，如图 12.43 所示。设置"模式"为"循环"，然后拖动"帧频率"滑块到中间位置，然后单击"确定"按钮 确定 ，减慢动画的播放，可以更好地观察动画的播放。

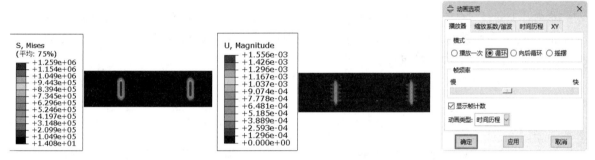

图 12.41　第 87 帧等效应力云图　　　图 12.42　第 88 帧位移云图　　　图 12.43　"动画选项"对话框

12.6　实例——用户子程序 DFLUX 模拟双椭球热源焊接铝板

如图 12.44 所示，将两块长 0.3m、宽 0.07m、厚度为 0.005m 的铝板采用激光焊接技术将其焊接在一起。本实例利用 DFLUX 用户子程序模拟双椭球热源模拟移动热源激光焊接。假设焊接的物理环境如下：绝对零度为 -273.15℃，史蒂芬-玻尔兹曼常数为 5.67e-8W/（m²·K⁴），环境温度为 20℃。铝的材料参数见表 12.2 和表 12.3。

图 12.44　铝板模型图

表 12.2　随温度变化的杨氏模量、泊松比、膨胀、传导率和比热等系数

温度/℃	杨氏模量/MPa	泊松比	膨胀	传导率/[W/(mm·℃)]	比热
25	7.06e10	0.33	2.24e-5	125	915
105	6.43e10	0.33	2.25e-5	130	926
220	5.51e10	0.33	2.50e-5	135	1025
310	5.02e10	0.33	2.55e-5	150	1055
430	3.85e10	0.33	2.70e-5	153	1097
550	1.98e10	0.33	2.76e-5	160	1135

表 12.3　潜热

潜热	固相线温度	液相线温度
395000	623	664

12.6.1　创建模型

1. 设置工作目录

执行"文件"→"设置工作目录"菜单命令，弹出"设置工作目录"对话框，选择 Abaqus/CAE 所有文件的保存目录，如图 12.45 所示。单击"新工作目录"文本框右侧的"选取"按钮，找到文件要保存到的文件夹，然后单击"确定"按钮 确定 ，完成操作。

2. 打开模型

单击"工具栏"中的"打开"按钮，弹出"打开数据库"对话框，打开 yuanwenjian→ch12→bvlanhanjie.cae 中的模型，如图 12.46 所示。单击"确定"按钮 确定(O) ，打开模型，如图 12.47 所示。模型由铝板 1、铝板 2 和焊缝组成。

图 12.45　"设置工作目录"对话框

图 12.46　"打开数据库"对话框

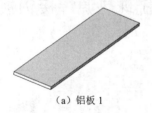

（a）铝板 1

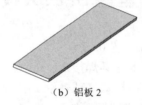

（b）铝板 2

（c）焊缝

图 12.47　铝板焊接模型

12.6.2　编辑模型属性

执行"模型"→"编辑属性"→"Model-1"菜单命令，弹出"编辑模型属性"对话框，勾选"绝对零度"复选框，在后面的文本框中输入–273.15；然后勾选"Stefan-Boltzmann 常数"复选框，在后面的文本框中输入 5.76E-08，如图 12.48 所示。单击"确定"按钮，关闭对话框。

12.6.3　定义属性及指派截面

1. 创建材料

在环境栏中的"模块"下拉列表中选择"属性"，进入"属性"模块，单击工具区中的"创建材料"按钮，弹出"编辑材料"对话框，在"名称"文本框中输入 Material-lv。

图 12.48　"编辑模型属性"对话框

（1）设置密度参数。在"材料行为"选项组中依次选择"通用"→"密度"。此时，在下方出现的数据表中设置"质量密度"为 2700，如图 12.49 所示。

（2）设置与温度相关的杨氏模量和泊松比。在"材料行为"选项组中依次选择"力学"→"弹性"→"弹性"。在下方的"弹性"栏中勾选"使用与温度相关的数据"复选框，再在数据表中依次输入表 12.2 中关于温度与杨氏模量和温度的数据，结果如图 12.50 所示，其余参数保持不变。

图 12.49　设置密度

图 12.50　设置弹性

（3）设置与温度相关的热膨胀系数。在"材料行为"选项组中依次选择"力学"→"膨胀"。在下方的"膨胀"栏中勾选"使用与温度相关的数据"复选框，再在数据表中依次输入表 12.2 中关于温度与膨胀的数据，结果如图 12.51 所示，其余参数保持不变。

（4）设置与温度相关的热传导率。在"材料行为"选项组中依次选择"热学"→"传导率"。在下方的"传导率"栏中勾选"使用与温度相关的数据"复选框，再在数据表中依次输入表 12.2 中关于温度与传导率的数据，结果如图 12.52 所示，其余参数保持不变。

（5）设置与温度相关的比热。在"材料行为"选项组中依次选择"热学"→"比热"。在下方的"比热"栏中勾选"使用与温度相关的数据"复选框，再在数据表中依次输入表 12.2 中关于温度与比热的数据，结果如图 12.53 所示，其余参数保持不变。

（6）设置潜热。在"材料行为"选项组中依次选择"热学"→"潜热"。在下方的数据表中依次输入表 12.3 所示的数据，结果如图 12.54 所示。其余参数保持不变，单击"确定"按钮，完成材料的定义。

图 12.51　设置膨胀

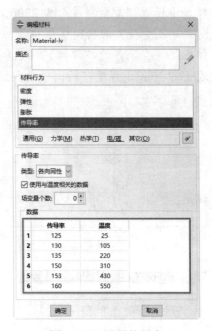

图 12.52　设置传导率

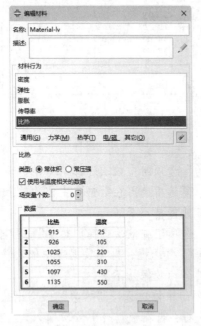

图 12.53　设置比热

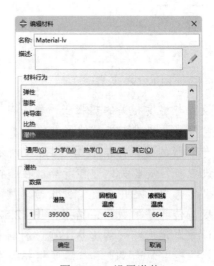

图 12.54　设置潜热

2. 创建截面

单击工具区中的"创建截面"按钮，弹出"创建截面"对话框，在"名称"文本框中输入 Section-lv，设置"类别"为"实体"，"类型"为"均质"，如图 12.55 所示。其余参数保持不变，单击"继续"按钮 继续... ，弹出"编辑截面"对话框，采用默认设置，如图 12.56 所示。单击"确定"按钮 确定 ，完成铝材料截面的创建。

3. 指派截面

在环境栏中的"部件"下拉菜单中选择 lvban1。单击工具区中的"指派截面"按钮 ，在提示区取消勾选"创建集合"复选框，在视口区选择"铝板 1"，然后在提示区单击"完成"按钮 完成，弹出"编辑截面指派"对话框，设置截面为 Section-lv，如图 12.57 所示。单击"确定"按钮 确定，将创建的 Section-lv 截面指派给"铝板 1"，指派截面的"铝板 1"颜色变为绿色。同理，将创建的 Section-lv 截面指派给铝板 2 和焊缝，完成截面的指派。

图 12.55　"创建截面"对话框　　图 12.56　"编辑截面"对话框　　图 12.57　"编辑截面指派"对话框

12.6.4　创建装配件

在环境栏中的"模块"下拉列表中选择"装配"，进入"装配"模块。单击工具区中的 Create Instance（创建实例）按钮 ，弹出"创建实例"对话框，如图 12.58 所示。在"部件"列表框中选择所有部件，单击"确定"按钮 确定，将铝板 1、铝板 2 和焊缝装配在一起，结果如图 12.59 所示。

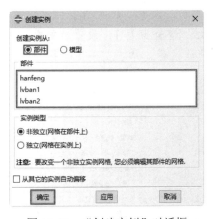

图 12.58　"创建实例"对话框　　　　　　　图 12.59　创建装配件

12.6.5　创建分析步

1. 创建加热分析步

在环境栏中的"模块"下拉列表中选择"分析步"，进入"分析步"模块。单击工具区中的"创建分析步"按钮 ，弹出"创建分析步"对话框，在"名称"文本框中输入 Step-jiare，设置

"程序类型"为"通用"，并在下方的列表中选择"热传递"，如图 12.60 所示。单击"继续"按钮 继续... ，弹出"编辑分析步"对话框，在"基本信息"选项卡中设置"时间长度"为 30，如图 12.61 所示。单击"增量"选项卡，设置"最大增量步数"为 10000，"初始"增量步为 0.01，"最小"增量步为 3e-4，"最大"增量步为 1，设置"每载荷步允许的最大温度改变值"为 1200，如图 12.62 所示。其余采用默认设置，单击"确定"按钮 确定 ，完成分析步的创建。

图 12.60　"创建分析步"
对话框

图 12.61　"基本信息"
选项卡设置

图 12.62　"增量"选项卡设置

2. 创建加热分析步

单击工具区中的"创建分析步"按钮 ，弹出"创建分析步"对话框，在"名称"文本框中输入 Step-lengque，设置"程序类型"为"通用"，并在下方的列表中选择"热传递"，如图 12.63 所示。单击"继续"按钮 继续... ，弹出"编辑分析步"对话框，在"基本信息"选项卡中设置"时间长度"为 500，如图 12.64 所示。单击"增量"选项卡，设置"最大增量步数"为 10000，"初始"增量步为 0.1，"最小"增量步为 0.005，"最大"增量步为 1，设置"每载荷步允许的最大温度改变值"为 1200，如图 12.65 所示。其余采用默认设置，单击"确定"按钮 确定 ，完成分析步的创建。

图 12.63　"创建分析步"
对话框

图 12.64　设置"基本信息"
选项卡

图 12.65　设置"增量"选项卡

扫一扫，看视频

12.6.6 定义相互作用

1. 创建表面热交换条件

在环境栏中的"模块"下拉列表中选择"相互作用"，进入"相互作用"模块。单击工具区中的"创建相互作用"按钮，弹出"创建相互作用"对话框，在"名称"文本框中输入 Int-rejiaohuan，设置"分析步"为 Step-jiare，选择可用于所选分析步的类型为"表面热交换条件"，如图 12.66 所示。单击"继续"按钮，根据提示框选模型所有表面，单击提示区的"完成"按钮，弹出"编辑相互作用"对话框，设置"膜层散热系数"为 25，"环境温度"为 20，如图 12.67 所示。单击"确定"按钮，关闭该对话框。

2. 创建表面辐射

单击工具区中的"创建相互作用"按钮，弹出"创建相互作用"对话框，在"名称"文本框中输入 Int-fushe，设置"分析步"为 Step-jiare（热传递），选择可用于所选分析步的类型为"表面辐射"。单击"继续"按钮，根据提示框选模型所有表面，单击提示区的"完成"按钮，弹出"编辑相互作用"对话框，设置"发射率"为 0.8、"环境温度"为 20，如图 12.68 所示。单击"确定"按钮，关闭该对话框。

图 12.66 "创建相互作用"对话框

图 12.67 "编辑相互作用"对话框

图 12.68 "编辑相互作用"对话框

12.6.7 定义载荷

1. 创建载荷

在环境栏中的"模块"下拉列表中选择"载荷"，进入"载荷"模块。单击"创建载荷"按钮，弹出"创建载荷"对话框，在"名称"文本框中输入 Load-tiretong，选择"分析步"为 Step-jiare，设置"类别"为"热学"，并在右侧的"可用于所选分析步的类型"列表中选择"体热通量"，如图 12.69 所示。单击"继续"按钮，根据提示框选所有模型，在提示区单击"完成"按钮，弹出"编辑载荷"对话框，设置"分布"为"用户定义"，"大小"为 1.5，此时对话框中出现"用户子程序 DFLUX 必须附加到作业上"的注意事项，如图 12.70 所示。

图 12.69 "创建载荷"对话框

图 12.70 "编辑载荷"对话框

2. 创建预定义场

单击工具区中的"创建预定义场"按钮，弹出"创建预定义场"对话框，在"名称"文本框中输入 Predefined Field-chushiwendu，设置"分析步"为 Initial，"类别"为"其他"，并在右侧的"可用于所选分析步的类型"列表中选择"温度"，如图 12.71 所示。单击"继续"按钮 继续...，然后根据提示在视口区选择所有实体模型，单击提示区的"完成"按钮 完成，弹出"编辑预定义场"对话框，设置"分布"为"直接说明"，"大小"为 20，如图 12.72 所示。单击"确定"按钮 确定，完成预定义场的创建。

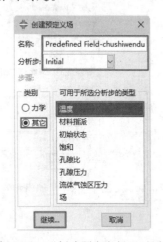

图 12.71 "创建预定义场"对话框

图 12.72 "编辑预定义场"对话框

扫一扫，看视频

12.6.8 划分网格

1. 划分铝板 1

在环境栏中的"模块"下拉列表中选择"网格"，进入"网格"模块。设置"对象"为"部件"，并在"部件"下拉列表中选择 lvban1。

（1）布种。单击工具区中的"种子部件"按钮，弹出"全局种子"对话框，如图 12.73 所示。设置"近似全局尺寸"为 0.005，单击"确定"按钮 确定，关闭对话框。

（2）为边布种。单击工具区中的"为边布种"按钮 ，根据提示在视图区选择铝板 1 的 4 条短边，如图 12.74 所示。单击提示区的"完成"按钮 完成，弹出"局部种子"对话框，设置"方法"为"按尺寸"，"偏移"为"单精度"，然后在"尺寸控制"栏中设置"最小尺寸"为 0.0008，"最大尺寸"为 0.004，如图 12.75 所示。此时模型上出现箭头方向，如图 12.76 所示。单击"确定"按钮 确定，关闭对话框，完成边布种，结果如图 12.77 所示。

图 12.73 "全局种子"对话框

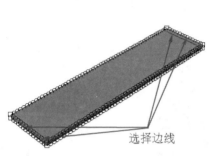

选择边线

图 12.74 选择 4 条短边线

图 12.75 "局部种子"对话框

图 12.76 箭头方向

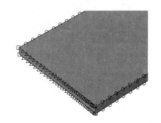

图 12.77 为边布种

（3）划分网格。单击工具区中的"为部件划分网格"按钮 ，然后单击提示区中的"是"按钮 是，完成网格的划分，结果如图 12.78 所示。

（4）指派单元类型。单击工具区中的"指派单元类型"按钮 ，弹出"单元类型"对话框，设置"族"为"热传递"，如图 12.79 所示。单击"确定"按钮 确定，关闭对话框。

图 12.78 划分铝板 1 网格

图 12.79 "单元类型"对话框

2．划分铝板2

在"部件"下拉列表中选择 lvban2。

（1）布种。单击工具区中的"种子部件"按钮，弹出"全局种子"对话框，设置"近似全局尺寸"为 0.005，单击"确定"按钮 确定，关闭对话框。

（2）为边布种。单击工具区中的"为边布种"按钮，根据提示在视图区选择铝板2的4条短边，单击提示区的"完成"按钮 完成，弹出"局部种子"对话框，设置"方法"为"按尺寸"，"偏移"为"单精度"，然后在"尺寸控制"栏中设置"最小尺寸"为 0.0008，"最大尺寸"为 0.004，此时模型上出现箭头方向，如图 12.80 所示。单击"确定"按钮 确定，关闭对话框，完成边布种。

（3）划分网格。单击工具区中的"为部件划分网格"按钮，然后单击提示区中的"是"按钮 是，完成网格的划分，结果如图 12.81 所示。

图 12.80　箭头方向　　　　　图 12.81　划分铝板 2 网格

（4）指派单元类型。单击工具区中的"指派单元类型"按钮，弹出"单元类型"对话框，设置"族"为"热传递"，单击"确定"按钮 确定，关闭对话框。

3．划分焊缝

在"部件"下拉列表中选择 hanfeng。

（1）布种。单击工具区中的"种子部件"按钮，弹出"全局种子"对话框，设置"近似全局尺寸"为 0.002，单击"确定"按钮 确定，关闭对话框。

（2）设置单元形状。单击工具区中的"指派网格控制属性"按钮，弹出"网格控制属性"对话框，设置"单元形状"为"六面体"，"算法"为"中性轴算法"，如图 12.82 所示。单击"确定"按钮 确定，关闭对话框。

（3）划分网格。单击工具区中的"为部件划分网格"按钮，然后单击提示区中的"是"按钮 是，完成网格的划分，结果如图 12.83 所示。

图 12.82　"网格控制属性"对话框　　　　　图 12.83　划分焊缝网格

（4）指派单元类型。单击工具区中的"指派单元类型"按钮，弹出"单元类型"对话框，设置"族"为"热传递"，单击"确定"按钮，关闭对话框。

设置"对象"为"装配"，最终整体网格划分如图 12.84 所示，划分的网格呈现"中间密、外侧稀"的形式。

图 12.84 整体网格划分

12.6.9 提交作业

1. 创建作业

在环境栏中的"模块"下拉列表中选择"作业"，进入"作业"模块。单击工具区中的"创建作业"按钮，弹出"创建作业"对话框，在"名称"文本框中输入 Job-hanjie，其余为默认设置，如图 12.85 所示。单击"继续"按钮，弹出"编辑作业"对话框，选择"通用"选项卡，如图 12.86 所示。单击"用户子程序文件"文本框旁边的"选取"按钮，弹出"选择用户子程序文件"对话框，如图 12.87 所示。在 Khanjie 文件夹中找到已经编写好的 Khanjie.for 文件，单击"确定"按钮，返回"编辑作业"对话框，单击"确定"按钮，关闭该对话框。

图 12.85 "创建作业" 图 12.86 "编辑作业"对话框 图 12.87 "选择用户子程序文件"对话框
对话框

2. 提交作业

单击工具区中的"作业管理器"按钮，弹出"作业管理器"对话框，如图 12.88 所示。选择创建的 Job-hanjie 作业，单击"提交"按钮，系统弹出一个提示框，显示"以下分析步中未要求历程输出：Step-jiare，Step-lengque"，如图 12.89 所示（由于在该分析中主要查看传热过程，对历程输出不作要求，因此可忽略该提示），单击"是"按钮，继续提交作业，进行作业分析。单击"监控"按钮 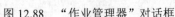，弹出"Job-hanjie 监控器"对话框，可以查看分析过程，如图 12.90 所示。当"日志"选项卡中显示"已完成"时，表示分析完成。单击"关闭"按钮 关闭，关闭"Job-hanjie 监控器"对话框，返回"作业管理器"对话框。

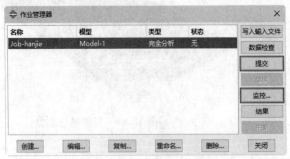

图 12.88 　"作业管理器"对话框　　　　　图 12.89 　Abaqus/CAE 提示框

图 12.90 　"Job-hanjie 监控器"对话框

扫一扫，看视频

12.6.10　可视化后处理

1. 进入"可视化"模块

单击"作业管理器"对话框中的"结果"按钮 结果，系统自动切换到"可视化"模块。

2. 通用设置

单击工具区中的"通用选项"按钮，弹出"通用绘图选项"对话框，设置"渲染风格"为"阴影"，"可见边"为"特征边"，如图 12.91 所示。单击"确定"按钮 确定。

3. 查看热流量云图

单击工具区中的"在变形图上绘制云图"按钮，可以查看模型的云图。执行"结果"→"场输出"菜单命令，弹出"场输出"对话框，可以查看不同变量的场输出，如图 12.92 所示。在"输出变量"列表中选择 HFL，单击"应用"按钮 应用，查看热流量云图。图 12.93 所示为加热分析步的第 30 帧热流量云图，图 12.94 所示为冷却分析步的第 15 帧热流量云图。

图 12.91 "通用绘图选项"对话框

图 12.92 "分析步/帧"对话框

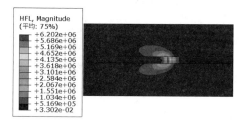

图 12.93 加热分析步的第 30 帧热流量云图

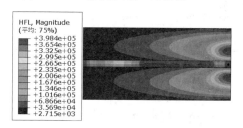

图 12.94 冷却分析步的第 15 帧热流量云图

4. 查看结点温度云图

在"场输出"对话框中的"输出变量"列表中选择 NT11,单击"确定"按钮 确定 ,查看结点温度云图。图 12.95 所示为加热分析步的第 30 帧结点温度云图、图 12.96 所示为冷却分析步的第 10 帧的结点温度云图。

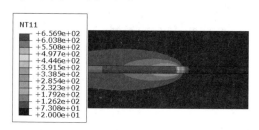

图 12.95 加热分析步的第 30 帧结点温度云图

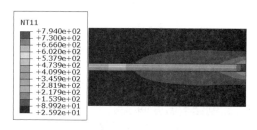

图 12.96 冷却分析步的第 10 帧结点温度云图

5. 绘制热流量向量曲线

（1）单击工具区中的"通用选项"按钮 ,弹出"通用绘图选项"对话框,单击"标签"选项卡,勾选"显示结点编号"复选框,如图 12.97 所示。单击"确定"按钮 确定 ,显示结点编号。

（2）单击工具区中的"创建 XY 数据"按钮 ,弹出"创建 XY 数据"对话框,设置"源"为"ODB 场变量输出"选项,如图 12.98 所示。单击"继续"按钮 继续... ,弹出"来自 ODB 场输出的 XY 数据"对话框,在"变量"选项卡中设置"位置"为"唯一结点的",并选择"HFL:

热流量向量"→Magnitude，如图 12.99 所示。选择"单元/结点"选项卡，设置"方法"为"结点编号"，然后在"部件实例"中选择 HANFENG-1，并在"结点编号"中输入 1705，如图 12.100所示。单击"来自 ODB 场输出的 XY 数据"对话框中的"绘制"按钮 绘制 ，绘制热流量向量曲线图，如图 12.101 所示。

图 12.97 "通用绘图选项"对话框

图 12.98 "创建 XY 数据"对话框

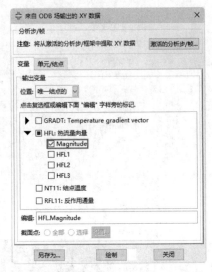

图 12.99 "变量"选项卡设置

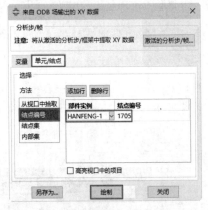

图 12.100 "单元/结点"选项卡设置

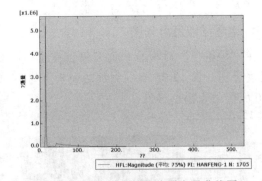

图 12.101 选择点的热流量向量曲线图

6. 绘制结点温度曲线

在"来自 ODB 场输出的 XY 数据"对话框中选择"变量"选项卡，勾选"NT11：结点温度"复选框，然后单击对话框中的"绘制"按钮 绘制 ，绘制选择点的温度曲线图，如图 12.102 所示。

7. 查看动画

单击工具区中的"在变形图上绘制云图"按钮，在"输出变量"列表中选择 NT11，单击"确定"按钮 确定 ，查看结点温度云图。单击"动画：时间历程"按钮，查看结点温度云图的时间历程动画。单击"动画选项"按钮，弹出"动画选项"对话框，如图 12.103 所示。设置"模式"为"循环"，然后拖动"帧频率"滑块到中间位置，然后单击"确定"按钮 确定 ，减慢动画的播放，可以更好地观察动画的播放。

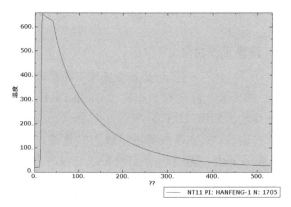

图 12.102 选择点的温度曲线图

图 12.103 "动画选项"对话框

12.7 实例——用户子程序 VUMAT 模拟铜棒撞击

图 12.104 所示为一根直径为 0.03m、长度为 0.2m 的铜棒，该铜棒以 100m/s 的速度撞向某一刚性物体，模拟该过程中铜棒的应力及变形情况。

本实例所选材料为某型黄铜，采用 JC 屈服模型，该模型中屈服应力是塑性应变、应变率以及温度的函数为

$$\sigma_y = (A + B\varepsilon_p^n)(1 + C\ln(\dot{\varepsilon}/\dot{\varepsilon}_0))(1 - T^{*m}) \tag{12.1}$$

$$T^{*m} = (T - T_r)/(T_m - T_r) \tag{12.2}$$

图 12.104 铜棒

式中：ε_p^n 为等效塑性应变；$\dot{\varepsilon}$ 为等效应变率；$\dot{\varepsilon}_0$ 为参考应变率；T 为温度；T_r 为室温；T_m 为融化温度；A、B、C、m 和 n 是常量。具体参数见表 12.4。

表 12.4 某黄铜参数

项目	数值	项目		数值
密度/(kg·m³)	8.96e3	热处理	温度/K	700
弹性模量/Pa	1.24e11		加热时间/h	1
泊松比	0.34	剪切模量/GPa		4.6e10
A/MPa	9e7	体积模量/GPa		1.29e11
B/MPa	2.92e8	比热		383
n	0.31	晶粒尺寸/mm		0.06~0.09
m	1.09	热传导率/K		386
T_r/℃	25	硬度		F-30
T_m/℃	1083	热扩散率		0.000113
膨胀系数	0.00005			

12.7.1　创建模型

1. 设置工作目录

图 12.105　"设置工作目录"对话框

执行"文件"→"设置工作目录"菜单命令，弹出"设置工作目录"对话框，选择 Abaqus/CAE 所有文件的保存目录，如图 12.105 所示。单击"新工作目录"文本框右侧的"选取"按钮，找到文件要保存到的文件夹，然后单击"确定"按钮 确定 ，完成操作。

2. 打开模型

单击工具栏中的"打开"按钮，弹出"打开数据库"对话框，打开 yuanwenjian→ch12→tongbang.cae 中的模型，如图 12.106 所示。单击"确定"按钮 确定(O)，打开模型，如图 12.107 所示。

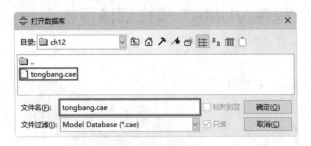

图 12.106　"打开数据库"对话框

图 12.107　铜棒模型

12.7.2　定义属性及指派截面

1. 创建材料

在环境栏中的"模块"下拉列表中选择"属性"，进入"属性"模块，单击工具区中的"创建材料"按钮，弹出"编辑材料"对话框，在"名称"文本框中输入 Material-tong。

（1）设置密度参数。在"材料行为"选项组中依次选择"通用"→"密度"。此时，在下方出现的数据表中设置"质量密度"为 8960，如图 12.108 所示。

（2）设置状态变量个数。在"材料行为"选项组中依次选择"通用"→"非独立变量"。由于本实例中使用了 4 个状态变量，分别为等效塑性应变、等效塑性应变率、屈服应力和温度，因此在"依赖于解的状态变量的个数"数字微调框中输入大于或等于 4 的数值即可，如图 12.109 所示。

（3）设置用户材料。选择"通用"→"用户材料"选项，输入 1.24e11、0.34、9.0e7、2.92e8、0.31、0.025、1083、25、1.09、0.9、383 等 11 个参数，如图 12.110 所示。单击"确定"按钮 确定 ，关闭对话框。以上 11 个数值分别代表弹性模量 E、泊松比 v、模型参数 A、模型参数 B、模型参数 n、模型参数 C、材料融化温度 T_m、室温 T_r、模型参数 m、非弹性耗散能转热系数和比热。

2. 创建截面

单击工具区中的"创建截面"按钮，弹出"创建截面"对话框，在"名称"文本框中输入 Section-tong，设置"类别"为"实体"，"类型"为"均质"，如图 12.111 所示。其余参数保持不变，单击"继续"按钮 继续... ，弹出"编辑截面"对话框，采用默认设置，如图 12.112 所示。

单击"确定"按钮 确定 ，完成铜棒材料截面的创建。

3. 指派截面

单击工具区中的"指派截面"按钮 ，在提示区取消"创建集合"复选框的勾选，然后在视口区选择"铜棒"，在提示区单击"完成"按钮 完成 ，弹出"编辑截面指派"对话框，设置截面为 Section-tong，如图 12.113 所示。单击"确定"按钮 确定 ，将创建的 Section-tong 截面指派给"铜棒"，指派截面的铜棒颜色变为绿色。

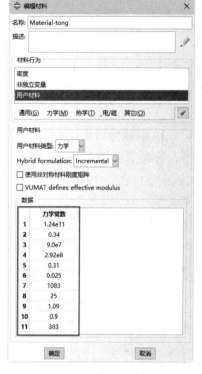

图 12.108　设置密度

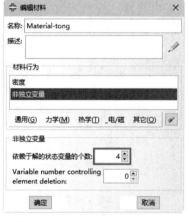

图 12.109　设置状态变量个数

图 12.110　设置用户材料

图 12.111　"创建截面"对话框

图 12.112　"编辑截面"对话框

图 12.113　"编辑截面指派"对话框

12.7.3　创建装配件

在环境栏中的"模块"下拉列表中选择"装配"，进入"装配"模块。单击工具区中的 Create Instance（创建实例）按钮 ，弹出"创建实例"对话框，如图 12.114 所示。在"部件"列表框中选择铜棒部件，单击"确定"按钮 确定 ，创建装配件，结果如图 12.115 所示。

图 12.114 "创建实例"对话框

图 12.115 创建装配件

12.7.4 创建分析步和场输出

扫一扫，看视频

1. 创建分析步

在环境栏中的"模块"下拉列表中选择"分析步"，进入"分析步"模块。单击工具区中的"创建分析步"按钮，弹出"创建分析步"对话框，在"名称"文本框中输入 Step-1，设置"程序类型"为"通用"，并在下方的列表中选择"动力，显式"，如图 12.116 所示。单击"继续"按钮 继续...，弹出"编辑分析步"对话框，在"基本信息"选项卡中设置"时间长度"为 0.001，如图 12.117 所示。其余采用默认设置，单击"确定"按钮 确定，完成分析步的创建。

图 12.116 "创建分析步"对话框

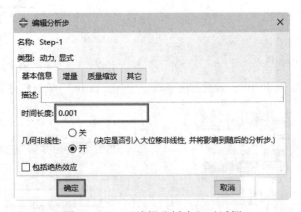

图 12.117 "编辑分析步"对话框

2. 创建场输出

如图 12.118 所示，单击工具区中的"场输出管理器"按钮，弹出"编辑场输出请求"对话框，分别勾选"应力"列表中的 S、"应变"列表中的 E、"位移/速度/加速度"列表中的 U 和 V、"状态/场/用户/时间"列表中的 SDV 复选框，如图 12.119 所示。单击"确定"按钮 确定，返回"场输出请求管理器"对话框，单击"关闭"按钮 关闭，关闭该对话框，完成场输出的创建。

图 12.118　"场输出请求管理器"对话框　　　　图 12.119　"场输出请求管理器"对话框

12.7.5　划分网格

1. 划分铜棒网格

在环境栏中的"模块"下拉列表中选择"网格",进入"网格"模块,然后设置对象为"部件"。

（1）指派网格控制属性。单击工具区中的"指派网格控制属性"按钮，弹出"网格控制属性"对话框,设置"单元形状"为"六面体","算法"为"中性轴算法",其余为默认设置,如图 12.120 所示。单击"确定"按钮 确定 ,关闭对话框。

（2）布种。单击工具区中的"种子部件"按钮，弹出"全局种子"对话框,如图 12.121 所示。设置"近似全局尺寸"为 0.004,单击"确定"按钮 确定 ,关闭对话框。

（3）指派单元类型。单击工具区中的"指派单元类型"按钮，弹出"单元类型"对话框,设置"单元库"为 Explicit,"族"为"三维应力",如图 12.122 所示。单击"确定"按钮 确定 ,关闭对话框。

2. 划分网格

单击工具区中的"为部件划分网格"按钮，然后单击提示区中的"是"按钮是,完成网格的划分,结果如图 12.123 所示。

图 12.120　"网格控制属性"对话框

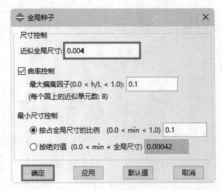

图 12.121　"全局种子"对话框

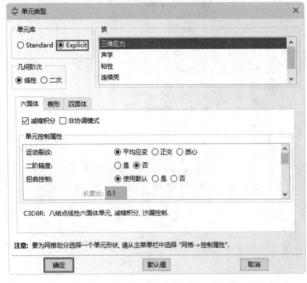

图 12.122　"单元类型"对话框

图 12.123　划分铜棒网格

扫一扫，看视频

12.7.6　定义边界条件和载荷

1. 定义边界条件

在环境栏中的"模块"下拉列表中选择"载荷"，进入"载荷"模块。单击工具区中的"创建边界条件"按钮，弹出"创建边界条件"对话框，在"名称"文本框中输入 BC-1，设置"分析步"为 Initial，"类别"为"力学"，并在右侧的"可用于所选分析步的类型"列表中选择"位移/转角"，如图 12.124 所示。单击"继续"按钮 继续... ，根据提示在视口区选择铜棒靠近原始坐标的右端面，如图 12.125 所示。单击提示区的"完成"按钮 完成 ，弹出"编辑边界条件"对话框，勾选 U3 复选框，如图 12.126 所示。单击"确定"按钮 确定 ，完成铜棒边界条件的创建。

2. 创建预定义场

（1）创建结点集。执行"工具"→"集"→"创建"菜单命令，弹出"创建集"对话框，在"名称"文本框中输入 Set-jiedian，设置"类型"为"结点"，如图 12.127 所示。单击"继续"按钮 继续... ，按照提示（图 12.128）框选铜棒除底面外的所有结点，结果如图 12.129 所示。单击提示区的"完成"按钮 完成 ，创建结点集。

图 12.124 "创建边界条件"对话框

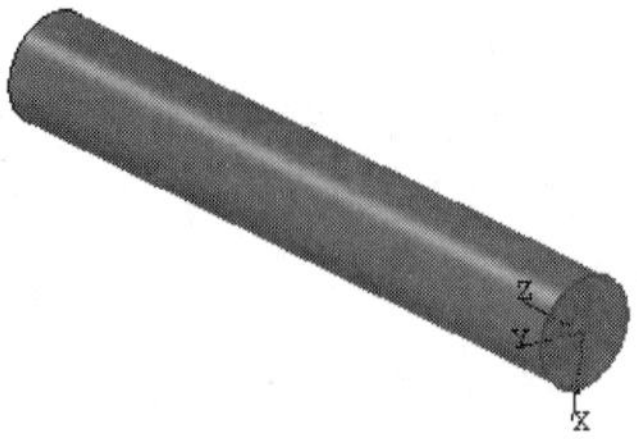

图 12.125 选择右端面

图 12.126 "编辑边界条件"对话框

图 12.127 "创建集"对话框

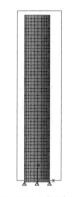

图 12.128 框选结点

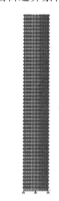

图 12.129 选择结点

（2）定义初始速度。单击工具区中的"创建预定义场"按钮 ，弹出"创建预定义场"对话框，在"名称"文本框中输入 Predefined Field-1，设置"分析步"为 Initial，"类别"为"力学"，并在右侧的"可用于所选分析步的类型"列表中选择"速度"，如图 12.130 所示。单击"继续"按钮 继续... ，然后在提示区单击"集"按钮 集... ，弹出"区域选择"对话框，选择其中的 Set-jiedian，如图 12.131 所示。单击"继续"按钮 继续... ，弹出"编辑预定义场"对话框，在 V3 文本框中输入-100，如图 12.132 所示。单击"确定"按钮 确定 ，定义初始速度，结果如图 12.133 所示。

图 12.130 "创建预定义
场"对话框

图 12.131 "区域选择"对话框

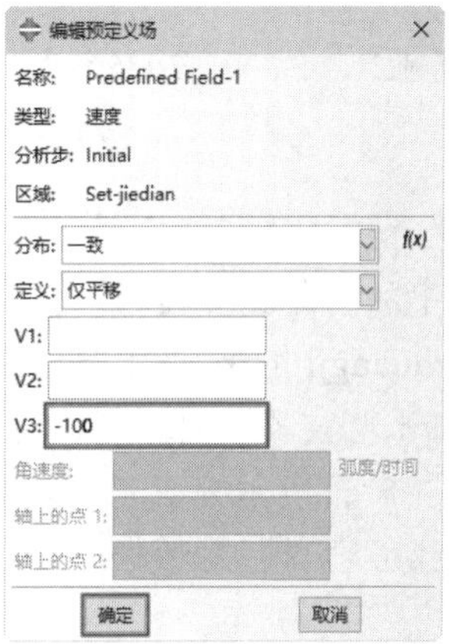

图 12.132 "编辑预定义场"
对话框

图 12.133 定义
初始速度

12.7.7 提交作业

1. 创建作业

在环境栏中的"模块"下拉列表中选择"作业"，进入"作业"模块。单击工具区中的"创建作业"按钮，弹出"创建作业"对话框，在"名称"文本框中输入 Job-zhuangji，其余为默认设置，如图 12.134 所示。单击"继续"按钮 继续... ，弹出"编辑作业"对话框，选择"通用"选项卡，如图 12.135 所示。单击"用户子程序文件"文本框旁边的"选取"按钮 ，弹出"选择用户子程序文件"对话框，如图 12.136 所示。在 Kzhuangji 文件夹中找到已经编写好的 Kzhuangji.for 文件，单击"确定"按钮 确定(O) ，返回"编辑作业"对话框，单击"确定"按钮 确定 ，关闭该对话框。

图 12.134　"创建作业"
对话框

图 12.135　"编辑作业"
对话框

图 12.136　"选择用户子程序文件"对话框

2. 提交作业

单击工具区中的"作业管理器"按钮 ，弹出"作业管理器"对话框，如图 12.137 所示。选择创建的 Job-zhuangji 作业，单击"提交"按钮 提交 ，进行作业分析。单击"监控"按钮 监控... ，弹出"Job-zhuangji 监控器"对话框，可以查看分析过程，如图 12.138 所示。当"日志"选项卡中显示"已完成"时，表示分析完成。单击"关闭"按钮 关闭 ，关闭"Job-zhuangji 监控器"对话框，返回"作业管理器"对话框。

图 12.137 "作业管理器"对话框

图 12.138 "Job-zhuangji 监控器"对话框

12.7.8 可视化后处理

1. 进入"可视化"模块

单击"作业管理器"对话框中的"结果"按钮 结果 ，系统自动切换到"可视化"模块。

2. 通用设置

单击工具区中的"通用选项"按钮 ，弹出"通用绘图选项"对话框，设置"渲染风格"为"阴影"，"可见边"为"特征边"，如图 12.139 所示，单击"确定"按钮 确定 。

3. 查看应力云图

单击工具区中的"在变形图上绘制云图"按钮 ，可以查看模型的云图。执行"结果"→"场输出"菜单命令，弹出"场输出"对话框，可以查看不同变量的场输出，如图 12.140 所示。在"输出变量"列表中选择 S，在"不变量"列表中选择 Mises，单击"应用"按钮 应用 ，查看等效应力云图。最后一帧等效应力云图如图 12.141 所示。

图 12.139 "通用绘图选项"对话框

图 12.140 "场输出"对话框

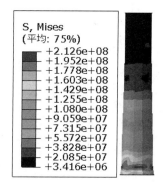

图 12.141 最后一帧等效应力云图

4. 查看位移云图

在"场输出"对话框中的"输出变量"列表中选择 U，在"分量"列表中选择 U3，单击"应用"按钮 应用，查看位移云图最后一帧位移云图如图 12.142 所示。

5. 查看速度云图

在"场输出"对话框中的"输出变量"列表中选择 V，在"分量"列表中选择 V3，单击"确定"按钮 确定，查看速度云图，最后一帧速度云图如图 12.143 所示。

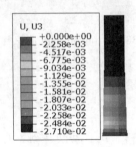

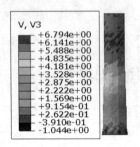

图 12.142　最后一帧位移云图　　　　　　　　图 12.143　最后一帧速度云图

6. 绘制 SDV1 状态变量曲线

（1）单击工具区中的"通用选项"按钮，弹出"通用绘图选项"对话框，单击"标签"选项卡，勾选"显示结点编号"复选框，如图 12.144 所示。单击"确定"按钮 确定，显示结点编号。

（2）单击工具区中的"创建 XY 数据"按钮，打开"创建 XY 数据"对话框，设置"源"为"ODB 场变量输出"选项，如图 12.145 所示，单击"继续"按钮 继续...，弹出"来自 ODB 场输出的 XY 数据"对话框，在"变量"选项卡中设置"位置"为"积分点"，勾选"SDV1:依赖于解的状态变量"复选框，如图 12.146 所示，然后选择"单元/结点"选项卡，设置"方法"为"单元标签"，然后在"部件实例"中选择 TONGBANG-1，并在"单元编号"中输入 15，如图 12.147 所示。单击"来自 ODB 场输出的 XY 数据"对话框中的"绘制"按钮 绘制，绘制 SDV1 状态变量曲线图，如图 12.148 所示。

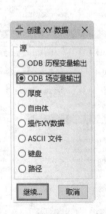

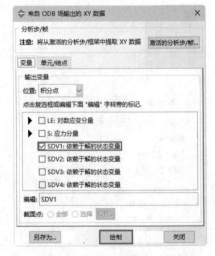

图 12.144　"通用绘图选项"　　　图 12.145　"创建 XY 数据"　　　图 12.146　"变量"选项卡设置
　　　　　对话框　　　　　　　　　　　　对话框

图 12.147　"单元/结点"选项卡设置

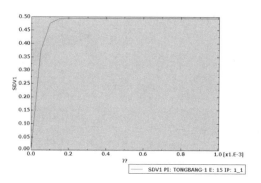

图 12.148　SDV1 状态变量曲线图

7. 绘制等效应力曲线

在"来自 ODB 场输出的 XY 数据"对话框中选择"变量"选项卡，选择"S：应力分量"→Mises，然后单击对话框中的"绘制"按钮 绘制 ，绘制等效应力曲线图，如图 12.149 所示。

8. 查看动画

单击工具区中的"在变形图上绘制云图"按钮 ，在"输出变量"列表中选择 U，在"分量"列表中选择 U3，单击"确定"按钮 确定 ，查看 U3 方向位移云图。单击"动画：时间历程"按钮 ，查看 U3 方向位移的时间历程动画。单击"动画选项"按钮 ，弹出"动画选项"对话框，如图 12.150 所示。设置"模式"为"循环"，然后拖动"帧频率"滑块到中间位置，单击"确定"按钮 确定 ，减慢动画的播放，可以更好地观察动画的播放。

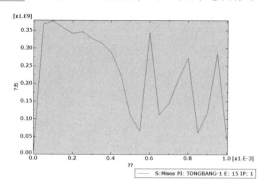

图 12.149　等效应力曲线图

图 12.150　"动画选项"对话框

12.8　动手练一练

图 12.151 所示为一个钢制支架，该支架右侧被固定在墙壁上，左侧平面上受到一个 5MPa 的压力，分析此状态下的支架的应力和变形情况。钢的材料参数如表 12.5 所示。本练习采用 UMAT 子程序定义模型材料和弹塑性应变关系进行分析。

表 12.5　钢材料参数

材料名称	密度/mm³	杨氏模量/MPa	泊松比
钢	7.85e-9t	210000	0.3

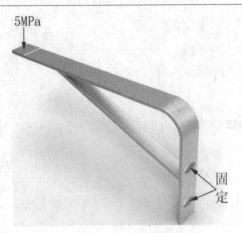

图 12.151 钢制支架

思路点拨：

（1）打开 yuanwenjian→ch12→lianyilian 文本中的 zhijia 模型。

（2）定义材料密度，定义一个非独立变量参数，定义用户材料（杨氏模量和泊松比）。

（3）指派截面。

（4）创建装配件。

（5）创建分析步：创建"通用"→"静力，通用"分析步（打开几何非线性，设置初始增量步为 0.1）。

（6）定义边界条件和载荷：固定支架右侧两个椭圆面，在支架上端添加 5MPa 压力。

（7）划分网格：支架全局尺寸为 8，四面体网格。

（8）创建作业，编写 UMAT 子程序，并提交作业（UMAT 子程序详见 yuanwenjian→ch12→lianyilian 文本中的 zhijia.for 文件）。

（9）可视化后处理。